高等职业教育园林园艺类"十二五"规划教材

花卉生产技术

主　编　陈春利　王明珍
副主编　王友国　李　军
参　编　杜艳　刘毓　樊　蕾
主　审　张启翔

机械工业出版社

本书以花卉生产实际项目为目标，围绕任务的解决构建教材内容和体系。本书适用于以"项目"和"任务"为驱动，构建以学生为主体、以教师为主导、以培养学生职业能力为主要目标，融"教、学、做"为一体的教学模式。本书分为八个项目，包括花卉的认识、花卉的繁殖、露地花卉生产、温室花卉生产、鲜切花生产、花卉栽培新技术、花卉的应用、花卉的生产与贸易。

本书可作为高等职业教育园林、园艺专业教学用书，也可作为从事园林规划设计、园林绿化等工作人员的参考用书，还可作为高级、中级花卉园艺工的考试用书、农村实用技术培训用书等。

图书在版编目（CIP）数据

花卉生产技术/陈春利，王明珍主编 . —北京：机械工业出版社，2012.11
（2019.1重印）

高等职业教育园林园艺类"十二五"规划教材

ISBN 978-7-111-40349-4

Ⅰ.①花…　Ⅱ.①陈…　②王…　Ⅲ.①花卉—观赏园艺—高等职业教育—教材　Ⅳ.①S68

中国版本图书馆 CIP 数据核字（2012）第 265602 号

机械工业出版社（北京市百万庄大街22号　邮政编码100037）
策划编辑：覃密道　王靖辉　责任编辑：王靖辉
版式设计：闫玥红　　　　责任校对：张　征
封面设计：马精明　　　　责任印制：乔　宇
三河市国英印务有限公司印刷
2019 年 1 月第 1 版第 3 次印刷
184mm×260mm · 19 印张 · 470 千字
标准书号：ISBN 978-7-111-40349-4
定价：45.00 元

前　言

花卉生产技术是高等职业技术院校园林、园艺专业必须掌握的技能，也是劳动力就业转移培训的课程之一。为适应职业教育即"就业"教育这一新的定位，提高受教育者的实践技能，使培养出来的人才符合市场和行业的要求，本书的编写力求以职业岗位标准为基础，以花卉生产实际项目为目标，围绕任务的解决展开，突出能力培养，引导学生自主思考，完成生产任务。

本书由八个项目组成，其中项目四、项目六、项目七是重点。项目下设若干个任务，每个任务均有任务考核标准、自测训练等，内容深入浅出，通俗易懂，力求基本理论与基本技能，课内知识与课外知识相结合，做到科学性、实践性相统一。本书具有以下特色：

1）根据花卉产业实际生产的需要，针对高等职业教育"培养实用型、应用型人才"的目标要求，重点介绍了花卉生产栽培、养护管理及应用的新技术。

2）本书在编写过程中打破传统教材的编写格局，以花卉生产实际项目为目标，围绕任务的解决构建教材内容和体系。因此，适用于以"项目"和"任务"为驱动，构建以学生为主体、以教师为主导、以培养学生职业能力为主要目标，融"教、学、做"为一体的教学模式。

3）关注花卉产业的热点问题，与时俱进，以室内外绿化美化常用花卉为主要研究对象，突出花卉产业的特点。

4）本着理论够用、加强对实践技能培养的原则，立足当前园林事业的大环境，重点对实际操作部分进行阐述，把无土栽培、组合盆栽、花卉租摆技术等纳入教材体系中，同时增强一品红、红掌、凤梨科植物、蝴蝶兰、彩色马蹄莲等产业化栽培管理的内容，力求和生产紧密结合，目的是培养学生的实际工作技能、创新意识和创业能力。

5）本书的理论和实践与就业岗位、国家人事部门规定的认证考试内容相衔接。

6）本书是山东省"花卉栽培"精品课程配套教材，由行业专家参与编写，配有电子教案，凡使用本书作为教材的教师可登录机械工业出版社教材服务网www.cmpedu.com下载。咨询邮箱：cmpgaozhi@sina.com。咨询电话：010-88379375。

本书由陈春利、王明珍任主编，王友国、李军任副主编。具体分工如下：陈春利编写绪论，项目四的任务一、任务二、任务六，项目六的任务二，项目八；王明珍编写项目四的任务四、任务五、任务七、任务八、任务九；王友国编写项目三的任务一至任务四，项目四的任务三；李军编写项目二的任务六，项目五；杜艳编写项目一，项目六的任务一；刘毓编写项目三的任务五，项目七；樊蕾编写项目二的任务一至任务五。本书由北京林业大学教授、博士生导师张启翔任主审。此外，在本书的编写过程中，还得到了机械工业出版社编辑的多方指导，以及山东省农业管理干部学院领导的支持和鼓励，在此一并表示感谢。

由于编写水平有限，加之编写时间仓促，书中不妥之处，敬请专家和读者批评指正。

编　者

目　录

绪 论

一、花卉生产的概念和意义

1. 花卉的涵义和范畴

花卉的概念包括广义和狭义两个方面。狭义而言，"花"是植物的繁殖器官，"卉"是草的总称，狭义的花卉，仅指草本的观叶、观花植物。但随着人类生活水平提高，科学技术的不断进步及国际文化艺术的不断交流与渗透，花卉的范围在不断扩大。因此，广义的花卉，是指具有一定的观赏价值，并经过人类精心养护的草本、木本和藤本植物。它包括观叶、观芽、观茎、观花、观果和观根的植物。另外，能给人们带来嗅觉享受的香花植物也属于花卉。总之，只要植物体的某一部分具有较高的观赏价值，能美化环境，给人带来美的感觉和享受，这种植物就属于花卉的范畴。

2. 花卉产业的涵义和范畴

花卉产业是指将花卉作为商品，进行研究、开发、生产、贮运、营销以及售后服务等一系列的活动。它包括鲜切花、盆花、绿化苗木、种苗、种球、种子的生产及相关产品（如花盆、花肥、花药、栽培基质、各种资材的制造）、花店营销、花卉产品流通、花卉装饰、花卉租摆等。

花卉产业被称为"朝阳产业"，属于高投入、高科技、高效益的"三高产业"，同时也是高风险的产业。花卉产业要做大做强，必须做到专业化生产、规模化经营、一体化运作、社会化服务，同时要充分发挥资源优势，坚持以市场为导向，走产、学、研相结合的道路。

3. 花卉生产的涵义

花卉生产是指以花卉为主要生产对象，以获取经济效益和美化环境为主要目的，所从事的育苗、栽培、养护管理、销售等一系列生产活动。花卉生产根据应用目的不同，分为生产栽培和观赏栽培两大类。

生产栽培是以花卉商品化生产为目的，以切花、盆花、提炼香精的香花、种苗及球根等生产为主的生产事业。这类生产通常应用规范的栽培技术和现代化的、完善的生产设施，进行规模化、专业化、标准化、商业化的生产和贸易，以获得较高的经济效益。因此，其土地利用最集约，经营管理最精细，单位面积收益最高。

观赏栽培是以花卉观赏为目的，主要应用花卉进行室内外装饰，以发挥其观赏价值，是非生产性企业的非产业化行为。如在公园、广场、街道绿地、工厂、机关、学校、医院、庭园及室内等栽植的花卉。

4. 花卉生产的作用

（1）花卉生产在园林绿化中的作用　花、草、树木能绿化美化环境；花、草、树木能净化空气，减少空气尘埃和病菌、降低噪声、增加空气湿度，改善生态环境，促进身体健康；绿色植物覆盖地面，可以防止水土流失，对维持生态平衡起重要作用。所以，全国各地都以建立花园或城市、花园或小区、花园式工厂、花园式学校为目标，种植大量的花、草、树木，甚至在楼顶平台上建立屋顶花园。

（2）花卉生产在社会经济中的作用　花卉产业是一项新兴的产业，具有巨大的发展潜力。花卉产业的崛起，给国民生产创造了越来越多的经济价值。花农通过养花、种草、生产绿化苗木发家致富。花卉已有部分产品投入国际市场，换取外汇。花卉生产还将带动花盆、花肥、花药、运输、销售、保鲜、包装等业务的发展，对陶瓷工业、塑料工业、玻璃工业、化学工业以及包装运输业等都是一个极大的促进。

花卉除观赏之外，还具有其他用途，如牡丹、芍药、桔梗、垂盆草、菊花、鸡冠花等可入药；茉莉、玫瑰、代代和珠兰等可制茶；桂花、腊梅、栀子、玫瑰、百合、丁香、香叶天竺葵等可提取香精；很多山茶属植物的种子可榨取食用油；荷、柿、萱草、落葵、百合等可供食用。

（3）花卉生产在文化生活中的作用　花卉除了大量应用于园林绿化外，还可进行室内装饰，使人们足不出户即可领略大自然的风光，增加了人们的审美情趣，丰富精神生活。随着科技水平和生活水平的提高，花卉的应用将更加广泛。人们在庆祝婚典、寿辰、节日、宴会、探亲访友，看望病人、迎送宾客以及国际交往活动等场合中，往往把花作为美好、幸福、吉祥、友谊的象征，用作馈赠的礼物，且逐渐成为时尚，已渗入人们生活的各个角落。

二、花卉产业发展现状及展望

（一）我国花卉产业发展概况及展望

1. 我国花卉生产简史

我国花卉生产最早从何时开始，目前无法考证。但早在文字出现之前，花卉就随着农业发展而被人们利用。有文字记载从殷商时代开始，甲骨文中有"囿"，是园林的起源，就是在一定的地域加以范围，让草木和鸟兽滋生繁殖。西周《周礼·天官冢宰第一·大宰》有记载："园圃，毓草木"，证明中国已在园圃中培育草木。

春秋有记载吴王夫差建梧桐园和会景园，广植花木；在太湖之滨灵岩山离宫为西施修"玩花池"，人工栽植荷花。

战国《楚辞·离骚》"余既滋兰之九畹兮，又树蕙之百亩"。《诗经·郑风》"维士与女，伊其相谑，赠之以芍药"；《诗经》记载了130多种植物，其中有许多种是花卉。

秦汉时期，汉武帝重修上林苑，广植奇花异草，群臣远方献名木、奇树、花草达2000多种，并有暖房栽种热带、亚热带植物。这是有史以来最大规模的园林植物引种驯化试验。

西晋嵇含的《南方草木状》描述了中国80种南方热带、亚热带植物，如茉莉、睡莲、菖蒲、扶桑、紫荆等的产地、形态、花期等。其采用实用分类，把植物分为：草、木、果、竹；分类中还把环境对植物的影响、植物对环境的要求以及花香、色素、滋味等作为分类依据，代表了中国古代植物分类的水平。

东晋有了中国第一部园林植物专著，戴凯之的《竹谱》，其中记载了70多种竹子。

唐朝花卉园艺相当繁荣，花卉种类和栽培技术有了很大的发展。奇花异草等珍品也从宫苑走向私家园林、寺庙园林及公共游览地。

宋朝社会稳定，经济繁荣，大兴造园和栽花之风，花卉园艺达到高潮，花卉著作繁多。

这个时期开始有草本花卉的专著，如王观的《芍药谱》、王贵学的《兰谱》和刘蒙的《菊谱》。

明清时期是我国花卉发展的第二个高潮，出现了许多系统性论述花卉的分类、繁殖、栽培管理等的专著、专谱，如王象晋的《群芳谱》、张应文的《兰谱》、王路的《花史佐编》、巢鸣盛的《老圃良言》、陈淏子的《花镜》、徐寿全的《品芳录》和《花佣月令》、百花主人的《花尘》、汪灏的《广群芳谱》、吴其濬的《植物名实图考》等。

民国花卉园艺只是在少数城市有过短期、局部的零星发展。

中华人民共和国成立后，花卉产业发展历程大体可以划分为以下三个阶段：

第一个阶段是恢复发展阶段（1949～1990）。建国初期，"绿化祖国"的号召促进了园林植物的引种、栽培等，观赏栽培得以恢复。1958年，中央提出实现大地园林化，园林植物广泛栽培应用。60年代初期，片面强调"以粮为纲"，园林植物应用强调结合生产，忽视观赏植物的特点和作用。从1964年起，观赏园艺事业遭到批判，在"文化大革命"期间完全中断。1976年以后，观赏植物的重要性重新被认识，开始逐渐恢复。到1984年，全国花卉生产面积仅为1.4万公顷，销售额为6亿元，出口额不到200万美元。1990年，全国花卉生产面积达到3.3万公顷，销售额为18亿元，花卉出口额2200多万美元，已形成了一定的产业规模。

第二个阶段为巩固提高阶段（1991～2000）。在这个阶段，随着社会主义市场经济体制的逐步建立和完善，国民经济的快速发展，城市绿化、美化要求的提高，以及人民生活水平的改善，对花卉产品需求迅速增长。各地把发展花卉产业作为调整农业结构，发展"高产、优质、高效"农业，增加农民收入的重要途径之一，这大大加快了花卉产业的发展进程。到2000年，全国花卉生产面积达到14.8万公顷，销售额为158.2亿元，花卉出口额2.8亿美元。在这个阶段，花卉生产快速发展，产品质量稳步提高，区域化布局初步形成，科研教育发展迅速，对外交流合作日益广泛。花卉产业已经成为一项前景广阔的新兴产业。

第三个阶段是调整转型阶段（2001年至今）。进入新世纪，随着经济全球化的逐步深入，花卉生产由高成本的发达国家向低成本的发展中国家进一步转移，特别是在我国经济社会不断发展、花卉需求不断扩大的新形势下，花卉生产面积大幅增长，但质量、效益不高、产业结构雷同、从业人员素质低和创新能力弱等问题更加突出。面对这一形势，为了处理好速度、结构、效益和质量的关系，实现产业又好又快地发展，调整成为这一阶段的主旋律。2006年全国花卉生产面积72.2万公顷，花卉销售额556.6亿元，出口额6.1亿美元。与2005年相比，花卉生产面积下降了10.8%，而销售额和出口额分别提高了10.5%和295.4%。这一可喜变化，表明我国花卉业正在由数量扩张型向质量效益型转变，我国花卉产品品质有了新的提高，我国花卉业的市场竞争力在不断增强。

2. 我国发展花卉产业的优势

（1）种质资源丰富　我国观赏植物种质资源十分丰富，享有"世界园林之母"的美誉。原产我国的观赏植物达113科，523属，1万～2万种，当今世界上许多名花（如梅花、牡丹、菊花、百合、山茶、杜鹃、月季等）均原产于我国。许多花卉遗传资源为中国特产，如山茶195种（占世界种类总数的89%）、报春花390种（占世界种类总数的78.0%）、杜鹃600余种（占世界种类总数的75%）、菊花35种（占世界种类总数的70%）等。

（2）气候资源优势　我国幅员辽阔，地跨热带、亚热带、温带等多个气候带，加上地形、海拔、降水、光照等的不同和变化，形成多种生态类型和气候类型，如我国云南昆明地区四季如春，号称"天然温室"，适合多种花卉生长，使花卉生产以较小的投入获得较大的收益。我国花卉产业区域布局明显优化，基本形成了以广东、云南、辽宁、四川和江苏为主的切花生产区域；以江苏、河南、浙江、山东、湖南为主的观赏苗木生产区域；以四川、广东、福建、浙江、湖南为主的盆景生产区域。一些我国特有的传统花卉产区和产品（如洛阳、菏泽的牡丹，大理、金华的茶花，漳州的水仙花，鄢陵的腊梅等）得到了进一步巩固和发展。

（3）花卉栽培与应用历史悠久 早在文字出现以前，花卉就随着农业的发展而被人们利用，唐代形成的花卉文化成为中国花卉栽培与欣赏的一大特色并至今影响着人们的生活。据不完全统计，截至清代，历代咏花的诗词达 3 万多首。在诗词中梅、兰、竹、菊被称为花中"四君子"，松、竹、梅被誉为"岁寒三友"。如今人们对花卉的欣赏已经是多层次的，在生活中不仅用它装饰美化环境，也用它传递感情。花卉文化的内涵丰富，为中国花卉产业的发展奠定了深厚的文化基础。

（4）劳动力充足 我国人口众多，劳动力资源丰富，花卉是鲜活产品，属于劳动力密集型产业，与发达国家相比，我国廉价的农村劳动力大大降低了花卉生产成本，在花卉产业竞争中具有优势。

（5）花卉消费潜力巨大 近年来，我国花卉消费水平虽然有所提高，但与发达国家相比还有相当大的差距。以鲜切花为例，荷兰人均年消费达 150 支、法国 80 支、美国 30 支，而我国按城镇人口计，人均只有 11 支，花卉消费的增长空间十分巨大。潜力巨大的国内市场，是我国花卉产业迅速发展的最大动力。

3. 我国花卉产业存在的主要问题

目前，我国花卉产业存在的主要问题是：育种工作落后，花卉生产用的种子、种球、种苗主要依赖进口；花卉产量低，质量差；产品结构失衡；花卉产业链没有完全形成，产后销售及售后服务存在诸多问题；与花卉产业相关的产业（如花肥、花药、生产设备等行业）发展滞后；花卉生产专业化程度低等。

（1）技术创新能力弱 我国花卉生产上的关键技术需要引进，种苗、种球大部分也靠进口，多数企业技术开发能力和创新能力相当薄弱，缺乏技术创新的资金和优秀人才，花卉研究成果转化率低。这最终导致中国花卉产业没有自己的产品，没有自己的特色，严重影响花卉产业的繁荣发展，也不符合国家提倡的可持续发展战略。

（2）缺乏行业标准 我国还没有启动花卉质量管理体系，多数花卉种植者还没有达标的意识，管理部门没有贯标的措施。在生产中，缺乏技术规程；在流通中，对花卉储存、包装、运输等没有严格的技术要求；在交易中，没有市场准入制度。企业不掌握、不熟悉质量等级情况、检测技术和测试指标，在对外贸易时只能听从进口国（商）的操纵，经常遭到无理退货或压级压价，造成严重的经济损失。

（3）规模化生产程度低 虽然各地花卉生产专业化水平有了一定的提高，但"小而全"或"大而全"的生产方式普遍存在。大多数的小规模企业和花农只是凭借多年的栽培经验进行花卉生产，同时由于栽培设施不齐备，受气候的影响较大，高投入低产出的情况较多。这种落后的生产方式，导致一些中低档花卉产品市场过度竞争，价格持续走低，严重影响了我国花卉的产品质量和经济效益的提高，进而影响国际竞争力。

（4）对花卉资源的利用方式不佳　我国是世界花卉种质资源宝库之一，但每逢节假日装点城市的国产花卉品种屈指可数，一串红、三色堇、矮牵牛、万寿菊等几种花卉用遍大江南北，淡化了城市的个性。而一些国外城市如伦敦、华盛顿、巴黎、东京等地，则分别配置应用1500～3000种观赏植物。

（5）地域之间发展不平衡　我国花卉产业发展主要受气候资源、地理位置以及能源与劳动力成本的影响，南方省市发展明显多于北方，东部发展明显好于西部，特色花卉产区数目屈指可数并且长年没有增加。

4. 我国花卉产业发展展望

（1）强化花卉新品种的选育工作　首先要加强对我国花卉品种资源的收集、整理和开发利用；其次要注意传统的育种方法和现代生物技术方法相结合；三是要有选择地引进推广国外的花卉优良品种。由于育种工作投资大、费时长、风险高，为了鼓励育种，保护育种者的经济利益，国家应该立法，把新育成的品种作为知识产权加以保护。

（2）将科研成果用于花卉的培育、生产，发展有地区和企业特色的花卉及其相关产业　扩大花卉产业的规模，形成相对完整的花卉产销体系，丰富消费商品种类，拓展花卉资源的应用范围。尽快制订行业标准，保证花卉生产质量。实现周年供应，完成由传统花卉产业向现代花卉产业的根本性转变，使我国花卉产业尽快达到世界发达国家花卉产业水平。

（3）提高花卉流通领域的科技含量　一方面要研究流通过程中的花卉包装和保鲜技术，延长花卉鲜活寿命和观赏时间；另一方面要提高流通过程中的物流、资金流和信息流的速度。逐步完善拍卖、网上交易、速递等现代流通形式，加快花卉流通速度；建设花卉市场的电子交易系统，促进大型花卉生产企业和花卉市场的电子联网，保证市场信息快速准确。

（4）鼓励出口创汇　通过建立花卉质量控制体系，包括建立鲜切花采摘标准、花卉产品质量标准、花卉包装标准以及检验规程等，引导花卉生产企业按照生产技术规程和管理规程进行生产。在各花卉交易中心设立质量检测中心以加强质量监督。简化进出口审批手续，降低成本，缩短时间。这是提高产业竞争力的重要内容。实行运费补贴政策，对出口花卉有运费补贴，扶持花卉产业的发展，鼓励出口创汇。扶持和培植一批花卉出口龙头企业，对花卉出口企业，政府应从政策、资金、技术上给予重点扶持。为企业扩大生产规模、改善栽培设施、引进先进技术等提供优惠的信贷投资补贴；对已达到一定创汇能力的企业，应减免农林特产税等。

花卉产业的发展，根本出路在于加速花卉产业化的进程，向商品化、专业化、规模化转变，最终实现现代化。花卉产业化要坚持以提高经济效益为中心，以市场需求为导向，以科学技术为前提，以花卉企业为基础。它的形成与发展，必须通过多层次、多环节、多形式、多元化的优化组合和城与乡、农工商、产加销、产学研等紧密联结进行，最终达到区域化布局、专业化生产、规模化经营、社会化服务、企业化管理的目的。

（二）国外花卉产业发展概况及展望

1. 国外花卉产业发展现状

世界各国花卉产业的发展历史多则二、三百年，少则三、四十年。第二次世界大战后，由于世界各国进入了相对平稳的时期，伴随着战后经济的恢复和快速发展，花卉产业迅速在全球崛起，成为当今世界最有活力的产业之一，花卉产品已成为国际贸易的大宗商品。

花卉生产的发展趋势是生产重心由发达国家向发展中国家转移。全球有四大公认的传统花卉批发市场，即荷兰的阿姆斯特丹、美国的麦阿密、哥伦比亚的波哥大和以色列的特拉维夫。这些花卉市场决定着世界花卉的价格，引导着花卉消费和生产的潮流。但非传统的花卉市场已经开始影响全球的贸易，如俄罗斯、阿根廷、波兰及捷克等国已逐渐引起许多花卉供应商的兴趣。

国际花卉生产布局基本形成，世界各国纷纷走上特色发展的道路。荷兰凭借其悠久的花卉发展历史，逐渐在花卉种苗、球根、鲜切花、自动化生产方面占有绝对优势，尤其是以郁金香为代表的球根花卉，已成为荷兰的象征；美国则在草花及花坛植物育种及生产方面走在世界前列，同时在盆花、观叶植物方面也处于领先地位；日本凭借"精准农业"的基础，在育种和栽培上占有明显优势；丹麦则集中全国的力量，从荷兰引进全套盆花生产技术，并进行大胆改进，在盆花自动化生产和运输方面处于世界领先地位；其他如以色列、西班牙、意大利、哥伦比亚、肯尼亚则在温带鲜切花生产方面实现了专业化、规模化生产；而泰国的兰花实现了工厂化生产。

世界花卉的产销格局基本形成，花卉的消费市场为德国、法国、英国、荷兰、美国、日本、意大利、西班牙、丹麦、比利时、卢森堡和瑞士，其中欧共体几个国家进口额占世界贸易的80%，美国占13%，日本占6%。花卉的主要生产国为荷兰、哥伦比亚、意大利、丹麦、以色列、比利时、卢森堡、加拿大、德国、美国、日本等。世界最具出口实力的十个国家和地区是：荷兰、美国、日本、丹麦、以色列、中国台湾、西班牙、意大利、哥伦比亚和肯尼亚。

2. 世界花卉产业发展趋势

1）世界花卉产业生产与市场格局，总体上不会有大的改变。美国、欧洲、日本等经济发达国家仍将是世界花卉产业生产、市场和消费的主体，其花卉产业是一个比较成熟的产业，将保持持续发展的趋势。

2）花卉生产总量长期保持上升势头，花卉产品生产以专业化、规模化为特征，而市场需求则具有保持地域文化及政策稳定性的特征，求新求异求变的多样化需求处于上升态势。

3）花卉产品供大于求、产销不对路的问题将长期存在。这对新兴的花卉生产大国来说是一个严峻考验，竞争将更加激烈，产业结构处于不断调整，产品类型处于不断变化之中。

4）新的花卉生产与贸易中心正在形成之中，中南美洲、非洲、亚洲的中国和印度都将成为成长中的花卉生产中心，这是花卉业发展的大好时机。中国极有可能成为新的世界花卉贸易中心。世界花卉贸易中以切花为主，中国云南已经具备成为这个中心所在地的基本条件，而且已被世界花卉界认同，所显趋势已不可逆转。

5）新兴企业不断涌现，而且起点较高，与其他产业一样，企业成长过程中兼并扩张在所难免，这自然会波及花卉产业，一些劣势企业纷纷破产、倒闭。花卉企业参与国际竞争必须拥有核心竞争力和市场拓展能力。

6）科技进步将进一步助推世界花卉产业的发展，知识产权保护意识必须在新兴花卉生产国的花卉生产者脑海中快速增强，否则，就不可能成为花卉产业强国。特别是生物技术的发展将把花卉产业，带到一个崭新的天地。这同样需要知识产权保护来提供有力保障。

自测训练

一、名词解释

1. 花卉

2. 花卉产业

二、简答题

简述世界花卉产业的生产特点和发展趋势。

项目一　花卉的认识

花卉种类繁多，生态习性各异，栽培应用特征不同。为了便于花卉的栽培管理和科学应用，有必要对花卉进行分类，现将几种常用的分类方法列举如下。

任务一　依花卉的生物学性状分类

按植物的生物学性状分类，不受地区和自然环境条件限制。

1. 草本花卉

草本花卉的茎为草质，柔软多汁，木质化程度低，容易折断，按其形态分为6种类型。

（1）一、二年生花卉　一年生花卉是指个体生长发育在一年内完成其生命周期的花卉。这类花卉在春天播种，当年夏秋季节开花、结果、种子成熟，入冬前植株枯死，又称为春播花卉。如凤仙花、鸡冠花、孔雀草、紫茉莉等。二年生花卉是指个体生长发育需跨年度才能完成生命周期的花卉。这类花卉在秋季播种，第二年春、夏开花，种子成熟后植株逐渐枯萎死亡，又称为秋播花卉。如金鱼草、金盏菊、虞美人、羽衣甘蓝等。

（2）宿根花卉　宿根花卉是指个体寿命超过两年，可连续生长，多次开花、结果，且地下根或茎形态正常，不发生变态的一类多年生草本花卉。宿根花卉入冬后，植株地上茎、叶干枯，根系在土壤中宿存越冬，第二年春天由根萌芽而生长、发育、开花。如菊花、芍药、荷兰菊、玉簪、蜀葵、楼斗菜、落新妇等。

（3）球根花卉　花卉地下根或地下茎发生变态，膨大为球形、根状或块状等，能为其贮藏大量水分和营养，助其度过逆境，待环境适宜时再度生长、开花。球根花卉按形态的不同分为5类：

1）鳞茎花卉。地下茎膨大呈扁平球状，由许多肥厚鳞片相互抱合而成的花卉。如水仙、风信子、郁金香、百合等。

2）球茎花卉。地下茎膨大呈球形，茎内部实质，表面有环状节痕，附有侧芽，顶端有肥大的顶芽的花卉。如唐菖蒲、荸荠等。

3）块茎花卉。地下茎膨大呈块状，外形不规则，表面无环状节痕，块茎顶部分布大小不同发芽点的花卉。如大岩桐、香雪兰、马蹄莲、彩叶芋等。

4）根茎花卉。地下茎膨大呈粗长的根状，外形具有分枝，有明显的节和节间，节间处有腋芽，由节间腋芽萌发而生长的花卉。如美人蕉、鸢尾等。

5）块根花卉。地下根膨大呈纺锤体形状，芽着生在根茎处而其他处无芽，由此处萌芽而生长的花卉。如大丽花、花毛茛等。

（4）兰科植物　此类花卉按其性状原属于多年生草本花卉，因其种类繁多，在栽培上有其独特的要求，为了应用方便，一般将其单列一类。兰科花卉因性状和生态习性不同，可分为地生兰类、附生兰类和腐生兰类。地生兰类有春兰、蕙兰、建兰、墨兰等；附生兰主要有蝴蝶兰、大花蕙兰、万带兰、石斛兰等；腐生兰类常见栽培的有著名中药材天麻。

（5）水生花卉　此类花卉为常年生长在水中或沼泽地中的多年生草本花卉。如荷花、睡莲等。

（6）蕨类植物　本类属多年生草本花卉，多为常绿，其生活史分为有性和无性世代，不开花也不结种子，依靠孢子进行繁殖。如肾蕨、铁线蕨、鸟巢蕨、鹿角蕨等。

2. 木本花卉

木本花卉指植物茎木质化，木质部发达，枝干坚硬，难折断的花卉，根据其形态分为3类。

（1）乔木类　地上部有明显主干，主干与侧枝区别明显的花卉。如杜鹃花、山茶花、桂花、梅花、樱花等。

（2）灌木类　地上部无明显主干，由根际萌发丛生状枝条的花卉。如牡丹、月季、贴梗海棠、南天竹、十大功劳等。

（3）藤本类　植物茎木质化，长而细弱，不能直立，需缠绕或攀援其他植物体上才能生长的花卉。如紫藤、凌霄、地锦等。

3. 仙人掌类与多肉植物

多肉植物在植物分类学上，包括仙人掌科与番杏科的全部品种及景天科、龙舌兰科、大戟科、萝藦科、百合科、马齿苋科和菊科的一部分品种。其中仙人掌科的品种较多，形态、习性和繁殖方法与其他多肉植物不尽相同，在园艺学上常将其单列出来，称为"仙人掌类"，而其他科的多肉植物仍称为"多肉植物"，二者合称为"仙人掌类及多肉植物"。因此，"多肉植物"一词有广义和狭义之分，即广义上指包括仙人掌科植物在内的所有多肉植物，狭义上则指仙人掌科植物以外的多肉植物。仙人掌类植物与其他多肉植物的区别主要是仙人掌类植物有刺座这一独特器官，而其他种类的多肉植物则没有。

（1）仙人掌类　目前仙人掌科植物大约140余属2000种以上。如仙人球、令箭荷花、蟹爪兰、仙人掌类等。

（2）多肉植物类　常见栽培的多肉植物约有55科，包括番杏科、景天科、大戟科、百合科、菊科、萝藦科等。如燕子掌、石莲花、虎尾兰等。

4. 草坪与地被植物

从广义的概念上讲，草坪植物也属于地被植物的范畴。但按照习惯，把草坪单独列为一类。随着园艺事业的发展和人们对园林艺术欣赏水平的提高，草坪和地被植物已成为现代园林建设中不可缺少的组成部分，在绿化、美化城市、保护和改善环境、为人们创造良好的生活环境方面发挥着不可替代的作用。

（1）草坪植物

1）草坪植物按其形态特征分为：

① 宽叶类。茎粗叶宽，生长健壮，适应性强，多在大面积草坪地上使用。如结缕草、假俭草等。

② 狭叶类。茎叶纤细，呈绒毯状，可形成致密的草坪，要求良好的土壤条件，不耐阴。如红顶草、早熟禾、野牛草等。

2）草坪植物根据其对温度的要求不同又可分为：

① 冷地型草坪。又称为寒季型或冬绿型草坪植物，是原产于温带和亚寒带的一些草种，

适宜长江以北地区生长。冷地型草坪的主要特征是：耐寒冷，喜湿润冷凉气候，抗热性差，春秋两季生长旺盛，夏季生长缓慢，呈半休眠状态，其生长主要受季节炎热强度和持续时间，以及干旱环境的制约，生长发育的最适温度为 15~24℃。这类草坪茎叶幼嫩时抗热、抗寒能力均比较强。因此，通过修剪、浇水，可提高其适应环境的能力。如黑麦草、早熟禾、高羊茅、紫羊茅等。

② 暖地型草坪。又称为夏绿型草坪，是原产于亚热带和温带的一些草种，适宜长江以南地区生长。暖地型草坪的主要特征是：早春开始返青，入夏后生长旺盛，进入晚秋，一经霜打，茎叶枯萎褪绿。性喜温暖、空气湿润的气候，耐寒能力差，生长最适温度为 26~33℃。如结缕草、狗牙根、马尼拉草、细叶结缕草（天鹅绒草）、野牛草等。

（2）地被植物　地被植物是指覆盖在裸露地面上的低矮植物，高度小于50cm。其中包括草木、低矮匍匐灌木和蔓性藤本植物。

1）按生态型可分为：

① 木本地被植物。包括矮生藤本类，这类植物一般枝叶茂密，丛生性强，观赏效果好，如铺地柏、鹿角柏、爬行卫矛等；攀援藤本类，这类植物具有攀援习性，主要用于垂直绿化、覆盖墙面、假山、岩石等，如爬山虎、扶芳藤、凌霄、蔓性蔷薇等；矮竹类，竹类中有些茎秆低矮、耐阴，是极好的地被植物，如菲白竹、箬竹、倭竹等。

② 草本地被植物。这类植物在实际中应用最为广泛。其中又以多年生宿根、球根最受欢迎。一、二年生地被植物繁殖容易，自播能力强，如紫茉莉、二月兰。球根、宿根地被植物，如鸢尾、麦冬、吉祥草、玉簪、铃兰等。

③ 蕨类。自然界中，蕨类植物常在林下附地生长，如贯众、铁线蕨、凤尾蕨等，是园林绿地下地被的好材料。

2）按应用范围可分为：空旷地被植物；岩石地被植物；坡地地被植物；林缘及林下地被植物。

 任务考核标准

序　　号	考核内容	考核标准	参考分值/分
1	情感态度	准备充分、学习认真、能积极与教师呼应	20
2	资料收集与整理	能够认真记笔记、广泛查阅资料，积极完成项目要求的内容	30
3	观察记载	认真拍摄花卉图片，观察、记录常见花卉种类，并分类	30
4	工作记录和总结报告	有完成全部工作的工作记录，书面整洁；总结报告结果正确；上交及时	20
		合计	100

 自测训练

一、名词解释

一年生花卉　二年生花卉　球根花卉　宿根花卉　多肉植物　地被植物

二、填空题

1. 草坪植物根据其对温度的要求不同可分为_____和_____。

2. 依花卉的生物学性状分类可分为_____、_____、_____、草坪和地被植物。

三、简答题

依花卉的生物学性状分哪几类，并举例说明。

任务二 其他分类方法

一、依花卉对环境条件的要求分类

1. 依花卉对温度的要求分类

以花卉的耐寒力不同将其分为三类：

（1）耐寒性花卉 具有较强的耐寒力，能忍受0℃以下的温度，在北方能露地栽培、自然条件下安全越冬的花卉，一般原产于温带及寒带。如大多数的宿根花卉、落叶木本花卉及部分二年生草花、秋植球根花卉等。

（2）半耐寒性花卉 耐寒力介于耐寒性花卉与不耐寒性花卉之间的一类花卉，多原产于暖温带，生长期间能短期忍受0℃左右的低温，在北方需加防寒设施方可安全越冬。如大部分二年生花卉、部分常绿木本花卉等。

（3）不耐寒性花卉 在生长期间要求较高的温度，不能忍受0℃以下的温度，其中一部分种类甚至不能忍受5℃左右的温度，必须有温室设施满足其对环境的要求，才能正常生长，所以这一类花卉主要是温室栽培。另外，有些一年生花卉、春植球根花卉也都属于此类。

2. 依花卉对光照的要求分类

（1）依花卉对光照强度的要求分类

1）阳性花卉（喜光花卉）。在阳光充足的条件下，才能生长发育良好并正常开花结果的花卉。若阳光不足，则易造成枝叶徒长，组织柔软细弱，叶色变淡发黄，不易开花或开花不好，易遭病虫害等。如多数露地一、二年生花卉，宿根花卉，球根花卉，木本花卉及仙人掌类和多肉植物等。

2）阴性花卉（喜阴花卉）。这类花卉多原产于热带雨林或高山的阴面及林荫下，生长时需光量较少，不能忍受阳光直射，蔽荫度要求50%左右。如蕨类、兰科、凤梨科、天南星科等花卉。

3）中性花卉。在阳光充足的条件下生长发育好，但夏季光照强度大时应稍加蔽荫。如萱草、山茶、杜鹃、常春藤等。

（2）依花卉对光周期的要求分类

1）短日照花卉。每天的光照时数在12h以下，才能诱导花芽分化。在长日照条件下不能开花或延迟开花。如秋菊、蟹爪兰、一品红等。

2）长日照花卉。每天的光照时数在12h以上，才能诱导花芽分化。如瓜叶菊、八仙花、唐菖蒲等。

3）中日照花卉。这类花卉在其整个生长过程中，对日照时间长短没有明显的反应，只要其他条件适合，一年四季都能开花。如月季、扶桑、香石竹等。

综上所述，各种花卉对光照的要求不尽相同，而且即使是同一种花卉，在生长发育的不同阶段对光照的要求也不同。

3. 依花卉对水分的要求分类

（1）旱生花卉　旱生花卉具有较强的抗旱能力，能较长期地忍耐干旱。多数原产炎热而干旱地区的仙人掌类及多肉植物属于此类。

（2）中生花卉　在水湿条件适中的土壤中才能正常生长的花卉，它既不耐干旱又不耐水淹。大多数的花卉属于这一类。

（3）湿生花卉　该类花卉耐旱性弱，需生长在潮湿的环境中，在干燥或中生的环境下生长不良，但在深水环境中也生长不良。如菖蒲、海芋及热带兰类等。

（4）水生花卉　植物体全部或根部必须生活在水中或潮湿地带，遇干旱则枯死。如荷花、王莲、浮萍等。

二、依栽培方式分类

1. 露地花卉

在露地自然条件下，能完成其全部生长发育过程的花卉。如多数国庆节的草花。

2. 温室花卉

温室花卉是指原产热带、亚热带及南方温暖地区，在北方寒冷地区栽培必须在温室内培养或冬季需在温室内保护越冬的花卉。温室花卉是目前国内花卉生产栽培的主要部分。

3. 切花花卉

切花花卉是指按切花生产要求，整地作畦、定植、张网、剥蕾、疏枝、肥水管理、集中采收、保鲜处理等生产过程生产的花卉。切花栽培具有生产规模大、周期短、见效快的特点，能周年供应市场。是国际花卉生产栽培的主要部分。

4. 促成栽培

通过人为措施改变自然花期，使其按照需要适时开放，其中使花期较自然花期提前的栽培称为促成栽培。

5. 抑制栽培

通过人为措施改变自然花期，使其按照需要适时开放，其中使花期晚于自然花期开放的栽培称为抑制栽培。

6. 无土栽培

无土栽培是运用营养液、水、基质代替土壤栽培的生产方式，多在现代化温室内进行规模化生产栽培。

三、依用途分类

1. 依经济用途分类

（1）药用花卉　如牡丹、芍药、桔梗、牵牛、麦冬、鸡冠花、凤仙花、百合、贝母及石斛等为重要的药用植物。另外，金银花、菊花、荷花等均为常见的中药材。

（2）香料花卉　香花在食品、轻工业等方面用途很广。如桂花可作食品香料和酿酒，茉莉、白兰等可熏制茶叶，菊花可制高级食品和菜肴，白兰、玫瑰、水仙花、腊梅等可提取香精，其中从玫瑰花中提取的玫瑰油，在国际市场上被誉为"液体黄金"，其价值比黄金还高。

（3）食用花卉 有些花卉的根、茎、叶和花等可直接食用。如百合，既可做切花，又可食用；菊花、黄花菜既可用作园林绿化，也可以食用。

（4）其他用途 可以生产纤维、淀粉、油料的花卉。

2. 依园林应用分类

（1）花坛花卉 花坛花卉指可以用于布置花坛的一、二年生露地花卉。如三色堇、凤仙花、雏菊、一串红、万寿菊等。

（2）花境、花丛花卉 花境、花丛花卉是指用来布置花境、花丛的花卉，主要为宿根花卉或球根花卉，如鸢尾、萱草和美人蕉等；还有部分一、二年生花卉，如波斯菊、虞美人和金光菊等。

（3）地被花卉 地被花卉是植株低矮、覆盖地面能力强的一类花卉。如麦冬、红花酢浆草和常春藤等。

（4）盆栽花卉 盆栽花卉是以盆栽形式装饰室内及庭园的盆花。盆栽花卉具有植株较小、株丛紧密、分枝丰满，株形完整，花大、色艳、花形奇、花期长的特点。如扶桑、矮牵牛、美女樱、君子兰等。

（5）室内花卉 室内花卉是指通过 C4 途径（有一些植物对 CO_2 的固定反应是在叶肉细胞的胞质溶胶中进行的，在磷酸烯醇式丙酮酸羧化酶的催化下将 CO_2 连接到磷酸烯醇式丙酮酸上，形成西碳酸；草酰乙酸，这种固定 CO_2 的方式称为 C4 途径）来进行光合作用暗反应过程的一类花卉。一般观叶类植物都可作为室内观赏花卉。如发财树、巴西木、绿巨人、绿萝、五彩竹芋等。

（6）切花花卉 切花是指从植物体上剪切下来的，具有观赏价值的枝、叶、花、果的总称。切花花卉一般要求花色鲜艳，耐开，花枝长而硬挺。如切花月季、唐菖蒲、香石竹和切花菊等。

四、依自然花期分类

1. 春花类
花在 2 ~ 4 月间盛开的花卉。如郁金香、虞美人、金盏菊、山茶花、杜鹃花、牡丹花、梅花、报春花等。

2. 夏花类
花在 5 ~ 7 月间盛开的花卉。如凤仙花、荷花、石榴花、紫茉莉、茉莉花等。

3. 秋花类
花在 8 ~ 10 月间盛开的花卉。如大丽花、菊花、桂花等。

4. 冬花类
花在 11 月到翌年 1 月间盛开的花卉。如水仙花、腊梅花、一品红、仙客来、墨兰、蟹爪莲等。

5. 多季开花类
开花期长达两个季节以上的花卉。如月季、四季石榴、红花酢浆草等。

五、依自然分布分类

依据花卉的原产地进行分类，这种分类方法能反映出各种花卉的生态习性和生长发育环境条件。

1. 热带花卉

这类花卉在热带地区可露地栽培，脱离原产地栽培需要在高温温室越冬。如变叶木、红桑、蝴蝶兰等。

2. 温带花卉

这类花卉在我国北方地区可在露地保护下越冬，黄河以南地区可露地栽培。如牡丹、月季、石榴等。

3. 寒带花卉

这类花卉在我国北方地区可露地自然越冬，多露地栽培。如紫薇、丁香、榆叶梅等。

4. 高山花卉

高山花卉通常是指分布在海拔 3000m 以上地区的花卉。如杜鹃、报春和龙胆中的大部分种类等。

5. 水生花卉

水生花卉是指在水中或沼泽地生长的花卉。如荷花、王莲、睡莲等。

6. 岩生花卉

岩生花卉是指耐旱性强，适合在岩石园栽培的花卉。一般为宿根性或基部木质化的亚灌木类植物，还有蕨类等好阴湿的花卉。如蓍草、岩生芥菜、景天类等。

7. 沙漠花卉

这类花卉喜欢阳光充足和干燥的环境，怕水浸。如仙人掌、芦荟等。

六、依观赏部位分类

按花卉的花、叶、果、茎、芽等具有观赏价值的器官进行分类。

1. 观花花卉

观花花卉是指以花为主要观赏对象的花卉。多欣赏其艳丽的花色、奇异的花形，花期一般较长。如月季、牡丹、山茶、杜鹃、大丽花等。

2. 观叶植物

观叶植物是指以叶为主要观赏对象的花卉。观叶植物大多以叶的形、色、斑纹取胜。如龙血树属、豆瓣绿、朱蕉属、花叶万年青属、喜林芋属、变叶木等。

3. 观茎花卉

观茎花卉是指其茎枝的形态及色彩具有较高观赏价值的花卉。如佛肚竹、光棍树、山影拳、仙人掌等。

4. 观果花卉

观果花卉是指以果实为主要观赏对象的观赏植物。其特点是果实色彩艳丽，果形奇特，香气浓郁，着果丰硕或兼具多种观赏功能。园林中常用以此丰富花后的色彩，也可剪取果枝或摘果实存放果盘，以供室内观赏。如南天竹、木瓜、火棘、佛手、金橘、金枣、石榴、代代等。

5. 观根花卉

观根花卉是指植株主根呈肥厚的薯状，须根呈小溪流水状，气生根呈悬崖瀑布状，以观根为主的花卉。如根榕盆景、薯榕盆景、龟背竹、春芋等。

6. 芳香类

这类花卉是指花期长，花香浓郁的花卉。如米兰、茉莉、桂花、白兰、玉兰、含笑等。

7. 其他观赏类

观赏银芽柳毛茸茸、银白色的芽；观赏象牙红、马蹄莲、叶子花的苞片；观赏鸡冠膨大的花托；观赏紫茉莉、铁线莲瓣化的萼片，观赏美人蕉、红千层瓣化的雄蕊等。

 任务考核标准

序 号	考 核 内 容	考 核 标 准	参考分值/分
1	情感态度	准备充分、学习认真、能积极与教师呼应	20
2	资料收集与整理	能够认真记笔记、广泛查阅资料，积极完成项目要求的内容	30
3	观察记载	认真拍摄花卉图片，观察、记录常见花卉种类，并分类	30
4	工作记录和总结报告	有完成全部工作的工作记录，书面整洁；总结报告结果正确；上交及时	20
	合计		100

 自测训练

一、名词解释

露地花卉　温室花卉　切花花卉　促成栽培　抑制栽培　无土栽培　盆栽花卉

二、填空题

1. 依花卉对光周期的要求分类可分为_____、_____和中日照花卉。

2. 依花卉对温度的要求分类可分为_____、_____和_____。

项目二　花卉的繁殖

花卉繁殖技术是繁衍花卉后代、保存种质资源的手段，只有将种质资源保存下来，繁殖一定的数量，才能应用，并为花卉选种、育种提供条件。花卉种类繁多，繁殖方法各异，概括起来有播种繁殖、扦插繁殖、分生繁殖、压条繁殖、嫁接繁殖和组培培养等。

任务一　播种繁殖

一、有性繁殖的概念和特点

有性繁殖又称为种子繁殖，是利用雌雄受粉相交而结成种子来繁殖后代的繁殖方法。大部分一、二年生草花和部分多年生草花常采用种子繁殖，这些种子大多数是 F1 代种子（即杂交一代，与亲代相比在某些性状上有显著的优异表现，但无繁育能力，不能作为原种使用），具有优良的性状，但需要每年制种。如翠菊、鸡冠花、一串红、金鱼草、金盏菊、三色堇、矮牵牛等。

种子繁殖的特点如下：种子细小质轻，采收、贮存、运输、播种均较为简单；繁殖系数高，短时间可生产大量的幼苗；实生幼苗长势旺盛，根系强健，植株寿命长；对母株的形状不能全部遗传，易丧失优良种性，F1 代种子必然发生分离；有些木本花卉播种苗开花较迟。

二、种子的品质、采收及贮藏

1. 种子的品质

优良的种子是播种育苗成败的关键。通过以下几个方面检验花卉种子的品质。

（1）品种纯正　花卉种子形状各种各样，并且很有特色，有地雷形、针刺形、弯月形、芝麻形、圆球形、鼠粪形、棉絮形等，可根据种子的形状识别品种。种子采收后，进行去杂处理，晾干后装袋贮存。在整个处理过程中，要标明品种、处理方法、采收日期、贮存温度、贮藏地点等，以确保品种正确无误。

（2）颗粒饱满，发育充实　采收的种子要成熟，外形粒大而饱满，有光泽，重量足，种胚发育健全。大粒种子，如牵牛花、紫茉莉、旱金莲等，千粒重约为10g。中粒种子，如一串红、金盏菊、万寿菊等，千粒重约为1g。小粒种子，如鸡冠花、石竹、翠菊等，千粒重约为0.5g。微粒种子，如矮牵牛、虞美人、半枝莲等千粒重约为0.1g。

（3）富有生命力　采收的种子比贮藏的陈旧种子生命力强，发芽率和发芽势高。其中贮藏条件适宜的种子寿命要长，生命力强。若贮存不当或是病瘪种子，种子生命力低。花卉种类不同其种子寿命长短相差较大，如翠菊、长春花、福禄考等种子寿命较短，约为1年；

鸡冠花、凤仙花等种子寿命较长，约为 4~5 年；而大多数草花如虞美人、三色堇等种子寿命约为 2~3 年。

（4）无病虫害　种子是传播病虫害的重要媒介。种子上常常带有各种病虫的孢子和虫卵，贮藏前要杀菌消毒。要加强检验检疫，播种前要进行种子消毒。

2. 种子的采收与贮藏

（1）种子的采收　花卉种子的采收，一般应在成熟后进行。采收时要考虑果实开裂方式、种子着生部位及种子的成熟程度。花卉种子多数是陆续成熟，可进行分批采收；对于翅果、荚果、角果、蒴果等易于开裂的花卉种类，为防止种子飞扬，可提前套袋，使种子成熟后落入袋内；有的花卉种子成熟后不散落，可一次采收，当整个植株全部成熟后，连株拔起，晾干后脱粒。

采收的时间应在晴天的早晨进行，因为这时空气湿度较大，种子易采收。

采收方法有：摘取法和收割法。

（2）种子的贮藏　种子采收后首先要进行处理。晾干、脱粒、去杂后放在通风处阴干，避免种子暴晒，否则会丧失发芽力。种子处理后即可贮藏。种子贮藏的原则：抑制呼吸作用，减少养分消耗，保持活力，延长寿命。

1）日常生产和栽培中种子主要贮藏方法有：

① 干燥贮藏法：耐干燥的一、二年生草本花卉种子，在充分干燥后，放进纸袋或纸箱中保存。干燥贮藏法适宜次年播种的短期保存。

② 干燥密闭法：把充分干燥的种子，装入罐或瓶一类的容器中，密封起来放在冷凉处保存。保存一段时间后，种子质量依然较好。

③ 干燥低温密闭法：把充分干燥的种子，放入干燥的容器中，置于 1~5℃（不高于 15℃）的冰箱里贮藏，可较长时间保存种子。

④ 湿藏法（层积法）：把种子与湿沙交互地做层状堆积。湿藏法多用于某些容易在干燥条件下失去生活力的花卉种子；休眠的种子用这种方法处理，可促进发芽；芍药、牡丹的种子采收后也可进行沙藏层积。

⑤ 水藏法：某些水生花卉的种子，如睡莲、王莲等必须贮藏在水里才能保持其发芽力。

2）作为种子资源需要长期保存的种子可以使用的贮藏方法有：

① 低温种质库：分为长期、中期、短期库。不同低温库（-20~20℃）采用不同种子含水量（库温低，含水量也低）和空气湿度（库温低，湿度一般低于60%）下保存，预期种子寿命 2~5 年至 50~100 年。

② 超干贮藏：采用一定的技术，使种子极度干燥，含水量极低（比低温贮存时低得多），然后真空包装后存于室内长期保存。

③ 超低温贮存：种子脱水到一定含水量，直接或采用相关的生物技术存入液氮中长期保存。其理论预测可永久保存。

（3）种子的保存年限　各种花卉种子都有一定保存年限，在保存年限内种子有生命力，超出保存年限后，种子降低或失去生命力。自然条件下常见花卉种子的寿命见表 2-1。

表 2-1　自然条件下常见花卉种子的寿命

名　称	年　限	名　称	年　限	名　称	年　限
乌头	4	万寿菊	4	竹叶菊	3
藿香蓟	2~3	金盏菊	3~4	蜀葵	3~4
翠菊	2	美人蕉	3~4	风铃草	3
矢车菊	2~3	金鱼草	3~4	耧斗菜	2
鸡冠花	3~4	醉蝶花	2~3	雏菊	2~3
波斯菊	3~4	蛇目菊	3~4	观赏南瓜	5~6
大丽花	5	射干鸢尾	1	飞燕草	1
石竹	3~5	毛地黄	2~3	百合	2
蛇鞭菊	2	羽扇豆	4~5	甘菊	2
紫罗兰	4	花菱草	2	天人菊	2
猴面花	4	罂粟	3~5	霞草	5
向日葵	3~4	凤仙花	5~8	牵牛	3
串红	1~4	薰衣草	2	美女樱	3~5
五色梅	1	三色堇	2	百日菊	3
勿忘草	2~3	矮牵牛	3~5	福禄考	1
桔梗	2~3	半支莲	3~4	旱金莲	3~5

三、种子萌发的条件及播前处理

一般健康的花卉种子在适宜的水分、温度和氧气条件下都能顺利萌发，仅有部分花卉的种子要求光照感应或者打破休眠才能萌发。

1. 种子萌发的条件

（1）水分　种子萌发需要吸收充足的水分。种子吸水膨胀后，种皮破裂，呼吸强度增大，各种酶活性也增加，蛋白质及淀粉等贮藏物进行分解、转化，被分解的营养物质输送到胚，使胚开始生长。种子的吸水能力因种子的构造不同而差异很大。种子的播前处理很多情况就是为了促进吸水，以利萌发。

（2）温度　花卉种子萌发的适宜温度，依种子原产地的不同而有差异。通常原产于热带的花卉需要的温度较高，而亚热带及温带次之，原产于温带北部的花卉则需要一定的低温才易萌芽。一般来说，花卉种子的萌芽适温比其生育适温高 3~5℃，原产于温带的一、二年生花卉种子的萌芽适温为 20~25℃。萌芽适温较高的可达 25~30℃，如鸡冠花、半枝莲等，适宜春播。一些种子萌芽适温为 15~20℃，如金鱼草、三色堇等，适宜秋播。

（3）氧气　氧气是种子萌发的条件之一，供氧不足会妨碍种子的萌发。对水生植物而言，只需少量的氧气就可以满足种子萌发需要。

（4）光照　大多数种子，只需要足够的水分，适宜的温度和一定量的氧气，就可以发芽，但有少数的种子萌发受光照影响。

1）需光种子：这类种子常常是颗粒较小，没有从深层土中伸出的能力，发芽靠近土壤表层，所以在播种时覆土要薄。如报春花、毛地黄等。

2）嫌光性种子：这类种子在光照下不能萌发或萌发受到光抑制，如雁来红。

2. 种子的播前处理

种子处理目的是促使种子早发芽，出苗整齐，由于各种花卉种子大小、种皮的厚薄、本身的性状不同，播种前应采用不同的处理方法。

（1）发芽容易的种子　如万寿菊、羽叶茑萝、一些仙人掌类种子很容易发芽，可直接进行播种，也可用冷水（0~30℃，12~24h）、温水（30~40℃，6~12h）浸种后再播种，以缩短种子膨胀时间，加快出苗速度。

（2）发芽困难的种子　一般大粒种子发芽困难，如松籽、美人蕉、鹤望兰、荷花等，它们的种皮较厚且坚硬，吸水困难，对这些种子可在浸种前用刀刻伤种皮或磨破种皮。大量处理种子时可用稀硫酸浸泡，用前一定要做好试验，掌握好处理时间和使用溶液浓度，当种皮刚一变软，立即用清水将种皮上的硫酸冲洗干净，防止硫酸烧伤种胚。

（3）发芽迟缓的种子　有些花卉种子如珊瑚豆、文竹、君子兰、金银花等，出苗非常缓慢，在播种前应进行催芽。催芽前先用温水浸种，待种子膨胀后，将种子平摊在纱布上，然后盖上湿纱布，放入恒温箱内保持25~30℃的温度，每天用温水连同纱布冲洗一次，待种子萌发后立即播种。

（4）需打破休眠的种子　一些种子在休眠时即使给予适宜的水分、温度、氧气等条件，也不能正常发芽，它们必须在低温下度过春化阶段才能正常生长，如桃、杏、月季、杜鹃、白玉兰等。

对休眠的种子可采用低温层积处理，把花卉种子分层埋入湿润的素沙里，然后放在0~7℃环境下，层积时间因种类而异，一般2~3个月左右。如杜鹃、榆叶梅需30~40d，海棠需50~60d，桃、李、梅等需70~90d，腊梅、白玉兰需三个月以上，红松等则在六个月以上。经层积处理后取出种子，筛去沙土直接播种或催芽后再播种。

四、播种时期

1. 春播

露地草花、宿根花卉、木本花卉适宜春播。南方地区约在2月下旬至3月上旬，华中地区约在3月中旬，北方地区约在4月上旬至5月上旬。如北京地区五一花坛用花，可提前于1~2月份在温室、温床或冷床（阳畦）中播种。

2. 秋播

露地二年生草花和部分木本花卉适宜秋播。南方地区约在9月下旬至10月上旬，华中地区约在9月份，北方地区约在8月中旬，冬季需在温床或冷床越冬。

3. 随采随播

有些花卉种子含水分高，生命力短，不耐贮藏，失水分后容易丧失发芽力，应随采随播。如君子兰、四季海棠、杨树、柳树、桑树等。

4. 周年播种

热带和亚热带花卉的种子及部分盆栽花卉的种子，常年处于恒温状态，种子随时成熟。如果温度合适，种子随时萌发，可周年播种。如中国兰花、热带兰花等。

五、播种技术

1. 露地播种

（1）苗床整理　选择通风向阳、土壤肥沃、排水良好的圃地，施入基肥，整地作畦，浇足底水（同时苗土消毒），调节好苗床墒情，准备播种。

（2）播种方法　根据花卉种类、耐移栽程度、用途可选择点播、条播或撒播的播种方式。

1）大粒种子适用于点播，按一定的株行距单粒或多粒点播，主要便于移栽。如紫茉莉、牡丹、芍药、海棠、金莲花、君子兰等。

2）中粒种子适用于条播，便于通风透光。如文竹、天门冬等。

3）小粒种子适用于撒播，占地面积小，出苗量大，撒播要均匀，要及时间苗和蹲苗。如一串红、鸡冠花、翠菊、三色堇、石竹等。

4）微粒种子一般把种子混入少量细干土或细面沙后，再播撒到育苗床上。如矮牵牛、虞美人、半枝莲、藿香蓟等。

（3）播种深度及覆土　播种的深度也就是覆土的厚度。一般覆土厚度为种子直径的2～3倍，大粒种子宜厚，小粒种子宜薄。播种后，压实土壤，使种子与土壤密结，便于吸收水分而发芽，用喷洒的形式浇水，注意保持土壤墒情。

（4）播种后的管理　播种后管理需注意以下几个问题：

1）保持苗床的湿润，初期给水要偏多，以保证种子吸水膨胀的需要。发芽后适当减少，以土壤湿润为宜，不可使苗床过干或过湿。

2）播种后，如果温度过高或光照过强，要适当遮阳，避免苗床出现"封皮"现象，影响种子发芽出土。

3）播种后期根据发芽情况，适当拆除遮阳物，逐步见阳光。

4）当真叶出土后，根据苗的稀密程度及时间苗，去掉纤细弱苗，留下壮苗，充分见光蹲苗。

5）间苗后需立即浇水，以免留苗因根部松动而死亡。

2. 温室播种（图2-1）

（1）育苗盆准备　盆播一般采用盆口较大的浅盆或浅木箱，浅盆深10cm，口径30cm，底部有3～4个排水孔。播种前要将浅盆洗涮消毒后待用。

（2）盆土准备　苗盆底部的排水孔上盖一瓦片，下部铺2cm厚粗河沙和细粒石子，以利排水，上层装入过筛消毒的播种培养土，颠实、刮平即可播种。

（3）播种　小粒、微粒种子（四季海棠、蒲包花、瓜叶菊、报春花等）掺土后撒播，大粒、中粒种子点播。播后用细筛视种子大小覆土，用平板轻轻压实。微粒和小粒种子覆土要薄，以不见种子为度。

（4）盆底浸水法浇水　将播种盆底部浸入

图2-1　温室播种

水里，至盆面刚刚湿润均匀后取出，忌从上部喷水。

（5）覆盖 浸盆后将盆平放在蔽荫处，用玻璃或报纸覆盖盆口，防止水分蒸发和阳光直射。夜间可将玻璃掀去，使之通风透气，白天重新盖好。

（6）管理 种子出苗后立即揭去覆盖物，并移到通风处，逐渐见光。可继续用盆底浸水法给水，当长出 1～2 真叶时用细眼喷壶浇水，并视苗的密度及时间苗，当长出 3～4 片真叶时可分盆移栽。

3. 穴盘播种（图 2-2）

穴盘播种是穴盘育苗的第一步。以穴盘为容器，选用泥炭土配蛭石作为培养基质，采用人工播种或机械播种，一穴一粒种子，种子发芽率要求 98% 以上。生产中花卉大量播种时，常常配有专门的发芽室，可精确控制温度、湿度、光照，为种子萌发创造最佳条件。播种后将穴盘移入发芽室，待出苗后移回温室，长到一定大小时移栽到大一号的穴盘中，一直到出售或应用为止。

图 2-2 穴盘播种

该技术的突出优点是在移苗过程中对种苗根系伤害很小，缩短了缓苗时间；种苗生长健壮，整齐划一；操作简单，节省劳力。该技术一般在温室内进行，需要高质量的花卉种子和生产穴盘苗的专业技术，以及穴盘生产的特殊设备，如穴盘填充机、播种机、覆盖机、供水设施等。此外对环境、水分、肥料等需要精确管理。

 任务考核标准

序 号	考核内容	考核标准	参考分值/分
1	情感态度及团队合作	准备充分、学习方法多样、积极主动配合教师和小组共同完成任务	10
2	资料收集与整理	能够广泛查阅、收集和整理种子播种的资料，并对项目完成过程中的问题进行分析和解决	20
3	种子贮藏方案的设计	根据植物学、生理学、贮藏学等多学科知识，制订科学合理的种子贮藏保存方案，方案具有可操作性	30
4	种子繁殖的操作过程	播种育苗现场操作规范、正确	30
5	工作记录和总结报告	有完成全部工作的工作记录，书面整洁；总结报告结果正确，体会深刻；上交及时	10
		合计	100

自测训练

一、名词解释

有性繁殖

二、填空题

种子贮藏的方法有干藏法和_____。干藏法分为_____、_____和_____。

三、简答题

1. 简述温室花卉播种繁殖操作步骤。
2. 简述露地花卉播种繁殖操作步骤。

实训一 花卉播种技术

一、目的要求

使学生掌握地播和盆播技术。

二、材料用具

大粒花卉种子、微粒花卉种子、喷壶、培养土、铁锹、筛子、花盆、穴盘、农药。

三、方法步骤

教师现场讲解示范操作。学生分两组，一组操作露地播种，另一组操作盆钵播种；完成后交换。

1) 整地作畦，准备育苗床，改善床土的理化性质，提高地温，在播种前要翻晒土壤（床土）。浇水造墒，按株行距播大粒种子。

2) 准备育苗盆、育苗盆土，微粒种子播种，盆底给水法浇水。

四、作业

记录操作步骤，统计出苗率及检查播种均匀程度。

附：床土配制标准

由于幼苗根系生长势弱，分布浅，幼苗的密度又大。因此在单位面积内从床土中吸收的矿质营养较多。为培育壮苗必须有肥沃的苗床土壤，并且满足"净"、"细"、"松"、"肥"的条件。即床土是不带病菌的非发病土；具有良好的物理性状，一般要求孔隙度为 60% ~ 80%，其中小孔隙度不低于 25% ~ 30%；由于花卉幼苗根系发育要求严格，须使床土的 pH 值在 6 ~ 7 左右为佳。幼苗在子叶展开以后，需从床土中吸收水分及养料，所以速效养分含量的多少是培养壮苗的关键。一般要求床土中的速效氮、磷、钾的含量为氮：0.005% ~ 0.01%、磷：0.01% ~ 0.015%、钾：0.015% ~ 0.02%。增加床土中有机质的含量是配制的关键，应达 20% ~ 30%。配制时要求粪土充分掺匀，肥比例为 1：1 或 1：2。

为确保苗期不发生病害或发病轻，除采用床土在密闭情况下通蒸汽热力消毒、晒土消毒外，还可以采用药剂消毒。如福尔马林稀释 100 倍，喷入床土，边喷边翻动，使土壤湿透并堆成堆。拍紧、密闭 7d 后充分通风后备用。

任务二　分生繁殖

分生繁殖是人为地将植物体分生出来的幼植体（如吸芽、珠芽、根蘖等），或者植物营养器官的一部分（如变态茎等）进行分离或分割，脱离母体而形成若干独立植株的办法。凡新植株自然和母株分开的，称为分离（分株）；凡人为将其与母株割开的，称为分割。这些变态的植物器官主要功能是贮存营养，如一些多年生草本植物，生长季末期地上部死亡，植株以休眠状态在地下继续生存，翌年有芽的肉质器官再形成新的茎叶。其第二个功能是繁殖。此法繁殖的新植株，容易成活，成苗较快，繁殖简便，但繁殖系数低。根据花卉的生物学特性不同，可分为分株繁殖和分球繁殖两种方式。

一、分株繁殖

分株繁殖：分割自母体发生的小植株，分别栽植而成独立的新植株的方法。

1. 分株时间

落叶性花木在秋季落叶后进行；常绿性花木在春暖之前进行。

2. 分株方法

（1）萌蘖　大多数的宿根花卉，可自根际或地下发生萌蘖（根际产生的称为"根蘖"；地下茎产生的称为"茎蘖"），切下萌蘖栽植，使其形成独立的植株。园艺上多用伤根促其多生根蘖以增加繁殖系数。根蘖发生过程如图2-3所示。

（2）匍匐茎与走茎　由短缩的茎部或由叶轴的基部长出长蔓，蔓上有节，节部可以生根发芽，产生幼小植株，分离栽植即可成新植株。其中节间较短，横走地面的为匍匐茎，多见于草坪植物，如狗牙根、野牛草等。节间较长不贴地面的为走茎，如虎耳草、吊兰等。吊兰分株繁殖如图2-4所示。

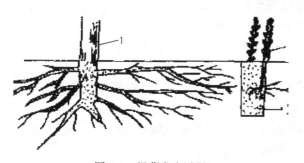

图2-3　根蘖发生过程

图2-4　吊兰分株繁殖

（3）吸芽　吸芽是某些植物根际或地上茎叶腋间自然发生的短缩、肥厚呈莲座状短枝。吸芽的下部可自然生根，故可分离而成新株，如菠萝的地上茎叶腋间的吸芽，芦荟、景天、石莲花等常在根际处的吸芽等。芦荟根际处的吸芽如图2-5所示。

（4）珠芽及零余子　珠芽是某些植物具有的特殊形式的芽，生于叶腋间，如卷丹（图2-6）。零余子是花序中产生鳞茎状或块茎状的植物体，如观赏花葱。它们脱离母体后自然落地即可生根。

图2-5　芦荟根际处的吸芽

图2-6　卷丹的珠芽

（5）叶生根　能自叶片边缘处产生小植株，这些小植株落地或人为分出，可生成独立植株。

二、分球繁殖

分球繁殖是利用母体产生的新球体分离栽植的繁殖方法。球根花卉的繁殖主要靠分球繁殖。

1. 分球繁殖的时间

在挖球之后，将母体基部萌发的小球摘下，分别贮藏、分别栽植。自然分球繁殖如图2-7所示。

2. 种植时间

春植球根花卉在3～4月份种植；秋植球根花卉在9～11月份种植；有些球根花卉是随时分割，随时种植。

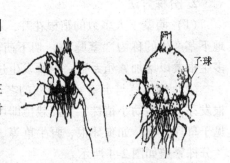

子球

图2-7　自然分球繁殖

3. 方法

（1）球茎　地下的变态茎，短缩肥厚近球状，贮存营养物质，其上有节、退化的叶片及侧芽。老球茎萌发后在基部形成新球，新球旁常生子球，可将子球分离进行繁殖，也可将母球切块，每块具芽，另行栽植。

（2）鳞茎　变态的地下茎，具短缩而扁盘状的鳞茎盘，肥厚多肉的鳞叶着生在鳞茎盘上。鳞茎的顶芽常抽生真叶和花序；鳞叶之间可发生腋芽，每年从腋芽中形成一个至数个子鳞茎，分离子鳞茎，另行栽植。鳞茎外面有干皮或膜质皮包被的为有皮鳞茎，如水仙、郁金香、朱顶红等；无包被的为无皮鳞茎，如百合等。

（3）块茎　地下变态茎形近于块状，根系自茎底部发生，块茎顶端通常具有几个发芽点，块茎表面也分布一些可生侧芽的芽眼（如彩叶芋、马蹄莲等）。可用切割块茎进行繁殖，切割时每块必须带有芽眼。

（4）根茎　地下茎肥大呈粗而长的根状，根茎具有节、节间、退化鳞叶、顶芽和腋芽，节上形成不定根，并发生侧芽而分枝，继而形成新的株丛。用根茎繁殖时，上面应具有2～3个芽才易成活，如美人蕉、虎皮兰等。虎尾兰根茎繁殖如图2-8所示。

（5）块根　地下根膨大成块状，其上有很多根点，顶端有多数芽眼，母球周围可产生

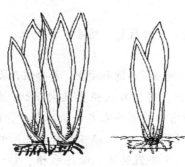

图 2-8　虎尾兰根茎繁殖

许多子球，分离子球进行繁殖，或将母球切割，每块要带一部分顶芽（如大丽花等）。

 任务考核标准

序　号	考核内容	考核标准	参考分值/分
1	情感态度及团队合作	准备充分、学习方法多样、积极主动配合教师和小组共同完成任务	10
2	资料收集与整理	能够广泛查阅、收集和整理分生繁殖的资料，并对项目完成过程中的问题进行分析和解决	20
3	分株繁殖的操作过程	分株繁殖现场操作规范、正确	30
4	分球繁殖的操作过程	分球繁殖现场操作规范、正确	30
5	工作记录和总结报告	有完成全部工作的工作记录，书面整洁；总结报告结果正确，体会深刻；上交及时	10
合计			100

自测训练

一、名词解释

分生繁殖　分株繁殖　分球繁殖

二、填空题

1. 分生繁殖可分为_____和_____。

2. 分球繁殖可分为_____、_____、_____和_____。

三、简答题

1. 花卉分生繁殖有哪些类别？

2. 分株繁殖和分球繁殖有什么不同？

实训二　分球、分株繁殖技术

一、目的要求

使学生掌握分球、分株技术。

二、材料用具

晚香玉、美人蕉、兰花、利刀、剪枝剪、喷壶、培养土、杀菌剂、木炭粉。

三、方法步骤

按栽培要求的大小分级，先明确操作步骤和要求，再分组开展活动，花卉种类可以多一些。

1）将晚香玉扒开根茎和根盘，用利刀从根盘处向下切，按每块有5~6个小鳞茎为一组，每个小鳞茎下部带根，用拌有杀菌剂的木炭粉涂抹伤口，阴干后栽植。

2）把大盆兰花脱盆，去除外围土，用利刀在假鳞茎之间的"马路"切断，使每一个切断的假鳞茎都带根，使每丛带4~5个假鳞茎，去除残根、枯叶，用木炭粉涂伤口，用新培养土栽植。注意切割"马路"时不能伤及假鳞茎。

四、作业

调查分株、分球栽培成活率。

任务三　扦插繁殖

一、扦插繁殖的概念、特点及原理

扦插繁殖是指取植物茎、叶、根的一部分，插入沙或其他基质中，使其生根或发芽成为新的植株的繁殖方法。用这种方法培养的植株比播种苗成苗快，开花结实早，并能保持原有品种的特性。但扦插苗无主根，根系常较播种苗弱，系根浅。对不易产生种子的花卉，多采用这种方法繁殖，也是多年生花卉的主要繁殖方法之一。

其原理是利用植物营养器官的再生能力或分生机能，将植物茎、叶、根的一部分从母体上切取，在适宜的条件下促使其发生不定芽和不定根，进而成为新植株。

二、扦插床的类型和扦插基质

1. 扦插床的类型

（1）温室插床　在温室内作地面插床或台面插床，有加温通风和遮阳降温喷水设施，可常年扦插使用。北方气候干燥可采用温室地面插床。根据温室面积南北向作床面，长10~12m，宽1.2~1.5m，下挖深度0.5m作通风道，上铺硬质网状支撑物及扦插基质，这种插床保温保湿效果好，生根快。南方气候湿润采用台面插床，南北向离开地面50cm处用砖切成宽1.2~1.5m培养槽状，床面留有排水孔，这种插床有利于下部通风透气，生根快而多。

（2）全光照喷雾扦插　取带叶的插穗在自动喷雾装置的保护下，使叶面常有一层水膜，在全光照的插床上进行扦插育苗的方法，称为全光照喷雾扦插。带叶扦插不仅能进行光合作用，提供生根所需的碳水化合物，而且能合成内源生长素刺激生根。另外，生长季气温较高，利于插穗迅速生根。带叶插穗是在温度较高，光照强的情况下扦插，保证插条生根前叶子不失水便成为扦插成功的主要技术关键，而全光照自动间隙喷雾可以为带叶嫩枝扦插提供最适宜的生根环境，可以确保插穗在生根前相当时间内不至于因失水而干枯，这样可以大大增加了生根成活的可能性。

全光照喷雾扦插的优点：可以使不太容易生根和生根困难的花卉提高扦插成活率；生根

速度快，生根量多，苗木产量高，苗床周转快；可以实行扦插生根过程的自动化管理；可以降低育苗成本，提高经济效益。

这是一种自动控制扦插床。插床底装置有电热线及自动控制仪器，使扦插床保持一定温度。插床上还装有自动喷雾的装置，由电磁阀控制，按要求进行间歇喷雾，增加叶面湿度的同时降低温度，减少蒸发和呼吸作用。插床上不加任何覆盖，充分利用太阳光照，叶片照常进行光合作用。利用这种设备可加速扦插生根，成活率大大提高，使许多扦插不宜成活的植物都能扦插成功。

2. 扦插基质

用作扦插的材料，应具有保温、保湿、疏松、透气、洁净，酸碱度呈中性，成本低，便于运输等特点。现将扦插常用基质介绍如下。

（1）河沙 取河床中的冲击沙（直径约 1mm 的中等沙）为宜。河沙质地重，疏松透气，不含病虫菌，酸碱度呈中性，适宜草本花卉扦插。

（2）蛭石 蛭石为云母类矿物，经 800～1100℃ 高温烧制而成，因而不带病虫害，保水和透气性好。吸水量为自重的 2 倍，具有良好的缓冲性，不溶于水，并含有可被花卉利用的镁和钾。因吸水性高，故插条的生根相对慢于其他基质但根系粗壮，与其他基质混用则效果更佳。蛭石适用于木本、草本花卉扦插。

（3）珍珠岩 珍珠岩为硅质火山岩在 1200℃ 高温燃烧膨胀而成白色颗粒，呈酸性，疏松透气，质地轻，保温保水性好，仅一次使用为宜。长时间易滋生病菌，颗粒变小，透气差。珍珠岩适用于木本花卉扦插。

（4）腐殖质土 扶桑、灯笼花、琼花、叶子花以腐殖质土作基质为宜。它质地疏松，有机质多，保水和透气性均好。使用前用筛除去枯枝、叶梗和石粒等杂物，在阳光下暴晒 2～3d 以杀死其中的多种腐生病菌。

（5）泥炭 泥炭又名草炭，是植物残体在水分过多、空气不足的条件下，分解不充分的半分解有机物。呈酸性，吸水和排水性好，单用宜插草本植物，也常用松树皮与泥炭按 3∶1 的比例混合，作山茶花的扦插育苗基质。

（6）苔藓 苔藓质地柔软疏松，含水量高，排水性差，在使用时须与蛭石、珍珠岩、河沙或炉渣等混用，以改善排水和提高通气性。

（7）砻糠灰 砻糠灰由稻壳炭化而成，疏松透气，保湿性好，黑灰色吸热性好，经高温炭化不含病菌，新炭化材料酸碱度呈碱性。砻糠灰适用于草本花卉扦插。

（8）炉渣灰、火山灰、刨花、锯末、甘蔗渣等 可单用或混用作扦插基质。

三、影响扦插成活的因素

1. 花卉种类

不同种类的花卉，甚至同种的不同品种间生根也会存在差异。如景天科、杨柳科、仙人掌科普遍生根容易，而菊花、月季花等品种间差异大。所以要针对花卉不同的生根特点采用不同的处理或用不同的繁殖方式。

2. 母体状况与采条部位

营养良好、生长正常的母株，是插条生根的重要基础。另有试验表明，侧枝比主枝易生根；硬木扦插时取自枝梢基部的插条生根较好；软木扦插时以顶梢作插条比下部的生根好；

营养枝比结果枝更易生根；去掉蕾比带花蕾者生根好；许多花卉如大丽花、木槿属、杜鹃花属、常春藤属等，采自光照较弱处母株上的插条比强光下者生根较好，但菊花例外。

3. 扦插基质

扦插基质是扦插的重要环境，直接影响水分、空气、温度及卫生条件，理想的扦插基质应具有保温、保湿、疏松、透气、洁净、酸碱度呈中性、成本低、便于运输的特点。扦插基质可根据植物的不同特性配备。如蛭石呈微酸性，适用于木本、草本花卉扦插；珍珠岩酸碱度呈中性，适用于木本花卉扦插；砻糠灰呈碱性，适用于草本花卉扦插。河床中的冲积砂，酸碱度呈中性，适用于草本花卉扦插。

4. 温度

不同种类的花卉，对扦插温度要求不同。喜温植物需温较高，热带植物为 25 ~ 30℃，一般植物在 15 ~ 20℃较易生根。在春季，土温较气温略高 3 ~ 5℃时对扦插生根有利。

5. 水分与湿度

插穗在湿润的基质中才能生根，基质中适宜的水分含量以 50% 土壤持水量为宜。插条生根前要一直保持较高的空气湿度，以避免插穗枝条中水分的过度蒸腾。尤其是带叶的插条，短时间的萎蔫就会延迟生根，空气干燥会使叶片凋枯或脱落，生根失败。

6. 光照强度

强烈的日光对插条生根会有不利的影响，因此，扦插期间白天要适当遮阴并间歇喷雾以促进插条生根。在夏季进行扦插时应设荫棚、荫帘或用石灰水洒在温室或塑料面上以遮阴。研究表明，扦插生根期间，许多木本花卉，如木槿属、锦带花属、连翘属，在较低光照下生根较好，但许多草本花卉，如菊花、天竺葵、一品红等，适当强光照生根较好。

四、扦插的种类与方法

扦插依材料、插穗成熟度分为如下各类：叶插（全叶插、片叶插）、枝插（硬枝插、绿枝插、嫩枝插、芽叶插）和根插。

1. 叶插

叶插是用花卉叶片或叶柄作插穗的扦插方法。用于能自叶上发生不定芽及不定根的种类。凡能用叶插繁殖的花卉大多数有粗壮的叶柄、叶脉或肥厚的叶片。要选发育充实的叶片做插穗。

（1）全叶插　以完整叶片为插穗。

1）平置法。切取叶片后，切去叶柄及叶缘薄嫩部分以减少蒸发，在叶脉交叉处用刀切断，将叶片平铺于基质上，然后用少量砂子或石子铺压叶面或用玻璃片压叶片，使紧贴基质不断吸收水分以免凋萎。以后在切口处会长出不定根并发芽长成小株。全叶插平置法适用于秋海棠类（图2-9）。

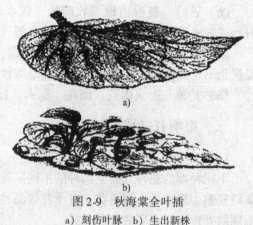

图 2-9　秋海棠全叶插
a）刻伤叶脉　b）生出新株

2）直插法。也称为叶柄插法，将叶柄插入沙中，叶片立于扦插基质上，将来会从叶柄基部发根。用此法繁殖的有非洲紫罗兰、豆瓣绿等。

（2）片叶插　将一个叶片分切成为数块，分别进行扦插，使每块叶片上形成不定芽。将蟆叶海棠叶柄、叶片基部剪去，按主脉分布情况，分切为数块，使每块上含有主脉一条，叶缘较薄处适当剪去，然后将其下端插入基质中，不久自叶脉基部发生幼小植株，下端生根后即可分栽。此法适用于蟆叶秋海棠、大岩桐、豆瓣绿、虎尾兰等。虎尾兰的叶片较长，可横切成5cm左右的小段，将其下端插入沙中，不可倒插，自下端可生出幼株。为防上下颠倒，可在切时在形态的上端剪角做标记。

2. 枝插

枝插是采用花卉的枝条作为插穗的扦插方法。可在露地进行，也可在室内进行。依扦插季节及花卉种类不同，可以进行覆盖塑料棚保温、荫棚遮阴或喷雾处理。

（1）芽叶插（图2-10）　芽叶插主要是温室花木类使用。插穗为一芽附一片叶，芽下部带有盾形茎部一片或一小段茎，插入沙床中，露出芽尖即可。叶大的可卷起固定。橡皮树、八仙花、菊花、万寿菊等可用此法。

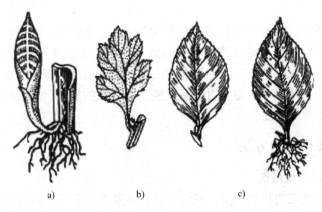

a)　　　　　　b)　　　　　　c)

图2-10　芽叶插

a）虎尾兰　b）菊蒲花　c）山茶

（2）硬枝插　在休眠期用完全木质化的一二年生枝条作插穗的扦插方法。

插条多在秋季落叶后，少数可在冬季或早春树液流动前采取。插条应选长势旺、节间短而粗壮、无病虫害的枝条，采集后的枝条捆成束，贮藏于室内或地窖的湿砂中，温度保持在0~5℃左右。扦插时截取枝条中段有饱满芽的部分，剪成具3~5个芽、约15cm左右的小段，上剪口在芽上方1cm处，下剪口在基部芽下方0.3cm处，并削成45°斜面。

硬枝插多在露地进行，春季地温上升后即可开始，我国中部地区在3月，东北等地在5月。开沟将插穗斜埋或直埋于基质中呈垄形，覆盖顶部芽，喷水压实即可。

（3）绿枝插　在生长期用基部半木质化带叶片的绿枝作插穗的扦插方法。

花谢1周左右，选取腋芽饱满、叶片发育正常、无病害的枝条，剪成10~15cm的小段，上剪口在芽上方1cm处，下剪口在基部芽下方0.3cm处，切面要平滑。叶片剪去1/3或1/2，插时应先用粗细相当的木棒插一个孔洞，然后插入插穗长度的1/3~1/2。用手指在四周压紧或喷水压实。适用于绿枝插的花卉有月季、桂花、含笑等。

多浆植物如仙人掌类、石莲花属、景天属等植物，在生长旺盛期进行扦插极易生根。但剪枝后应放在通风处阴干几日，待伤口稍有愈合状再扦插，否则插穗易腐烂。插后不必遮阴。

（4）嫩枝插　生长期采用枝条顶部嫩枝作插穗的扦插方法。

在生长旺盛期，大多数的草本花卉生长快，采取 10cm 长度幼嫩茎尖，基部削面平滑，插入蛭石、砻糠灰、河砂等基质中，喷水压实。菊花多采用抱头芽进行扦插，而一品红、石竹、丝石竹常采用茎尖进行扦插。

3. 根插

用根做插穗的扦插方法。根插法可分为以下两种：

（1）细嫩根类　将根切成长约 3～5cm，撒布于插床或花盆的基质上，再覆土或砂土一层，注意保温、保湿，发根出土后可移植。如宿根福禄考、肥皂草、牛舌草、毛蕊花等均可用此法繁殖。

（2）肉质根类　将根截成 2.5～5cm 的插穗，插于砂中，上端与砂面齐或稍突出。用此法繁殖的有荷包牡丹、芍药、霞草、牡丹等。根插也具有极性现象，上下方向不可颠倒。

插后的管理较重要，北方的硬枝插和根插要防冻，土温要高于气温 3～5℃ 为宜。另外扦插初期，硬枝插、绿枝插、嫩枝插和叶插的插穗无根，为防止失水太多，需保持 90% 的空气相对湿度。晴天要及时遮阳防止插穗蒸发失水，影响成活。扦插后要逐渐增加光照，促进叶片进行光合作用，尽快产生愈伤组织而生根。随着根的发生，应及时通风透气，以增加根部的氧气，促使生根快、生根多。

五、促进扦插生根的方法

1. 环状剥皮、刻伤或缢伤

在生长后期剪枝条之前环割枝条，麻绳捆扎，截断养分向下运输通路，使养分集中，枝条受伤处膨大，休眠期将枝条剪下进行扦插利于生根和生长。

2. 黄化软化处理法

用黑布或泥土封包枝条，遮阴，使枝条内营养物质发生变化，组织老化过程延缓，三周后剪下扦插易生根，黑暗可延迟芽组织发育，而促进根组织的生长。这种方法适用于含有多量色素、油脂、樟脑、松脂等的花卉，因这些物质常抑制生长细胞的活动，阻碍愈合组织的形成和不定根的形成。

3. 温水处理

插穗在 30～35℃ 温水中处理后，可减少抑制物质松脂、单宁、酚、醛类化合物的含量，利于插穗生根。

4. 植物生长素处理

植物生长素能有效地促进插条生根，主要用于枝插，但对根插和叶插效果不明显，处理后常抑制不定芽发生。常见的植物生长素有萘乙酸、吲哚乙酸、吲哚丁酸、2.4-D 等。另外还有专门生根促进剂，如 ABT 生根粉、根宝等。

常用的生长素有粉剂和液剂两种。粉剂处理是将配制好的植物生长激素均匀地混入滑石粉中，将剪好的插条下端蘸上粉剂（如枝条下端较干可先蘸水），使粉剂粘在枝条下切口处，然后插入基质中，当插穗吸收水分时，生长素即行溶解并被吸入枝条组织内，粉剂使用浓度可略高于液剂。液剂处理是将插条浸泡在有一定浓度的植物生长激素的水溶液中，并处理一定时间。在配制溶液时，生长素一般不直接溶于水，配时先加少量酒精，溶解后再加水稀释至所需要的浓度，必要时可间接加温。使用浓度为：草本花卉 5～10mg/L，木本花卉 30～100mg/L，浸泡 12～24h，或用 500～1000mg/L 处理 1～2s 即可。水溶液容易失效，宜现配现用，不易长期保存。植物的种类不同，枝条的发育阶段不同，要求激素的浓度、处理的时间也不同，应区别对待，一般浓度不能太大，太大反而对生根起抑制作用。

5. 其他处理

（1）蔗糖处理　用 4%～5% 蔗糖处理 24h，效果较好，能给插穗直接补充营养物质。

（2）高锰酸钾处理　用 0.1% 高锰酸钾处理 12～24h，使枝条基部氧化，增加枝条呼吸作用，促进插穗内部营养物质转变为可给状态，加速根的发生，还可起到消毒杀菌作用。

 任务考核标准

序　号	考核内容	考核标准	参考分值/分
1	情感态度及团队合作	准备充分、学习方法多样、积极主动配合教师和小组共同完成任务	10
2	资料收集与整理	能够广泛查阅、收集和整理扦插繁殖的资料，并对项目完成过程中的问题进行分析和解决	20
3	硬枝插的操作过程	硬枝插现场操作规范、正确	30
4	绿枝插的操作过程	绿枝插现场操作规范、正确	30
5	工作记录和总结报告	有完成全部工作的工作记录，书面整洁；总结报告结果正确，体会深刻；上交及时	10
合计			100

 自测训练

一、名词解释

扦插　全光照喷雾扦插

二、填空题

1. 扦插依材料分为如下各类：_____、_____和根插。

2. 枝插分为_____、_____、_____和芽叶插。

三、简答题

1. 比较硬枝插和绿枝插有什么异同？

2. 促进扦插生根的方法有哪些？

实训三　木本花卉的硬枝扦插技术

一、目的要求

熟练掌握硬枝扦插的时间、插条选取、插穗制取、扦插深度等操作方法以及扦插后的管理技术。根据扦插后观察记载，了解扦插苗的生根、抽芽和生长发育规律。

二、材料用具

(1) 材料　选乔木、灌木及针叶树种若干种（插条）；萘乙酸或吲哚丁酸等药品；基质

(2) 用具　剪枝剪、铲、锄、喷壶或喷雾器等。

三、方法步骤

1. 选条

选择健壮、无病虫害且粗壮含营养物质多的枝条。落叶树种在秋季落叶后至翌春发芽前采条（落叶或开始落叶时剪取最宜）；常绿树插条应于春季萌芽前采集，随采随插。

2. 剪穗

落叶阔叶树应先剪去梢端过细及基部无芽部分，用中段截制插穗。插穗长15～20cm，粗0.5～2cm，具有2～3个以上的饱满芽。上切口距第一芽1cm左右处剪平，剪口要平滑；下切口在芽下0.5cm处平剪或斜剪，插穗上的芽应全部保留。常绿阔叶树的插穗长10～25cm，并剪去下部叶片，保留上端1～3节的叶片或每片叶剪去1/3～1/2；针叶树的插穗，仅选枝条顶端部分，应剪成10～15cm长（粗度0.3cm以上），并保留梢端的枝叶。

3. 贮藏

秋采春插的穗条应挖沟层积贮藏，堆积层数不宜过高，多2～3层为宜。也可窖藏或插条两端蜡封置于低温室内贮藏。

4. 扦插

落叶阔叶树种若插穗较长，且土壤黏重湿润可以斜插；插穗较短、土壤疏松宜直插。常绿树种宜直插，扦插的深度为插穗的1/3～1/2，在干旱地区和沙地插床也可将插穗全部插入土中，插穗上端与地面平，并用土覆盖。扦插时避免擦插穗上的芽或皮，可先用扦插棒插洞后再插入插穗。

5. 插后管理

垄插苗要连续灌水2～3次，要小水漫灌，不可使水漫过垄顶。灌水后要及时中耕。待插条大部分发芽出土之后，要经常检查未发芽的插条，如发现第一个芽已坏，则应扒开土面，促使第二个芽出苗。床插苗，因有塑料薄膜覆盖，可每隔5～7d灌水一次。灌水后松土。要经常检查床内温湿度，必要时进行降温、遮阴。

四、作业（表2-2）

表2-2　插穗生长记录表

观察日期	生长日期	苗高	径粗	放叶情况		生根情况	
				开始放叶日期	放叶插条数	开始生根日期	生根插条数

实训四　绿枝插、叶插、叶芽插技术

一、目的要求

使学生掌握绿枝插、叶插和叶芽插的操作技术和管理方法。

二、材料用具

一串红、虎尾兰、刀片、剪枝剪、插床、拱棚、喷壶、杀菌剂。

三、方法步骤

1）根据所用材料的特性，尽可能考虑实际生产需要，选择合适的扦插季节，有条件可在不同季节多次进行。

2）选一串红嫩枝顶梢 5~7cm 长，去除下部叶片，留上部 2 对叶片，及时浸在清水中或插入插床 1/3~1/2 深。

3）选虎尾兰健壮叶片，用刀片横切成段，每段 5~7cm，在下切口切去一角，浸在清水中，按原来上下方向插入插床 2~3cm 深。

4）选万寿菊健壮枝条，在节间切断，垂直劈开，使每侧有 1 个芽和叶片，每段距芽上下保留 1cm，插入基质中 1cm。

5）扦插后喷水、遮阳，加盖小拱棚，喷洒消毒药等。注意协调基质中的水、气关系。

四、作业

1）将实习过程记录，整理成报告。

2）填写调查扦插成活率，见表 2-3。

表 2-3　插穗生根情况统计表

植物名称	扦插株数	扦插日期	应用激素的种类浓度及处理时间	插条生根情况	生根株数	成活率	未生根原因	生根部位	生根数	平均根长

任务四　嫁接繁殖

一、嫁接的概念、特点

嫁接是将一种植物的枝、芽等部分器官移接到另一植株的根、茎上，使其长成新植株的繁殖方法。用于嫁接的枝条称为接穗，所用的芽称为接芽，被嫁接的植株称为砧木，接活后的苗称为嫁接苗。嫁接繁殖是繁殖无性系优良品种的方法。嫁接成活的原理是：具有亲和力的两株植物间在结合处的形成层产生愈合现象，使导管、筛管互通，以形成一个新个体。

嫁接繁殖能保持接穗的优良性状，且生长快、树势强、结果早。因此，嫁接繁殖利于加速新品种的推广应用；可以利用砧木的某些性状如抗旱、抗寒、耐涝、耐盐碱、抗病虫等，增强栽培品种的适应性和抗逆性，以扩大栽培范围或降低生产成本；在果树和花木生产中，可利用砧木调节树势，使树体矮化或乔化，以满足栽培上或消费上的不同需求；嫁接可提高特殊种类的成活率，如仙人掌类的黄、红、粉色品种只有嫁接在绿色砧木上才能生长良好；嫁接可提高观赏植物的可观赏性，如垂榆、垂枝槐等嫁接在直立的砧木上更能体现下垂的姿态。用黄蒿作砧木的嫁接菊可高达 5m，开出 5000 多朵花。多数砧木可用种子繁殖，故繁殖系数大，便于在生产上大面积推广；但操作和管理繁琐且技术要求高。

二、砧木的选择与培育

（1）砧木的选择　适宜的砧木应与接穗有良好的亲和力；砧木适应本地自然条件，生长健壮；对接穗的生长、开花、寿命有良好的影响；能满足生产上的需求，如矮化、乔化、无刺等；以一、二年生实生苗为好。

（2）砧木的培育　多以播种的实生苗作砧木最好。它具有根系发达、抗性强、寿命长和易大量繁殖等优点，但对种源很少或不易种子繁殖的种类也可用扦插、分株、压条等营养繁殖苗作砧木。

三、接穗的采集、贮藏与运输

1. 接穗的采集

接穗应从品种优良、特性强的母株上采取；采集枝条生长健壮充实、芽体饱满的中间部分，过嫩不成熟，过老基部芽体不饱满；春季枝接选用二年生枝，生长期芽接和嫩枝接选用当年生枝。

2. 接穗的贮藏

为了防治接穗在贮藏中不失水干枯、霉烂和发芽，环境条件要满足低温（12～16℃）、高湿（空气湿度90%）及适当透气，严防接穗日晒、雨淋、风吹。冬季和早春可用沙藏方法贮藏，夏、秋季可因地制宜地利用防空洞条件或深水井水面以上的地方，创造高湿低温的条件，延长接穗利用时间。

3. 接穗的运输

接穗一般用湿润清洁的刨花或锯末、草纸等包装。不可用易发热物及透气性差的物品包装。运输途中防止日晒、雨淋、风吹。尽量缩短途中运输时间。

四、嫁接方法

嫁接的方法很多，主要有枝接、芽接、根接和仙人掌的髓心接等。

1. 枝接

（1）切接（图2-11）　一般在春季3～4月份进行。切接适用于砧木较细，直径1～2cm或稍粗，根颈接、靠接、高接均可。选定砧木，离地7～10cm断砧，削平断面，在横切面一侧用切接刀垂直向下切深约2cm左右稍带木质部，露出形成层。截取接穗5～8cm的小段，上有2～3个饱满芽，下部削成正面2cm左右的斜面，反面再削一短斜面，长为对侧的1/4～1/3。切口要平滑。把接穗削好的长面向里插入砧木切口中，使它们形成层密接。接穗插入的深度以接穗削面露出0.5cm左右为宜，即"露白"。若接穗较砧木细小时，仅使接穗与砧木一侧的形成层对齐即可。最后用麻线或塑料条由下向上捆扎紧密，兼有使形成层密接和保温的作用。

（2）劈接（图2-12）　劈接常用于较粗的砧木（粗度为接穗2～5倍），一般在春季3～4月份进行。将砧木在离地面一定高度光滑处剪（锯）断，并削平剪口，用切接刀于中央垂直切下，劈成约2～3cm的切口。再在接穗的下端两边相对处各削长2～3cm斜面，使成楔形，一侧薄而另一侧稍厚，然后接穗插入砧木切口中，使接穗一侧形成层密接于砧木形

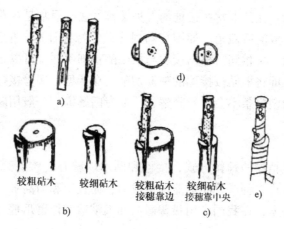

图 2-11　切接

a）接穗　b）砧木　c）结合　d）横切面结合情况　e）绑扎

成层，插入的深度以接穗切面露出 0.2~0.3cm 为宜，这样砧木与接穗形成层接触面大，有利于分生组织的形成和愈合，用塑料条扎紧即可。此法常用于草本植物，如菊花、大丽花的嫁接和木本植物如杜鹃花、榕树、金橘的高接换头。

（3）靠接　靠接用于嫁接不易成活或贵重珍奇的种类。为了方便操作，接前先将砧木或接穗上盆，上盆时可将植株栽于靠盆边的一侧，以便于嫁接时贴合。应在植物生长期间进行，接时在两个植株茎上，分别切出切面，深达木质部。然后使二者的形成层紧贴扎紧。成活后，将接穗截离母株，并截去砧木上部枝茎即可。

图 2-12　劈接

2. 芽接

芽接是花卉栽培种应用较多的方法。最常用的是"T"字形芽接（图 2-13），操作简单迅速，成活率高。嫁接时选枝条中部饱满的侧芽作接芽，剪去叶片，仅留叶柄。在接芽上方 1cm 处横切一刀深达木质部，然后在接芽下方 1.5cm 处从下向上削，使切口与横切的刀口相接，芽片上宽下窄呈盾形，连同叶柄一起取下，不带木质部。在砧木距离地面 7~15cm 处，选择背阴面的光滑部位，去掉 2~3 片叶，用芽接刀横切一刀，深达

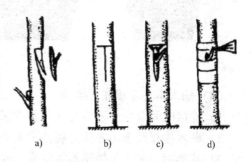

图 2-13　"T"字形芽接

a）取芽　b）切砧　c）装芽片　d）包扎

木质部，再从切口中间向下纵切一刀长 3cm，使其成 T 字形，用芽接刀骨柄把皮轻轻挑开，将芽片插入砧木切口中，使芽片上部横切口与砧木的横切口平齐并密接，合拢皮层包住芽片，用塑料条扎紧。接后 7~10d 检查叶柄，用手轻触即脱落的已活。芽皱缩的要及时补接。

3. 根接

用植物根系作砧木，在其上嫁接接穗的一种嫁接方法。通常是在花木休眠期进行。接后埋于湿沙中促其愈合，成活后栽植，如用芍药根作砧木嫁接牡丹。根接时可用劈接、切接、靠接等方法，操作步骤与之相同。根据接穗与根砧的粗细不同，可以正接，即在根砧上端劈接接口；也可以倒接，即将根砧按接穗的削发切削，在接穗下端劈接接口进行嫁接。绑扎材料不宜用塑料条，因为塑料条不会自然降解，需要专门解绑。一般用麻皮、蒲草、马蔺草等绑扎。

4. 髓心接

髓心接是仙人掌类植物的嫁接方式，接穗和砧木以髓心（维管束）相互密接愈合而成的嫁接技术。仙人掌科许多属之间均能嫁接成活，而且亲和力高。三棱剑特别适宜于缺叶绿素的种类和品种作砧木，在我国应用最普遍。仙人掌适宜作蟹爪莲、仙人指等分枝低的附生型种类的砧木。

（1）平接法（图2-14）　平接法适用于柱状或球形种类。先将砧木上面切平，外缘削去一圈皮，平展露出砧木的髓心。接穗基部平削，接穗与砧木的髓心（维管束）对准后，牢牢按压对接在一起（接口安上后，再轻轻转动一下，排除接合面间的空气），使砧穗紧密吻合。用细线或塑料条做纵向捆绑，使接口密接。

（2）劈接法（图2-15）　劈接法适用于接穗为扁平叶状的种类。劈接时，将砧木从需要的高度横切，并在顶部或侧面切成楔形切口；接穗下端的两侧也削成楔形，并嵌入砧木切口内，用仙人掌刺或竹针固定。用叶状仙人掌做砧木时嫁接，先将接穗小球下部中心作一十字形切口，再将砧木短枝顶端的韧皮部削去，顶部削尖，插入接穗体的基部即成。

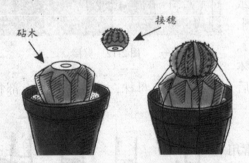

图2-14　平接法　　　　　　　　　　　　图2-15　劈接法

（3）仙人掌类嫁接注意事项

1）嫁接时间以春、秋季为好，温度保持在20～25℃，易于愈合。

2）砧木接穗要选用健壮无病，不太老也不太幼嫩的部分。

3）嫁接时，砧木与接穗不能萎蔫，要含水充足。如已萎蔫的接穗，必要时可在嫁接前先浸水几小时，使其充分吸水。嫁接时砧木和接穗表面要干燥。

4）砧木接口的高低由多种因素决定。无叶绿素的种类要高接，接穗下垂或自基部分枝的种类也要接得高些。以便于造型。鸡冠状种类也要高接。

5）嫁接后1周内不浇水，保持一定的空气湿度，置于阴处，避免日光直射。约10d就可去掉绑扎线。成活后，砧木上长出的萌蘖要及时去掉，以免影响接穗的生长。

五、嫁接后管理

1）各种嫁接方法嫁接后都应有温度、空气湿度、光照、水分的正常管理，不能忽视某一方面，保证花卉嫁接的成活率。

2）嫁接后要及时检查成活程度，如果嫁接失败，应及时补接。

3）嫁接成活后及时松绑塑料薄膜条，长期捆扎影响植物的生长发育。

4）保证营养能集中供应接穗，及时抹除砧木和接穗上萌芽，根蘖从基部剪除，分多次进行。

 任务考核标准

序　号	考核内容	考核标准	参考分值/分
1	情感态度及团队合作	准备充分、学习方法多样、积极主动配合教师和小组共同完成任务	10
2	资料收集与整理	能够广泛查阅、收集和整理花卉嫁接和仙人掌类髓心接技术的资料，并对项目完成过程中的问题进行分析和解决	20
3	花卉嫁接的操作过程	T形芽接、劈接、切接现场操作规范、正确	30
4	髓心接的操作过程	仙人掌类嫁接现场操作规范、正确	30
5	工作记录和总结报告	有完成全部工作的工作记录，书面整洁；总结报告结果正确，体会深刻；上交及时	10
		合计	100

 自测训练

一、名词解释

嫁接　砧木　接穗

二、填空题

1. 嫁接的方法很多，主要有_____、芽接和_____等。

2. 枝接常用的方法是切接和_____。

三、简答题

1. 简述嫁接繁殖优缺点及适用对象。

2. 如何提高嫁接成活率？

3. 简述"T"字形芽接、切接、劈接的操作过程。

实训五　仙人掌类髓心嫁接技术

一、目的要求

通过实训使学生掌握仙人掌类髓心嫁接技术。

二、材料用具

1）材料：仙人掌类砧木、仙人球、蟹爪莲等接穗。

2）用具：剪枝剪、芽接刀、绑绳等。

三、方法步骤

选取三棱剑，仙人掌，仙人球等为砧木，选彩球，蟹爪兰等为接穗。

1）平接法：将三棱剑留根颈 10～20cm 平截，斜削去几个棱角，将仙人球下部平切一刀，切面与砧木切口大小相近，髓心对齐平放在砧木上，用细绳绑紧固定，勿从上浇水。

2）插接法：选仙人掌或大仙人球为砧木，上端切平，顺髓心向下切 1.5cm，选接穗，削一楔形面 1.5cm 长，插入砧木切口中，用细绳扎紧，上套袋防水。

四、作业

调查嫁接成活率，并分析其原因。

任务五　压条繁殖

压条繁殖是利用枝条的生根能力，将母株的枝条或茎蔓压埋在土中，待其生根后切离，成为独立新株的繁殖方法。

对枝条进行环剥、刻伤、拧裂可促进发根。压条繁殖多用于丛生性强的花灌木或枝条柔软的藤本植物。对一些发根困难的乔、灌木，也可以通过高枝压条的办法，让树冠上的枝条在脱离母体之前发根，为花木提供更多的繁殖机会。此法的优点是容易成活、成苗快、操作方法简便，能保持原有品种的特性，能解决其他方法不容易繁殖的种类或要求获得较大新株。但繁殖系数低。花卉中，一般露地草花极少采用，仅有一些温室花木类有时采用高枝压条法繁殖。

压条繁殖常在早春发叶前进行，常绿花卉则在雨季进行。压条繁殖一般分为普通压条、埋土压条与空中压条等，可按照不同花木种类进行操作。

1. 普通压条

普通压条于早春植株生长前，选择母株上一、二年生健壮枝条，除去叶片及花芽，弯压枝条中部埋入土中。可在枝条入土部分环剥或割伤，并用铁丝钩住或石压住枝条。一般一个生长季后就可生根分离。

藤本类和蔓性植物可将近地面枝条弯成波状，连续弯曲，而将着地部分埋入土中使之生根，地面以上部分发芽，生根后逐段分成新植株。此法为波状压条。紫藤、铁线莲属可用此法。

2. 埋土压条

埋土压条适用于根部可发生萌蘖的种类，如贴梗海棠、连翘、腊梅等。方法是将幼龄母株在春季发芽前重剪，促进产生多数萌枝。当萌枝高 10cm 左右时将基部刻伤，并培土，将基部 1/2 埋入土中。生长期中可再培土 1～2 次，培土 15～20cm 高，呈馒头形，以免基部露出，待枝条根系完全生长后分割切离，分别栽植。

3. 空中压条

空中压条用于植株较高大、不易弯曲的种类。将枝条皮剥去一半或呈环状，或刻伤。然后用花盆、厚纸筒、塑料布包合于刻伤处，固定好。里面充以水苔、草炭或培养土，并经常浇水使之保持湿润，待生根后即可切离而成新株。常用的花卉如米兰、杜鹃、月季、栀子、佛手等。

任务六 组织培养

一、组织培养的原理及特点

1. 植物组织培养的概念

广义植物的组织培养又叫离体培养，指从植物体分离出符合需要的组织、器官、细胞、原生质体等，通过无菌操作，在人工控制条件下进行培养以获得再生的完整植株或生产具有经济价值的其他产品的技术。狭义组织培养指用植物各部分组织，如形成层、薄壁组织、叶肉组织、胚乳等进行培养获得再生植株，也指在培养过程中从各器官上产生愈伤组织的培养，愈伤组织经过再分化形成再生植物。

2. 植物组织培养的特点

1）培养条件可以人为控制。组织培养采用的植物材料完全是在人为提供的培养基和小气候环境条件下进行生长，摆脱了大自然中四季、昼夜的变化以及灾害性气候的不利影响，且条件均一，对植物生长极为有利，便于稳定地进行周年培养生产。

2）解决有些植物产种子少或无的难题；不存在变异，可保持原母本的一切遗传特征。

3）生长周期短，繁殖率高。植物组织培养是由于人为控制培养条件，根据不同植物不同部位的不同要求而提供不同的培养条件，因此生长较快。另外，植株也比较小，往往20～30d为一个周期。所以，虽然植物组织培养需要一定设备及能源消耗，但由于植物材料能按几何级数繁殖生产，故总体来说成本低廉，并且能及时提供规格一致的优质种苗或脱病毒种苗。

4）管理方便，利于工厂化生产和自动化控制。植物组织培养是在一定的场所和环境下，人为提供一定的温度、光照、湿度、营养、激素等条件，极利于高度集约化和高密度工厂化生产，也利于自动化控制生产。它是未来农业工厂化育苗的发展方向。它与盆栽、田间栽培等相比省去了中耕除草、浇水施肥、防治病虫等一系列繁杂劳动，可以大大节省人力、物力及田间种植所需要的土地。

5）繁殖材料需要量小，且来源广泛。

6）操作技术复杂，对操作人员素质、培养条件要求较高，试验阶段的成本较高。

二、组织培养技术在花卉生产中的应用

1. 短期内大量快繁种苗

与传统的无性繁殖相比，组织培养不受季节限制，而且具有用材少、繁殖速度快、易于批量生产等优点，在一些难以繁殖的名贵花卉及一些短期内急需大量生产的花卉应用广泛。

2. 培育新品种

在花卉新品种的培育中，单倍体育种、胚胎培养、体细胞杂交和基因工程等方法应用较多，此外还可采用愈伤组织诱变、花粉培养等多种方法来进行育种。

3. 花卉的提纯复壮

运用组织培养，花卉的复壮过程很明显，对于长期运用无性方法繁殖并开始退化的鲜切花品种（如康乃馨），采用组培方法繁殖，可使个体发育向年轻阶段转化。

4. 获得无病毒植株

生产上每年需要脱毒的新优花卉种苗以亿株计算，而一些用无性繁殖方法来繁殖的花卉，病毒逐代积累传递，危害日趋严重，降低了花卉的观赏价值。而在茎尖部位几乎不含或含有极少病毒，因为该区无维管束系统，病毒难以侵入，把 0.1～0.5mm 的茎尖从植物母体分离培养，得到的基本上是无病毒苗，是获得无病毒植株的重要途径。

5. 种质资源的保存

很多无性繁殖的花卉因没有种子，无法长期保存，其种质资源传统上只能在田间种植保存，耗费人力、物力，且资源易受人为因素和环境因素的影响而丢失。而用组织培养方法保存，可大大节省人力、物力，并延长保存期，保证种质资源不会突变和流失。

6. 基因工程应用

转基因花卉是利用分子物理学技术，将一种花卉中某些基因转移到其他目标花卉中改变原有花卉的遗传基础，使其在花色、花形、气味、抗逆性等方面发生改变，从而提高观赏价值。

7. 利用次生代谢途径合成一些次生产物

植物几乎能为人类提供所需要的一切天然有机化合物，如食品、药品、化妆品、香料等。由于野生资源植物的不断减少及人类社会需要的不断增加，再加上这些植物往往生长缓慢，生长环境特殊及不断遭到破坏等原因，导致这些植物天然产物远不能满足人们的需要。而利用组织培养已实现了植物次生代谢的工厂化生产。

三、花卉生产中组织培养操作技术

1. 组织培养实验室

组织培养室主要由无菌操作室（接种室）和培养室组成，其次还应有配套的洗涤室、药品室、称量室、培养基配制室、灭菌室、驯化室、温室和大棚等。

2. 培养基

（1）培养基的基本成分　包括无机盐、氨基酸、维生素、植物生长调节物质、有机添加物、糖类、琼脂、水和其他物质等。目前广泛使用的是 MS 培养基。几种常用基本培养基成分表见表 2-4。

（2）培养基的制备程序

1）器皿和用具的准备。

2）根据培养基配方及需要配制的培养基体积，计算培养基所需各种成分的用量。

3）称取琼脂、蔗糖放入一个烧杯中，按顺序吸取各试剂母液，然后放入另一个烧杯中。

4）在容器中加入与配制培养基体积相当的蒸馏水，进行液体标记，倒出 20% 蒸馏水，然后将称量好的蒸馏水、琼脂、蔗糖一并倒入容器，加热溶解。

5）将吸取好的各种试剂母液，定容到液面标记。

6）将配制好的培养基搅拌均匀，进行 pH 值调整。

7）培养基分装。配制好的培养基要趁热分装。

8）分装后立即塞上棉塞、加上盖子、封上封口膜或玻璃纸，并及时做好标记。

9）经高压灭菌后，在黑暗条件下保存备用。

表2-4 几种常用基本培养基成分表

培养基成分	MS（1962）	White（1943）	B5（1966）	MT（1969）	Nitsch（1951）	N6（1974）
KNO_3	1 900	80	2 500	1 900	950	2830
KH_2PO_4	170			170	68	400
NH_4NO_3	1 650			1 650	720	
$MgSO_4 \cdot 7H_2O$	370	720	250	370	185	185
$NaH_2PO_4 \cdot H_2O$		16.5	150			
$CaCl_2 \cdot 2H_2O$	440		150	440		166
$Ca(NO_3)_2 \cdot 4H_2O$		300				
$(NH_4)_2SO_4$			134			463
KCl		65				
$CaCl_2$					166	
Na_2SO_4		200				
$FeSO_4 \cdot 7H_2O$	27.8		27.8	27.8	27.8	27.8
$Na_2 \cdot EDTA$	37.3		37.3	37.3	37.3	37.3
$MnSO_4 \cdot 4H_2O$	22.3	4.5	10	22.3	25	4.4
KI	0.83	0.75	0.75	0.83		
$CoCl_2 \cdot 6H_2O$	0.025		0.025	0.025		0.8
$ZnSO_4 \cdot 7H_2O$	8.6	3	2	8.6	10	
$CuSO_4 \cdot 5H_2O$	0.025	0.001	0.025	0.025	0.025	1.5
H_3PO_3	6.2	1.5	3	6.2	10	
$Na_2M_0O_4 \cdot 2H_2O$	0.25	0.0025	0.25	0.25	0.25	1.6
$Fe_2(SO_4)_3$		2.5				
肌醇	100	100	100	100	100	
烟酸（VB_3）	0.5	0.5	1	0.5	5	0.5
盐酸硫胺素（VB_1）	0.1	0.1	10	0.5	0.5	1
盐酸吡哆醇（VB_6）	0.5	1	1	0.5	0.5	0.5
甘氨酸	2	3		2	2	2
蔗糖	30000	20000	20000	50000	34000	50000
pH 值	5.8	5.6	5.5	5.7	6.0	5.8

3. 组织培养的基本方法

（1）外植体的选择 要根据培养目的适当选取材料（植物组织内部无菌、易于诱导）。

（2）外植体的消毒 消毒前先对接种材料进行修整，去掉不需要的部分，然后用自来水冲洗干净，用无菌纱布擦干，再进行消毒。一般是将材料浸泡在消毒液中，消毒时间达到时取出，用无菌水冲洗多次，再用无菌纱布吸干接种材料外部的水分。

（3）外植体的接种 外植体的接种是把经过表面消毒后的植物材料切割或分离出器官、组织、细胞，转移到培养基上的过程。整个接种均需在无菌条件下进行操作，一切用具、材料、培养基、接种环境等都要求无菌。

（4）试管苗生产环境 花卉组织培养的环境和栽培花卉的环境一样，受温度、光照、培养基的 pH 值和渗透压等各种因素的影响，因此需要严格控制培养条件。

1）光照。要求每日光照 12～16h，光照强度 1000～5000lx。

2）温度。培养温度一般在 20～30℃。低于 15℃会使试管苗生长缓慢或停止生长，高于

35℃试管苗生长畸形。

3）湿度。一般相对湿度接近100%。要求空气相对湿度为70%~80%。

4）气体。外植体的呼吸需要氧气。

5）pH值。培养基的pH值一般为5.6~6.4。

（5）试管苗的驯化与移栽　试管苗由于长期生长在一个高温、高湿、弱光和无菌的生态环境中，形成了与外界植物明显不同的特点。因此，在移栽前必须经过一个逐步适应外界环境的过程，以提高移栽的成活率，即为试管苗的驯化或炼苗。当试管苗茎叶颜色加深，根系由原来的黄白色变为黄褐色并伸长时即可移栽。

任务考核标准

序　号	考核内容	考核标准	参考分值/分
1	情感态度及团队合作	准备充分、学习方法多样、积极主动配合教师和小组共同完成任务	10
2	资料收集与整理	能够广泛查阅、收集和整理组织培养的资料，并对项目完成过程中的问题进行分析和解决	20
3	组培技术方案的制订	根据生产任务、生产条件合理地选择技术方案，方案具有可操作性	30
4	组培操作过程	组培苗生产过程现场操作规范、正确	30
5	工作记录和总结报告	有完成全部工作的工作记录，书面整洁；总结报告结果正确，体会深刻；上交及时	10
	合计		100

自测训练

一、名词解释

植物组织培养

二、简答题

简述组织培养技术在花卉生产上的应用。

实训六　花卉组培快繁技术

一、目的要求

通过组织培养实训，初步掌握组培快速繁殖的方法。重点掌握组培过程中无菌接种技术，了解培养基的组成和配制方法。

二、原理

利用植物细胞、组织或器官的全能性在人工控制的环境及营养条件下培养新植株的方法。

三、材料用具

（一）植物材料

菊花的茎尖、茎段

（二）药品

1）MS培养基母液每配一升培养基需大量元素100mL（10倍母液），微量元素100mL（100倍母液）

2）植物激素6-BA0.5mg/mLNAA0.05mg/mL。

3）琼脂0.8%，蔗糖3% 0.1mol/L NaOH，0.1mol/L HCl

4）75%酒精，85%酒精，无菌水，棉球。

（三）用具

烧杯500mL两个，吸管若干，橡片吸球一个，三角瓶，封口膜，线绳，无菌水瓶，标签纸，漏斗若干，剪刀，解剖刀，大、小镊子各一把，无菌滤纸数张，无菌烧杯若干个，废液缸一个，酒精灯一个。

四、方法步骤

（一）培养基的配制

每组500mL，培养基成分 MS + BA0.1mol/L + NAA0.05mol/L + 蔗糖3% + 琼脂0.8%，pH值5.7~6.0。

1）称琼脂4g于500mL烧杯中，加蒸馏水约300mL溶化。

2）吸加MS母液成分：大量元素50mL，微量元素5mL，有机成分5mL，铁盐2.5mL，激素6-BA2mL，NAA1mL，蔗糖15g于另一烧杯中，加蒸馏水约100mL加热。

3）溶解好的琼脂、过滤后的上清液与含MS母液的热溶液混合，用量筒定容至500mL。

4）用0.1mol/L NaOH调pH值至5.7~6.0。

5）用漏斗分装培养基，每三角瓶内装培养基15~20mL。

6）封口、捆扎、贴标签。

标签的上排写明培养基代号、组号；下排留空，接种后写上品种、接种日期、接种人。

（二）培养基的灭菌

1）加水至灭菌锅到水线，放入装好培养基瓶及其器具的内锅（培养基瓶、无菌水瓶、小烧杯、剪子、镊子、解剖刀等），内锅上盖几张报纸，以防水气弄湿器具，再对角旋紧灭菌锅。

2）加热升压至0.5kg/cm²时，轻轻打开放气阀排气，待气压指针退至0时关阀门，如此连续三次排气。

3）加温升压至1.0kg/cm²时，保压（0.9~1.1kg之间）灭菌20min。

4）保压后，轻轻打开放气阀放气或停止加热，待气压退到0.5kg/cm²时再放气。

5）放气完毕，迅速取出装有培养瓶的内锅。

6）趁热取出三角瓶，平放冷却凝固。

7）将无菌烧杯、剪刀、镊子、灭菌滤纸等放入烘箱中烘干、备用。

（三）芽的诱导

（1）取材 在大田和盆花中切取3~6cm的茎尖部分。

（2）表面消毒 自来水冲洗15~60min→75%酒精浸泡15s→无菌水洗2次→10%漂白

粉、2% 次氯酸钠 20min→无菌水洗 3 次。

取出材料，用消毒滤纸吸干，将茎类切成 3~6mm 大小，接种于诱芽培养基（MS＋BA 0.1mol/L＋NAA 0.05mol/L＋蔗糖 3%＋琼脂 0.8%，pH 值 5.6~6.0），茎段部分要求带侧芽。

（3）接种步骤

1）一手拿镊子夹住茎稍末端，放于无菌滤纸上，一手持解剖刀，去除嫩叶，将茎尖部分切成 2~6mm 大小。

2）一手拿装有培养基的三角瓶或试管，解开封口纸，在酒精灯火焰上转动烧烤灭菌。

3）用镊子夹住茎尖、茎段，放入培养基表面，使茎尖成直立状态。

4）培养培养室温室 25℃，光照强度 2300lx，每天光照 10~11h。

（4）观察记载　接种培养后每隔 5d 左右观察记载 1 次，观察茎尖出芽情况，及时清除污染材料，最后统计出诱导出芽频率（出芽茎尖数/接种茎尖数×100%）。

（四）培养成小植株

接种以后，经历一个月左右，试管苗可长到 2cm 以上，将这些小苗切割成茎尖、茎段，接种于诱导培养基，又可长出无根苗。反复切割可大量快速繁殖，或将无根苗转至生根培养基（1/2MS＋NAA 0.1mol/L）诱导出完整的植株。

（五）移栽入盆，驯化锻炼，用于生产。

五、作业与思考

1）保压灭菌前排除冷空气的原因何在？排气时为何要轻开慢放？

2）为什么要用 Fe·EDTA（螯合铁）？

3）统计诱导出芽率，并分析污染原因。

项目三　露地花卉生产

任务一　露地花卉的栽培管理措施

花卉的露地栽培是指将花卉直播或移栽到露地，其整个生长发育过程在露地完成，无论寒冷的冬季还是炎热的夏季都不采用保护设施使其自然越冬越夏的一种栽培形式，它包括地栽和露地盆栽两种栽培方式。花卉的露地栽培生产设施简单，管理粗放，投入少，其产量、品质和经济附加值也比较低。

需要指出的是，当前的露地花卉生产已经不完全是绝对的"露地"。实际生产中，常常根据花卉生长发育阶段的特性采取相应的保护性措施，诸如夏季遮阳、冬季覆盖等方式。

一、整地作畦

整地作畦是关键环节之一，有改良土壤理化性状、提高土壤肥力和减少杂草、降低病虫害发生几率的作用。整地质量的高低直接影响到花卉生长发育的好坏。露地花卉生产中，通过整地作畦，要求达到土层深厚肥沃、土质疏松、排水良好、土壤颗粒细碎均匀而平整、无影响根系伸展的石块等杂质的标准。

1. 整地深度

整地的深度依据花卉种类、品种和土壤情况而定。一、二年生花卉生长周期短，根系较浅，整地深度控制在20~30cm即可；宿根花卉等多年生观赏植物生长年限长、根系发达，整地宜深，以40~50cm为宜。整地时，结合土壤情况施入基肥以增肥土壤；球根花卉则因地下部分肥大，根系的生长发育需要深厚、疏松、肥沃的土壤，才能保证有足够的营养供应球根膨大。一般整地深度为30~40cm，并逐年加深耕作层，增施有机基肥；木本花卉在种植时，在深耕平整表土的基础上，尽量开挖定植坑。坑的大小规格视花卉大小、根系发育状况以及花卉生长发育习性而定。

此外，整地深度还受到土壤质地的影响，一般沙土可浅、粘土宜深；平地可浅、坡地宜深。新开垦及瘠薄土地等不能很好满足植物生长发育所需者，还需结合整地进行土壤改良。

2. 整地方法

整地方法视土地面积大小而定。整地面积小，可借助传统的牲畜和人力完成；整地面积宽广，则宜借助翻耕机、旋耕机等机械，以提高效率、节约时间并降低成本。

翻耕土壤时，清除石块、瓦片，捡出残根、断茎及杂草等，适当镇压深翻过于松软的土壤，避免影响花卉种子萌发和幼苗根系生长发育。同时，根据土壤实际情况，采取增施有机肥、客土等法改良不适花卉生长发育的土质。

3. 整地时间

整地时间依用地时间而定，结合土壤干湿状况进行。我国北方地区整地时间多在春、秋季进行，以秋季整地效果更好。一般土壤含水量为40%～60%时是整地适宜时间，如土壤过干，土块不易打碎，土壤湿度太大则翻挖困难，尤其黏土更是如此。

4. 作畦方式

花卉栽培通常采用畦栽方式，受地区和地形地势制约，又有高畦和低畦两种畦栽形式。我国南方雨水较多，常采用高畦，即畦面高出地面，畦面两侧为排水沟，有扩大与空气接触面积及促进风化的效果。畦面的高度依据排水需要而定，通常为20～30cm；北方干旱地区则以低畦为主，即畦梗高，畦面低，以利保留雨水及便于灌溉。

畦面宽度100cm左右，畦梗高5～10cm，宽15～20cm，长度视生产需要而定，但不宜过长，以便于生产管理。

二、育苗

1. 繁殖

露地花卉种类和品种不同，其繁殖方法各异。一、二年生花卉以播种繁殖为主，宿根花卉除播种繁殖外，还采用分株或扦插、压条、嫁接等营养繁殖方法进行繁殖；球根花卉则以分球繁殖为主。繁殖花卉时，不耐移栽的花卉种类、品种采取直播为主，适宜移栽的花卉种类、品种可先育苗，后移栽。

2. 间苗

间苗又称为"疏苗"，是指在播种出苗后，疏拔单位面积过密以及柔弱的幼苗，扩大苗间距离，使花卉间空气流通、光照充足，保证花卉生长苗壮，也有减少病虫害、选优去劣、留强去弱和兼顾除草等作用。

间苗主要针对直播繁殖的花卉种类。通常在真叶发生后、土壤干湿适度时进行，不宜过迟，否则苗株拥挤引起起徒长。间苗采取去密留稀、去弱留壮、去病留健、清除杂草的手法，尽量不扯动留存苗的根系，以免伤根。间苗一般分2～3次完成，每次间苗量不宜太大。最后一次间苗称为"定苗"，定苗后幼苗密度保持400～1000株/m²。每次间苗后对畦面浇透水一次，促使幼苗松动根系与土壤密切接触。

3. 移植

露地花卉生产中，常采用集中播种法。此法播种密度大，需待小苗具3～4片真叶时再行起苗，重新栽植，称为移植。花卉移植可加大株行距，扩大营养面积，切断主根、促进侧根发育，抑制徒长，有利于培育生长健壮、株丛紧密的花卉。

移植主要包括起苗和栽植两环节。起苗是指在土壤湿度适宜的情况下将花卉由苗床挖起的过程。栽植也称为移植，是指将花卉按要求栽到指定地方的过程。移植有裸根移植和带土移植两种。裸根移植适用于小苗及一些容易成活的大苗。起苗后，不可将根系暴露于烈日下或大风处，避免根系失水干枯，大苗还可对根系蘸泥浆处理；带土移植多用于大苗或根系稀少较难移植成活的花卉。

移栽时间根据花卉大小而定，一般在幼苗长出3～4枚真叶或苗高5cm左右时进行，选择土壤干湿适宜，无烈日、大风的阴天或雨前进行。晴天宜在傍晚，避免根系损伤情况下遇剧烈蒸腾，散失水分过多。如天气干旱，起苗后可摘除部分枝叶，减少蒸腾作用散失的水分，维持植株体内水分平衡。

裸根栽植时做到根系舒展，分布均匀，覆土后适当镇压。移栽后及时浇足"定根水"，使土壤与根系密切接触，利于根系充分吸收水分，尽快恢复生长。但在新根生出之前，不可灌水太多，避免根系腐烂。

三、管理措施

（一）灌溉

1. 灌溉方式

（1）地面浇灌 畦面、花坛、花境等露地栽植花卉，较适合畦面漫灌或用橡胶管、塑料软管引水浇灌。此法简便易行、设施设备投入少，但容易导致土面板结。

（2）喷壶浇灌 喷壶浇灌适用于繁殖床、苗床的浇灌及小面积露栽花卉和少量盆栽花卉的灌溉。一般采用细孔喷头，使喷出的水柱分散细小，避免冲散种子、冲倒幼苗。

（3）滴灌 通过专用的滴灌设施，将水以水滴的形式缓慢而不断滴于根系附近土壤中。滴灌同时，可将植物所需营养以及病虫害防治所需药剂加入水中，一举多得。滴灌节水、省工、供水均衡、不破坏土壤结构，但设施设备投资大。

（4）喷灌 借助特制喷头，将水喷成细小雨滴进行灌溉，具有省工、省水、土面不易板结以及增加空气湿度、降低温度、改善小气候等诸多优点，但设施设备投入较大。

2. 灌溉时间

灌溉时间因季节、土质和花卉种类而异，多在土壤和水源温度相近，一般不超过5℃时灌溉为宜。春秋季节在中午或早晚进行；夏季气温高，避免灌溉后土壤温度骤然降低，伤害花卉根系，影响根系的吸收功能，宜在早晨和傍晚凉爽时灌溉；而冬季则需在中午前后气温较高时浇水。

3. 灌溉量及次数

灌溉量及次数根据季节变化、天气状况和植株生长情况而定。春、秋两季植株生长迅速，需水量大，但气温不高，水分散失小，适当浇水即可。夏季光照强，气温高，水分蒸发量大，应勤于浇水。具体浇水时，还需根据每天的天气情况灵活掌握，如遇晴天或大风天气，水分散失快，就应加大浇水量、增加浇水次数，而遇阴天则相应减少浇水量和浇水次数。

种子发芽前后保持苗床湿润即可；幼苗期"扣水"蹲苗，适度减小浇水量，利于孕蕾及防止植株徒长；旺盛生长期植株生理生化代谢旺盛，要保证有足够肥水供应；种子形成期适当减少浇水量有利于种子成熟。

生产中，还可根据手捏土壤的结果来判断是否需要浇水。如用手捏土壤成团块状，表明土壤湿润，可不浇水；若一捏即碎，不能成团，表明土壤已干，需要浇水。此法理论上看有一定的滞后性，即得出缺水结论之前，植株实际上已经处于缺水状态，但在生产中还是有一定可行性。

4. 水质

灌溉用水以清洁的河水、湖水、池塘水为宜，不含碱的井水、自来水也可。使用井水或自来水时要先于贮水池内贮藏 1~2d 后使用。禁止使用工业废水浇灌花卉。

（二）施肥

花卉生产中，合理施肥是花卉正常生长发育的保证之一。根据不同种类、品种的花卉和同种在不同生长发育阶段对营养物质的需要特性，结合土壤养分状况和肥料性质进行"配方施肥"，将大大提高花卉产量、品质。

1. 肥料的种类

根据肥料性质，可将肥料分为有机肥和无机肥两大类。有机肥肥效持续期长，常作基肥使用。常用的有机肥主要有饼肥、人粪尿、禽粪、骨粉、草木灰等。有机肥使用前须充分发酵腐熟、消毒杀虫灭菌。无机肥营养成分含量高，肥效快，常做追肥使用。常用的无机肥主要有氮肥、磷肥、钾肥和一些复合肥、复混肥等。花卉生产常用肥料营养成分表见表3-1。

表3-1　花卉生产常用肥料营养成分表　　　　　　　　（单位:%）

肥　料	N	P_2O_5	K_2O	其　他
硝酸钾	17 ~ 19		36 ~ 44	
硝酸铵	33 ~ 35			
硫酸铵	20.5			
尿素	46 ~ 48			
氯化钾			50	
硫酸钾			48 ~ 52	
草木灰			20 ~ 40	
过磷酸钙		16 ~ 20		
骨粉		20 ~ 30		
猪粪	0.50	0.40	0.50	有机物15.0
鸡粪	1.60	1.50	0.80	含水5.6
牛粪	0.30	0.17	0.10	有机物15.0
大豆饼	6.55	1.32	2.46	
花生饼	7.56	1.31	1.50	
堆肥（干）	0.92 ~ 1.77	0.39 ~ 0.80	1.03 ~ 1.64	

2. 施肥方法

（1）基肥　基肥又称为底肥，是指播种或移栽花卉前，结合整地所施用的肥料。基肥主要以农家有机肥为主，其肥效持续期长，能改善土壤理化性状、提高土壤肥力。基肥可于翻耕土壤时施入，也可施入栽植沟或栽植坑底。当前花卉生产中，常在施基肥时添加0.3%左右的过磷酸钙和磷矿粉等少量化肥以补充基肥，起到良好的缓急相济的作用。

基肥的用量视土壤质地、土壤肥力和植物种类、品种及其生长状况而定，一般厩肥、堆肥宜多施，饼肥、骨粉等宜少施。化学肥料做基肥时，用量则更少。

（2）追肥　追肥是指在花卉的生长周期中，为弥补基肥的不足，根据生长发育所需而追加施入的速效性肥料。追肥以化学肥料为主，也可用腐熟的人粪尿和沼液等农家肥。

追肥应遵循薄肥勤施、少量多次的原则，一般农家肥稀释 3 ~ 5 倍，化肥稀释到0.2% ~ 0.5%后追施。追肥的具体时间应选择晴天和土壤略干时进行，最好在下午16 ~ 17

时进行，尽量避免沾污叶片。夏季高温、雨季或冬季休眠期应停止追肥。各种肥料的施用量依据肥料性质和花卉种类、生长状况而定。花卉追肥施用量见表3-2。

表3-2　花卉追肥施用量　　　　　　　　　　（单位：kg/100m²）

花卉类别	硝 酸 铵	过磷酸钙	氯 化 钾
一年生花卉	0.9	1.5	0.5
多年生花卉	0.5	0.8	0.3

　　不同生育期的花卉对肥料的需求不同。幼苗期追肥以氮肥为主，适当增施磷、钾肥，能促进苗木抽枝展叶和根系的生长发育，有利于培育健壮花卉。开花前后及结实期减少氮肥供应，适当增施磷、钾肥，可促进花芽分化、提高果实品质、增强植株抗性。

　　（3）叶面施肥　叶面施肥又称为根外追肥，是指将肥料溶解后用喷雾装置直接喷洒于叶面等地上部分，养分主要通过叶片上的气孔或枝干上的皮孔进入植株体内的施肥方式。叶面施肥用量少而见效快，尤其对补充根际吸收不足和纠正营养元素缺乏症有显著效果。

　　叶面施肥宜在气温低、湿度大的早晚进行，浓度控制在0.1%～0.5%之间，避免浓度过大灼伤叶片，影响植株正常生长发育。叶面施肥常用种类及浓度见表3-3。

表3-3　叶面施肥常用种类及浓度

肥 料 种 类	主要营养元素/含量	喷施浓度（%）
磷酸二氢钾	P>50，K>30	0.2～0.3
尿素	N 45～46	0.1～0.5
硫酸铵	N 20.5	0.3～0.5
草木灰	K	2～3（取上层澄清液）
过磷酸钙	P、Ca	2～3（取上层澄清液）
硫酸亚铁	Fe	0.1～0.2
硼酸	B	0.1
硫酸锌	Zn	0.05
硫酸铜	Cu 24～25	0.02

（三）中耕除草

　　中耕可疏松表土、增加土壤孔隙度、减少水分蒸发、促使土壤内的空气流通以及土壤中有益微生物的繁殖与活动、提高土壤肥力、为花卉根系的生长发育创造良好的条件。

　　幼苗期或移植不久，大部分土面暴露于空气中，极易干燥及滋生杂草，应及时中耕。随着植株的长大，根系向四周拓展，逐渐停止中耕，避免伤根。

　　中耕的深度依花卉根系深浅及生长时期而定，一般为3～5cm。根系分布较浅的花卉宜浅耕，反之要深耕；幼苗期宜浅，随植株生长逐渐加深。中耕的同时，做好除草工作，可人工拔除，也可使用除草剂。但除草剂不宜长期使用，避免破坏土壤结构、污染环境。

（四）整形修剪

1. 整形

　　露地花卉的整形通常有下列几种形式：

（1）单干式　只留主干，不留侧枝，并将所有侧蕾全部摘除，集中养分于顶蕾，使顶端开花1朵。单干式整形适用于大丽花及独本菊等花卉的整形，可充分表现品种特性。

（2）多干式　留主枝多个，开花数量较多。如大丽花留2～4个主枝等。

（3）丛生式　生长期间多次摘心，促使发生多数枝条，全株成低矮丛生状，开出多数花朵。丛生式整形适合较多丛生式整形的花卉，如百日草、矮牵牛、藿香蓟以及紫荆、榆叶梅等花灌木。

（4）悬崖式　全株枝条向一方伸展下垂，多用于小菊类品种的整形。

（5）攀缘式　攀援式整形适合于蔓性草本花卉和藤蔓类木本植物，如牵牛、茑萝、金银花、爬山虎、葡萄、紫藤、常春藤、油麻藤等。将其枝蔓固定于一定形状的支架上，创造出圆锥形、圆柱形、棚架及篱垣等特殊形态。

（6）匍匐式　利用枝条自然匍匐地面的特性，使其覆盖地面的整形方式。匍匐式整形适合于旱金莲、铺地柏等多数地被植物。

（7）象形式　根据设计意图，通过多次剪截、摘心等方式促发尽量多的枝条，然后进行蟠扎、修剪等，将植株做成球形、方形、菱形，乃至动物、人物、建筑物等特殊形状。

2. 修剪

（1）摘心　将枝梢顶芽摘除，有矮化植株、促发侧枝、调控花期等作用。草本花卉一般摘心1～3次，如一串红、菊花、百日草、万寿菊、大丽花等。但主枝开花的花卉不宜摘心，如鸡冠花、凤仙花、蜀葵等，避免影响开花数量、品质。

（2）抹芽　抹去过多的腋芽，限制枝数的增加和过多花朵的产生，保证所留花朵硕大、花枝充实。如菊花、大丽花在栽培中过多的腋芽应及时除去。

（3）折梢及捻梢　折梢是将新梢折曲，但仍连而不断；捻梢是将枝梢捻转。折梢及捻梢能抑制新梢徒长，促进花芽形成。折梢及捻梢时，勿切断枝梢，避免下部腋芽受刺激而萌发抽枝，起不到抑制徒长的作用。

（4）曲枝　为使枝条生长均衡，将生长势强的枝条向侧方弯压，扶直弱枝，达到抑强扶弱的目的。

（5）剥蕾　通常指除去侧蕾保留顶蕾，集中营养确保顶蕾开花质量。芍药、菊花、大丽花等常用此法。在球根花卉生产中，及时除去花蕾，勿使开花，可促进球根膨大。

（6）修枝　将过于密集、无用的枝条，如徒长枝、干枯枝、交叉枝、重叠枝及病虫害枝和花后残枝等及时疏除或剪截，可改善植株通风透光，减少养分消耗，有利于开花结果。

（五）防寒越冬

部分露地花卉，冬季易遭受低温危害，宜在冬季低温来临之前采取措施，助其越冬，避免低温伤害而影响翌年的正常生长发育。生产中常用的防寒越冬措施主要有：

1. 覆盖

在霜冻到来之前，在畦面上覆盖干草、落叶、有机粪肥、草帘、塑料薄膜等材料，晚霜后去除覆盖物、清理畦面。

2. 培土

落叶性宿根花卉和冬季休眠的花灌木，于基部培土，春季气温回升后、萌芽前扒开培土，有较好的防寒效果。

3. 熏烟

霜冻来临时，在圃地点燃干草、锯末等易生烟材料，借助所产生烟雾减少土壤热量散失，防止地温降低。同时，发烟时烟粒吸收热量使水汽凝结而放出热量，也可提高气温。

4. 灌水

冬季灌水可提高土壤导热能力，深层土壤的热量容易传导上来，因而可以提高近地面空气的温度。灌溉后，空气湿度增大，蒸汽凝结放出潜热，提高气温。灌溉一般于严寒来临前 1～2d 进行，可提高地面温度 1.5～2℃。

5. 包扎

一些大型观赏植物采用草绳或塑料薄膜等材料进行包扎防寒，助其越冬。

6. 设立风障

于风口迎风设障，阻挡寒风，避免直吹植株。

7. 喷洒药剂

某些药剂，如硼酸等，喷洒于植株上可减缓植株受到低温冻害程度。

8. 树干刷白

对一些较大型的露地栽植观赏植物，入冬前或初冬时节把其主干刷白，既可杀灭部分寄生于树干、树皮裂缝中的越冬虫卵、细菌，降低病虫害发生量，同时还可以降低受冬季低温危害程度。刷白剂可用生石灰3份，石硫合剂原液0.5份，食盐0.5份，油脂少许，兑水10份配制而成。

 任务考核标准

序　号	考核内容	考核标准	参考分值/分
1	情感态度及团队合作	准备充分、学习方法多样、积极主动配合教师和小组共同完成任务	10
2	资料收集与整理	能够广泛查阅、收集和整理露地花卉生产有关的资料，并对项目完成过程中的问题进行分析和解决	20
3	制订露栽花卉的生产技术方案	以植物生理学、栽培学、苗圃学、花卉学等多学科知识，制订科学合理、可操作性强的露地花卉生产技术方案	30
4	露栽花卉的生产管理	现场操作规范、正确	30
5	工作记录和总结报告	有完成全部工作的工作记录，书面整洁；总结报告结果正确，体会深刻；上交及时	10
		合计	100

 自测训练

一、名词解释

间苗　叶面施肥　追肥　摘心　剥蕾

二、填空题

1. 露地花卉修剪的常用方法有_____、_____、_____、_____、剥蕾、修枝。

2. 生产中常用的防寒越冬措施主要有_____、_____、_____、_____、树干涂白、喷洒药剂。

三、简答题

1. 露地花卉生产中，如何进行整地作畦？

2. 间苗有何意义？

3. 如何把握灌溉时间及次数？

4. 花卉生产中，常用施肥方式有哪些？

5. 生产中有哪些措施帮助花卉度过寒冷的冬季？

实训七　露地花卉种子的观察与识别

一、目的要求

认识常见的花卉种子，并熟悉花卉种子形态特征。

二、材料用具

放大镜、解剖镜、直尺、铅笔、记录本、镊子、种子瓶、盛物盘、白纸板。

三、方法步骤

1）教师课讲解常见花卉种子的形态特征及识别方法，指导学生实地观察种子及注意事项。

2）学生分组复习所识别花卉种子，熟悉种子的形态特征。

3）对于小粒种子及外形相近的种子，要在解剖镜下观察，找出区别特征。

四、作业

记录识别的40种花卉种子，取20种花卉种子作实物考核。

附：花卉种实分类

花卉的种类及品种繁多，其种（子）实（果实）的外部形态也是千变万化的。通常有下述分类法：

1. 按粒径大小分类（以长轴为准）

大粒种实：粒径在5.0mm以上者，如牵牛、牡丹等。

中粒种实：粒径为2.0～5.0mm，如紫罗兰、矢车菊等。

小粒种实：粒径为1.0～2.0mm，如三色堇等。

微粒种实：粒径在1.0mm以下者，如四季秋海棠、金鱼草等。

2. 按种实形状分类

有球形（如紫茉莉）、卵形（如金鱼草）、椭圆形（如四季秋海棠）、肾形（如鸡冠花）以及线形、披针形、扁平状、舟形等。

3. 按种实有没有附属物及附属物的不同分类

附属物有毛、翅、钩、刺等。通常与种实营养及萌发条件的关系不大，但有助于种实传递。

4. 按种皮厚度及坚韧度分类

种实表皮厚度常与萌发条件有关。为了促进种实萌发可采用浸种、刻伤种皮等处理方法。

任务二　一、二年生花卉生产

一、二年生草本花卉种类繁多、品种丰富；其繁殖系数大，生长快，从播种到开花所需时间短，可迅速变化园林景观；株形整齐，开花一致，群体效果好；栽培管理简单，投资少，成本低，周转快。但管理繁杂，用工较多。多喜阳光充足、排水良好而疏松肥沃的沙质壤土，适合布置花坛、花境、岩石园，装饰窗台花池、门廊，成片栽植组成色块图案以及盆栽和切花栽培。

受原产地气候特点、生长发育习性等影响，一年生花卉多在春季播种，故又称为春播花卉，二年生花卉多在秋季播种，又称为秋播花卉。

一、一、二年生露地花卉的分类

1. 一年生花卉

一年生花卉是指生活周期在一个生长季内完成，经营养生长至开花结实，最终死亡的花卉。此类草本花卉一般春季播种，夏秋开花结实，冬前死亡，具有色彩艳丽、生长迅速、栽培简便以及价格便宜等特点。一年生草花的生活史主要在无霜期完成，耐高温不耐寒，属不耐寒性花卉。如孔雀草、鸡冠花、百日草、半支莲、万寿菊、凤仙花、向日葵、福禄考、观赏辣椒、观赏南瓜、观赏小葫芦等。

有些二年生或多年生花卉，在冬季寒冷的北方常作一年生花卉栽培。

2. 二年生花卉

二年生花卉是指生活周期经两年或两个生长季节才能完成其营养生长和生殖生长的花卉。此类花卉多秋季播种，并初步形成其营养器官，翌年春季开花结实、直至夏季高温死亡。多数二年生花卉耐寒力强，但不耐高温，苗期要求短日照，在 $0 \sim 10℃$ 低温下通过春化，后期生长需要长日照，并在长日照下开花。如金盏菊、三色堇、雏菊、羽衣甘蓝、瓜叶菊等。

3. 多年生作一、二年生栽培花卉

此类花卉个体寿命超过 2 年，可多次开花结实，但在人工栽培条件下，第二次开花时株形不整齐、品质低下，或越冬成本较高，因此生产中常作为一、二年生花卉进行生产。如一串红、矮牵牛、金鱼草、彩叶草、观赏辣椒等。

二、一、二年生花卉的播种时期

一、二年生花卉的繁殖以播种为主，具体播种时期根据市场需要以及生产环境而定。

一年生花卉多原产于热带和亚热带地区，耐寒性较差，应于春季晚霜后播种。我国南方多在 2 月下旬至 3 月上旬播种，而北方春季温度回升较晚，宜于 4 月上中旬播种。生产中，为满足市场需要，一、二年生露地花卉生产多结合温室、大棚等栽培设施进行，如春季于温室中育苗，待度过晚霜后再行移植到露地，可一定程度上提早花期。

二年生花卉耐寒能力较一年生花卉强，多在秋季播种，在寒冬来临之前即形成健壮的营养器官，奠定次年春季开花基础。我国南方多在9月下旬至10月上旬，北方则提早至9月上中旬播种。部分冬季极度寒冷之地，种子、幼苗无法露地越冬者，则采取春播的方式进行生产。

三、生产过程

一、二年生花卉的生产要选择土壤、灌溉和管理条件优越的地段，提前做好翻耕土壤、整地作畦等工作。

1. 播种

苗床整理好以后，选取品种纯正、健壮、无病虫危害的种子于合适的时节播种。播种前对苗床充分灌水，湿润土壤。一、二年生花卉种子颗粒细小，多采取撒播法播种，露地直播也常用沟播法播种。播种后及时覆土，厚度以不见种子为度，并遮盖草帘、秸秆等物，洒水保湿。

2. 苗期管理

出苗后，逐渐去掉覆盖物，及时间苗。除直播花卉外，当幼苗长至3~4片真叶时，即可移植。移植宜选择阴天或晴天下午进行，边掘苗、边栽植、边浇水，防止幼苗暴露空气中太久失水过多萎蔫。经1~2次移植，当幼苗充分生长后即可定植。

此外，苗期还应浇施稀薄肥水，根据天气、土壤状况以及花卉生长情况，及时适量灌水。如遇烈日，需适当遮阳，避免强光直射。

3. 摘心及抹芽

为使植株整齐，促发分枝，或花期调控所需，常对植株进行摘心、抹芽处理。如万寿菊、波斯菊、五色苋、金鱼草、金盏菊、一串红、千日红、百日草、彩叶草等。

4. 支柱与绑扎

有些花卉株形高大，上部枝叶花朵过于沉重，遇风易倒伏，或部分藤本植物，为提高其观赏性，需进行支柱绑扎。株高花大的花卉一般采取单根竹竿、树枝支撑或于四周设立支柱，牵绳布网扶之；藤本植物于种子萌发后，及时置放支撑物，引导其攀缘生长。

5. 剪除残花

有些花卉可连续多次开花，花后及时剪除残花，加强水肥管理，可保植株生长健壮，继续花开繁密，延长观赏时期。如一串红、金鱼草、石竹类等。

四、常见一、二年生花卉

（一）一串红（图3-1）

别名：墙下红、西洋红、爆竹红、萨尔维亚。

科属：唇形科鼠尾草属。

1. 形态特征

一串红为多年生草本，常作一、二年生栽培。叶对生，有长柄，叶片卵形，先端渐尖，缘有锯齿。茎四棱，光滑，茎节常呈红色，基部多木质化，高可达90cm。顶生总状花序，被红色柔毛，花2~6朵轮生，苞片卵形，深红色，早落。萼钟状，与花冠同色。花冠色彩艳丽，有鲜红、白、粉、紫等色及变种，如一串紫、一串蓝等。花期为7~10月份，果熟期为 8～11 月份。

2. 生态习性

一串红性不耐寒，喜疏松肥沃土壤及阳光充足环境，也能耐半阴，忌霜害。最适生长温度为 20～25℃，在 15℃以下叶黄甚至脱落，30℃以上花、叶变小。

3. 繁殖与栽培

一串红以播种繁殖为主，也可扦插繁殖。

（1）播种繁殖　一串红从播种至开花约需 3 个月左右，具体播种时间可以根据需花期和各品种生育周期的长短进行，在此基础上预留 10d 左右的缓冲时间。如欲"五一"前 5d 布置花坛，则应于 1 月中下旬播种。播种前用 30℃温水浸泡种子 5～6h，然后装入纱布袋中搓揉，洗去种子表面粘液，可提高种子发芽率。播种后适当覆土并盖膜，保持苗床湿润，维持土温 20℃左右，约 10d 左右可发芽。

图 3-1　一串红

（2）扦插繁殖　一串红嫩枝扦插极易生根成苗，在 15℃以上的温床中，一年四季都可扦插。插穗带 2～3 节长 7～10cm，仅保留上部 2 叶，插深为插条的 1/3 左右。插后立即喷水，并遮阳防晒，基质温度保持为 20～25℃，约经 10～20d 生根，30d 就可分栽。

（3）栽培管理　播种苗具 2～3 对真叶或扦插苗成活后，即可移植。4～5 对真叶时定植。移植或定植后及时浇水，适当遮阴，缓苗结束逐渐接受直射光；生长期间，保持昼温 20～25℃，夜温 13～16℃，加强光照，但夏季炎热强光下应适当遮阳；每月追肥 2～3 次，花前增施磷、钾肥，可使开花繁茂，花后及时剪除残花，追施薄肥水，促发新梢；摘心处理可促侧枝萌发，并延迟花期 25～30d。

4. 园林应用

一串红常用作布置花坛、花境、花丛，也可自然式栽植于林缘以及盆栽观赏。

（二）矮牵牛（图 3-2）

别名：碧冬茄、番薯花、灵芝牡丹等。

科属：茄科碧冬茄属。

1. 形态特征

矮牵牛为一年生或多年生半蔓性草本，株高 30～60cm。全株密被粘质软毛。茎直立或匍匐生长，有茄科植物的特有气味。上部叶对生，下部叶互生。叶柄短，叶质柔软，卵形，先端渐尖，全缘。花着生于梢顶或叶腋，花冠漏斗状，花筒长 5～7cm，径 5～10cm，花萼 5 裂，裂片披针形。花瓣变化较多，有重瓣、半重瓣与单瓣，边缘有褶皱、锯齿或呈波状浅裂，微香。花期为 4～10 月份。如冬季温室栽培，可四季开花。花色有白、粉、红、紫、蓝等色。果熟期 5 月份开始，种子细小，寿命 3～5 年。

图 3-2　矮牵牛

2. 生态习性

矮牵牛喜温暖、向阳和通风良好的环境条件。不耐寒,耐暑热,炎热的夏季仍能正常开花,在连日阴雨和低温条件下开花不良,较难结实。耐干旱,怕积水。适宜排水良好、土壤疏松、肥沃的微酸性沙质壤土。最适生长昼温 25~28℃、夜温 15~17℃。播种至开花所需时间,单瓣品种为 80~120d,重瓣品种为 110~150d。

3. 繁殖与栽培

矮牵牛以播种繁殖为主,也可扦插繁殖。种子发芽适温 20℃左右,10d 左右苗可出齐。露地栽植于 4 月下旬播种,播种后覆盖一层薄砂及地膜以保温保湿,夏季可以开花。如欲提早开花需提早在温室内盆播,4 月下旬至 5 月上旬定植;部分不易结实的重瓣品种宜扦插繁殖,插条生根适温为 20~25℃,5~6 月份及 8~9 月份扦插成活率高。扦插前剪掉母株老枝,利用根际处萌生出来的嫩枝做插穗,长 3~4cm,插深 1.5cm 左右,插后置于半阴处,温度适宜,2~3 周即可生根。当幼苗具 1 片真叶就可移植,移栽时尽量带土团进行,避免伤根太多,影响成活。苗高 15cm 左右时,按 30×40cm 株行距定植。

矮牵牛喜微潮偏干的土壤环境,生产管理中不宜浇水过多。苗期每周追施清淡肥水 1 次,以促发营养枝,培育壮苗。

4. 园林应用

矮牵牛株形矮小,花大色艳,花期长,是布置花坛、花境,装点庭院的极好材料,也可作地被栽植和盆栽观赏。

(三)三色堇(图 3-3)

别名:蝴蝶花、猫儿脸、鬼脸花等。

科属:堇菜科堇菜属。

1. 形态特征

三色堇为多年生草本,常作二年生栽培。株高 15~25cm,多分枝,光滑,稍匍匐地面。叶互生,基生叶圆心脏形,有长柄;茎生叶卵状长圆形,边缘具圆钝锯齿,托叶宿存。花顶生或腋生,径约 4~8cm,花色丰富,艳丽多姿,通常有白、黄、紫三色,故名"三色堇"。花期为 4~6 月份,蒴果,5~8 月份成熟,种子细小,寿命 2 年。

图 3-3 三色堇

2. 生态习性

三色堇原产于欧洲中北部,现世界各地广泛栽培。性喜阳光充足的凉爽湿润环境,稍耐半阴,较耐寒冷,适合生长于腐殖质丰富、疏松肥沃的中性土壤中。炎热、多雨季节发育不良,且不能形成种子。可自播繁殖。

3. 繁殖与栽培

三色堇以播种繁殖为主,也可扦插繁殖或分株繁殖。播种期根据用花时间和当地气温而定,气候合适,一年四季均可播种。播种后覆土以不见种子为度。种子发芽适温为 19℃,10d 左右即可萌发。种子萌发至开花大约需要 100~120d;扦插法育苗主要为供应秋季花坛栽种,于夏初开花期间剪取植株中心根茎处萌发的短枝,扦插于沙土中,适当遮阳和防雨,2~3 周即可生根。

三色堇定植前宜施足基肥,生长期保持中等肥水,可每隔 15d 追肥 1 次,直至开花。保持土壤湿润，但不可积水。

4. 园林应用

三色堇花色瑰丽，株形低矮，开花早，花期较长，色彩丰富，是早春的重要花卉之一，适合于配置花坛、花境及镶边植物或作春季球根花卉的"衬底"栽植，也可盆栽摆放在客房、卧室和书房等处观赏。

（四）万寿菊（图3-4）

别名：臭芙蓉、蜂窝菊、臭菊等

科属：菊科万寿菊属。

1. 形态特征

万寿菊为一年生草本，株高 20~60cm，茎光滑而粗壮，绿色或有棕褐色晕，基部常发生不定根，全株有异味。叶对生或互生，羽状深裂，裂片披针形，有锯齿。头状花序，单生枝顶，黄色或橘黄色。舌状花有长爪，边缘稍皱曲。花朵直径约 5~13cm，有白、黄、橙红等色，有单瓣、重瓣的变化。花期为 7~10 月份，果熟期为 8~11 月份。

图3-4 万寿菊

2. 生态习性

万寿菊原产于墨西哥，现各地园林均见栽培。性喜温暖湿润和阳光充足环境，稍耐初霜和半阴，不耐严寒和高温酷暑，抗逆性强，对土壤要求不严格，耐移栽。生长迅速，从播种至开花约为 70~80d。栽培容易，病虫害较少。

3. 繁殖与栽培

万寿菊以播种繁殖为主，也可扦插繁殖。万寿菊种子厌光，播后要覆浅土、浇水、覆盖保温保湿材料。种子发芽适温为 20~25℃，约 3d 出苗。苗高 5cm 左右、具 2~3 片真叶时移栽，5~6 片真叶时定植。成苗生长期适温，白天 18~25℃，夜间 10~15℃，生长迅速，及时通风防止徒长。定植前 5~7d 炼苗，一般在终霜后定植。

扦插繁殖于夏季从母株剪取 8~12cm 嫩枝作插穗，去掉下部叶片，插入基质中，然后浇足水，略加遮阳，以后保持基质湿润，2 周后生根，生根后逐渐移至有散射光处进行日常管理，约 1 个月后可开花。

万寿菊对肥水要求不严，栽种前结合整地略施基肥。定植后，每隔 2 周浇 1 次稀薄液肥，但须控制氮肥施用量，直至进入开花期。苗高 15cm 左右时摘心，既可减少倒伏，也能促发分枝。花后及时带枝剪除残花，促使花枝更新，延长花期。

4. 园林应用

万寿菊花大色艳，花期长，是园林中常用花卉之一，对二氧化硫、氟化氢等有毒气体抗性强，适于花坛、花境、花丛布置和工矿厂区绿化应用，也可盆栽观赏和切花生产应用。

（五）鸡冠花（图3-5）

别名：红鸡冠、鸡冠苋等。

科属：苋科青葙属。

1. 形态特征

鸡冠花为一年生草本花卉，株高 30～100cm，茎直立光滑，粗壮，有棱或沟，少分枝，根系发达。单叶互生，有柄，卵形或线状披针形，全缘，长 5～20cm 不等，有红、黄、绿等色，叶色与花色常相关。花小，穗状花序大，形似鸡冠、顶生。萼片有白、黄、淡黄、红黄、橙、淡红、红和玫瑰紫等色。花期为 7～10 月份，种子细小，扁圆形，黑色有光泽。

图 3-5 鸡冠花

2. 生态习性

鸡冠花原产于印度，我国广泛栽培。性喜高温干燥、阳光充足的环境，不耐寒，忌霜冻。栽培以肥沃和排水良好的沙质土壤为佳，高型品种易倒伏，不适合单株栽培。从播种至开花约需 90～100d，可自播繁衍。鸡冠花种间易杂交，留种栽培需加强隔离工作。

3. 繁殖与栽培

鸡冠花以播种繁殖为主。4～5 月份露地播种，因种子细小，覆土宜薄，保持土壤湿润，昼温 20℃以上，夜温不低于 12℃，5～6d 左右出苗。鸡冠花出苗后，保持苗床湿润、通风。待幼苗具 2～3 片真叶进行移植，幼苗总计有 15 片叶左右、茎粗 5mm 以上时就可带土团定植，株距 30cm 左右。

鸡冠花枝高叶大，耗水量较多，在炎热夏季必须保持土壤湿润，但忌积水。基肥以草木灰、油饼等为主，控制氮肥用量，避免植株旺长而倒伏。苗期不宜施肥，鸡冠形成后追施 1～2 次液态肥。

4. 园林应用

鸡冠花形状奇特、花色艳丽、花期长，植株适应性强，抗二氧化硫能力强，尤其适合布置花坛、花境、花池等地，也可盆栽或做切花生产。鸡冠花制作干花，经久不凋。

（六）百日草（图 3-6）

别名：百日菊、步步高、对叶梅等。

科属：菊科百日草属。

1. 形态特征

百日草为一年生草本，株高 40～120cm，茎直立而粗壮，中空，被短毛，侧枝呈杈状分生。叶无柄，抱茎对生，心状卵形至椭圆形，全缘，长 6～10cm，宽 2.5～5cm。头状花序，单生枝顶，直径 5～12cm，花梗甚长。花黄、白、红、紫等色，花期为 6～10 月份，果熟期为 7～11 月份。园林中常见栽培应用有小百日草、细叶百日草等。

图 3-6 百日草

2. 生态习性

百日草原产于墨西哥，性强健，适应性强，根系较深，茎秆坚硬不易倒伏。怕暑热，喜温暖、阳光充足的环境，也耐半阴。较耐干旱，适宜于排水良好、疏松而肥沃、土层深厚的土壤。若土壤瘠薄干旱，开花数量明显减少，花色不良且花径变小。

3. 繁殖与栽培

百日草以播种繁殖为主，也可分株繁殖和扦插繁殖。播种繁殖要求土壤温度为 20～21℃，轻微覆盖种子，1～2d 出现胚根，7d 左右出苗。出苗后揭去覆盖物，保持昼温 25～30℃，夜温 12～15℃。2～3 片真叶时移植；扦插宜在夏季，剪取侧枝为插穗，插后遮阴防雨。幼苗具 8～9 对抱茎对生叶时定植。

百日草喜微潮偏干的土壤环境，稍耐旱。基肥以腐叶土为主，勤施薄施追肥。苗期水分的供应控制在植株所能维持生长的最低限度，促进根系生长，避免旺长。株高 10cm 左右时摘心，以促发分枝，调整株形。现蕾后至开花前，每隔 3～5d 于傍晚叶面追施 0.1% 的磷酸二氢钾溶液，保证充足的肥水供应，有利于花朵开放，提高观赏价值。花后及时剪除残花，节约养分，避免影响其他花朵的开放。

4. 园林应用

百日草生长迅速，花色艳丽，花期长，是夏季布置花坛、花境的优良花卉，也常作切花材料。对二氧化硫、氯化物等有较强抗性，可应用于工矿厂区绿化。

（七）彩叶草（图 3-7）

别名：洋紫苏、锦紫苏、五色草等。

科属：唇形科彩叶草属。

1. 形态特征

彩叶草为多年生草本，常做一、二年生栽培。株高 30～80cm，全株有毛，茎四棱基部木质化。叶卵圆形，单叶对生，先端长渐尖或锐尖，缘具钝锯齿，常有深缺刻，长约 10cm，表面绿色具红、黄、紫等色斑纹，一般用作观叶植物。顶生总状花序，花小，淡蓝或带白色，花期为 8～9 月份。常见园艺变种有五色彩叶草，其叶片有淡黄、桃红、朱红、暗红等色斑纹，长势强健，叶边缘锯齿较深。

2. 生态习性

彩叶草原产于印度尼西亚，在我国多做盆栽。性喜温暖湿润，阳光充足通风良好的半阴环境，光照过强则叶面粗糙，叶色变暗失去光泽，荫蔽处则叶色淡而不艳。在富含腐殖质、疏松肥沃而排水良好的沙质壤土中

图 3-7 彩叶草

生长良好。不耐低温，生长适宜温度 20～25℃，当气温接近 12℃ 时叶片开始变黄、甚至萎蔫脱落，温度低于 5℃ 时，植株会死亡。

3. 繁殖与栽培

彩叶草以播种繁殖为主，也可扦插。温室内四季均可播种，但多在 2～3 月份进行。种子细小、宜撒播，微覆薄土。发芽适温为 25～30℃，10d 左右发芽；扦插选择优良植株的枝端，每段插穗长约 10cm 带 3 个节，扦插后遮阴保湿，保持温度 20℃ 左右，6～7d 可生新根。彩叶草也可叶插繁殖。

彩叶草幼苗定植后略微浇水，量不可过大，避免徒长及叶色偏淡。基肥以有机肥为主，适当添加骨粉等。生长期每 1～2 周施稀薄肥水一次，以磷肥为主。生长期间光照充足，可

使叶色艳丽。但在炎热的夏季正午要避开强光直射。幼苗期摘心促发分枝，可培育良好株形。彩叶草以观叶为主，若非需要，应及时剪除花穗。

4. 园林应用

彩叶草叶色丰富，株形矮小，是优良的盆栽观叶植物，尤其适合布置毛毡式花坛，或作花坛配置材料，也可剪取枝叶作为切花或镶配花篮使用。

（八）金盏菊（图3-8）

别名：金盏花、长生菊、常春花。

科属：菊科金盏菊属。

1. 形态特征

金盏菊为多年生草本，常做一、二年生栽培。株高30～60cm，全株被毛。叶互生，长圆形，全缘或有不明显锯齿，基生叶有柄，上部叶基抱茎。头状花序单生茎顶，径5cm左右，部分大花型直径可达10cm，有黄、橙、橙红、白等色，也有重瓣、卷瓣和绿心、深紫色花心等栽培品种。花期4～6月份，果5～7月份成熟，种子细小，常温下发芽力可保持3～4年。

图3-8　金盏菊

2. 生态习性

金盏菊原产于欧洲南部及地中海沿岸。耐寒，怕热，喜阳光充足环境。土壤以肥沃、疏松和排水良好的中性沙质壤土为宜。金盏菊适温7～20℃，炎热、酷暑天气停止生长。可自播繁殖。

3. 繁殖与栽培

金盏菊以播种繁殖为主，也可扦插繁殖。种子发芽适温为20～22℃，常秋播或早春温室播种，以秋播为主，春播花小、不结实。播后覆土约3mm，7～10d可发芽。

幼苗期土壤稍湿为好，有利于茎叶生长，成年植株以土壤稍干为宜，以控制茎叶生长，避免徒长。金盏菊在幼苗具3片真叶时移植，5～6片真叶时定植。定植后7～10d，摘心促发分枝或用0.4% B9溶液喷洒叶面，可有效控制植株高度。生长期每2周左右追施花卉专用肥一次，养分供应充足，花多而大，反之则花朵明显变小退化。花后及时剪除残花，有利花枝萌发及多开花，延长观花期。如需留种，宜选择花大色艳、品种纯正的植株，于晴天采种。

金盏菊早春花期易受红蜘蛛、蚜虫等吸食危害，可用三锉锡等药剂喷杀；初夏气温升高时，金盏菊叶片易受锈病危害，可用萎锈灵可湿性粉剂等喷洒防治。

4. 园林应用

金盏菊植株矮小，花色丰富，鲜艳夺目，花期持久，对二氧化硫、氟化物、硫化氢等有毒气体有一定抗性。金盏菊是早春园林中常见的草本花卉，适于中心广场、花坛、花带布置，也可作为草坪镶边花卉或盆栽观赏和切花栽培。

（九）藿香蓟（图3-9）

别名：胜红蓟。

科属：菊科藿香蓟属。

1. 形态特征

藿香蓟是一年生草本，株高30～60cm，全株被毛，茎散生，节间有气生根。单叶对生，卵状或三角状卵形，叶边缘有粗锯齿，叶脉明显。头状花序呈聚伞状着生枝顶，有蓝、紫、红、白等色，花冠先端5裂，花期为 6~10 月份。

2. 生态习性

藿香蓟原产于美洲热带地区，现在我国南部各省区有栽培。性喜阳光充足、温暖湿润、排水良好的土壤，不耐严寒，忌酷热。对土壤要求不严，较耐修剪。

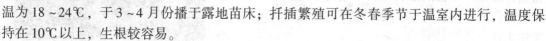

图 3-9 藿香蓟

3. 繁殖与栽培

藿香蓟以播种繁殖为主，也可扦插繁殖。种子发芽适温为 18~24℃，于 3~4 月份播于露地苗床；扦插繁殖可在冬春季节于温室内进行，温度保持在 10℃ 以上，生根较容易。

藿香蓟发芽率高，生长迅速，苗期应及时间苗，保持合理株间距。藿香蓟的生长适温为昼温 21~27℃，夜温 14~17℃。当具 3~4 片真叶时可移栽，苗高 10cm 左右时定植，定植株距约 30cm。藿香蓟花期长，应及时追肥以补充养分，满足生长发育所需。

4. 园林应用

藿香蓟夏秋开花，是布置夏秋花坛、花境的优良花卉材料，也可盆栽观赏。

（十）羽衣甘蓝（图 3-10）

别名：叶牡丹、花菜。

科属：十字花科羽衣甘蓝属。

1. 形态特征

羽衣甘蓝为二年生草本，植株高大，根系发达。茎短缩，密生叶片。叶片肥厚，倒卵形，被有蜡粉，深度波状皱褶，呈鸟羽状。花序总状，花小，淡黄色，4 月份开花。角果，种子圆球形，褐色，5~6 月份成熟。

根据叶片颜色，可将羽衣甘蓝分为红紫类、黄白类两大类。红紫类，中间叶血青紫色，基部叶红紫色，根颈红紫色，种子色较深；黄白类，中间叶白至黄色，基部叶绿色，根颈绿色，种子色较浅。

图 3-10 羽衣甘蓝

2. 生态习性

羽衣甘蓝原产于西欧，我国中南部广泛栽培。性喜冷凉温和气候，耐寒性强，经锻炼良好的幼苗能耐 -12℃ 的短暂低温。对土壤适应性较强，而以腐殖质丰富肥沃沙壤土或粘质壤土最宜。

3. 繁殖与栽培

羽衣甘蓝多采取播种繁殖。于 7~8 月份将种子播于露地苗床，覆土厚度以看不见种子为度。保持土壤湿润、适温 18~25℃，发芽迅速，出苗整齐，高温酷暑季节需遮阳防晒，5~6 片真叶时定植，生长适温为 20~25℃。栽培中要经常追施薄肥，特别是氮肥，并配施少量的钙，有利于生长和提高品质。

4. 园林应用

羽衣甘蓝叶色鲜艳美丽，是著名的冬季露地草本观叶植物，常用于布置冬季花坛、花

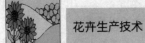

境，也可盆栽观赏。有一定药用、食用价值。

（十一）五色苋（图3-11）

别名：红绿草、锦绣苋。

科名：苋科虾钳菜属。

1. 形态特征

五色苋是苋科的"小叶绿、小叶红、大叶红、黑草"与景天科的"佛甲草"的总称。多年生草本，在温带地区常作一年生栽培。茎直立或斜生；叶对生或轮生，全缘，叶色因品种而异，有绿、褐红及具各色斑纹等；头状花序生于叶腋，花白色，花期为12月至翌年2月。

图3-11 五色苋

小叶绿，茎斜出，叶狭，嫩绿或有黄斑；小叶红，叶褐紫色，具各色斑纹，形状与小叶绿相似；大叶红，叶褐红色，卵圆形；黑草，茎直立，叶片三角状卵形，茶褐至绿褐色；佛甲草，又名白草，茎丛生横卧，三叶轮生，线性，灰绿色。

2. 生态习性

五色苋原产于南美洲，我国南北各地广泛栽培。喜向阳温暖湿润环境，不耐寒、不耐旱，忌酷热。冬季在15~20℃左右的温室内越冬，低温易受冷害。夏季高温酷暑生长较差，需及时喷水降温。在肥沃、干燥、排水良好的沙质土壤上生长较好。

3. 繁殖与栽培

五色苋可播种、扦插繁殖。扦插繁殖时，秋季将留种植株置于温室越冬，温度保持在13℃以上，3月中旬移至室外，4月份剪枝扦插。维持土温20℃左右，大约5d即可生根。此后常规管理即可。留种苗宜及时摘除花朵，生长期每隔半月施淡肥水一次。

4. 园林应用

五色苋植株低矮繁茂，分枝短而多，耐修剪，叶色特殊，秋凉后更加亮丽，故在北方大量应用于毛毡花坛、立体花坛和组字图案，也可盆栽观赏。

（十二）金鱼草（图3-12）

别名：龙头花、狮子花、龙口花、洋彩雀。

科属：玄参科金鱼草属。

1. 形态特征

金鱼草为多年生草本，常作一、二年生花卉栽培。株高20~70cm，茎直立，节明显，颜色的深浅与花色有相关性。基生叶对生，卵形，上部叶互生或近对生，卵状披针形，全缘，叶色较深。总状花序、顶生，花冠筒状唇形，基部膨大成囊状，上唇直立，2裂，下唇3裂，开展外曲，有白、红、黄、橙等色。花期为5~6月份，果实6~7月份成熟。

图3-12 金鱼草

常见栽培种中，有矮茎类、中茎类、高茎类3大类。矮茎类金鱼草株高15~22cm，分枝较多；中茎类金鱼草株高40~60cm，分枝较多；高茎类株高80cm以上，分枝较少。

2. 生态习性

金鱼草原产于欧洲南部及地中海沿岸，我国各地广泛栽培。较耐寒，不耐热，喜阳光，也耐半阴。生长适温 7 ~ 16℃，高温对金鱼草生长发育不利，开花适温 15 ~ 16℃。适于土层深厚肥沃、疏松、排水良好的微酸性沙质壤土中生长。金鱼草易自然杂交，能自播繁殖。

3. 繁殖与栽培

金鱼草以播种繁殖为主，也可扦插、组织培养繁殖。对一些不易结实的优良品种或重瓣品种，常用扦插繁殖。扦插多在 6 ~ 7 月份进行；金鱼草种子细小，灰黑色，播种时需混沙撒播。维持温度 13 ~ 15℃，10d 左右出苗。幼苗具 4 片真叶移植。缓苗后及时追施肥水，但须避免积水。除切花生产外，对高茎类和中茎类品种，可通过摘心促使多分枝、多开花。

露地栽培金鱼草，8 月下旬至 9 月播种，翌年 4 ~ 5 月份开花；早春冷床育苗或春夏播种，可在 6 ~ 7 月份或 9 ~ 10 月份开花，但不及秋播生长好，而且花期较短。秋天播种，则翌年开花，短剪后，可至晚秋开花不绝。

4. 园林应用

金鱼草为优良的花坛和花境材料。高茎类品种可做切花和背景材料；矮茎类品种可盆栽观赏和作花坛镶边，中茎类品种则兼备高、矮茎类品种的用途。

（十三）翠菊（图 3-13）

别名：江西腊、八月菊、蓝菊。

科属：菊科翠菊属。

1. 形态特征

翠菊为一、二年生草本，全株疏生短毛。茎粗壮、直立，上部多分枝，高 20 ~ 100cm。单叶互生，卵形至长椭圆形，具粗钝锯齿，下部叶有柄，上部叶无柄。头部花序单生枝顶，花径 5 ~ 8cm。栽培品种花色丰富，有红、紫、蓝、白等色，少有黄色。春播翠菊花期为 7 ~ 10 月份，秋播翠菊花期为 5 ~ 6 月份。

图 3-13 翠菊

2. 生态习性

翠菊原产于我国亚热带至温带地区，散生于山坡撂荒地、草丛、水边或疏林荫处，现各国广泛栽培。翠菊喜温暖、湿润和阳光充足环境，怕高温多湿和通风不良。生长适温 15 ~ 25℃，冬季温度不宜低于 3℃，0℃以下茎叶易受冻害，夏季温度超过 30℃，开花延迟或开花不良。适于疏松肥沃、排水良好之土壤中生长。

3. 繁殖与栽培

翠菊以播种繁殖最为常见，春、秋季均可。将种子播于露地苗床，出苗整齐，夏季遮阳防晒。

翠菊幼苗生长迅速，需及时间苗。经移植后，苗高 10cm 时可定植，株距 40cm 左右。生长期要追施肥水。根系分布浅，施肥浇水均须少量多次进行，唯花期保持空气干燥为宜。

4. 园林应用

翠菊的矮生品种适宜用于布置花坛、花境和盆栽应用，盆栽翠菊古朴高雅，矮型翠菊玲珑可爱，置于窗台、阳台或花架，异常新奇。高秆翠菊品种常用于切花。

(十四) 地肤 (图3-14)

别名：扫帚草，绿帚、篷头草、地麦、孔雀松。

科属：藜科地肤属。

1. 形态特征

地肤为一年生直立草本花卉，株高 50～150cm，株形呈卵形、倒卵形或椭圆形，分枝多而密，具短柔毛，茎基部半木质化。单叶互生，叶纤细，线性或条形。植株粉绿色，秋凉变暗红色。花极小，花期为 9～10 月份，果实扁球状五角星形，直径为 1～3mm。种子扁卵形，长约 1mm，黑色。

图 3-14　地肤

2. 生态习性

地肤原产于亚欧两洲，我国北方多见野生，现广泛栽培。喜光、耐寒、耐瘠薄、耐旱不耐寒。对土壤适应能力强，具较强的自播能力。

3. 繁殖与栽培

地肤以春季播种繁殖为主，宜直播。4 月初将种子播于露地苗床，发芽迅速，整齐。间苗后定植，株距为 50cm 以上，保证有足够空间展示地肤良好的株形美。

4. 园林应用

地肤宜用于布置花篱、花境，或数株丛植于花坛中央，也可修剪成各种几何造型。盆栽地肤可点缀和装饰厅、堂、会场等。

(十五) 凤仙花 (图3-15)

别名：指甲花、小桃红、金凤花。

科属：凤仙花科凤仙花属。

1. 形态特征

凤仙花为一年生草本，茎高 30～100cm，肉质，粗壮，直立，浅绿色或红褐色，常与花色有关，茎节膨大。叶互生，披针形，长达10cm，顶端渐尖，边缘有锯齿。叶柄基部有腺体，花形似蝴蝶，有粉红、大红、紫、白黄、洒金等色，多变异。花型有单瓣、重瓣、复瓣、蔷薇型、茶花型等。花期为 6～8 月份，蒴果纺锤形，有白色茸毛，成熟时外壳自行爆裂，弹出种子，留下 5 个旋卷的果瓣；种子多数，球形，黑色，状似桃形。能自播繁殖。

图 3-15　凤仙花

2. 生态习性

凤仙花原产于印度、中国和马来西亚等地，现各地广为栽培。性喜阳光，怕湿，耐热不耐寒，适生于疏松肥沃微酸土壤中，但也耐瘠薄。凤仙花适应性较强，移植易成活，生长迅速。

3. 繁殖与栽培

凤仙花以播种繁殖为主，是典型的春播花卉。3 月下旬至 5 月上旬均可播种于露地苗床，发芽迅速、出苗整齐。

凤仙花幼苗生长快，须及时间苗，保证每株营养面积。经移植后，于 6 月初定植。夏季高温季节要勤浇灌，保持土壤湿润，但不可积水，以免植株因干旱失水枯萎或积水烂根。7月初播种，遮阴保湿，出苗后加强肥水管理，可于国庆节开花，但花期较短，遇霜即凋。

4. 园林应用

凤仙花生存力强，适应性好，少有病虫害，适合于布置夏季花坛、花境，也可盆栽观赏。此外，凤仙花对二氧化硫等有毒气体敏感，吸收少量就会表现出严重的危害症状，生产中应该避免二氧化硫等有毒气体污染。

（十六）中国石竹（图 3-16）

别名：洛阳花、洛阳石竹、草石竹。

科属：石竹科石竹属。

1. 形态特征

中国石竹为多年生草本花卉，常作两年生栽培，因其茎具节，膨大似竹，故名石竹。株高 30 ~ 50cm，茎簇生、光滑、直立有分枝。单叶对生，叶线状披针形，无叶柄，中脉明显，基部抱茎。花单生或数朵组成聚伞花序，花瓣 5 枚，先端有锯齿，呈红、紫、粉、白及复色，有香气，苞片 4 ~ 6。花期为 4 ~ 10 月份，果熟期为 5 月后，种子扁圆形，黑褐色。

2. 生态习性

中国石竹原产于中国东北、西北和长江流域及日本和欧洲部分地区，现各地广泛栽培。喜光、耐寒，怕高温。

图 3-16　中国石竹

3. 繁殖与栽培

中国石竹的繁殖以播种为主，部分品种可扦插繁殖和分株繁殖。种子发芽适温为 20 ~ 23℃，9 月中旬播于露地苗床，5d 左右出芽，10d 左右出苗；扦插繁殖则于花谢之时，选取健壮茎秆作插穗，插后遮阴、保温，15 ~ 20d 生根，成活后逐步通风、见光；分株繁殖可在花后、秋季或早春进行，如 4 月份分株，夏季注意排水，9 月份以后加强肥水管理，于 10 月初再次开花。

中国石竹幼苗 15cm 左右高时可摘除顶芽，促其分枝。之后适当摘除腋芽集中养分，可促使花大而色艳。生长期间宜创造光照、通风良好的环境，保持土壤湿润，每隔 10d 左右追施稀薄有机液肥一次，旱时及时灌水、涝时及时排水。冬季温度如能保持在 5 ~ 8℃，则冬、春开花不断。

4. 园林应用

中国石竹花色富丽、花期长，广泛用作花坛、花境以及镶边材料，也可布置岩石园及盆栽观赏。高茎类可做切花。

（十七）其他常见一、二年生花卉（表 3-4）

表 3-4　其他常见一、二年生花卉

中　文　名	科　　　名	花期与花色	繁殖方法	特性与应用
雁来红	苋科	秋季，叶暗红、黄橙相间	播种	喜高温，不耐寒；花坛、盆栽、切花、干花等
五色菊	菊科	春夏，蓝、粉、白色	播种	喜温暖；花坛边缘，盆花、切花

（续）

中 文 名	科 名	花期与花色	繁殖方法	特性与应用
蒲包花	玄参科	春，白、黄、粉、紫红色	播种、扦插	喜冷凉气候；盆栽
风铃草	桔梗科	春夏，白、粉、蓝色	播种、分株	较耐寒；花坛、花境、盆栽、切花、岩石园
长春花	夹竹桃	春至秋，玫红、白色	播种、扦插	喜温暖；花坛、盆栽
矢车菊	菊科	春夏，白、粉红、紫、蓝	播种	较耐寒；花坛花境、盆栽、切花
醉蝶花	白花菜科	夏秋，白变红紫	播种	喜温暖；花坛、丛植、盆栽、切花
飞燕草	毛茛科	春夏，白、红、蓝紫	播种	喜冷凉；花坛花境、切花
白花曼陀罗	茄科	春夏，白色	播种	不耐寒；丛植
毛地黄	玄参科	春夏，紫、红、白、黄、粉	播种、分株	耐寒；花坛花境、林缘。
花菱草	罂粟科	春夏，黄、橙、白、红、粉等	播种	较耐寒；忌高温；花坛花境、野趣园、盆栽
银边翠	大戟科	夏秋，观叶	播种	不耐寒；花境，岩石园
向日葵	菊科	夏秋，金黄色	播种	喜温暖；矮生类宜作盆栽及切花
紫罗兰	十字花科	春，白、淡黄、淡红、紫红	播种	耐寒；花坛花境、盆栽，切花
含羞草	豆科	夏秋，粉红	播种	喜高温；盆栽、地被
勿忘我	紫草科	春夏，白、蓝、粉	播种	半耐寒；花境、岩石园、野趣园
福禄考	花葱科	春至秋，蓝、紫、红、白	播种、扦插	半耐寒；花坛花境、岩石园
波斯菊	菊科	秋，白、红、粉红	播种	喜阳光、温暖；花坛花境、切花
茑萝	旋花科	夏秋，红、粉红、白	播种	喜阳光、温暖；篱垣、花墙
旱金莲	旱金莲科	春夏，紫红、橘红、金黄	播种	喜温暖；宜盆栽

 任务考核标准

序 号	考核内容	考核标准	参考分值/分
1	情感态度及团队合作	准备充分、学习方法多样、积极主动配合教师和小组共同完成任务	10
2	资料收集与整理	能够广泛查阅、收集和整理一、二年生花卉生产有关的资料，并对生产过程中的问题进行分析和解决	20
3	制订一、二年生花卉生产技术方案	以植物生理学、栽培学、苗圃学、花卉学等多学科知识，制订科学合理、可操作性强的一、二年生花卉生产技术方案	30
4	一、二年生花卉的生产管理	现场操作规范、正确	30
5	工作记录和总结报告	有完成全部工作的工作记录，书面整洁；总结报告结果正确，体会深刻；上交及时	10
		合计	100

 自测训练

一、名词解释

春播花卉　秋播花卉

二、填空题

1. 常见的一年生花卉有＿＿＿＿＿＿、＿＿＿＿＿＿、＿＿＿＿＿＿、＿＿＿＿＿＿、＿＿＿＿＿＿。

2. 常见的二年生花卉有＿＿＿＿＿＿、＿＿＿＿＿＿、＿＿＿＿＿＿。

三、简答题

1. 简述一、二年生花卉的概念及特点。

2. 一年生花卉和二年生花卉的主要区别在哪里？

3. 如何确定一、二年生花卉的播种时期？

4. 常见一、二年生花卉的生长期管理措施有哪些？

任务三　宿根花卉生产

宿根花卉是指个体寿命超过两年，根系形态正常，未经变态，以地下部分度过不良季节（如寒冷的冬季和炎热的夏季等），次年仍能继续萌芽开花的多年生草本花卉。如菊花、芍药等。

一、露地宿根花卉的类型

根据宿根花卉对温度的要求，可将宿根花卉分为三类：

1. 喜温宿根花卉

原产于热带及亚热带地区的宿根花卉，多呈常绿态，越冬温度在 5～10℃以上，在我国南方地区可露地生产，长江流域以北地区则多需设施保护方可顺利越冬。

2. 不耐寒宿根花卉

此类花卉能耐受 –5℃以上的短暂低温，如秋菊、长寿花、香石竹等。

3. 耐寒宿根花卉

此类花卉能耐受 –30～–10℃低温，如玉簪、铃兰、萱草、鸢尾类、荷包牡丹等。

二、露地宿根花卉的特点

1. 宿根花卉的特点

（1）根系强大，入土较深，适应不良环境能力强　一次种植可以多年观赏，实用、方便、经济。

（2）耐粗放管理　宿根花卉的繁殖、栽培大多没有特殊要求，一般采用播种繁殖，也可用扦插、分根法繁殖。掌握好栽培季节和方法，均能成活。大多数种类对环境条件要求不严，病虫害较少，只要依季节和天气的变化，对其进行必要的肥水管理即可正常生长和开花结实。

（3）种类繁多，适应能力强　宿根花卉种类繁多，形态特征和生态习性差异明显，花期各异，应用方便，适合各种种植环境，能够营建丰富的园林景观。许多宿根花卉还具有净化环境、抗污染、药用、杀菌等作用，或具有特异芳香，是美化庭院、街道、花园的理想花卉，兼具较高的环境效益和生态效益。

（4）观赏期长、观赏特性突出　多数宿根花卉花、叶俱美，色彩丰富，观赏时期不一，持续时间长，可以满足多种需求，还可周年选用。种植设计时，各种花色的宿根花卉恰当的组合与搭配，将会形成色彩斑斓、绚丽多姿的优美景色。

（5）应用广泛　许多宿根花卉是营建花坛、花境，布置花带、花丛、花群等以及建造花卉专类园的优良素材，广泛应用于园林建设中。

2. 繁殖方法

宿根花卉常用播种、分株、扦插、嫁接等方式繁殖，尤以分株繁殖更为常用。分株繁殖主要利用萌蘖、匍匐茎、根茎、吸芽等在花后进行，即春季开花的种类宜在秋季或初冬进行分株，夏季开花的植物则宜在早春萌芽前进行分株。扦插、嫁接等繁殖方法则适合于菊花、芍药、香石竹等花卉的繁殖。

3. 栽培管理

宿根花卉根系强大，入土较深，管理粗放，但对肥水需求量较大。栽植时要深翻土壤，一般达 40～50cm，并施足基肥。

宿根花卉育苗期间应加强水分、养分和中耕除草等养护管理工作，但在定植后，一般管理比较简单。为使生长茂盛、花大色艳，可在春季新芽抽出和花前、花后各追肥一次。秋季叶枯时，在植物四周施以腐熟厩肥或堆肥。

宿根花卉有较强的耐寒性。一般常绿宿根花卉在我国南方可露地越冬，在北方则需要保护设施方可顺利越冬；落叶性宿根花卉的耐寒性则更强一些，采用培土、覆盖等方式可助其顺利越冬。

此外，在宿根花卉生产中，还应注意加强修剪，尤其是花后修剪，能节省养分，促进生长发育甚至再度开花，既能延长其观赏期，又能展现出整体效果。

三、常见的露地宿根花卉

（一）菊花

别名：寿客、黄华、秋菊、陶菊。

科属：菊科菊属。

1. 形态特征

菊花是多年生宿根草本花卉，株高 20～200cm，通常 30～90cm，直立或开展，粗壮而多分枝。茎色嫩绿或褐色，基部半木质化。单叶互生，卵圆至长圆形，长 3.5～15cm，边缘有缺刻及锯齿，叶柄 1～2cm。叶的形态因品种而异，可分整齐叶、长圆叶、圆叶、蓬形叶、反转叶、深裂叶、柄附叶和锯齿叶八类。菊花为头状花序顶生或腋生，一朵或数朵簇生。花朵直径 2～30cm，花序大小和形状各有不同。

根据菊花花径大小，可分为：特大菊类，花序径在 20cm 以上；大菊，花序径为 10～20cm；中菊，花序径为 6～10cm；小菊，花序径小于 6cm。

根据菊花的自然花期，可分为：春菊，4 月下旬至 5 月下旬开花；夏菊，5 月下旬至 9 月开花；秋菊，10 月中旬至 11 月下旬开花；寒菊，12 月上旬至次年 1 月开花。

根据菊花的栽培或应用形式，可分为：独本菊，又称为标本菊，即一株一花的菊花；立菊，又称盆菊，即一株数花；大立菊（图 3-17），一株有花数百乃至千朵；悬崖菊，小菊枝条分布呈悬崖状；嫁接菊，用黄蒿、青蒿等为砧木，于其上嫁接多种花色及花形的菊花；案头菊，株高 20cm 左右，花朵硕大，多陈放于几案上欣赏；菊艺盆景，以菊花为主体材料制作而成的盆景，或菊石相配而成的盆景；切花菊，主要提供鲜切花供插花、制作花篮、花圈等使用。

此外，根据菊花的瓣形、花形，有平瓣类、匙瓣类、管瓣类、桂瓣类、畸瓣类等类型。

2. 生态习性

菊花性喜凉爽气候、较耐寒，生长适温为 18～21℃。地下根茎耐旱，忌水涝。喜地势高、土层深厚、疏松肥沃、排水良好的沙质壤土。在微酸性至微碱性土壤中皆能生长，以 pH 值为 6.2～6.7 最好。秋菊为短日照植物，

图 3-17　大立菊

在日长 14.5h 的长日照下进行营养生长，每天日照时数 12h 以下的黑暗与 10℃ 的夜温适于花芽发育。

3. 繁殖与栽培

菊花常采用扦插、分株、嫁接及组织培养等营养繁殖法进行繁殖，也可播种繁殖。

（1）播种繁殖　种子发芽适温 25℃ 左右，温度低于 10℃ 则发芽困难。

（2）扦插繁殖　扦插繁殖是菊花最为常用的营养繁殖方式之一。依据扦插材料的不同，有芽插、嫩枝插、叶芽插等扦插方法。芽插于秋冬切取距植株较远、芽头丰满的脚芽扦插，去除下部叶片，株距 3～4cm，行距 4～5cm，扦插后保持 7～8℃ 室温，春暖后栽于室外；嫩枝插应用最广，多于 4～5 月份进行，截取嫩枝 8～10cm 作插穗，维持温度为 18～21℃，3 周左右生根，约 4 周即可定植。除全光照喷雾扦插外，菊花扦插后均需要遮阴处理；叶芽插是从枝条上剪取一张带腋芽的叶片扦插，一般用于繁殖珍稀品种。

（3）嫁接繁殖　菊花的嫁接繁殖主要采用生长健壮的青蒿、黄蒿为砧木，利用其极强的生长势培育大立菊等。于秋末采收蒿种，冬季温室播种，或 3 月温室育苗，待苗高 3～4cm 时，选长势强健的蒿苗移栽定植，于 5～6 月份进行嫁接。

（4）分株繁殖　菊花的分株繁殖一般在清明前后进行。将植株掘出，依根的自然形态带根分开，另行栽植即可。

（5）其他繁殖方法　除前述繁殖方法外，菊花的繁殖还有压条繁殖、组织培养等繁殖方法。尤其组织培养法，消耗材料少、繁殖系数大，能够很好地保持母株的优良性状。

菊花栽植前，宜深翻土壤、耙细整平、作畦、施足基肥。缓苗期结束后，中耕除草，前期应控制水肥，使地上部生长缓慢，达到"蹲苗"的效果。

菊花的生长期一般追肥 2～3 次，第一次在摘心时结合培土进行，第二次在菊花的生长期进行，为促使多分枝，应行多次摘心处理。一般第一次摘心在 6 月初进行，保留植株 30cm 高左右，第二次在 6 月底，第三次不得迟于 7 月下旬。第一次摘心后，结合中耕除草，于根际培土，并施追肥一次，促使根系强健，防止倒伏。现蕾前土壤追施第二次肥水，也可根外追施 0.3%～0.5% 的过磷酸钙水溶液。水分管理方面，要求旱时及时灌水、雨季及时排除积水，保证孕蕾前后水分供应充足。

4. 园林应用

菊花是我国十大传统名花之一，切花菊是世界四大鲜切花之一，有极高的观赏、食用和药用价值。菊花对二氧化硫、氯化氢等有毒气体有较强的抗性。菊花适合于露地栽植、盆栽观赏、造型栽培以及切花生产等。

（二）芍药（图3-18）

别名：将离、余容、犁食、没骨花等。

科属：芍药科芍药属。

1. 形态特征

芍药是多年生宿根草本花卉，株高100cm左右。具纺锤形的块根，并于地下茎产生新芽，新芽于早春抽出地面。初出叶红色，茎基部常有鳞片状变形叶，中部复叶二回三出，小叶矩形或披针形，枝梢渐小或成单叶。花生枝顶或生于叶腋，有芳香，花期为4~6月份，花色有白、粉、红、紫、深紫、雪青、黄色等。果实7~8月份成熟。

图3-18　芍药

2. 生态习性

芍药原产于中国、日本、朝鲜、蒙古及西伯利亚地区。芍药性喜阳光充足的环境，耐寒，在我国北方可露地越冬，栽培土壤以土层深厚、肥沃、排水良好的沙质壤土最为适宜，忌积水，以免芍药的肉质根腐烂。

3. 繁殖与栽培

芍药可以采取播种、扦插和分株等方法繁殖，通常以分株繁殖为主。

分株繁殖宜在9月下旬至10月上旬进行，春季不宜分株。分株时，将根株掘起，震落附土，用刀切开，每个根丛至少带芽2~3个，栽植于苗床。如果分株根丛较大，则次年可能有花，但形小，观赏价值不高，宜摘除加强植株营养生长，为之后开花结果奠定基础。

播种繁殖是在种子成熟后随采随播，越迟发芽率越低。播种后当年秋天生根，次年春暖后芽才出土。幼苗生长缓慢，一般3~4年之后才可开花。

扦插法可用根插或茎插。根插法在秋季分株时可收集断根，切成5~10cm小段，埋插于10~15cm深的土中；茎插法在开花前两周左右，取茎的中间2节为一插穗，扦插后遮阴并经常浇水，一个半月左右即能发根，并形成休眠芽。

芍药定植在9~10月份进行，株行距视植株大小而定，分株苗栽植深度以根颈新芽入土为宜。生长期适当追肥，花蕾发育旺盛时期，以氮肥和磷肥为主；花后孕芽，需要较多养分，此期适宜追施腐熟饼肥、粪肥等有机肥；休眠期施冬肥一次，主要以堆肥、厩肥为主。芍药性喜湿润土壤，不耐涝，旱时及时浇水，雨时及时排水，保持土壤干湿适度。

切花生产之芍药，应在花蕾显色后疏除侧蕾，使养分集中供应于顶蕾。花谢后及时剪除残花。霜降后及时剪除地上部分枯萎的枝干，并集中销毁枯枝落叶。

4. 园林应用

芍药花大艳丽，品种丰富，是我国传统名花之一，常成片种植于公园，或种植于小径、路旁、林地边缘等，也可生产切花、盆栽观赏应用等。

（三）荷包牡丹（图3-19）

别名：荷包花、蒲包花、兔儿牡丹、铃儿草。

科属：紫堇科荷包牡丹属。

1. 形态特征

荷包牡丹为多年生宿根草本花卉，株高30~60cm，根状茎肉质。叶对生，二回三出羽状复叶，状似牡丹叶，具白粉，有长柄，裂片倒卵状。总状花序，小花数朵至十余朵，生于枝顶下弯呈拱状生长的细长总梗上的一侧，花瓣4片，交叉排列为内外两层。外层两瓣粉红色或玫红色联合成心脏形，基部膨大为囊状似荷包，故名荷包牡丹。内层两瓣粉白色，细长，从外瓣内伸出，包被在雄雌蕊外，似铃，故别名铃儿草。花期为4~6月份。蒴果圆形，种子细小。

图3-19　荷包牡丹

2. 生态习性

荷包牡丹原产于我国北部，日本、俄罗斯西伯利亚也有分布。性喜光，可耐半阴，耐寒而不耐夏季高温，喜湿润，不耐干旱。宜于富含有机质、排水良好之壤土中生长，在沙土及黏土中生长不良。

3. 繁殖与栽培

荷包牡丹常用分株、扦插和播种法进行繁殖。分株繁殖，一般2~3年分株一次，于早春2月份新芽萌动而新叶未展出之前，掘出植株，抖掉根部泥土，用利刀将根部周围蘖生的嫩茎带须根切下，两三株植于一盆，覆土高于旧土痕2~3cm，浇水，置荫处，生新叶后常规管理，当年可开花；扦插繁殖则于花谢后去除花序，一周后剪取下部有腋芽的健壮枝条，每段10~15cm，切口蘸硫磺粉或草木灰，插于素土中，浇水后置阴处，保持土壤微润不干，月余可生根；播种繁殖则随采随播，实生苗3年左右开花。

荷包牡丹的水分管理坚持"不干不浇，见干即浇，浇则浇透，不可渍水"的原则，保持土壤湿润但不积水。盛夏酷暑高温、强光直射时适当遮阴，避免暴晒，并常向附近地面洒水，提高空气湿度，降低温度。秋、冬季落叶后，对荷包牡丹进行整形修剪。剪去过密枝条，如并生枝、交叉枝、内向枝及病虫害枝等，改善荷包牡丹的通风透光条件，集中养分，保持株形美观。冬季注意防寒越冬。

4. 园林应用

荷包牡丹叶丛美丽，花朵玲珑，形似荷包，色彩绚丽，既适合布置花境、花坛、岩石园等，也是盆栽和切花的好材料。

（四）鸢尾类（图3-20）

别名：紫蝴蝶、蓝蝴蝶、扁竹花。

科属：鸢尾科鸢尾属。

1. 形态特征。

鸢尾类植物为多年生宿根性直立草本，高30~50cm，分枝丛生。根状茎粗，匍匐多节，节间短，浅黄色。叶基生，渐尖状剑形，宽2~4cm，长30~45cm，质薄，淡绿色，呈二纵列交互排列，基部互相包叠。春至初夏开花，总状花序，花蝶形，花有蓝、紫、黄、白、淡红等色，大而美丽，径约10cm，花被6片，基部呈管状或爪状，外3枚较大，圆形下垂，内3枚较小，多直立或呈拱形，花期为4~6月份。果实6~8月份成熟。

图3-20　鸢尾类

2. 生态习性

宿根鸢尾类植物的根状茎发达，生长强健。大多数栽培品种能耐荫，但光照有利于开花。耐寒性较强，冬季不必防寒。耐干旱，对土壤要求排水良好、碱性或微酸性均可，栽植宜浅。

鸢尾同属植物有 200 种左右，我国原产约 45 种。常见栽培的有宿根鸢尾类、球根鸢尾类和水生鸢尾类三大类。宿根鸢尾类常见的栽培品种有德国鸢尾、蝴蝶花等。

3. 繁殖与栽培

鸢尾类植物多采用分株、播种法繁殖。分株繁殖于春季花后或秋季进行，一般 2 ~ 4 年分栽一次。分割根茎时，注意每块根茎带不定芽 2 ~ 3 个，伤口可蘸硫黄粉或草木灰等作防腐处理；播种繁殖则于种子成熟后随采随播，实生苗需要 2 ~ 3 年才能开花。

宿根鸢尾的栽植以排水良好、湿润的土壤为宜。栽植前施足基肥。一般栽植株距 45 ~ 60cm、深度 7 ~ 8cm，具体视品种及生长情况而定。每年秋施基肥一次，生长期适当追肥。浇水视情况而定，高温干旱少雨季节及时浇水，秋季随着气温的降低浇水量逐渐减少。冬季较寒冷的地区，株丛上可覆盖厩肥或树叶等防寒，助其越冬。

4. 园林应用

鸢尾类植物叶片碧绿青翠，花形大而奇，宛若翩翩彩蝶，是庭园中的常用花卉之一，适作盆栽、切花和布置花坛、花境，也是优良的地被植物。

（五）宿根福禄考类（图 3-21）

别名：天蓝绣球、锥花福禄考。

科属：花荵科福禄考属。

1. 形态特征

宿根福禄考是多年生宿根草本观花植物，茎直立，高 40 ~ 60cm。叶呈十字形对生，上部常 3 叶轮生。塔形圆锥花序顶生，花冠呈高脚碟状，先端 5 裂。园艺品种较多，色彩丰富，从白色、红色至蓝色，也有复色。花期为 6 ~ 9 月份。

图 3-21　福禄考

2. 生态习性

宿根福禄考原产于北美洲南部，现各国广泛栽培。性喜阳光、耐热也耐低温严寒，在我国东北地区可以露地越冬。宿根福禄考适合种植于阳光充足、疏松肥沃及排水良好的沙质壤土中。

3. 繁殖与栽培

宿根福禄考常用播种、分株和扦插等法繁殖。如进行播种繁殖，春播、秋播都可。春播宜早，且花期较秋播短，雨季多枯死。低温严寒地区播种繁殖时注意防冻；分株繁殖是在 5 月份前将母株根部萌蘖掰下，3 ~ 5 个芽种于一起，加强水分管理。露地栽植的宿根福禄考一般每 3 ~ 5 年分株一次，以防老化；扦插繁殖则于春季新芽长到 5cm 左右时，将芽掰下，插入装有素沙的苗床中，保持温度 20℃ 左右，做好水分管理及杀虫灭菌工作，月余即可生根。

宿根福禄考春秋季移栽均可，一般株距 40cm 左右。生长期注意追肥。

4. 园林应用

宿根福禄考夏季开花，且花色丰富、艳丽，观赏价值高，是优良的庭园宿根花卉。宿根福禄考可用于布置花坛、花境，点缀草坪，也可用作盆栽和切花生产。

（六）荷兰菊（图3-22）

别名：柳叶菊。

科属：菊科紫菀属。

1. 形态特征

荷兰菊为宿根草本花卉，须根较多，有地下茎。茎丛生、多分枝，株高50~150cm，叶呈线状披针形，光滑，幼嫩略带紫色，基部稍抱茎。花色以蓝紫色为主，也有粉色、红色和白色品种。花常于枝顶形成伞状花序，花期为8~10月份。

图3-22　荷兰菊

2. 生态习性

荷兰菊原产于北美，耐寒性强，在我国东北地区可露地越冬。喜温暖湿润和阳光充足环境，也耐炎热，宜土质疏松肥沃、土粒细碎、排水良好的沙壤或腐叶土上生长，pH值6.5~7为宜。

3. 繁殖与栽培

荷兰菊可采取分株、扦插和播种等法繁殖。扦插于夏季进行，维持温度18℃左右，10d左右即可生根；分株繁殖可结合露地分栽时进行，掘出植株，修剪根系，分为数丛，重新栽植即可。在湿润肥沃的土壤中生长良好，开花繁茂。生长季节每10~15d追施稀薄肥料一次，并注意及时浇水。入冬前浇冻水一次，翌年根部重新萌芽，长成新株。

荷兰菊播种后须浇水并覆盖，保持苗床湿润，适时揭去覆盖物，确保苗齐、苗匀。幼苗具5~6叶时第一次间苗，株距6~7cm，用小刀轻轻割去要间去的苗；第二次间苗在具9~10叶期进行，株距13~15cm，连根轻轻拔除不要的幼苗及杂草。为促发分枝，生长期可行摘心处理。适时合理追肥，一般每半月施肥一次，可采取根外追肥等方式，忌过量使用化学肥料。秋季天气干燥，注意浇水。冬季地上部枯萎以后，适当培土保苗。

4. 园林应用

荷兰菊花繁色艳，适应性强，多用作花坛、花境材料，片植、丛植效果好，也可作盆栽及切花栽培。

（七）玉簪（图3-23）

别名：玉春棒、白鹤花、玉泡花、白玉簪。

科属：百合科玉簪属。

1. 形态特征

玉簪为宿根草本花卉，株高30~50cm。叶基生成丛，具长柄，卵形至心状卵形，基部心形，叶脉呈弧状。总状花序顶生，高于叶丛，着花9~15朵。花白色，管状漏斗形，径约2.5~3.5cm，长约13cm，具浓香，花期为6~8月份。同属还有开淡紫、堇紫色花的紫萼、狭叶玉簪、波叶玉簪等。

2. 生态习性

玉簪原产于中国及日本，性强健，耐寒冷，性喜阴

图3-23　玉簪花

湿环境，不耐强烈日光照射，要求土层深厚，排水良好且肥沃的沙质壤土。

3. 繁殖与栽培

玉簪主要采用分株和播种法进行繁殖。分株繁殖在春季、秋季均可进行。播种繁殖的实生苗 3～4 年方可开花。近年来也采用组织培养的方式进行繁殖，其幼苗生长快、开花早。

玉簪喜欢温暖气候，但夏季 35℃ 以上，空气相对湿度在 80% 以上的高温、闷热环境不利于它的生长。因此，夏季高温、闷热季节需采取遮阴、喷水喷雾和加强通风等养护管理方式。性极耐寒，我国大部分地区均能在露地越冬，地上部分经霜后枯萎，翌春宿根萌发新芽，忌强烈日光暴晒。

玉簪对肥水要求较多，应遵循"勤施淡肥、少量多次、营养齐全"和"间干间湿，不干不浇，浇则浇透"的肥水管理原则，进入结实期后，停止肥料供给。

4. 园林应用

玉簪是较好的阴生植物，在园林中可用于树下作地被植物，或植于岩石园或建筑物北侧，也可盆栽观赏或作切花用。

（八）萱草类（图 3-24）

别名：黄花菜、金针菜。

科属：百合科萱草属。

1. 形态特征

萱草类多为多年生宿根草本花卉，具短根状茎和粗壮的纺锤形肉质根。叶基生、宽线形，对排成两列，宽 2～3cm，长可达 50cm 以上，背面有龙骨突起，嫩绿色。花葶细长坚挺，高 60～100cm，上部有分枝。花期为 6 月上旬至 7 月中旬，花大，漏斗形，直径 10cm 左右。每花仅开放一天，有朝开夕凋的昼开型、夕开次晨凋谢的夜开型和夕开次日午后凋谢的夜昼开型。

图 3-24　萱草

2. 生态习性

萱草类植物原产于中国，尤以秦岭以南的亚热带地区分布多。性强健，耐寒，华北可露地越冬。适应性强，喜湿润也耐旱，喜阳光又耐半阴。对土壤选择性不强，但以富含腐殖质，排水良好的湿润土壤为宜。

3. 繁殖与栽培

萱草类以分株繁殖为主，也可播种繁殖。分株繁殖可于春秋进行，每丛带芽 2～3 个。春季分株，夏季就可开花，露地栽植萱草常 3～5 年分株一次；播种繁殖春秋均可。春播时，头一年秋季将种子沙藏，播后发芽迅速而整齐。秋播时，9～10 月份露地播种，翌春发芽。实生苗一般 2 年即可开花。

萱草类植物管理粗放。但生长期内，如遇干旱应适当灌水，雨涝则注意排水，尤其开花前的生育期更应注意水分管理。早春萌发前穴栽，先施基肥，上盖薄土，再将根栽入，株行距 30×40cm，栽后浇透水一次，生长期每 2～3 周施追肥一次。入冬前施一次腐熟有机肥。

4. 园林应用

萱草类植物花色鲜艳，栽培容易，且春季萌发早，绿叶成丛极为美观。园林中多丛植或于花境、路旁栽植。萱草类耐半阴，又可做疏林地被植物。

（九）大花金鸡菊（图 3-25）

别名：剑叶波斯菊。

科属：菊科金鸡菊属。

1. 形态特征

大花金鸡菊为多年生宿根草本，株高 30～60cm。茎直立多分枝。基生叶和部分茎下部叶披针形，全缘；上部叶或全部茎生叶 3～5 裂，裂片披针形至线形，先端钝形。头状花序，直径 4～7cm，有长柄，花色以黄色为主，花期为 6～9 月。

2. 生态习性

大花金鸡菊原产于北美，1826 年引入欧洲。栽培容易，能自播繁殖。喜光，对土壤要求不严，喜肥沃、湿润排水良好的沙质壤土，耐旱，耐寒，也耐热。

图 3-25 大花金鸡菊

3. 繁殖与栽培

大花金鸡菊多用播种、分株繁殖，也可扦插繁殖。播种繁殖一般在 8 月份进行，也可春季气温回升后露地直播，发芽适温为 15～24℃，10d 左右萌发，7～8 月份始花，陆续开至 10 月中旬。二年生的金鸡菊，早花者 5 月底 6 月初就可开花；扦插繁殖一般夏季可进行，注意遮阴并保持扦插床和环境湿度。生产中，花后及时摘除残花，7～8 月份追肥一次，可保证国庆节花繁叶茂。

4. 园林应用

大花金鸡菊花期长，花大色艳，尤其花开之时金黄一片，在绿叶的衬托下，犹如金鸡独立，绚丽夺目。大花金鸡菊适合布置花坛、花境，也可在草地边缘、坡地、草坪中成片栽植，以及用作地被、生产切花和屋顶绿化等。

（十）蜀葵（图 3-26）

别名：熟季花、端午锦。

科属：锦葵科蜀葵属。

1. 形态特征

蜀葵为多年生草本，根系发达，株高可达 3m，茎直立挺拔，丛生，全株被毛。叶片近圆心形或长圆形，长 6～18cm，宽 5～20cm，基生叶片较大，叶片粗糙，两面均被星状毛，叶柄长 5～15cm。

花单生或近簇生于叶腋，有时成总状花序排列，花径 6～12cm，花色艳丽，有红、紫、褐白、黄、粉等色，单瓣或重瓣，花期为 5～9 月份。蒴果，果实扁圆形，种子肾形。

图 3-26 蜀葵

2. 生态习性

蜀葵原产于中国，各地广泛分布。性喜阳光、能耐半阴，忌水涝。耐盐碱能力强、耐寒冷，在华北地区可露地越冬。在疏松肥沃，排水良好，富含有机质的沙质土壤中生长良好。

3. 繁殖与栽培

蜀葵通常采用播种繁殖，部分优良品种则常采取分株和扦插繁殖，以保存其良好的母株性状。蜀葵种子成熟后即可播种，春播、秋播均可。南方常于9月份秋播于露地苗床，发芽整齐。北方以春播为主。播种后7d左右可以萌发；蜀葵的分株在秋季进行，适时挖出多年生蜀葵的丛生根，用利刃切割成数丛，每丛带芽2~3个，分栽定植即可；扦插则在花后至冬季均可进行。取蜀葵老干基部萌发的侧枝作为插穗，长约8cm，插于沙床。插后用塑料薄膜覆盖进行保温保湿，并遮阴直至生根。

蜀葵栽培管理较为简易，幼苗2~3片真叶时移植一次，移植后适时浇水。幼苗生长期，施2~3次以氮肥为主的液肥，同时经常松土、除草，以利植株生长健壮。开花前结合中耕除草施追肥1~2次，以磷、钾肥为主。生长期保持充足合适的水分，花后及时剪除残花，能延长花期。蜀葵植株3~4年后易衰老，应及时更新，保证观赏效果。

4. 园林应用

蜀葵花朵大，花期长，一次栽植多年观赏，是布置庭院、道路两侧、花坛、花境的好材料。蜀葵可组成繁花似锦的绿篱、花墙，以美化环境。

（十一）金光菊类（图3-27）

科属：菊科金光菊属。

1. 形态特征

金光菊类花卉是指菊科金光菊属植物，多为多年生草本花卉。株高可达2m，且多分枝。单叶或复叶，互生。茎生叶稀对生，叶片较宽且厚。头状花序具柄，着生于茎顶；舌状花黄色，有时基部带褐色，中性、不孕；管状花近球形或圆柱形，淡绿、淡黄至黑紫色，两性、结实；瘦果四棱形。常见栽培生产的有金光菊、毛叶金光菊、齿叶金光菊和大金光菊等。

图3-27　金光菊

2. 生态习性

金光菊类花卉多原产于北美，适应性强，耐寒又耐旱，对土壤要求不严，栽培极易。尤其在通风、排水良好，阳光充足的沙质壤土中生长更佳。

3. 繁殖与栽培

金光菊类花卉多采用分株及播种繁殖。春天萌芽之前、秋季花后均可分株繁殖。掘出地下宿根，分株时每丛植株带3~4个顶芽；春季和秋季播种皆可，但以秋播为好。发芽适温为10~15℃，2周左右出苗，约3周可移苗，翌年开花。也可自播繁衍，种子发芽力可保持2年左右。

金光菊类花卉生长期要适当控水，抑制高生长，促进茎增粗，以免倒伏，同时追施1~2次液肥。当株高超过1m时，需及时设立支架并绑扎，避免枝条被风吹折断。花前多施磷、钾肥，则可使花色艳丽，株形丰满匀称。花后及时剪除残花，可促进侧枝生长，延长花期。

4. 园林应用

金光菊类花卉色彩艳丽，繁花似锦，光彩夺目，且开花观赏期长、落叶期短，能形成长达半年之久的艳丽花海景观，适合公园、机关、学校、庭院等场所布置，也可做花坛，花境材料以及布置草坪边缘、生产切花等。

（十二）随意草（图 3-28）

别名：芝麻花、假龙头花。

科属：唇形科假龙头花属。

1. 形态特征

随意草为多年生宿根草本植物，高 60～120cm，茎丛生而直立，稍四棱形；地下有匍匐状根茎。叶长椭圆形至披针形，端尖锐，缘有锯齿，长 7.5～12.5cm。穗状花序顶生长 20～30cm，单一或有分枝，花淡紫、红至粉色，长 1.8～2.5cm。如将小花推向一边，不会复位，因而得名随意草。花期为 7～9 月份。

2. 生态习性

随意草原产于北美洲，1683 年传入欧洲，现各地广泛栽培。性喜阳光，也耐半阴，耐寒、耐热，适宜疏松肥沃、排水良好的沙质壤土中生长。栽培容易，较耐粗放管理，但遇

图 3-28 随意草

夏季干燥则生长不良，叶片容易脱落，应保持土壤湿润。随意草生性强健，地下匍匐茎易萌生幼苗。

3. 繁殖与栽培

随意草可用播种、扦插以及分株等法繁殖。春季、秋季为分株适期，切取成株长出的幼株或地下根茎另植即可。也可在秋季剪取健壮新芽，扦插于排水良好的砂床，生根后移植。分株或播种繁殖的随意草，宜 2～3 年分栽一次，留于土壤中的残根易萌发繁衍。种子发芽力可保持 3 年左右，多于 4～5 月份进行播种繁殖。

随意草对土壤要求不高，但以排水良好的肥沃沙质土壤生育最佳。栽植之前施足腐熟有机基肥、定植成活后摘心一次，促使多分枝。对植株高大易引起倒伏者，须及时设立支柱或采用尼龙网固定枝条。生长期适温为 18～28℃，追肥宜氮、磷、钾相配合，保持土壤湿润，勿使之干旱，以免影响生育和开花。每 3 年左右宜更新栽培一次。

4. 园林应用

随意草叶秀花艳，栽培管理简单，适合布置花境、花坛背景或于野趣园中丛植，也可盆栽观赏或做切花生产。

（十三）宿根石竹类（图 3-29）

科属：石竹科石竹属。

1. 形态特征

石竹类植物为多年生或一、二年生草本花卉，常做庭院栽培。欧洲中世纪以来，常做教会装饰用花。茎节膨大，叶对生。花单生或顶生聚伞花序及圆锥花序，萼管状，5 齿裂，下有苞片 2 至多枚，蒴果圆筒形至长椭圆形。花卉生产中，栽培价值较高的有香石竹、高山石竹、常夏石竹等。

香石竹，又名康乃馨，呈常绿亚灌木状，常做多年生栽培。株高 30～60cm，茎丛生，质坚硬，灰绿色，节膨大。叶线状披针形，对生，全缘、基部抱茎。花大，具芳香，

图 3-29 石竹

单生或 2～3 朵簇生，花瓣多数，倒广卵形，具爪，有红、粉、黄、白等色。花期为 5～7 月份，保护地栽培四季可见花。

高山石竹，矮生多年生草本，高 5～10cm。叶绿色，具光泽，钝头。基生叶线状披针形，基部狭、有细齿牙；茎生叶 2～5 对。花单生，径 5～6cm，粉红色，喉部紫色具白色斑及环纹，无香气；花期为 7～9 月份。

常夏石竹，又名羽裂石竹。株高 30cm 左右，茎蔓状簇生，上部分枝，越年呈木质状，光滑而被白粉。叶厚，灰绿色，长线形。花 2～3 朵生顶枝端，花色有紫、粉红、白色，具芳香。花期为 5～10 月份。

2. 生态习性

宿根石竹类花卉喜凉爽及稍湿润的环境，土壤以沙质壤土为宜，排水不畅则容易导致立枯等病害的发生。能忍受一定程度的低温。种间易行天然杂交，田间栽培应注意品种隔离，以维持各品种的优良性状。

3. 繁殖与栽培

宿根石竹类花卉可用播种、分株和扦插等方式繁殖。春播或秋播于露地，冬季低温地区则春播于冷床或温床，如常夏石竹等。发芽适温为 15～20℃，温度过高抑制种子萌发；分株繁殖多在 4 月份进行；春季、秋季扦插繁殖生根较好。幼苗通常经过 2 次移植后再行定植。

4. 园林应用

宿根类石竹可种植于花坛、花境，也可生产切花。低矮型及簇生性种类也是布置岩石园及镶边用的优良材料。

（十四）耧斗菜类（图 3-30）

科属：毛茛科耧斗菜属。

1. 形态特征

耧斗菜类花卉多为宿根草本花卉，北温带分布较多，我国原产数种，分布于西南各地。叶丛生，2～3 回羽状复叶。萼片 5、辐射对称，与花瓣同色。花瓣 5，蓇葖果。常见栽培种类及品种有加拿大耧斗菜、黄花耧斗菜、耧斗菜、华北耧斗菜等。

加拿大耧斗菜，株高 50～70cm，高型种。二回三出羽状复叶。花数朵着生于茎上，花瓣浅黄色，花径 4cm 左右，花期为 5～6 月份。有矮型变种和黄花变种。

图 3-30 耧斗菜

耧斗菜，原种产于欧洲至西伯利亚，近年已与其他种进行杂交。株高 60cm 左右，茎直立，多分枝，二回三出复叶，具长柄，裂片浅而微圆，数花着生于一茎。花瓣下垂、稍内曲。有蓝、紫、红、粉、白、淡黄等色；花径约 5cm，花期为 5～6 月份。有大花、白花、重瓣、斑叶等变种。

华北耧斗菜，原产于我国陕西、山西、山东、河北等地。株高 60cm 左右，基生叶有长柄，三出复叶，茎生叶小。花紫色，下垂、美丽。

黄花耧斗菜，又名垂丝耧斗菜，原产于北美。高型种，株高 90～120cm，分枝多，稍被短柔毛。二回三出复叶，茎生叶数个。花瓣深黄色，萼片暗黄色，花径 5～7cm，花期为 7～

8月份。

2. 生态习性

耧斗菜类花卉性强健、耐寒，华北及华东等地区均可露地越冬、喜富含腐殖质、湿润而排水良好的沙质土壤，在半阴处生长及开花更好。

3. 繁殖与栽培

耧斗菜类花卉多采用分株或播种法繁殖。分株宜在早春发芽前或落叶后进行，播种则春秋均可，春季半阴处露地直播。如9月份播种，次年约有30%～40%开花，5～6月份播种则次年开花更多。露地育苗时，7～8月份宜遮阴处理。定植时宜数株丛植。

4. 园林应用

耧斗菜类植物叶片优美，花形独特，品种多、花期长，适宜配置于灌木丛间和林缘，也可做花坛、花境及岩石园的配植材料以及生产切花。

（十五）银叶菊（图3-31）

别名：雪叶菊、雪叶莲。

科属：菊科千里光属。

1. 形态特征

银叶菊株高50～80cm，多分枝，全株具白色绒毛，呈银灰色。叶质厚，羽状深裂。头状花序单生枝顶，花小，花色有紫红色、黄色等。花期为6～9月份，种子7月份开始陆续成熟。

2. 生态习性

银叶菊原产地中海沿岸，较耐寒，在我国长江流域能露地越冬。喜凉爽湿润、阳光充足的气候和疏松肥沃的沙质土壤，富含有机质的黏质土壤也可。银叶菊生长适温20～25℃，不耐酷暑，高温高湿时易死亡。

图3-31 银叶菊

3. 繁殖与栽培

银叶菊可采取播种、扦插和分株等法繁殖。发芽适温15～20℃，多在8月底9月初露地播种，2周左右萌发。苗期生长缓慢。4片真叶时移植，翌年春季定植；扦插繁殖时，剪取10cm左右的嫩梢，去除基部叶，用生根液处理后插于苗床，遮阴。保持温度18～25℃、湿度75%～85%，20d左右生根。高温高湿时扦插不易成活。

银叶菊喜肥，在旺长期应保证充足的肥水供应，但如表现有徒长趋势时，则应适当控水控肥。一般勤施稀薄肥水，也可根外追施0.1%的尿素和磷酸二氢钾等。为促发分枝、控制植株高度和培育理想株形，可于银叶菊苗高6～10cm并有6片叶以上时，摘掉顶梢，保留下部的3～4片叶，促使分枝。3～5周后，或当侧枝长6～8cm时，摘掉侧枝顶梢，保留侧枝下面的4片叶。

4. 园林应用

银叶菊全株覆盖白色柔毛，如被白雪。其叶形奇特、观赏期长，是重要的花坛观叶植物，也可布置花境、丛植和盆栽观赏。

（十六）羽扇豆（图3-32）

别名：多叶羽扇豆、鲁冰花。

科属：豆科羽扇豆属。

1. 形态特征

羽扇豆株高 90 ~ 150cm，茎粗壮直立，光滑或疏被柔毛。叶多基生，叶柄长，掌状复叶，小叶 9 ~ 16 枚，绿色。轮生总状花序，枝顶排列紧密，长可达 60cm，花蝶状，蓝紫色。花期为 5 ~ 6 月份，荚果，被绒毛，种子棕褐色有光泽。

2. 生态习性

羽扇豆原产于北美，1826 年传至英国。较耐寒，可忍受 0℃的低温。喜气候凉爽，阳光充足的环境，忌炎热，略耐阴，需肥沃、排水良好的沙质土壤，主根发达，须根少，不耐移植。

3. 繁殖与栽培

羽扇豆可采取播种、分株等法繁殖。春秋播种均可，发芽适温25℃左右，保证基质湿润，7 ~ 10d 萌芽。3 月份春播，但生长期正值夏季，受高温炎热影响，可导致部分品种不开花或

图 3-32　羽扇豆

开花植株比例低、花穗短，观赏效果差。自然条件下秋播较春播开花早且长势好，9 ~ 10 月中旬播种，翌年 4 ~ 6 月开花。扦插繁殖在春季剪取根茎处萌发枝条，每段 8 ~ 10cm，最好略带根茎，扦插于冷床。

羽扇豆夏季应遮阴防晒，避免强光直射伤叶、影响植株正常生长发育。花后及时剪除残余花穗和枯老叶片，控制肥水。

4. 园林应用

羽扇豆植株形态特别、花序颜色丰富，是园林植物造景中较为难得的配置材料，适作花坛、花境背景及林缘、河边丛植、片植，也可盆栽观赏和用作切花生产。

（十七）其他常见露地宿根花卉（表 3-5）

表 3-5　其他常见露地宿根花卉

中文名	科　属	花期花色	繁殖方法	特性与应用
芭蕉	芭蕉科	秋季	分株	喜温暖、湿润、光照充足环境，不耐寒；丛植观叶为主
虎耳草	虎耳草科虎耳草属	春季	分株、播种	喜温暖、半阴，稍耐寒；水池边、假山、石隙间；盆栽为主
东方罂粟	罂粟科罂粟属	夏季	分株、播种	喜光，较耐寒；适合花坛花境及盆栽应用
银莲花	毛茛科银莲花属	春夏	播种、分株	耐寒、喜半阴；适合林下等栽植
草芙蓉	锦葵科木槿属	夏秋	播种	喜光、半耐寒；适合花境花坛和丛植应用
景天	景天科景天属	夏秋	播种、分株及扦插	喜光、耐寒；适合花坛、花境及屋顶应用
火炬花	百合科火焰花属	夏秋	播种、分株	喜光、耐寒；适合花坛、花境应用

任务考核标准

序 号	考核内容	考核标准	参考分值/分
1	情感态度及团队合作	准备充分、学习方法多样、积极主动配合教师和小组共同完成任务	10
2	资料收集与整理	能够广泛查阅、收集和整理宿根花卉生产有关的资料，并对正确分析生产过程中的问题	20
3	制订宿根花卉生产技术方案	以植物生理学、栽培学、苗圃学、花卉学等多学科知识，制订科学合理、可操作性强的宿根花卉生产技术方案	30
4	宿根花卉的生产管理	现场操作规范、正确；管理效果明显	30
5	工作记录和总结报告	有完成全部工作的工作记录，书面整洁；总结报告合理，认识体会深刻；上交及时	10
	合计		100

自测训练

一、填空题

我国十大传统名花是_____、_____、_____、_____、_____、_____杜鹃、荷花、山茶、牡丹。

二、简答题

1. 宿根花卉有哪些特点？
2. 如何繁殖宿根花卉？
3. 如何进行宿根花卉的栽培管理？

任务四 球根花卉生产

球根花卉是指多年生花卉中地下部分的根或茎发生变态，膨大成块状、根状或球状的一类花卉。球根花卉借助地下膨大的球根贮藏大量营养物质以度过不良气候条件。球根花卉种类丰富、色彩艳丽、适应能力强、栽培管理简单，是园林中常用的重要花卉种类之一。

根据球根花卉地下膨大部分的形态和结构特征，可将球根花卉分为鳞茎、球茎、块茎、根茎、块根等几大类。

鳞茎是地下茎的变态形式之一，其底部有一极度短缩扁平的鳞茎盘。鳞茎盘上部着生由叶衍变而成的肥厚鳞片，并层层抱合，形成球状或近球状。鳞片间生腋芽，腋芽可发育成小鳞茎。鳞茎盘底部着生大量须根，起到较好的吸收营养、固定植株的作用。常见的鳞茎类花卉有百合、水仙、郁金香、风信子、朱顶红等。

球茎是指花卉位于地下的茎短缩、膨大呈球状或扁球状，基部为茎盘状，并由此萌发不定根；球茎上有节、退化的膜质叶片及侧芽。常见的球茎类花卉有唐菖蒲、香雪兰、小苍兰等。

块茎是指地下茎呈扁球状或不规则形状，多近于块状。根系自块茎底部发生，块茎顶部多具数个发芽点，于发芽点抽生茎、叶和花枝。如球根秋海棠、彩叶芋、马蹄莲、大岩桐等。

根茎是指地下茎肥大呈根状，上有诸多分枝。根茎上有明显的节，节上可抽生侧芽，顶端侧芽密集。侧芽萌发可形成新的植株。如美人蕉、球根鸢尾等。

块根是指花卉的根明显膨大，形同块茎，其上着生不定根，可贮藏大量营养物质。仅顶端根茎处有发芽能力、如大丽花、花毛茛等。

一、球根花卉的栽植

1. 整地

球根花卉喜富含有机质、土层深厚、肥沃、排水良好的沙质土壤。受球根花卉根系分布的影响，整地深度宜在 40～50cm。

2. 施肥

球根花卉需肥量大，应施足充分腐熟的有机肥为基肥，基肥中可适当掺加骨粉等含磷量高的基质材料，以保证球根花卉开花和球根充实对磷的需求。在保证磷肥充足的基础上，配施中等量钾肥，氮肥施用量宜少。

3. 栽植

栽植之前，根据球根规格大小、完好程度进行分级，种植时根据分级结果分块种植，避免因球根大小不一导致花卉后期长势不一，影响后期养护管理及观赏效果。种球较大且数量较少可采取穴栽，种球偏小且数量较多则开沟栽植。球根的栽植深度约为球高的 3 倍左右，但晚香玉、葱兰等适合浅植，覆土深度以刚没球顶为宜，而百合类球根花卉则多数适合深植，以覆土深度为球高 3 倍以上为宜；球根花卉的株行距以花卉植株大小而定，如大丽花等 60×100cm 为宜，风信子、水仙则 20×30cm 为宜，葱兰等小株花卉 5×8cm 即可。

球根花卉根少而脆，再生能力差，栽植过程中尽量避免碰断脆嫩的新根。保护好球根花卉有限的叶片，避免影响养分的积累。花后及时剪除残花，加强新球膨大期肥水管理。

二、球根花卉生长期管理

球根花卉定植后，一般不随意移植，避免伤根，且在土壤管理如中耕除草时，也应多加小心，尽量少伤根。此外，球根花卉大多叶片甚少或有定数，栽培中应注意保护，避免损伤，否则影响养分的合成，不利于开花和新球的成长，也有碍观赏。做切花栽培时，在满足切花长度要求的前提下，剪取时尽量多保留植株的叶片。花前疏蕾、花后及时剪除残花不使结实，或及时剪除果实，均可节省养分，有利于地下部分球根迅速膨大、充实。

球根花卉耐水涝能力较差，生产中应做到"旱时及时灌水、涝时及时排水"。

三、球根花卉的采收和贮藏

大部分球根花卉的球根需要在植株停止生长、茎叶枯黄但尚未脱落，即将或已经进入休眠时采收并进行贮藏处理。春植球根花卉宜于秋季采收并贮藏，避免冬季低温寒害；秋植球根花卉则宜于春末夏初采收并贮藏，避免夏季高温高湿致其腐烂。生产中，如遇适应能力较强的做地被、花丛、花境等布置的球根花卉，可每隔数年分栽一次，如百合类可隔 3～4 年，美人蕉、朱顶红、晚香玉等在温暖地区可隔 3～4 年分栽一次。

球根掘出后，适当修剪地上部分、剔除病残球根，根据球根大小、健壮程度进行分级和分离仔球，置于荫凉处阴干或适度晾晒后进行贮藏。部分球根易受伤病感染，可喷洒杀菌剂、浸泡保鲜剂后晾干再行贮藏。

　　不同种类的球根花卉对贮藏的环境条件要求不同。一般春植球根保持室温 4~5℃，不可低于0℃或高于10℃。秋植球根夏季贮藏时，应保持环境的干燥与凉爽，保持室温 20~25℃，如遇高温高湿，球根容易发霉腐烂。球根贮藏期间，应经常查看贮藏情况，如遇环境变化，应及时调节，同时注意防止病虫、鼠害的传播，避免造成不必要的损失。

　　不同种类的球根花卉贮藏方法不同。大丽花、美人蕉等对通风要求不高，但要保持一定的湿度，可采用埋藏或堆藏法，球根间充以干沙、锯末等；唐菖蒲、郁金香等要求通风良好、充分干燥的种类，可于室内搭架，层间距离 30cm 左右，铺以透孔而球根不致漏失的竹筛、苇帘等，上面摊放球根 2~3 层。

四、常见的球根花卉

（一）郁金香（图3-33）
别名：洋荷花、草麝香、郁香。
科属：百合科郁金香属。

1. 形态特征

图3-33　郁金香

　　郁金香为多年生草本植物，株高 20~80cm，直立性。茎叶光滑具白粉。叶 3~5 枚，长椭圆状披针形或卵状披针形，长 10~21cm，宽约 2.5cm；鳞茎扁圆锥形或扁卵圆形，高 3~5cm，径 3~6cm，具棕褐色皮膜。花茎高 20~40cm，单生茎顶。稀有 2 花，大型直立，花被6，抱合呈杯状、卵形、碗形、百合花形等。花期为 3 月下旬至 5 月下旬，花色有红、橙、黄、紫、白等色或复色，并有条纹，基部常紫黑色。花多白天开放，夜间及阴雨天闭合，单花开 10~15d，因品种而异。蒴果，种子多数扁平。

　　目前全世界郁金香栽培品种超过10000种，大量生产的约150种左右。主要栽培种类有克氏郁金香、福氏郁金香和香郁金香等。

　　克氏郁金香，鳞茎外皮褐色革质，具有匍匐枝。叶 2~5 枚，灰绿色，无毛，狭线形；花茎高约30cm；花冠漏斗状，先端尖，有香气，白色带柠檬黄晕，基部紫黑色；花期为 4~5 月份；不结实。其分布于葡萄牙经地中海至希腊、伊朗一带。

　　福氏郁金香，茎叶具二型性，高型种株高 20~25cm，叶 3 枚，少数 4 枚，宽广平滑，缘具明显紫红色线，直立性。矮型种株高 15~18cm，有白粉。二者花型相同。花冠杯状，径约15cm，星形。花被长而宽阔，端部圆形略尖，多有黑斑，斑纹有黄色边缘。凡具黑斑的品种，其花药、花丝均为黑色，花粉紫色。凡无黑斑者，其花药为黄色，花色绯红。本种花色艳丽，对病毒抵抗能力强，但其鳞茎产生仔球数量少，需培育 2~3 年才能开花。

　　香郁金香，原产于俄罗斯南部至伊拉克。株高 7~15cm。叶 3~4 枚，多生茎的基部，最下部叶呈带状披针形。花冠钟状，长 3~7cm。花被片长椭圆形，鲜红色，边缘黄色有芳香。

2. 生态习性

郁金香原产于地中海沿岸及中亚细亚和伊朗、土耳其、东至中国的东北地区等地，确切起源已难于考证。现今世界各地广泛种植郁金香，尤以荷兰最为盛行。

郁金香性喜向阳、避风，冬季温暖湿润、夏季凉爽之气候条件，也能适宜冬季寒冷和夏季干燥。8℃以上即可正常生长，冬季可耐 – 35℃低温，惧怕酷暑。适宜腐殖质丰富、疏松肥沃、排水良好的微酸性沙质壤土生产，忌碱土和连作。花芽分化在鳞茎越夏期间完成，分化适温为 20 ~ 25℃，最高不宜超过 28℃。

3. 繁殖与栽培

郁金香以分球繁殖为主，也可播种繁殖。郁金香母球为一年生，即每年更新，花后在鳞茎基部发育成 1 ~ 3 个次年能开花的新鳞茎和 2 ~ 6 个小球，母球干枯。新球与子球的膨大常在开花后一个月的时间内完成。可于 6 月上旬将休眠鳞茎挖起，去泥，贮藏于干燥、通风、20 ~ 25℃温度条件下，有利于鳞茎花芽分化。分离出大鳞茎上的子球放在 5 ~ 10℃的通风处贮存，9 ~ 10 月份栽种；秋季露地播种，深度 1 ~ 1.5cm，次春可发芽，至 6 月份基本形成地下鳞茎，待其休眠后掘出贮藏，秋季再行种植，4 ~ 5 年即可开花。

郁金香栽植之前深耕整地，基肥以腐熟牛粪及腐叶土为主，配施少量磷、钾肥，作畦。栽植深度为球高的 2 ~ 3 倍。一般于出苗后、花蕾形成期及花后追肥。生长期保持土壤湿润，天旱时适当浇水。郁金香品种间易杂，注意隔离栽植。

郁金香常进行促成栽培，即通过对种球的变温处理，打破花原基和叶原基的休眠，促进花芽分化，再通过人为增温、补光等措施，使郁金香在非自然花期开花。国外促成栽培时，先于 17℃掘出鳞茎经 34℃处理 1 周，再放置 20℃贮藏 1 个月完成花芽分化，再移至 17℃下经 1 ~ 2 周预备贮藏，然后保持 9℃下进行正式冷藏。

4. 园林应用

郁金香是世界著名的春花球根花卉，其品种繁多，花期早，花色明快艳丽，宜作花境、花坛布置或草坪边缘丛植，也可盆栽观赏和生产切花。

(二) 百合类（图 3-34）

科属：百合科百合属。

1. 形态特征

百合类植物为多年生草本花卉。地下具鳞茎，阔卵状球形或扁球形。外皮无膜，由多数肥厚肉质的鳞片抱合而成。地上茎直立，不分枝或少数上部有分枝，高 50 ~ 150cm。叶多互生或轮生，线形、披针形至心形，具平行脉。有些种类叶腋处容易着生珠芽。花单生、簇生或成总状花序；花大型、漏斗状、喇叭状或杯状等，下垂、平伸或向上着生。花色有白、粉、淡绿、橙、橘红、紫等，或有赤褐色斑点，具芳香。蒴果、种子扁平。

百合类植物种类多，多原产于北半球温带和寒带，热带极少分布，南半球没有野生种分布。常见栽培的主要品种有天香百合、百合、条叶百合、川百合、麝香百合、王百合、大百合等数十种。常见的以观赏为主的百合有：

图 3-34　百合

天香百合，鳞茎扁球形，径6~7cm，最大可达12cm以上。地上茎高1~1.8m，直立或斜生，淡绿色或带紫色斑点。叶互生，狭披针形至长卵形。花大型，径23~30cm，长15cm，具红褐色斑点，浓香，宜做切花。

条叶百合，鳞茎卵圆形，径约2cm。地上茎细，茎高40~100cm。叶散生，线形或线状披针形。花1~4朵，但栽培种中有多至15朵者，形小，径约4cm；花色橘红或橙黄，基部有不明显斑点。花期为8月份，有常见变种黄花条百合。本种花期最迟，宜做切花栽培和抑制栽培。

麝香百合，鳞茎球形或扁球形，黄白色，鳞茎抱合紧密。地上茎高45~100cm，绿色，平滑而无斑点。叶多数，散生，狭披针形。花单生或2~3朵生于短花梗上，平伸或稍下垂，蜡白色，基部带绿晕，筒长10~15cm，上部扩张呈喇叭状，径10~12cm，浓香，花期为5~6月份。为当代世界主要切花之一，是促成栽培的主要种类。

王百合，鳞茎卵形至椭圆形，紫黑色，径5~12cm。地上茎高1.0~1.8m，绿色带紫斑点。叶密生，细软而下垂，披针形，浓绿色。花2~9朵，通常4~5朵；横生，喇叭状，直径12~13cm，长12~15cm，白色内侧基部黄色，外具粉紫色晕，芳香，花期为6~7月份。

2. 生态习性

百合类植物种类繁多，自然分布广，所要求生态条件不尽相同。但绝大多数性喜冷凉湿润气候，要求肥沃、腐殖质丰富，排水良好的微酸性土壤及半阴环境。百合类植物多数种类耐寒性较强、耐热性较差，忌连作。

3. 繁殖与栽培

百合类的繁殖方法较多，有分球、扦插及播种等法。因种子不易贮存，实生苗生长慢且品质易变劣等缺点，生产中较少采用播种法繁殖。

分球繁殖，将小球与母球分离，另行栽植即可。因百合类系无皮鳞茎，易干燥，宜采后即行分栽，若不能及时栽植，应予阴凉处假植。百合类花卉宜3~4年分栽一次，避免每年分栽伤根太多。

扦插繁殖，选取成熟的鳞茎，阴干数日，剥取肥大健壮的鳞片，鳞片内侧朝上斜插于苗床顶端微露土面，冬季温度保持20℃左右，加强光照、水分管理即可生根，3年左右可长成种球。一般一个母球可剥取20~30片鳞片，可育成50~60个仔球。

百合类花卉宜选半阴环境或疏林下的土层深厚、肥沃、排水良好的微酸性土壤，施入大量腐熟堆肥、腐叶肥等。生长季节不需特殊管理，可在春季萌芽后及旺盛生长而干旱时，灌溉数次，追施稀薄液肥2~3次；花期增施1~2次磷肥、钾肥。

4. 园林应用

百合种类和品种均甚繁多，花期长，花大姿丽，有色有香最宜大片纯植或丛植疏林下、草坪边、亭台畔，也可作花坛、花境及岩石园材料或作盆栽观赏以及名贵切花生产。

（三）风信子（图3-35）

别名：洋水仙、西洋水仙、五色水仙。

科属：百合科风信子属。

1. 形态特征

风信子为多年生球根类草本植物。鳞茎卵形，有膜质外皮，色与

图3-35 风信子

花色有关。叶 4~8 枚,基生,狭披针形,肉质,有光泽。花茎肉质,长 15~45cm,中空。总状花序顶生,小花 10~20 朵或 6~12 朵密生上部,横向或下倾,有紫、红、黄、白、蓝等色,深浅不一,有香气。自然花期为 4~5 月份。蒴果球形。

2. 生态习性

风信子原产于地中海沿岸及小亚细亚一带,现各地广泛栽培,尤以荷兰为多。其生长习性与郁金香基本相同。

3. 繁殖与栽培

风信子以分球繁殖为主,种子繁殖多用于育种之时。分球繁殖时于 6 月份掘出鳞茎贮藏,秋季栽植前将仔球脱离母球,另行栽植。大球秋植后来年早春可开花,子球需培养 2~3 年才能开花。风信子自然分球率低,一般母株栽植一年以后只能分生 1~2 个子球。为提高繁殖系数,可在夏季休眠期对大球进行割伤处理,刺激其生出子球。即在花芽已经形成的 8 月份,将鳞茎基部切割成放射形或十字形切口,深约 1cm,用 0.1% 的升汞水涂抹或硫黄粉等消毒处理,然后倒置于太阳下吹晒 1~2h,再平摊室内。此后可于伤口处产生诸多仔球;播种宜即采即播,覆土 1cm。实生苗 4~5 年后能开花。

风信子的栽培管理与郁金香基本相同。栽培后期适当制水、适时采收鳞茎,并贮藏于环境干燥凉爽之处,有利于风信子的安全越夏和贮藏。荷兰球根花卉研究所的促成栽培经验是:25.5℃可促进花芽分化。选外花被已达形成期的鳞茎,在 13℃条件下置放 6 周左右,然后再于 22℃条件下促进分化,待花蕾抽出后放于 15~17℃处。

4. 园林应用

风信子植株低矮整齐,花序端庄,花色丰富,花姿美丽,色彩绚丽,在光洁鲜嫩的绿叶衬托下,恬静典雅,是早春开花的著名球根花卉之一,也是重要的盆花种类。风信子适于布置花坛、花境和花槽,也可做切花、盆栽或水养观赏。

(四)中国水仙(图 3-36)

别名:凌波仙子、金盏银台、落神香妃、玉玲珑。

科属:石蒜科水仙属。

1. 形态特征

中国水仙为多年生草本花卉。地下部分的鳞茎肥大似圆葱,卵状球形,外被棕褐色皮膜。叶狭长带状、先端钝、全缘,粉绿色。花葶中空,圆筒状或扁圆筒状,高 20~80cm;花多黄色、白色或晕红色,侧向或下垂,芳香,花期为 1~2 月份。

图 3-36 中国水仙

2. 生态习性

水仙属植物主要原产于北非、中欧及地中海沿岸,尤以法国分布最多最广。中国水仙主要集中于东南沿海一带。水仙适宜冬季温暖、夏季凉爽,生长期有充足阳光的气候环境。但多数种类也耐寒,在我国华北地区可露地越冬。对土壤要求不严,以在土层深厚肥沃、湿润而排水良好的黏质土壤中生长最好。

3. 繁殖与栽培

水仙的繁殖以分球繁殖最为常用,也可采取播种、组织培养等方式进行繁殖。分球繁殖即将母球自然分生的小球分离,另行栽植培育;播种繁殖多用于繁育新品种时,一般秋季播种，春季出苗，夏季叶枯后掘出种球，秋季再行栽植。

水仙生长期喜冷凉气候，适温为10～20℃，可耐0℃低温。如果花期温度过高，会导致开花不良甚至不开花。生长期间好肥水，但生长后期需适度干燥，否则影响芽分化。水仙常见的栽培方式有旱地栽培、灌水栽培与无土栽培等。

（1）旱地栽培　选择背风向阳、疏松肥沃、排水良好之土壤，施足基肥，作垄，于9～10月份开沟种植仔球。种球较大则用点播法，单行或宽行种植。旱地栽培的，养护较粗放，除施2～3次水肥外，不常浇水。夏季叶枯之后，掘出种球，置于荫凉通风干燥之处，秋季把贮藏种球再种下。如此三种三收，便可得到商品种球。

（2）灌水栽培　于9月下旬到10月上旬于田中作高40cm、宽120cm的高畦，施足基肥，于畦周挖深30cm左右的灌水沟，将种球开沟种植或散播于畦上，一般株行距10～20cm×30～40cm。覆土不宜太深，栽后浇施液肥，液肥干后灌水，使水分深入畦底，1～2月后草帘覆盖苗床，保持草帘、床面湿润。一般1～2年生球10～15d施肥1次，3年生球每周施肥一次。

（3）无土栽培

1）挑选水仙球。首先看形，个体大、形扁、质硬，表皮纵脉条纹距离较宽，中膜绷得很紧，皮色光亮，根盘宽大肥厚，主球旁生有对称的小球茎者为佳。其次观色，从外表看上去，球茎呈深褐色、包膜完好、色泽明亮，无枯烂、虫害的痕迹者为上品。再次按压，可用拇指和食指捏住球茎，稍用力按压，手感轮廓呈柱状，有弹性，比较坚实的，为花箭；手感松软，轮廓呈扁平状，弹性稍差的，则多为叶芽。最后问桩，桩少者为佳。

2）水仙雕刻。雕刻目的：叶、花矮化、弯曲、定向生长最终成型。雕刻原理：未受伤的一面正常生长，受伤的一面停止生长，呈现矮化、卷曲、和定向生长；水仙喜光，叶向光性强；根系背光生长。

3）水仙水养。室内观赏栽培一般于10月下旬选大而饱满的鳞茎，去掉外皮和枯根，雕刻后置于清水中浸泡12h左右，洗去粘液，然后用小石块等固定，养于浅水盆中，置于阳光充足，12～20℃条件下，4～6周即可开花。水养期间，每隔1～2d换清水1次，换水时勿伤根。花后将水仙置于10～12℃环境下，可延长花期1～2周。温度高于20℃，水仙易徒长、倒伏，花期明显缩短。

4. 园林应用

水仙花朵秀丽，叶片青翠，花香扑鼻，清秀典雅，是我国十大传统名花之一，素有"凌波仙子"之雅号。水仙宜植于庭院一角，或布置于花台、草地，也可水养、盆栽置于书房、几案，清新淡雅，令人心旷神怡。此外，水仙也可做切花生产。

（五）葱莲（图3-37）

别名：葱兰。

科属：石蒜科葱莲属。

1. 形态特征

葱莲为多年生常绿草本。植株低矮，高15～25cm。地下部分具有圆锥形的小鳞茎，具细长颈部。叶基生，肉质，细长。苞片膜质，褐红色。花单生，无筒部，花

图3-37　葱莲

径 3～4cm，白色为主，6～10 份月开花。

2. 生态习性

葱莲原产于美洲温带及热带地区，现我国华中、华南、西南等地广泛栽培。喜阳光充足的环境。在排水良好、疏松、肥沃而略带黏质的土壤中生长良好。耐半阴及低湿环境，喜温暖，有一定的耐寒性。鳞茎分生能力强，在我国华东地区可以露地越冬，在华北及东北地区，冬季应掘出鳞茎，贮藏越冬。

3. 繁殖与栽培

葱莲常用分株繁殖，也可播种繁殖。分株繁殖是指在春季萌芽前掘出老株，将小鳞茎连同须根分开栽植，每穴 2～3 株，间距 10～15cm，深度以鳞茎顶稍露出地面为宜。保持土壤湿润，适当追肥；播种繁殖则于种子成熟后即采即播，发芽适温 15～20℃，播后 2～3 周即可发芽，4～5 年开花。

春季叶片出土后施肥 1～2 次，花后及时剪除残花，花谢后停止浇水，2 月份后再行浇水，可再度开花，如此干湿相间，每年可多次开花。

4. 园林应用

葱莲生长强健、耐粗放管理，花期长，一次种植多年观赏，适作地被植物，也可布置花坛、花境，林缘以及盆栽观赏等。

（六）花毛茛（图 3-38）

别名：芹菜花、波斯毛茛、洋牡丹。

科属：毛茛科毛茛属。

1. 形态特征

花毛茛为多年生球根草本花卉。株高 20～40cm，块根纺锤形，1.5～2.5cm，粗不及 1cm，常数个聚生于根颈部，与大丽花块根神似而形小；茎单生，或少数分枝，有毛；基生叶阔卵形，具长柄，茎生叶无柄，羽状复叶；花单生或数朵顶生，有重瓣、半重瓣，原种黄色鲜黄，现栽培品种很多，花色有白、黄、红、橙、紫和褐色等多种颜色。花径3～4cm，花期为 4～5 月份。

图 3-38　花毛茛

2. 生态习性

花毛茛原产于欧洲东南部及亚洲西南部，现世界各国均有栽培。喜凉爽及半阴环境，忌炎热，怕阳光直射，适宜的生长温度是：白昼 20℃ 左右，夜晚 7～10℃，既怕湿又怕旱，宜种植于排水良好、肥沃疏松的中性或偏碱性土壤，在中国大部分地区夏季进入休眠状态。

3. 繁殖与栽培

花毛茛常用分球法繁殖，也可播种繁殖。分球繁殖，多于 9～10 月份间将块根带根茎瓣开，以 3～4 根为 1 株另行栽植，覆土不宜过深。播种繁殖是于秋季气温降至 10℃ 左右时露地播种，温度不宜超过 20℃，在 10℃ 左右约 20d 便可发芽。幼苗长出 3 片真叶时移栽，保持湿润，每 7d 追肥一次。现蕾初期每株选留 3～5 个健壮花蕾，其余全部摘除，以使营养集中。生长旺盛期应经常浇水，保持土壤湿润，但忌积水，否则易导致黄叶；花前应薄肥勤施，花后再施肥一次。促成栽培时，将球根埋于湿润的锯木屑中，在 8～10℃ 的低温条件下处理 30～40d，于夏季打破休眠，然后于 9 月下旬至 10 月上旬种植，冬季温度保持 10℃ 左右，年底即可开花。

4. 园林应用

花毛茛株姿玲珑秀美，花色丰富艳丽，常于树下，草坪中丛植，也可种植在建筑物的阴面，以及布置花坛、花带和家庭盆栽，生产切花等。

（七）大丽花（图3-39）

别名：大理花、天竺牡丹、东洋菊、地瓜花。

科属：菊科大丽花属。

1. 形态特征

图3-39　大丽花

大丽花为多年生草本，地下部分具有粗大纺锤状肉质块根，形似地瓜，故名"地瓜花"。株高可达1.5m。茎直立或横卧。叶对生，羽状复叶。头状花序，具总长梗，顶生，其色彩、大小及形状因品种而异，有红、黄、橙、紫、白等色，十分诱人。花期夏季至秋季。瘦果黑色，长椭圆形。

2. 生态习性

大丽花原产于墨西哥及危地马拉海拔1500m以上地区，它既不耐寒，又畏酷暑，喜干燥凉爽、阳光充足、通风良好的环境。土壤以疏松肥沃、排水良好的沙质土壤为宜。春季萌芽生长，夏末秋初花芽分化，直至秋末霜后地上部分凋萎、停止生长，冬季进入休眠。短日照条件下促进花芽发育，10~12h的短日照下急速开花；长日照条件下促进分枝，增加开花数量，但会延迟花的形成。大丽花在我国辽宁、吉林等地生长良好，尤其吉林，是我国的大丽花栽培中心。

3. 繁殖与栽培

大丽花的繁殖以分株、扦插繁殖为主，也可采取播种繁殖和嫁接繁殖。

分株繁殖于3~4月份取出贮藏的块根，带芽切块，伤口涂抹草木灰等进行防腐处理，另行栽植即可。因大丽花仅于根颈部能发芽，在切块分割时必须带有部分根颈的芽，否则不能萌发新株。分株繁殖简便易行，成活率高，苗壮，但繁殖株数有限。

扦插繁殖一般在早春进行，夏、秋也可以。插穗取自经催芽的块根，待新芽基部一对叶片展开时，即可从基部剥取扦插。也可留新芽基部一节以上切取，以后随生长再取腋芽处的嫩芽进行扦插。保持插床昼温20~22℃，夜温15~18℃，约两周后生根。春插苗经夏秋充分生长，当年即可开花。6~8月初可自生长植株取芽夏插，但成活率不及春插，9~10月份扦插成活率低于春季，但比夏插要高；播种繁殖多采自秋凉后成熟的种子，避免选用夏季湿热期间成熟而发育不良种子。保持温度20℃左右，1周左右萌芽出土，真叶长出后再分植，1~2年即可开花。

大丽花的茎部脆嫩，经不住大风侵袭，又怕水涝，地栽时要选择地势高燥、排水良好、阳光充足而又背风的地方，并作高畦。株行距因品种而异，一般品种1m左右，矮生品种40~50cm。大丽花茎高多汁柔嫩，要设立支柱，以防风折。夏季连续阴天后突然暴晴，应及时向地面和叶片洒水降温。苗高15~20cm时，留2个节摘心，促使侧枝生长开花。一般大花品种保留侧枝4~6枝，中小花品种保留侧枝8~10枝。显蕾后每隔10d施一次液肥，直到花蕾透色为止，同时当花蕾露红时即可定蕾，一般每枝保留花蕾1个。

4. 园林应用

大丽花花色艳丽、花形多变，品种极其丰富，应用范围广泛，适作花坛、花境或庭前丛植，矮生品种可作盆栽，高型品种宜做切花。

（八）美人蕉类（图3-40）

科属：美人蕉科美人蕉属。

1. 形态特征

美人蕉类为多年生草本，具粗壮肉质根茎。地上茎直立、不分枝。叶大，多互生，有明显的中脉和羽状的平行脉，叶柄呈鞘状抱茎，无叶舌。花两性，不对称，排成顶生的穗状花序、总状花序或狭圆锥花序，有苞片；雄蕊花瓣状，4~5枚，基部连合，为花中最美丽部分，通常红色或黄色。花期长，自初夏至秋末花开不绝。蒴果球形，种子较大，黑褐色、种皮坚硬。常见观赏栽培的有美人蕉、粉美人蕉、黄花美人蕉、大花美人蕉、鸢尾花美人蕉、紫叶美人蕉等。

图3-40　美人蕉

美人蕉，又名小花美人蕉、小芭蕉，原产于美洲热带。株高1~1.5cm，茎叶绿而光滑。叶长椭圆形，长10~30cm，宽5~15cm。花序总状，着花稀疏。小花常2朵簇生，形小，鲜红色；唇瓣橙黄色，上有红色斑点。

粉美人蕉，又名白粉美人蕉，原产于南美洲、印度等地。株高1.5~2m。根茎长而有匍匐枝，茎叶绿色，具白粉。叶长椭圆形披针形，两端均狭尖，边缘白而透明。花序单生或分叉。着花少，花较小，黄色，有具红色或带斑点品种。

黄花美人蕉，又名柔瓣美人蕉，原产美国福罗里达州至南卡罗来纳州。株高1.2~1.5cm。根茎极长大，茎绿色。叶长椭圆状披针形，长25~60cm，宽10~20cm。花序单生而疏松，着花少，苞片极小；花大而柔软，向下反曲，下部呈筒状，淡黄色，唇瓣圆形。

大花美人蕉，又名昙华，为法国美人蕉系统的总称。株高约1.5m。茎、叶被白粉，叶大，阔椭圆形，长约40cm，宽约20cm。总状花序，有长梗，花大，径可达10cm，有红、黄、白等色，花期为8~10月份。

鸢尾花美人蕉，原产秘鲁。株高2~4m。叶广椭圆形，表面散生柔毛。花序总状稍垂。花淡红色为主。

紫叶美人蕉，又名红叶美人蕉，原产哥斯达黎加、巴西等处。株高1~1.2m。茎叶均紫褐色并具白粉；总苞褐色，花萼及花瓣均紫红色。

2. 生态习性

美人蕉类植物性喜温暖炎热气候，适应能力强，生长适温25~30℃，在原产地无明显休眠期，几乎全年可花。在我国海南岛、云南等热带地区也无休眠期。对土壤要求不严，但在阳光充足、疏松肥沃、排水良好之土壤中生长健壮，开花良好。有一定耐寒力，但在我国华东、华北地区常不能露地越冬。

3. 繁殖与栽培

美人蕉类花卉繁殖以分株繁殖为主，也可播种繁殖。分株繁殖时，将根茎分割，每株带芽2~3个，将伤口作防腐处理后直接定植。一般露栽美人蕉类植物2~3年宜分株一次；播种繁殖时，因美人蕉类花卉种皮坚硬，播种之前宜刻伤种皮或温水浸泡 1~2d，播后保持温度 25℃以上，2~3 周萌发，当年或次年即可开花。

美人蕉类花卉栽植前深刨土壤，施足基肥，栽后及时浇水，保持土壤湿润。花前追施腐熟人类尿等 2~3 次，以利开花。茎叶大部分枯黄后可掘出根茎，适当干燥后进行沙藏或堆藏越冬，保持温度 5~7℃。

美人蕉的促成栽培，一般在 1 月份将贮藏的根茎平放温室苗床，肥土覆盖，保持昼温 30℃、夜温 15℃，约 10 余天出芽后定植，保持土壤湿润，适量施肥。4 月上旬开始现蕾，中旬以后逐渐开窗通风，"五一"即可开花。

4. 园林应用

美人蕉类植物茎叶繁茂，色彩鲜艳、花极美丽，且花期长，吸收二氧化硫、氯化氢、氟化物等有毒气体能力强，宜作大片自然栽种、布置花坛、花境，以及盆栽观赏和工厂区绿化。

（九）晚香玉（图 3-41）

别名：夜来香、月下香。

科属：石蒜科晚香玉属。

1. 形态特征

晚香玉为多年生球根草本花卉，地下部分具圆锥状的鳞块状茎，即上半部呈鳞茎状，下半部呈块茎状。叶基生，带状披针形，茎生叶较短。花葶直立，高 40~90cm，穗状花序顶生，每穗着花 12~32 朵，花白色漏斗状，具浓香，至夜晚香气更浓，因而得名。露地栽植花期多在 7 月上旬至 11 月上旬，盛花期为 8~9 月份，蒴果球形，种子黑色。

图 3-41　晚香玉

2. 生态习性

晚香玉原产于墨西哥及南美，现各国广泛栽培。性喜温暖湿润且阳光充足之环境，不耐霜冻，适宜生长温度，白天 25~30℃，夜间 20~22℃。气温适宜可四季开花，在我国多做春植球根花卉生产。好肥，喜湿而忌涝，对土壤要求不严，以肥沃粘壤土为宜。

3. 繁殖与栽培

晚香玉多采用分球繁殖，也可播种繁殖。母球自然增殖率高，一般一个母球能分生 10~25 个仔球。分球繁殖在 11 月下旬地上部枯萎后掘出地下茎，去除萎缩老球，将仔球、母球分离，晾干后贮藏于室内干燥处。春季种植，大仔球当年就可开花，小仔球须经 1~2 年培育才能开花；播种繁殖多用于新品种繁育，发芽适温 25~30℃，约 1 周发芽。

晚香玉常在 4~5 月份种植。种植之前翻耙土壤、施足基肥。以大球株行距 20cm×25cm、小球 10cm×15cm 的密度种植。晚香玉有"深长球、浅抽葶"的特点，即深栽有利于球体的生长和膨大，浅栽则有利于开花。一般栽植大球以芽顶稍露出地面为宜，栽植小球以芽顶低于或与土面齐平为宜。

晚香玉出苗缓慢，出苗期需水较少。待花茎即将抽出和开花前期，应充分灌水保持土壤湿润。晚香玉喜肥，一般栽植 1 个月后施肥一次，开花前施一次，以后每 1~2 月施一次。雨季注意排水。秋末霜冻前掘出球根，略加晾晒，除去泥土及须根，并将球的底部薄薄切去一层，以显露白色为宜；继续晾晒至干，然后将残留叶丛编成辫子吊挂在温暖干燥处贮藏过冬。或者使用火炉烘熏的办法，将球根吊挂室内，下面放火炉烘熏。最初室温保持25～26℃，使球体内水分逐渐减少至外皮干皱后，降低温度至15～20℃，直至次春出房为止。经烘熏后可使球体充分干燥，从而强迫其完全休眠，有利于次春栽植后的生长和花芽分化。也可将球根晾干后堆放在干燥向阳的地窖中，分层覆盖稻草和土并压紧，埋藏过冬；或连续栽植2～3年后再挖起重植，但开花质量差，花期不整齐。

4. 园林应用

晚香玉花朵洁白，香气浓郁，是重要的切花材料，也是布置庭院、花坛、花境的优良材料，也可丛植、散植于路边、石旁及草坪周围。

（十）白头翁（图3-42）

别名：老公花、毛姑朵花。

科属：毛茛科白头翁属。

1. 形态特征

白头翁为多年生草本花卉。株高10～40cm，通常20～30cm。地下茎肥厚，根圆锥形，有纵纹。全株密被白色长柔毛。叶基生，三出复叶，具长柄，叶缘有锯齿。花单朵顶生，径3～4cm，萼片花瓣状，蓝紫色，外被白色柔毛；雄蕊多数，鲜黄色；花期为3～5月份。瘦果，密集成头状，花柱宿存，银丝状，形似白头老翁，故而得名。

图3-42　白头翁

2. 生态习性

白头翁原产于中国，多野生，除华南外各地均有分布。性极耐寒，喜凉爽气候，要求向阳、干燥的环境，喜疏松、肥沃及排水良好之沙质壤土，忌低洼、水涝地，不耐移植。

3. 繁殖与栽培

白头翁以播种、分割块茎法繁殖为主。播种繁殖多于种子成熟后立即直播，因种子细小，需精细播种；分割块茎可在秋末掘出地下块茎，沙藏，次年3月上旬于冷床内栽植催芽，萌芽后将块茎切开，每块须带有萌发的顶芽，露地栽植即可。

白头翁野生为主，性强健，耐粗放管理。幼苗期生长缓慢，应加强日常管理，及时浇水、除草、间苗等。一般实生苗2～3年开花。生长期加强肥水管理，做好病虫害的预防工作。

4. 园林应用

白头翁植株矮小，花期早，是理想的地被植物。果期羽毛状花柱宿存，形如头状，极为别致，适于野生花卉园自然栽植，也可布置花坛、道路两旁，或点缀于林间空地及盆栽观赏。

（十一）其他常见球根花卉（表3-6）

表3-6　其他常见球根花卉

中 文 名	科　　属	花期花色	繁 殖 方 法	特性与应用
姜花	姜科姜花属	夏秋、白色	春分根	适合作于池畔、庭院及林下
花叶麦冬	百合科麦冬属	夏季、蓝紫色	春分株、秋播种	适作庭院地被植物及花坛、草地镶边材料

（续）

中 文 名	科　属	花期花色	繁殖方法	特性与应用
网球花	石蒜科网球花属	红、白色	鳞茎旁蘖及种子繁殖	喜温暖湿润
观音兰	鸢尾科观音兰属	夏，粉色、红色	分球繁殖	喜温暖、适做切花
秋牡丹	毛茛科银莲花属	春，淡红白色	秋季播种	适作盆栽，也可切花和作草坪镶边材料
射干	鸢尾科射干属	夏，橙色而有暗红斑点	春秋分根，也可秋季播种	适作林缘、草地及向阳坡种植
蜘蛛兰	石蒜科鬼蕉属	夏秋，白色	春播种	适作盆栽及切花
铃兰	百合科铃兰属	夏秋，白色	分球	耐寒、喜半阴，适作地被及盆栽

 任务考核标准

序　号	考核内容	考核标准	参考分值/分
1	情感态度及团队合作	准备充分、学习方法多样、积极主动配合教师和小组共同完成任务	10
2	资料收集与整理	能够广泛查阅、收集和整理球根花卉生产有关的资料，并对正确分析生产过程中的问题	20
3	制订球根花卉生产技术方案	以植物生理学、栽培学、苗圃学、花卉学等多学科知识，制订科学合理、可操作性强的球根花卉生产技术方案	30
4	球根花卉的生产管理	现场操作规范、正确；管理效果明显	30
5	工作记录和总结报告	有完成全部工作的工作记录，书面整洁，总结报告合理，认识体会深刻；上交及时	10
合计			100

 自测训练

一、填空题

根据菊花的栽培或应用形式，可分为：_____、_____、_____、_____、切花菊、案头菊、菊艺盆景等。

二、简答题

1. 球根花卉有哪些特点？

2. 如何进行球根花卉的栽培管理？

实训八　水仙雕刻造型与养护

一、目的要求

通过实训掌握水仙雕刻的基本理论、技术及水养要点。

二、原理

水仙为鳞茎花卉，球根已贮藏大量养分并已完成花芽分化，适时水养满足一定环境条件就可以让水仙盆养开花。水仙雕刻是以鳞茎的充分发育为基础，通过人工刻伤鳞茎中的幼叶，使植株矮化，叶片扭曲，形成各种艺术造型以提高观赏趣味性。

三、材料用具

水仙球，圆头雕刻刀（刻鳞片）、尖头和平头窄面刻刀（刻花梗、叶芽），水仙盆或无孔塑料盆，脱脂棉，钩状刀（特殊加工用）。

四、方法步骤

（一）基本雕刻要点

（1）切削鳞片　剥去水仙球的棕褐色外鳞片、护根泥、枯根杂物等。判断水仙头的生长方向，把顶端弯的叶芽尖向上对着自己。用左手握紧花球，右手拿雕刻刀。在花球靠底部1/4或1/3或由根部向上1cm处开始，沿着和底部相平行的一条弧线轻轻切进，把上部2/3的鳞片从正面逐层剥掉，至露出叶芽为止。

（2）刻叶苞片　在叶芽周围下刀。把鳞片、叶苞片一层层刻掉，留下1/4厚度的鳞茎作花球后壁，最后将叶芽外面包着一层光滑的鳞瓣片剥掉，使叶芽外露。

（3）削叶缘　把叶缘从上到下，从外到内叶削去1/3～1/2，使植株低矮、叶片卷曲。割除程度越大，卷曲程度越大。

（4）雕刻花梗　待花梗长出后，在希望花朝向的一面削1/4；为使花茎矮化，可以幼花茎基部用针头略加戳伤。

（5）雕侧球　侧球多半只有叶芽，间或也有花芽，根据造型需要决定去留，雕刻方法同前。

（二）水养要点

水育养护与促使花球体态变异，控制开花期紧密相关，养育程度环环紧扣。

（1）漂水泡净　雕刻完毕，用井水、泉水或经日照沉淀2～3d后的自来水浸泡。勤换清水，直至把切口粘液洗净，防止花球腐烂。

（2）盆中定植　漂净的花球立即置于盆中定植，用脱脂棉花盖住切口及根部，保温保湿。定植时，花球后壁平放盆里，让花、叶、根须部两头翘起，促使叶片、花梗顺势卷曲起来。盆置于露天，避阳光曝晒，夜温4℃以上时，不必入室，每天换清水，3～4d后才能移至日光处。

（3）光照条件　待叶芽开始回青，可将养殖盆全日置于阳光下，过早会造成叶芽干黄。如连续一星期处于晴暖阳光处，能促花提早1～2d开放。反之，则推迟花期。

（4）控制花期　气温和阳光直接影响花期。如距预定开花日5～6d花蕾苞膜尚未自然绽开，可人工撕破，接受日光，减少苞膜束缚，达到预定开花的目的。

五、注意事项

1）操作要小心，免伤花芽，否则导致哑花。

2）雕刻结合造型持续进行，应边雕、边养、边整型。

3）水仙粘液有毒，雕完要清洗。

六、作业与思考

1）水养水仙如何防止叶片发黄和鳞茎腐烂？

2）如何防止家养水仙叶片长、花梗短的问题？

任务五 水生花卉生产

一、水生花卉的概念及分类

1. 水生花卉的概念

水生花卉是指植物体全部或部分生活在水中，观赏价值较高的花卉。广义的水生花卉还包括适应于沼泽或低湿环境中生长的一切可观赏的植物。与其他花卉明显不同的习性是对水分的要求和依赖远远大于其他各类，因此也构成了其独特的习性。

我国水系众多，水生花卉资源非常丰富，是园林、庭院水景园林观赏植物的重要组成部分。

2. 水生花卉的分类

根据水生花卉的生活方式与形态特征的不同，一般将其分为以下几大类：

（1）挺水型 根生于泥中，茎叶挺出水面之上，因种类不同可生于沼泽地以至1m左右的水深处。如荷花、香蒲、芦苇、水葱、菖蒲、水生鸢尾等。

（2）浮水（叶）型 根生于泥中，叶片浮于水面或略高出水面。因种类不同，可生于浅水面至2～3m的深水中。如睡莲、王莲、萍蓬草、芡实、菱、莕菜等。

（3）沉水型 根生于泥中，茎、叶全部沉于水中。如眼子菜、金鱼藻、菹草、狐尾藻等。

（4）漂浮型 根伸展在水中，叶浮于水面，随水漂浮滚动在浅水处可生根于泥中。如满江红、浮萍、大藻、凤眼莲、水鳖等。

（5）水缘及喜湿型 生长在水池边，从水深2～3cm处到水池边的泥里，都可以生长。如花菖蒲、红蓼、千屈菜、水芹、水生美人蕉、紫芋等。

二、水生花卉的栽培管理

1. 水生花卉的繁殖

水生花卉一般采用播种和分株繁殖。

（1）播种繁殖 水生花卉一般在水中播种。具体方法是将种子播于有培养土的盆中，盖以沙或土，然后将盆浸入水中，浸入水的过程应逐步进行，由浅到深。刚开始时仅使盆土湿润即可，之后可使水面高出盆沿。水温应保持在18～24℃，王莲等原产热带者需保持24～32℃。种子的发芽速度因种类而异，耐寒性种类发芽较慢，需3个月到1年，不耐寒种类发芽较快，播后10d左右即可发芽。播种可在室内或室外进行，室内条件易控制，室外水温难以控制，往往影响其发芽率。大多数水生花卉的种子干燥后即丧失发芽力，需在种子成熟后立即播种或贮于水中或湿处。少数水生花卉种子可在干燥条件下保持较长的寿命，如荷花、香蒲、水生鸢尾等。

（2）分株繁殖 水生花卉大多植株成丛或具有地下根茎，可直接分株或将根茎切成数段进行栽植。分根茎时注意每段必须带顶芽及尾根，否则难以成株。分栽时期一般在春秋季节，有些不耐寒者可在春末夏初进行，方法与宿根花卉类似。

2. 水生花卉的一般栽培管理

1）水生花卉的栽植方式有塘栽和盆栽两种。栽植水生花卉的池塘，最好选用池底含丰富腐殖质，并为粘性土壤者。新挖池塘和北方池塘通常缺乏有机质，栽植时应施入大量肥料。盆栽用土应以塘泥等富含腐殖质的粘质土为宜。

有地下根茎的水生花卉如荷花、睡莲、芦苇等，自行延伸的能力很强，一旦在池塘中栽植时间较长，便会四处扩散，以致与设计意图相悖。因此，一般在池塘内需建种植池，以保证不四处蔓延。

2）水生花卉是各类花卉中最耐热的种类，但耐寒性各种间差别较大。耐寒的水生花卉可直接栽在深浅合适的水边和池塘中，冬季不需保护。休眠期间对水的深浅要求不严。半耐寒的水生花卉栽在池中时，应在初冬结冰前提高水位，使根丛位于冰冻层以下即可安全越冬。少量栽植时，也可掘起储藏，或春季用缸栽植，沉入池中，秋末连缸取出，倒出积水，冬天保持盆土不干，放在没有冰冻处即可。不耐寒的种类通常盆栽，秋冬于温室贮藏。

3）一般而言，水生花卉喜静水或水流速度缓慢的环境。然而水体流动不畅，水温过高会引起藻类的大量滋生，使水质浑浊。对此，小范围内可撒布硫酸铜，大范围内则需利用生物的相互制约来防治。放养金鱼藻、狸藻等水草和河蚌等软体动物均有效。

4）漂浮类水生花卉常随风而动，应根据当地情况确定是否种植，种植之后是否需要固定位置。如需固定，可加拦网。

5）为防止鱼类噬食水生花卉，常在水中围以铅丝网，上缘稍露出水面即可，以免影响景观。

三、水生花卉的应用

水生花卉可以绿化、美化池塘、湖泊等水域，也可装点小型水池；还有些花卉适宜于沼泽地或低湿地栽植。栽培各种水生花卉可以使园林景色更加丰富多彩，同时还起着净化水质、保持水面洁净、控制有害藻类的生长等作用。

1. 水生花卉的园林应用特点

1）水生花卉是园林水体周围及水中植物造景的重要花卉。

2）水生花卉是花卉专类园——水生园的主要材料。

3）水生花卉常栽于湖岸、各种水体中作为主景或配景，在规则性水池中常做主景。

2. 水生植物在园林景观中的作用

水是生命的源头。园因水而活，景得水则灵。水中园林花卉的姿态、色彩及水旁园林花卉所形成的倒影，均加强了水体的美感。如杭州西湖的"曲院风荷"因"红衣绿扇映清波"的荷花而闻名。水生植物已成为江河、湖泊、公园、池塘等水体造景的重要素材，同时也是保持景观水体生态系统平衡的关键因素。

（1）丰富园林的景观效果　水是园林的灵魂，是构成景观的重要因素。水生植物以其洒脱的姿态、优美的线条、绚丽的色彩点缀水面和堤岸，加强水体的美感。此外，像水葱修长的茎秆，伞草碧绿的苞片等，都是水生植物园中观叶的好材料。通过种植野生的水生植物，能使水景野趣横生。

（2）创造园林意境　中国园林中，水景常构成一种独特的、耐人寻味的意境。杭州西湖十景之一的"曲院风荷"就是立意成功的范例，从全园的布局上突出了"碧、红、香、凉"的意境美，即荷叶的碧，荷花的红，熏风的香，环境的凉。从欣赏植物景观形态美到意境美是欣赏水平的升华，不但含意深邃，而且达到了天人合一的境界。所以，应进一步挖掘、整理水生植物丰富的文化内涵，为创造美好的水生植物景观提供丰富的源泉，如苏州拙政园的"听雨轩"创造出了"蕉叶半黄荷叶碧，两家秋雨一家声"的诗情画意。

（3）净化水体　我国利用水生植物净化水质的研究始于20世纪70年代中期，包括静态条件下单一物种及多种植物配置对污染较严重的污水净化，以及动态方法研究水生植物对污水的处理效果。近30年来的大量研究证明，水生植物可吸收、富集水中的营养物质及其他元素，可增加水体中的氧气含量，或有抑制有害藻类繁殖的能力，遏止底泥营养盐向水中的再释放，利于水体的生物平衡等。水生高等植物能有效地净化富营养化湖水，提高水体的自净能力，也是水生植物发挥净化作用必不可少的因素之一。

四、常见的水生花卉

（一）荷花（图3-43）

别名：莲花、芙蕖、水芙蓉、菡萏等。

科属：莲科莲属。

荷花是我国十大名花之一，具有悠久的栽培历史。自古以来，荷花就是宫廷园苑或庭院中的一种珍贵水生花卉。在近代园林中，其应用日趋广泛。切花点缀式瓶插，美化居住环境，增添生活情趣。

荷花原产于中国，我国是世界荷花分布中心和栽培中心，荷花几乎遍及全国，并且资源丰富，品种繁多。经过近几十年来科技工作者的长期科研和生产实践，已培育出花莲、子莲、藕莲三大类群的品种600余种。在全国各大

图3-43　荷花

中城市的公园、景区（如深圳的洪湖公园、北京的北海、济南的大明湖、杭州的西湖等）都有大片荷花景观。荷花病虫害少，抗氟能力强，对二氧化硫毒气具有一定的抗性，适宜于工厂绿化、净化、彩化。

1. 形态特征

荷花是多年生水生草本花卉。地下茎长而肥厚，有长节。叶盾圆形。花期为6~9月份，单生于花梗顶端，花瓣多数，嵌生在花托穴内，有红、粉红、白、紫等色，或有彩文、镶边。坚果椭圆形，种子卵形。

2. 生态习性

荷花喜夏日高温，盛开于高温炎热季节。在它的生长期内，单花依次而出，边开花，边结果。蕾花、莲蓬同时并存。花终后随终止叶的出现，长出新藕。

荷花喜相对稳定的静水，湖塘栽植以60~110cm水深为宜。盆缸栽种，则需保持5~10cm的水层。高温和强光是荷花开花的主要因子。荷花生长最适气温为28~32℃。强光照射，不仅提高了水温，而且能加速荷花的生殖生长。pH值以6.5~7为好。

3. 繁殖与栽培

荷花用分藕繁殖和播种繁殖均可。播种繁殖，莲子的寿命很长，几千年前的种子，也能发芽生长。由于莲子的萌发力很强，无休眠期，当莲子充分成熟，果皮呈黑褐色时，即可播种。播种以18~20℃为宜。播种之前先破壳，在种子顶端的凹口处，破一小洞，然后将种子浸泡于清水中，每天换水一次，一周后发芽。当幼苗长出4片叶时，即可移栽。按品种大小选择适当容器，进行栽培。一般缸栽直径45~55cm，高度35~45cm；盆栽直径20~26cm，高度10~20cm；分藕繁殖，选取健壮、无病虫害，具有顶芽的主藕、子藕或孙藕。一般在清明前后分藕栽种。济南地区多在4月10日以后进行全面翻种，随挖随种。将顶芽斜插淤泥中，后尾略翘。种植完毕，将缸土保持湿润。一周后，缸（盆）必须保持每天有水，否则会影响植株的正常开花。

根据荷花喜光、喜温和畏风的特性，荷花栽培的环境应选择背风向阳的地方，栽植地还必须保证有8h以上的光照，否则，影响开花质量和数量。湖塘栽种简单，要求选择有充足的水源，水流缓慢，水位相对稳定，水质无严重污染，水深在150cm以内，排水便利的湖塘。荷花对土壤的适应性较强，以富含有机质的塘泥，土壤肥沃，土层深厚为宜。此外，荷花易被草鱼等鱼类吞食，因此，在种植前，应先清除湖塘中的有害鱼类，四周用围栏加以围护，以防鱼类侵入。

4. 园林应用

荷花是中国的十大名花之一，它不仅花大色艳，清香远溢，凌波翠盖，而且有着极强的适应性，既可广植湖泊，河道管理，水域绿化，公园旅游，风景观赏，置景工程，湿地利用，净化水质，又能盆栽瓶插，别有情趣。自古以来，荷花就是宫廷苑囿和私家庭园的珍贵水生花卉，在现代风景园林中，愈发受到人们的青睐，应用更加广泛（藕和莲子能食用，莲子、根茎、藕节、荷叶、花及种子的胚芽等都可入药）。

（二）睡莲 （图3-44）

别名：子午莲、水芹花。

科属：睡莲科，睡莲属。

1. 形态特征与习性

睡莲为多年生水生花卉。根状茎粗短。叶丛生，具细长叶柄，浮于水面，近圆形或卵状椭圆形。花单生于细长的花柄顶端，群体花期为6~9月份，果期为7~10月份。有深红、粉红、白、紫红、淡紫等花色。因其花色艳丽，花姿楚楚动人，在一池碧水中宛如冰肌脱俗的少女，而被人们赞誉为"水中女神"。

图3-44　睡莲

2. 生态习性

睡莲喜阳光充足、通风良好、水质清的环境。对土质要求不严，pH值6~8，均生长正常，但喜富含有机质的壤土。生长季节池水深度以不超过80cm为宜。3~4月份萌发长叶，5~8月份陆续开花，每朵花开3~4d，日间开放，晚间闭合。10~11月份茎叶枯萎，11月后进入休眠期。翌年春季又重新萌发。生于池沼、湖泊中，一些公园的水池中常有栽培。

3. 繁殖与栽培

睡莲繁殖以分株繁殖为主，也可播种。分株繁殖，在气候转暖，芽已萌动时（耐寒类 3~4 月份，不耐寒类 5~6 月份)，将根茎掘起用利刀切分若干块，保证根茎上带有两个以上充实的芽眼，栽入池内或缸内的河泥中；播种繁殖，在花后用布袋将花朵包上，这样果实一旦成熟破裂，种子便会落入袋内不致散失。将黑色椭圆形饱满的种子放在清水中密封储藏，直至第二年春天播种前取出，置于 20~30℃ 温水中浸种催芽，每天换水，约经 2 周种子萌发。待芽苗长出幼根便可在温室内用小盆移栽。种植后将小盆投入缸中，水深以淹没幼叶 1cm 为度。4 月份当气温升至 15℃ 以上时，便可移至露天管理。随着新叶增大，换盆 2~3 次，最后定植时缸的口径不应小于 35cm。有的植株当年可着花，多数次年才能开花。

睡莲可盆栽或池栽。池栽应在早春将池水放净，施入基肥后再添入新塘泥然后灌水。灌水应分多次灌足。随新叶生长逐渐加水，开花季节可保持水深为 70~80cm。冬季则应多灌水，水深保持在 110cm 以上，可使根茎安全越冬；盆栽植株选用的盆至少有 30cm 以上的内径和深度，应在每年的春分前后结合分株翻盆换泥，并在盆底部加入腐熟的豆饼渣或骨粉、蹄片等富含磷、钾元素的肥料作基肥，根茎下部应垫肥沃河泥，覆土以没过顶芽为止，然后置于池中或缸中，保持水深 40~50cm。高温季节的水层要保持清洁，时间过长要进行换水以防生长水生藻类而影响观赏。花后要及时去残，并酌情追肥。盆栽于室内养护的要在冬季移入冷室内或深水底部越冬。生长期要给予充足的光照，勿长期置于荫处。

4. 园林应用

由于睡莲根能吸收水中的汞、铅、苯酚等有毒物质，还能过滤水中的微生物，是难得的水体净化的植物材料。睡莲又是花、叶俱美的观赏植物。所以在城市水体净化、绿化、美化建设中备受重视。睡莲根茎富含淀粉，可食用或酿酒。全草宜作绿肥，其根状茎可食用或药用（做强壮剂、收敛剂，可用于治疗肾炎）。

（三）凤眼莲（图3-45）

别名：水葫芦、水浮莲。

科属：雨久花科，凤眼莲属。

1. 形态特征

凤眼莲须根发达且悬垂水中。单叶丛生于短缩茎的基部，每株 6~12 叶片，叶卵圆形，叶面光滑；叶柄中下部有膨胀如葫芦状的气囊，故又称为水葫芦。花茎单生，穗状花序，6~12 朵，紫蓝色。

2. 生态习性

凤眼莲喜欢生长在向阳、平静的水面或潮湿肥沃的边坡。在日照时间长、温度高的条件下生长较快，受冰冻后叶茎枯黄。

图 3-45 凤眼莲

凤眼莲花期较长，自夏至秋开花不绝。每茬花 4~5d，第一茬花谢后 4~5d，本株又开第二茬花，共开两至三茬。开花时平均温度 25℃。喜高温湿润的气候。一般 25~35℃ 为生长发育的最适温度。39℃ 以上则抑制生长。7~10℃ 处于休眠状态；10℃ 以上开始萌芽，但深秋季节遇到霜冻后，很快枯萎。耐碱性，pH 值为 9 时仍生长正常。抗病力也强。极耐肥，好群生。但在多风浪的水面上，则生长不良。

3. 繁殖与栽培

凤眼莲无性繁殖能力极强。萌蘖非常快，母株仲春发芽后长到 6 ~ 8 片叶就开始萌发下代新苗。先是小苗长出两片叶，紧接着长出主根（肉根），随着叶片增多，主根增长，伸到不影响母株的水面生长。生长较壮的母株一次可分蘖 4 ~ 5 株新苗，因此繁殖非常快。

凤眼莲喜生长在浅水而土质肥沃的池塘里，水深以 30cm 左右为宜。光照充足、通风良好的环境下，很少发生病害。气温偏低、通风不畅等也会发生菜青虫类的害虫啃食嫩叶，少量可捕捉，普遍的可用药剂进行杀灭。

4. 园林应用

凤眼莲茎叶悬垂于水上，蘖枝匍匐于水面，花色艳丽美观。可栽植于浅水池或进行盆栽、缸养，观花观叶总相宜。同时还具有净化水质的功能。茎叶可作饲料。

（四）其他的水生花卉（表 3-7）

表 3-7　其他的水生花卉

植物名称	科　属	主要习性	园林应用
千屈菜	千屈菜科 千屈菜属	喜温暖及光照充足，通风好的环境，喜水湿	用于水边丛植和水池遍植，还可盆栽观赏
香蒲	香蒲科 香蒲属	生于潮湿多水处，常成丛、成片生长，较耐寒	常用于点缀园林水池、湖畔、构筑水景
小香蒲	香蒲科 香蒲属	生于河滩及低湿地	适于小型水面、池的点缀，亦适宜沼生园布置
水葱	莎草科 藨草属	生长在温暖潮湿的环境中，需阳光，较耐寒	主要做后景材料，使水景朴实自然，富有野趣
花叶水葱	莎草科 藨草属	性喜温暖湿润，常生于沼泽地、湿地草丛中	最适宜作湖、池水景点。亦可盆栽观赏
藨草	莎草科 藨草属	生于水沟、池塘、山溪边或沼泽地	用于水面绿化或岸边、池旁点缀
旱伞草	莎草科 莎草属	喜温暖、阴湿及通风良好的环境	配置于溪流岸边假山石的缝隙作点缀
黄花鸢尾	鸢尾科 鸢尾属	适应性强，喜光耐半阴，耐旱也耐湿	可在水池边露地栽培，亦可在水中挺水栽培
花菖蒲	鸢尾科 鸢尾属	对土壤要求不严，以土质疏松肥沃生长良好	可丛栽、盆栽布置花坛，浅水区、池塘
梭鱼草	雨久花科 梭鱼草属	喜温暖湿润、光照充足的环境条件	主要用于盆栽或池边点缀供观赏
雨久花	雨久花科 雨久花属	性强健，耐寒，多生于沼泽地、水沟及池塘的边缘	花叶俱佳，布置于临水池塘，十分别致
水生美人蕉	美人蕉科 美人蕉属	喜光，怕强风，适宜于潮湿及浅水处生长	观花赏叶，适合成片栽植或丛植于湖池岸边
再力花	竹芋科 塔利亚属	好温暖水湿、阳光充足的气候环境，不耐寒	以 3 ~ 5 株点缀公园水面，或作盆栽观赏

（续）

植物名称	科 属	主要习性	园林应用
菰	禾本科菰属	多生于沼泽地中	可作为固堤和使湖沼变干的先锋植物
芦苇	禾本科芦苇属	抗寒耐热。喜水湿，耐干旱，不择土壤	园林中可种植于自然式大水面或沿岸边
花叶芦荻	禾本科芦荻属	喜温暖、水湿。耐寒性不强，北方需保护越冬	可作园林水边绿化材料。花序可做切花用
慈姑	泽泻科慈姑属	喜温暖，阳光充足，有一定耐寒性	可作水面及岸边绿化，还可盆栽观赏
泽泻	泽泻科泽泻属	喜光喜温，耐寒耐湿，分布在河边浅水区	可点缀于桥、亭、榭四周，亦可盆栽
水鳖	水鳖科水鳖属	喜温暖，稍耐寒，喜阳光充足，耐半阴	叶形奇特，漂浮水面颇有趣味，可点缀水面
田字萍	萍科萍属	喜生于水田、池塘或沼泽地中	可在水景园林浅水、沼泽地中成片种植
大薸	天南星科大薸属	喜高温，生长旺季分生迅速，需保护地越冬	可点缀水面，宜漂浮于池塘、水池中观赏
紫芋	天南星科芋属	生性强健，喜高温，耐阴、耐湿。需保护地越冬	主要作为水缘观叶植物
水芹	伞形科水芹属	适应性强，对土壤要求不严格	可盆栽、或配置于假山石的缝隙点缀
大聚藻	小二仙草科狐尾藻属	喜日光充足的环境，喜温暖，怕冻害，越冬温度不宜低于5℃	发苗迅速，成形很快，景观以群体效果见长，水体边缘、中央均宜
狐尾藻	小二仙草科狐尾藻属	生于池塘和湖泊中，有些可作绿肥	宜植于池塘、水池中观赏
菹草	眼子菜科眼子菜属	生于池塘、水沟、水稻田、灌渠及缓流河水中	湖泊、池沼、小水景中良好的绿化材料

 任务考核标准

序 号	考核内容	考核标准	参考分值/分
1	情感态度及团队合作	准备充分、学习方法多样、积极主动配合教师和小组共同完成任务	10
2	资料收集与整理	能够广泛查阅、收集和整理水生花卉的资料，并对项目完成过程中的问题进行分析和解决	20
3	水生花卉繁殖技术及栽培管理	能够说出各种常见水生花卉的繁殖方式，栽培管理措施得当	30
4	水生花卉的配置应用	能够根据不同生境，选用不同的水生花卉，配置水景园	30
5	工作记录和总结报告	有完成全部工作的工作记录，书面整洁；总结报告结果正确，体会深刻；上交及时	10
		合计	100

自测训练

一、名词解释

水生花卉

二、简答题

简述水生植物在园林景观中的作用。

实训九　露地花卉种类识别

一、目的要求

使学生熟悉露地花卉的形态特征、生态习性及掌握它们的繁殖方法、栽培要点与观赏用途。

二、材料用具

数码相机、钢卷尺、直尺、卡尺、铅笔、笔记本、常见露地花卉。

三、方法步骤

1）教师现场教学讲解每种花卉的名称、科属、生态习性、繁殖方法、栽培要点、观赏用途。学生做好记录。

2）学生分组进行课外活动，复习花卉名称、科属及生态习性、繁殖方法、栽培要点、观赏用途。

3）利用数码相机记录典型标本。

四、作业

将所见花卉分类，按表3-8记录。

表3-8　露地花卉种类识别统计表

中 文 名	学　名	科　属	主 要 特 征	观 赏 用 途

项目四 温室花卉生产

任务一 花卉生产设施及设备

花卉生产要求做到反季节生产，四季有花、周年供应，以便满足花卉市场对商品花的要求。因此进行花卉栽培和生产，光有圃地是远远不够的，还必须具备一定的设施条件。花卉生产常用的设施有温室、塑料大棚、荫棚、风障、拱棚冷床、温床等，还有加温设备、降温设备、水肥灌溉设备等。

一、温室

1. 温室的概念及作用

温室是覆盖着透光材料，并附有防寒、加温设备的建筑，是花卉生产的主要设施。应用温室调控和控制环境因子，可以满足鲜花周年生产的需要。温室大型化、现代化、花卉生产工厂化已成为当今国际花卉栽培的主流，温室在花卉生产中的主要作用是：

1）在不适合植物生态要求的季节，创造出适于植物生长发育的环境条件来栽培花卉，以达到花卉的反季节生产。

2）在不适合植物生态要求的地区，利用温室创造的条件栽培各种类型的花卉，以满足人们的需求。

3）利用温室可以对花卉进行高度集中化生产，实行高肥密植，以提高单位面积产量和质量，节省开支，降低成本。

2. 温室的类型及特点

温室种类很多，分类依据各异。按覆盖材料可分为硬质覆盖材料温室和软质覆盖材料温室。硬质覆盖材料温室最常见的为玻璃温室，近年出现有聚碳酸树脂（PC板）温室；软质覆盖材料温室主要为各种塑料薄膜覆盖温室。按屋面的形式分，有单屋面温室、双屋面温室、拱圆形温室、连接屋面温室、多角屋面温室等。按主体结构材料可分为钢架结构温室、铝合金温室、钢筋混凝土结构温室、竹木结构温室等。按有无加温设备又分为加温温室和日光温室。下面就将花卉生产上常见的温室类型进行介绍：

（1）日光温室 日光温室又叫不加温温室，主要依赖日光的自然温热和夜间的保温设备来维持室内温度，一般不需要配备加温设备，是一种高效节能型的设施，是我国北方地区特有的一种温室类型。

1）山东寿光式日光温室（图4-1）。这种温室前坡较长，采光面大，增温效果好；后坡较短，保温性好，晴天上午揭苫1h左右，可增加棚内温度10℃左右，夜间一般不低于8℃。

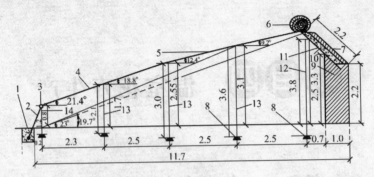

图 4-1　山东寿光式日光温室（单位：m）

1—防寒沟　2—截柱　3—横杆　4—拱杆　5—棚膜　6—草苫　7—草泥和塑料膜　8—基石

9—后墙　10—檩条　11—后坡保温材料　12—后立柱　13—中立柱　14—前柱

山东寿光式日光温室后墙高为 1.5~2.5m，中柱高 1.5~3.5m，前立柱高 0.6~1.0m，跨度 10~13m，这种类型的温室顶面与地面夹角较小，冬季日光入射量少，但棚的跨度大，土地利用率高。此种日光温室适合于北纬 38°以南，冬季太阳高度角大于 28°的地区。此种日光温室适合于花卉的促成和抑制栽培。

2）北方通用型日光温室（图 4-2）。这种温室一般不设中柱、前柱。拱杆用圆钢或镀锌钢管制成，每间宽 3~3.3m，设有通风窗，后屋面多采用水泥盖板，通常设置烟道加温。跨度 6~8m，后墙至背柱间距（包括烟道及人行道）1.2m，走道不下挖，前肩高 80cm，中肩高 2~3m，后墙高 1.5~2m，砖砌空心墙，厚约 50cm，内填炉渣等保温材料。此种温室适于喜温花卉的栽培。

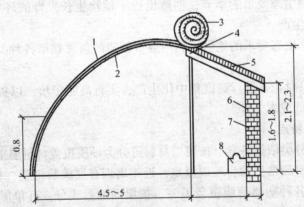

图 4-2　北方通用型日光温室（单位：m）

1—塑料薄膜　2—拱杆　3—草苫　4—屋脊　5—盖板　6—砖墙　7—通风孔　8—火炉

3）全日光温室（图 4-3）。在北方地区又称为钢拱式日光温室、节能温室，主要利用太阳能作热源，近年来，在北方发展很快。这种温室跨度为 5~7m，中高 2.4~3.0m，后墙厚 50~80cm，用砖砌成，高 1.6~2.0m，钢筋骨架，拱架为单片行架，上弦为 14~16mm 的圆钢，下弦为 12~14mm 圆钢，中间为 8~10 钢筋作拉花，宽 15~20cm。拱架上端搭在中柱上，下端固定在前端水泥预埋基础上。拱架间用 3 道单片桁架花梁横向拉接，以使整个骨架成为一个整体。温室后屋面可铺泡沫板和水泥板，抹草泥封盖防寒。后墙上每隔 4~5m 设一通风口，有条件时可加设加温设备。这种温室坚固耐用，采光性好，通风方便，易操作，但造价较高。此种温室适于喜光盆花的栽培养护及鲜切花生产。

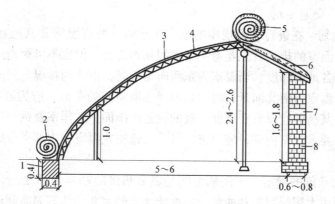

图 4-3　全日光温室（单位：m）

1—防寒沟　2—纸被　3—薄膜　4—人字形拱架　5—草苫　6—后屋面　7—通风口　8—后墙

（2）现代化大型连栋温室（图 4-4）。现代化大型连栋温室是 20 世纪 50 年代后发展起来的，按屋面特点主要分为屋脊形和拱圆形两类。温室骨架多采用金属材料如镀锌钢材、铝合金等，覆盖材料有普通玻璃、钢化玻璃、双层中空阳光板等。20 世纪 80 年代后，我国先后从荷兰、美国、保加利亚、罗马尼亚、韩国、日本、以色列等国引进一批现代化大型连栋温室。在引进的基础上，我国研制、开发了自行设计的大型连栋温室。

图 4-4　连栋温室

现代化大型连栋温室自动化程度高，可采用燃煤、燃气、燃油等进行加温，采用强制通风水帘降温等调控温度设施。一些环境指标可用计算机自动控制，具有工厂化生产的雏形。

3. 温室的设计与建造

（1）基本依据

1）温室的设计符合当地的气候条件。不同地区的气候条件各异。温室的性能只有符合使用地区的气候条件，才能充分发挥其作用。要根据当地的气候条件，设计建造温室。

2）温室的设计满足栽培花卉的生态要求。温室设计是否科学实用，主要看它能否最大限度地满足栽培花卉的生态要求。也就是说，要求温室内的主要环境因子，如温度、湿度、光照、水分、空气等，都要适合栽培花卉的生态要求。同时，花卉在不同生长发育阶段，对环境条件也有不同的要求。因此，设计温室，除了了解温室设置地区的气候条件之外，还应熟悉花卉的生长发育对环境的要求，以便充分运用建筑工程学原理和技术，设计出既科学合理又经济实用的温室。

（2）场地的选择　温室通常是一次建造，多年使用。因此，必须选择适宜的场所。

1）向阳避风，地势平坦。温室设置地点必须选择日照充足的地方，并且不可有其他建筑物或树木遮光，以免影响室内光照。在温室北边最好有高大建筑物或防风林，以防寒风侵袭。

2）地势高燥，土壤排水良好，无污染的地方。

3）水源充足，水质优良。

4）供电正常，交通便利。

（3）场地的规划　在进行较大规模的温室生产时，所有温室和其他栽培设施应有全面合理的规划布局。温室的排列首先要避免温室间互相遮阴，但也不可距离过远。合理距离取决于温室的高度及各地的纬度，当温室为东西向延长时，南北两排温室间的距离，通常为温室高度的2倍；当温室为南北向延长时，东西两排温室间的距离，应为温室高度的2/3；当温室高度不等时，其高的应设置在北面，矮的设置在南面。工作室及锅炉房应设置在温室北面或东西两侧。若要求温室内部设施完善，可采用连栋式温室，内部可分成独立单元，分别栽培不同的花卉。

（4）温室屋面角度的确定　太阳辐射能是温室热量的基本来源之一。温室屋面角度的确定是能否充分利用太阳辐射能和衡量温室性能优劣的重要条件。温室利用太阳能主要是通过南向倾斜的屋面取得的。温室的角度就是温室斜面与地面的夹角。依据"合理采光时段"理论选择好合理温室角度（冬至日中午温室的采光角）。通常确定南向屋面倾斜度以冬至中午太阳高度角作计算依据，如果这一天温室获得的能量能满足花卉生发育的要求，则其他时间会更好，将更有利于温室内栽培花卉的生长。

4. 温室内的附属设施

（1）加温设备（图4-5）　温室的加温设备随着温室的规模扩大发展很快，加温方法很多，具体采用哪种加温设备，要根据温室的特点、自身的经济条件以及花卉的种类进行选择。目前花卉生产中常用的方法有热水加温、蒸汽加温、烟道加温、热风加温、电热加温等。

图4-5　加温设备

1）热水加温。用锅炉加温使水达到一定的温度，然后经输水管道输入温室内的散热管，散发出热量，从而提高温室内的温度。热水加温一般将水加热至80℃左右即可。这种加温方法具有热稳定性好、温度分布均匀、使用安全、供热量大等优点，最适合于花卉的生长发育。但当冷却之后，不易使温室内温度迅速升高。

2）蒸汽加温。用锅炉加温产生蒸汽，然后通过蒸汽管道和散热管在温室内循环，散发出热量，维持室内温度。这种加温方法升温快，温度分布均匀，但设备费用较高，散热快，常用于较大面积的温室。

3）烟道加温。靠炉体和烟道直接散热加温。由炉体、烟道和烟囱三部分组成。此种方法简单易行、费用低，但供热小、温室内易干燥、温度变化幅度大，常用于面积较小的温室。采用烟道加温，一定不能漏烟，否则烟气中过量的二氧化硫会对花卉生长不利。

4）热风加温。又称为暖风加温，利用热风炉，通过送气管道把热风送入温室内的加热方式。该系统由热风炉、送气管道、附件及传感器等组成。热风加热系统采用燃油或燃气加热，其特点是室内升温快、一次性投资少、使用和调控方便，但停止加热后降温也快。热风加温适用于面积小、加温周期短的温室。

5）电热加温。常用设备有电加温管、电加温炉、电热线等。电热加温方便、清洁，但由于电能昂贵,只能作为临时加温措施。

6)保温系统。内遮阳保温系统(图4-6)可以有效地阻止红外线外逸,减少地面辐射热流失,降低加热能源消耗,大大降低温室运行成本。

(2)通风及降温设备　温室密闭性好,保温能力强,但易形成高温、高湿的环境,而且有害气体的累积会影响花卉的生长发育。因此温室应具有良好的通风降温设备。

图4-6　内遮阳保温系统

1)自然通风设备。自然通风是利用温室内的顶部(图4-7)或侧墙的窗户进行空气自然流通的一种通风形式。一般屋顶与侧墙联合通风的通风量是最大的。自然通风受外界气候影响较大,降温效果不稳定,一般适于春秋降温排湿之用。

2)强制通风设备。湿帘(图4-8)、风扇(图4-9)降温系统利用水的蒸发降温原理实现降温。此系统由湿帘、水泵系统及大风量风机组成。湿帘通常安装在温室北端面,风扇安装在温室南端面。湿帘、风扇降温系统是用

图4-7　天窗

空气循环设备强制把温室内的空气排到室外的一种通风形式,大多应用于现代化温室内,由计算机自动控制。强制通风设备的配置,要根据室内的换气量和换气次数来确定。其优点是温室的通风换气量受外界影响很小。

图4-8　湿帘

图4-9　风扇

3)降温设备。炎热的夏季温室内需配置降温设备,以确保花卉不受高温危害。除采用通风降温外,常用的方法还有遮阳降温、喷雾降温、湿帘降温等。

①遮阳降温是在夏季高温期花卉生产的必要手段,一般用遮阳网覆盖,可以根据需要覆盖1~3层,起到减弱光照,达到降温目的。外遮阳系统(图4-10)可用于夏季遮阳、降温。内遮阳系统(图4-11),除夏季遮阳外,兼有冬季保温作用。

②喷雾降温是直接将水以雾状喷在温室的空中,在空中直接汽化吸收热量,来降低室内温度。这种方法降温速度快,效果好,但设备费用高,对水质的要求也高。

③湿帘降温是现代化温室中常用的一种降温系统,一般由排风扇和湿帘两部分组成。这种降温方法既可降低室内温度,同时又增加空气相对湿度,加强室内通风。

图 4-10 外遮阳系统

图 4-11 内遮阳（保温幕）系统

（3）空气内循环系统 空气内循环系统由多个环流风机（图 4-12）组成，均匀安装在温室的中间。

（4）灌溉设备 浇水是花卉生产中的一项重要工作，在一般的温室中，大多设置水池或水箱，事先将水注入池中，以提高水温，还可以增加温室内的空气湿度。水池大小视生产需要而定，可设于温室中间或两端。目前温室多采用喷灌、滴灌、渗灌系统。

图 4-12 环流风机

1）喷灌系统（图 4-13）一般可分为固定式、半固定式和移动式 3 种。喷灌不仅具有节约用水用地、对地形和土质适应性强、能保持水土等优点，而且喷灌还可以调节小气候，增加近地表层空气湿度，是我国目前大力发展的灌溉形式。

2）滴灌系统就是滴水灌溉技术，是通过干管、支管和毛管上的滴头，利用低压管道系统，直接向土壤供应已过滤的、成点滴的水分、肥料等的一种灌溉系统。滴灌系统可以分为固定式和移动式，其中固定式滴灌系统是最常见的。滴灌系统省水省工，但造价较高，而且滴灌的均匀度不易保证。

图 4-13 喷灌

3）渗灌系统是继喷灌、滴灌之后的又一节水灌溉技术。渗灌是一种地下微灌形式，在低压条件下，通过埋于作物根系活动层的微孔渗灌管，根据作物的需水量定时定量的向土壤中渗水供给作物。由于技术问题，这种方法在我国还没有大面积推广应用。

（5）补光、遮光设备 光照是作物生长发育的必要条件，温室大多以自然光作为主要光源，在同一地区只靠自然光很难实现花卉的周年生产供应，因此，就需要通过补光系统或遮光系统来进行调节光照强度。

1）补光系统。补光的目的一是延长光照时间，二是在自然光强较弱时，补充光照，促进花卉生长发育。补光主要用于长日照花卉的提早开花（如唐菖蒲、瓜叶菊等）。另外，冬季雨雪天室内光照不足可采用人工补光促使花卉正常开花（如仙客来、比利时杜鹃等在补光设施下正常或提早开花）。常采用的补光光源有日光灯、白炽灯、高压水银灯、高压钠灯、氙灯等。

2）遮光系统。遮光的目的一是缩短光照时数，二是减弱光强，降低温度。如通过遮光，可以促使短日照花卉在长日照季节开花。通常采用不透明黑色塑料布或黑色棉布加工的遮光罩覆盖设施外部，为花卉创造一个完全黑暗的环境。

在花卉生产中，除了上述设备之外，还有其他一些设备，如移动苗床、供水装置、施肥系统、计算机控制系统等，这些设备在花卉生产中也发挥着巨大的作用。

（6）移动式苗床（图 4-14）　苗床支架材料采用镀锌钢管；边框采用镀锌角钢；苗床网采用表面镀层防腐处理。高度上可进行微调，可在任意两个苗床之间产生约 0.55m 的作业通道，具有防翻限位装置，有效提高温室土地利用率，苗床覆盖面积可达温室面积的 80% 左右。

图 4-14　移动式苗床

（7）计算机控制系统（图 4-15）　温室计算机控制系统包括气象站（传感器）、温室控制器、计算机远程监控与数据管理软件等。它能精确显示室外气象条件（温度、湿度、光照、风速、风向、雨雪信号、雨量）与室内环境条件（温度、湿度、光照强度、CO_2 浓度、土壤温度、湿度、水暖水温、水肥 pH、水肥 EC 等）。并能调控如下设备：双向天窗、侧窗、外遮阳幕、内遮阳保温幕、一二级风扇、湿帘、微雾降温加湿系统、环流风扇、补光灯、燃油（气、电）热风机、CO_2 补气、空调、报警。

（8）配电/控制系统（图 4-16）　配电/控制系统属于常规控制系统，功能可参照上述计算机控制系统。

图 4-15　计算机控制系统

图 4-16　配电/控制系统

二、花卉生产的其他设施

1. 塑料大棚

塑料大棚，简称大棚，是指不用砖石结构围护，利用竹木（图 4-17）、钢材或钢管等材料制成拱形或屋脊形骨架，在表面覆盖塑料薄膜的一种大型拱棚。大棚空间大，透光效果好，白天增温快，而且造价低，作业方便，是目前花卉生产及养护的主要设施之一，在北方多用于花卉提前或延期栽培，在南方则用于花卉越冬栽培。

塑料大棚的类型很多，目前生产中应用的大棚，按棚顶形状可以分为拱圆形和屋脊形，我国绝大多数为拱圆形。按骨架材料则可分为竹木结构（图 4-17）、钢管装配式结构、钢架结构、钢竹混合结构等。按连接方式又可分为单栋大棚、双连栋大棚和多连栋大棚。

塑料大棚主要有骨架和透明覆盖材料组成。其骨架是由立柱、拱杆（拱架）、拉杆、压杆（压膜线）等部件组成，俗称"三杆一柱"。这是塑料大棚最基本的骨架构成，其他形式都是在此基础上演化而来。立柱是大棚的主要支柱，起支撑拱杆和棚面的作用，在立柱基部

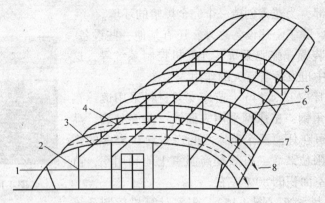

图 4-17　竹木结构大棚示意图
1—门　2—立柱　3—拉杆（纵向拉梁）　4—吊柱　5—棚膜　6—拱杆　7—压杆（或压膜线）　8—地锚

要以石、砖或"横木"等作柱脚石。拱杆是大棚的骨架，决定大棚的形状和空间构成，起到支撑棚膜骨架的作用。拉杆又称为"纵梁"，固定拱杆，纵向连接立柱，使整个大棚骨架连成一体。棚架覆盖薄膜后，在两根拱杆之间加上一根压杆或压膜线，以便压实绷紧棚膜，利于抗风排水。大棚两端设门，作为出入口及通风口。

塑料大棚没有加温设备，棚内温度源于太阳辐射能。白天，太阳能提高了棚内温度；夜晚，土壤将白天贮存的热能释放出来，由于塑料覆盖，散热较慢，从而保持了大棚内的温度。但塑料薄膜夜间长波辐射量大，热量散失较多，常致使棚内温度过低。塑料大棚的保温性与其面积密切相关。面积越小，夜间越易于变冷，日较差越大；面积越大，温度变化缓慢，日较差越小，保温效果越好。近年来发展了无滴膜，薄膜上不着水滴，透光率较高，白天棚内温度增加，但夜间能较快地透过地面的长波辐射而降低棚内温度。

2. 冷床与温床

冷床，又叫阳畦，是北方地区常见的一种简易栽培设施。它只利用太阳能而不进行人工加温。由于冬季床内温度较低，只能作为秋季和春季播种或扦插育苗。

温床，也称为热窖，它是在冷床基础上增加人工加温条件，用以补充日光加温不足，提高床内地温和气温，结构较完善的育苗床或栽培床。根据人工加热的设施、方法不同，可以将温床分成以下几种类型：

（1）酿热温床　酿热温床是利用微生物分解有机物质时产生的热量来提高苗床的温度。酿热物种类有麦秸、玉米秸、枯枝落叶、马粪、羊粪、厩肥、人粪尿等。温床填装酿热物的数量或厚度，要根据酿热物的种类、不同地区、温床利用的早晚及花卉的种类而定。酿热加温具有发热容易、操作简单的优点。但发热时间短，热量有限，温度前期高后期低，且加温期间不能调控，受外界温度影响很大。

（2）火炕温床　此温床是利用燃料燃烧产生的高温火焰和烟气通过烟道直接加热，以保证苗床的温度。火炕温床的结构是在温床底层设置烟道，并与火炉相通，其他结构与阳畦基本相同。火炕温床可以通过燃料燃烧的时间来调节苗床的温度，这种温床的温度一般比酿热温床高，且易于人为调控。

（3）电热温床　此温床是利用土壤电热加温线来加温苗床。其优点是发热快、地温高、温度均匀，育苗时出苗整齐，幼苗质量好。主要设备是电热加温线和控温仪。在铺设前，床底填 10～15cm 厚的炉渣，其上覆以 5cm 厚的沙，整平，铺设加热线。控温仪能自动控制电源的通断以达到控制温度的目的，使用控温仪可以节省用电约 1/3，可使温度控制在花卉的适温范围，并能满足不同花卉对地温的要求。

3. 荫棚

荫棚是花卉生产必不可少的设施。它具有避免日光直射、降低温度、增加湿度、减少蒸发等特点。

温室花卉大部分属于半阴性植物，不耐夏季温室内高温，一般均于清明后移出温室，置于荫棚下养护；夏季嫩枝扦插及播种等均需在荫棚下进行；部分露地栽培的切花花卉，如设荫棚保护，也可获得比露地栽培更好的效果；刚上盆的花苗也需在荫棚内养护一段时间度过缓苗期。

荫棚的种类和形式多样，大致可分为永久性和临时性两类。永久性荫棚（图4-18）多设在温室近旁不积水又通风良好之处，用于温室花卉的夏季遮阳。一般高 2～3m，用钢管或水泥柱构成主架，棚架上覆盖遮阳材料，过去多用苇帘、竹帘、草席等，现在常用遮阳网，可根据花卉种类选用不同的密度；临时性荫棚多用于露地繁殖床和切花栽培时使用。一般较低矮，高度50～100cm，上覆遮阳网，可覆 2～

图 4-18　永久性荫棚

3 层，也可根据生产需要，逐渐减至 1 层，直至全部除去，以增加光照，促进植物生长发育。

4. 风障

风障是利用各种高秆植物的茎秆栽成篱笆式设施，以阻挡寒风、提高局部温湿度，保护花木安全越冬，是北方地区常用的简易保护设施之一。风障主要由篱笆、披风和土背三部分组成。篱笆是其主要组成部分，一般高2.5～3.5m，通常用芦苇、高粱秆、细竹等材料。披风是附在篱笆背面的柴草层，用来增强防风、保温功能。披风材料以稻草、苇席为宜，其基部与篱笆基部一并埋入土中。土背是风障北侧基部培起来的土埂，既能固定篱笆，又能增强保温效果。

风障的防风效果显著，可使风障前近地层气相对稳定，一般能使风速降低 4m/s，风速越大，防风效果越明显。

风障能使太阳的辐射热扩散于风障前，从而增加风障前附近的地表温度和气温，并能比较容易保持风障前的温度。一般，风障前夜温较露地要高 2～3℃，白天高 5～6℃。保护地距风障越近，温度越高。风障的增温效果，以有风晴天时最为显著，无风晴天次之，阴天不显著。风障还有减少水分蒸发和降低相对湿度的作用，从而改善植物的生长环境。

5. 中、小拱棚

小拱棚是利用塑料薄膜和竹竿、毛竹片等易弯成弓形的支架材料做成的低矮保护设施。一般来说，小棚棚高大多在 1.0～1.5m 左右，长宽视栽培需要而定，内部难以直立行走。它结构简单，体形较小，负载轻，取材方便，用后即拆，不永久占地。小棚内温度随环境温度的变化而变化，且变化幅度较大。一般条件下，小拱棚的增温能力只有3~6℃，环境温度升高，棚内增温效果显著，最大增温范围达15~20℃。在阴天、低温或夜间，棚内最低温仅比环境温度高1~3℃。因此，应注意加强棚温管理。小拱棚多用作临时性简单保护措施。

中拱棚的面积和空间比小拱棚大，人可在棚内直立操作，是小棚和大棚的中间类型，一般跨度为3~6m，高度为1.8~2.3m。其性能也介于两者之间，可用于花卉育苗和栽培。

三、花卉生产常用的器具

（一）花盆

花盆是重要的栽培器具，其种类繁多，质地各异，大小形状不一。选择花盆时，既要考虑花盆的大小，又要考虑花与盆的协调性，同时还要考虑各种盆具的质地、性能及其用途等。花盆依据使用目的分类，可分为水养盆、兰盆、盆景盆等；按质地分类有以下几类。

1. 素烧盆

素烧盆俗称瓦盆，是最常用的种植容器，可分为红盆和灰盆两种。素烧盆价格便宜，通气排水性能良好，吸水、保水效果强，有利于植株生长，适宜种植各种花卉，但制作较为粗糙，欠美观，且易碎，运输不便。素烧盆通常为圆形，大小规格不一，通常盆底或两侧留有小洞孔，以排除多余水分。

2. 紫砂盆

紫砂盆，质地有紫砂、红砂、白砂、乌砂、春砂、梨皮砂等种类。形式多样，色彩调和，古朴雅致，造型美观，多用于室内名贵花卉以及盆景栽培。但排水透气性能稍差，使用时必须选择适宜的栽培品种。

3. 塑料盆

塑料盆可分为硬质塑料盆和软质塑料盆。硬质塑料盆，轻便美观，色彩鲜艳，耐用，携带方便，多用于观赏栽培，但其通气性较差，不利于花卉生长，底部或侧面留有孔眼，以利浇灌吸水或排水，也有不留孔作水培或套盆之用。上盆时必须采用疏松、通气、排水性能良好的多孔隙基质。软质塑料盆用于育苗，易于成活且使用方便。

4. 陶瓷盆

陶瓷盆由高岭土制成。上釉的为瓷盆，不上釉的为陶盆。盆底或侧面有小洞，以利于排水。瓷盆质地坚固，色彩华丽，但排水通气性能差。瓷盆常作为套盆使用，也可直接用于栽培较大型观叶植物，但必须配以疏松多孔隙基质，否则植株生长不良。陶盆多为紫褐色或赭紫色，有一定的排水透气性。

5. 木盆

木盆由木料与金属箍、竹箍或藤箍制造而成，形状上大下小，以圆形为主，也有方形或长方形的；盆的两侧设把手，以便搬动；盆下设短脚，或垫以砖或木块，以免盆底直接着地而导致腐烂。木盆多用来栽植高大、浅根花木，其规格可据实际需要而定。木盆外部漆以不同色彩，以提高使用寿命，且与植物色彩协调，内部用防腐剂涂刷。

6. 纸盆

纸盆仅供培养幼苗之用，特别适于不耐移栽的花卉。

此外，还有供装饰用的各种材料制作的套盆，如玻璃缸套盆、藤制品套具、不锈钢套具等，这类盆套美观大方，可增添华丽多彩的气氛。但仅供陈列用，不作栽培使用。

（二）育苗容器

1. 育苗钵

育苗钵是钵状育苗容器的统称。在钵内装肥沃的营养土或培养基质。依据制钵材料不同，主要可分为两大类：第一类为可以和花卉一起栽植入土的育苗钵（如泥炭钵、草钵、纸钵等），这些容器入土后可以被水、植物根系及微生物所分解。第二类为不易被分解的育苗钵，在花卉栽植时需要将容器取下（如塑料杯）。

2. 育苗土块（营养砖）

育苗土块是将培养土（营养土）压制成型，用于育苗的土块。土块配制材料用量大，所以多就地取材，不同国家差异较大，成分多为有机质。我国常用80%的腐熟厩肥（或泥炭）和20%的土制成。土块总的要求是松紧适度，不硬不散，有足够的营养物质保证幼苗生长。不同的作物类型，对土块的大小和配制要求不同。

近几年来在花卉育苗时，常用一种压缩成小块状的营养钵，有的称为育苗碟、压缩饼，使用时吸水膨胀成钵，不必再加入营养土或基质。我国用苔藓、草炭、木屑（pH值5.5左右）压缩成饼状，直径4~6cm，高5~7mm，加水吸胀后可以增高到4.5~5cm（图4-19）。

此外，在花卉栽培中常用的育苗容器还有育苗盘、育苗板、育苗袋等。

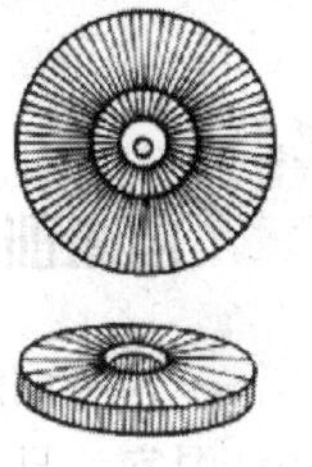

图4-19 育苗土块

（三）其他器具

1. 常用的工具及材料

（1）浇水壶 可分为喷壶和浇壶两种。喷壶常用来为花卉枝叶淋水去除灰尘，增加空气湿度。浇壶不带喷嘴，直接将水浇在盆内，一般用来浇肥水。

（2）喷雾器 主要用来喷洒药液、叶面施肥或室内小苗喷雾等。

（3）剪枝剪 用以整形修剪或用作剪截接穗、砧木等。

（4）嫁接刀 用于嫁接繁殖，有切接刀和芽接刀之分。

（5）遮阳网 又称为寒冷纱，是以聚乙烯、聚丙烯、聚酰胺等为原料，经加工制作拉成扁丝，编制而成的一种网状材料。具有遮光、降温、保湿、防雨、抗风及防虫防病等功效。栽培生产中根据花卉种类、应用目的的不同选择不同规格和色泽的遮阳网，以调节花卉的生长环境。

（6）塑料薄膜 塑料薄膜质地轻柔，性能优良，是一种很好的透明覆盖材料。其种类很多，如普通聚氯乙烯和聚乙烯薄膜、功能性聚乙烯薄膜、功能性聚氯乙烯薄膜等。生产中应根据实际情况（如设施的类型、花卉的种类）选择不同的薄膜。

（7）覆盖物 主要用于夜间防寒保温，覆盖材料有很多，如草帘、棉被、蒲席、保温被等。将其覆盖于设施外，与屋面之间形成防热层，可以有效保持室内温度。

除上述材料外，在花卉生产中还需要竹竿、铁丝、铅丝、塑料绳等用于绑扎支柱，以及各种标牌、花铲、胶管、温湿度计等用具。

2. 栽培机具

花卉生产中应用的栽培机具越来越多，比较常用的有播种机、球根种植机、上盆机、穴盘播种机、收秋机、球根清洗机、球根分级机、切花去茎去叶机、切花分级机、切花包装机、盆花包装机、温室计算机控制系统、花卉冷藏运输车等。

任务考核标准

序号	考核内容	考核标准	参考分值/分
1	情感态度	能认真完成调查、测量任务，并附有调查报告	20
2	资料收集	能够广泛查阅资料，和小组成员共同商讨确定设计方案	30
3	设计结果	设计图清晰、数据准确、文句通顺、书面整洁；分析问题正确、全面	30
4	总结报告	书面整洁、上交及时	20
		合计	100

 自测训练

一、名词解释

温室　日光温室

二、简答题

1. 常见的花卉生产设施主要有哪些类型？温室中有哪些配套设备？

2. 如何根据花卉生长的需求进行温度、光照的调节？

3. 温室设计的要求是什么？

实训十　花卉栽培设施类型的参观

一、目的要求

通过各种园艺设施的参观介绍，了解园艺设施的种类、结构、形式、建造特点及使用情况，为花卉进行保护栽培，满足生产需求提供指导。

二、参观地点

学院实训基地内的阳畦、日光温室，塑料大棚（山东花卉市场），现代化温室（百合花卉等）。

三、用具

皮尺、钢卷尺等

四、参观步骤

1）以参观点负责人介绍为主，重点了解各种设施所属保护地的历史、种类、结构、建筑特点及使用情况等。

2）学生分组进行某些性能指标测定。如温室跨度、南向坡面倾斜度、繁殖床高、宽，室内照度、温湿度等。

五、作业

1）对所测指标进行综合分析，并评价各类园艺设施的优缺点。

2）如何根据我国国情和各地自然与经济条件，发展花卉设施园艺。

任务二 温室花卉的栽培管理

温室花卉指原产于热带、亚热带及南方温暖地区，在北方寒冷地区栽培必须在温室内培养或冬季需在温室内保护越冬的花卉。温室花卉的栽培方式有温室盆栽和温室地栽两种。前者应用普遍，本任务主要介绍前者，即温室盆花的栽培管理。

一、温室花卉的盆栽特点

盆栽花卉所需环境条件大都须人工控制，同时花卉经盆栽后，根系局限于有限的花盆中，盆土及营养面积有限。故盆栽花卉更需要细致栽培，精心养护，人为配制培养土。盆栽花卉易于调控花期，有利于促成和抑制栽培，满足市场周年需求；盆栽花卉易于搬移，随时进行室内外花卉销售和装饰。

二、培养土的配制

为满足盆栽花卉生长发育的需要，根据各类品种对土壤的不同要求，人工专门配制的含有丰富养料、具有良好排水和通透（透气）性能、能保湿保肥、干燥时不龟裂、潮湿时不粘结、浇水后不结皮的土壤称为培养土。

温室盆栽要求培养土必须含有足够的营养成分，具有良好的物理性质。所以盆栽花卉对培养土的要求是：疏松、空气流通，以满足根系呼吸的需要；水分渗透性能良好，不会积水；能固持水分和养分，不断供应花卉生长发育的需要；培养土的酸碱度适合栽培花卉的生态要求；没有有害微生物和其他有害物质的滋生和混入。

培养土中含有丰富的腐殖质，是维持土壤良好结构的重要条件。培养土中含有丰富的腐殖质则排水良好，土质松软，空气流通，干燥时土面不开裂，潮湿时不紧密成团，灌水后不板结，腐殖质本身又能吸收大量水分，可以保持盆土较长时间的湿润状态，不易干燥。因此，腐殖质是培养土中重要的组成成分。

1. 常见的温室用土种类

（1）厩肥土 用牛粪或鸽粪等经过堆积发酵腐熟而成，晒干过筛后备用。其内富含养分及腐殖质，肥效快且较长。

（2）腐叶土 腐叶土可以直接到山里去收集，也可以人工制作。用在秋冬收集的树叶、残草，拌以少量的粪肥和水，与园土层层堆积，待其发酵腐熟后摊开晾干，过筛消毒后即可使用。筛出的残渣仍可再次堆腐。

（3）砻糠灰 砻糠灰主要是稻谷壳或稻草烧的灰，质地疏松，排水良好，富有钾肥，偏碱性，烧后直接收藏备用，不必做任何处理，起疏松土壤的作用，利于排水。

（4）园土和田泥 是用园内或大田的表土，也就是栽培作物的熟土经过堆积、曝晒后置室内备用。

（5）塘泥 塘泥在南方应用较多。塘泥是把池塘泥挖出，经晾晒风化，敲碎过筛后备用。它的优点是肥分多，排水性能好，呈中性或微碱性。

（6）水苔 它是一种天然的苔藓，又名泥炭藓。生长在海拔较高的山区，热带、亚热带的潮湿地或沼泽地，长度一般在 8～30cm 左右。水苔质地十分柔软并且吸水力极强，具有保水、透气的特点，pH 值为 5～6。广泛用作各种附生兰的栽培基质。

（7）泥炭土　又称为草炭、泥煤。它是古代湖沼地带的植物被埋藏在地下，在积水缺氧条件下，分解不完全的特殊有机物。其密度小，空隙度高，对水和氨有很强的吸附能力，保肥力强，是常用配制培养土的好材料。

（8）珍珠岩　珍珠岩是粉碎的岩浆岩加热至 1000℃ 以上膨胀而成的，具封闭的多孔性结构，质轻，透气好，无营养成分，可做培养土的添加物，但在使用中容易浮在混合培养土的表面。

（9）蛭石　蛭石是硅酸盐材料，在 800～1100℃ 的高温下膨胀而成。蛭石质轻，通透性、保水性好，pH 在 6.28 左右。也常作培养土的添加物，但长期使用容易破碎使培养土变致密，影响其通气和排水性能。

（10）陶粒　它多是用黏土经煅烧而成的大小均匀的颗粒，一般分为大号和小号，大号直径约为 1.5cm，小号直径约为 0.5cm。可铺设在花盆底部，提高培养土透气性，也可做无土栽培的固定基质，效果极佳。

（11）针叶土　在落叶松树下，每年秋冬都会积有一层落叶，落叶松的叶细小、质轻、柔软、易粉碎，这种落叶堆积一段时间后，可作配制培养土的材料，用其栽培杜鹃尤为理想。落叶松还可作为配制酸性、微酸性及提高疏松、通透性的培养土材料。

（12）锯末　它是近年来新发展起来的一种培养材料，疏松而通气，保水、透水性能好，保温性强，重量轻又干净卫生。pH 呈中性或微酸性。充分腐熟后备用。

（13）树皮　树皮透气性好，吸水力强，将无毒的树皮充分腐熟后备用。

（14）河沙　沙不含任何养分，通透性良好，pH6.5～7.0。

（15）炉渣，瓦片等　增加排水透气的好材料。

（16）岩棉　又称为岩石棉，白色或浅绿色丝状体。由 60% 辉绿岩、20% 石灰石、20% 焦炭经 1600℃ 高温处理之后，喷成直径 0.5mm 的纤维状细丝，再加压制成可供栽培用的岩棉块或岩棉板。质轻、孔隙度大、通透性好、吸水能力较强，pH 值为 7.0～8.0。

2. 培养土的消毒

为了保证盆花的健壮生长，必须对盆栽基质进行消毒，以杀死土壤中的病菌、虫卵、杂种等。消毒的方法有以下两种：

（1）化学消毒法

1）福尔马林消毒法：在每立方米栽培用土中，均匀喷撒 40% 的福尔马林 50～100 倍液 400～500mL，然后把土堆积，上盖塑料薄膜。经过 48h 后，福尔马林化为气体，除去薄膜，摊开土堆，待福尔马林全部挥发后备用。切忌喷药后马上用土，以免对人及花卉造成伤害。

2）氯化苦消毒法：将培养土做成 30～40cm 高的方块，按间距 20cm 用木棍插 20cm 深的孔，每孔内注入 5mL 氯化苦，用土封口，然后浇水，再用薄膜严密覆盖 15～20d，揭膜后反复翻拌均匀，氯化苦充分散尽后即可使用。这种消毒法既灭菌又杀虫。

3）高锰酸钾消毒法：对花卉播种扦插的苗床土，在翻土做床整地后，用 0.1%～0.5% 高锰酸钾溶液浇透，用薄膜闷土 2～3d，揭膜、稍疏水后再播种或扦插，可杀死土中的病菌，防止腐烂病、立枯病等。在花卉生长期用 400～600 倍液高锰酸钾灌根，不仅能供给钾、锰营养，也可防治病害，促进生长，开花艳丽。

（2）物理消毒法

1）蒸汽消毒法：把已配制好的栽培用土，放入适当的容器中隔水在锅中蒸煮消毒。这种方法只限于小规模栽培少量用土时应用。此外，也可将蒸汽通入土壤进行消毒，要求蒸汽温度为 100～120℃，消毒时间 40～60min，这是最有效的消毒方法。

2）日光消毒法：将基质放在干净的水泥地面上薄薄的摊开，在烈日下暴晒两三天，时间最好在夏季。这种方法消毒虽然不够彻底，但是简单易行，可以杀死大量的病菌、害虫及虫卵。

3. 培养土的酸碱测试与调节

培养土的酸碱度直接影响着培养土的理化性质和花卉的生育。大多数花卉在中性到偏酸性（pH 值 5.5～7.0）的培养土里生育良好。因为在此范围内花卉从土中吸取的营养元素呈可溶性状态。高于或低于这个界限，有些营养元素即变为不可吸收的状态，因而易引起某些花卉发生营养缺乏症。因此，栽花前需要测定培养土的酸碱度。

测定培养土酸碱度最简便的方法是用石蕊试纸。测定方法：取少量培养土放干净的玻璃杯中，将土、水按 1∶1 的比例加入蒸馏水，经充分搅拌沉淀后，将石蕊试纸放入溶液内，约 1～2s 取出试纸与标准比色板比较，找到颜色与之相近似的色板号，即为这种培养土的 pH 值。也可以用 pH 测定仪进行测定，测量数据更精确。

根据测定结果，对酸碱度不适宜的培养土，可采取如下措施加以调整。如酸性过高，可在盆土中加少量石灰粉或草木灰等；碱性过高，可在盆土中加少量硫黄粉、硫酸铝、矾肥水等。

4. 培养土的配制比例与方法

温室花卉种类很多，习性各异，对栽培土壤的要求也不同，即使同一种花卉，在不同的生长发育阶段，对培养土的质地和肥沃程度要求也不相同。为适合各类花卉对土壤的不同要求，需配制多种多样的培养土。

（1）中性或偏酸性培养土　一般花卉的培养土，可用腐叶土（或泥炭土）、园土、河沙按 4∶3∶2.5 的比例，加少量骨粉或少量腐熟饼肥混合配制。

（2）喜酸耐阴花卉的培养土　可用腐叶土、泥炭土、锯木屑、蛭石或腐熟厩肥土按 4∶4∶1∶1 的比例混合配制。

（3）适用于凤梨科、多肉植物、萝藦科、爵床科花卉的培养土　用泥炭土（或腐叶土）、园土、蛭石、河沙按 4∶2∶2∶1 比例混合配制。

（4）适用于天南星科、竹芋科、苦苣苔科、蕨类及胡椒科花卉的培养土　可用泥炭土（或腐叶土）5 份，园土和蛭石各 2 份，河沙 1 份，混合配制。

（5）适用于附生型仙人掌类花卉（如昙花、令箭荷花）的培养土　可用腐叶土、园土、粗沙各 3 份，骨粉和草木灰各 1 份，混合配制。

（6）适用于陆生型仙人掌类花卉（如仙人掌、仙人球、山影拳）的培养土　可用腐叶土 2 份，园土 3 份，粗沙 4 份，细碎瓦片屑（或石灰石砾、陈灰墙皮、贝壳粉）1 份，混合配制。

（7）喜阴湿植物（如肾蕨、万年青、吉祥草、龟背竹、吊竹梅）的培养土　可用园土 2 份，河沙 1 份，锯木屑或泥炭土 1 份，混合配制。

（8）根系发达，生长较旺花卉（如吊钟花、菊花、虎尾兰）的培养土　可用园土 4 份，腐叶土、砻糠灰和粗沙各 2 份，混合配制。

（9）播种用的培养土　可用园土 2 份，砻糠灰和沙各 1 份，混合配制。扦插用的基质，可用园土和砻糠灰各半混合配制。

对观果、观花类植物特别是大型花卉，除配用以上材料外，还应在土壤中添加少量骨粉或过磷酸钙。

三、温室花卉栽培管理

1. 播种及幼苗管理

温室花卉的种子一般较细小，生长较嫩，而且温室面积有限，所以大多采用盆播法繁殖。对种粒大的，播种后覆一层细土，然后压紧；种粒小的，播种后将土压紧即可，不必覆土。播种后多用渗透吸水法供给水分。上盖玻璃，置于荫处，浸过水的土壤湿度大，3~5d内可不必浇水，以后视土壤干燥程度晨夕喷水，夜间取玻璃，白天盖上，种子萌发后不必再盖玻璃，要给以通风、光照等锻炼，盆播幼苗拥挤时，需要移植，移植一般在幼苗具1~2枚真叶时进行。

2. 上盆、换盆、翻盆、转盆和松土

（1）上盆　上盆是指将苗床中繁殖的幼苗（不论是播种苗还是扦插苗），栽植到花盆中的操作。花卉上盆首先要选择与种苗大小、种类相称的花盆。大苗选大盆、小苗选小盆。栽植时先将花盆底部排水孔用瓦片等盖上，然后填一层粗土至花盆总体积的1/3左右，再填一层细土，将花苗立于花盆中央，保持根系完全伸展。左手扶苗，从四周继续填土至距盆口2~3cm后，双手将花苗茎基周围土压实后浇透水，置阴凉处缓苗。

（2）换盆与翻盆

1）换盆。随着植株的不断长大，根系在盆内土壤中已无再伸展的余地，生长受到限制，一部分根系常自排水孔穿出，或露出土面，需将小盆逐渐换成与植株大小相称的大盆，扩大根系的营养容积，利于苗株继续健壮地生长，这个过程称为换盆。其属于既换盆又增土的工作。

2）翻盆。当花卉盆栽时间较长时，盆土物理性质变劣，养分减少，植物根系也部分腐烂老化，此时需换掉大部分旧的培养土，适当修剪根系，然后仍用原盆重新栽入植株，称为翻盆。这是只换土不换盆的工作。

换盆或翻盆前1~2d不要浇水，以利于盆土与盆壁脱离。植株脱盆后，将植株从盆内磕出，用花铲铲掉土坨肩部及周围20%~50%的旧土，剪去枯根、腐烂根、病虫根等，重新栽入花盆中，待根系完全恢复生长后，即转入正常养护。换盆或翻盆时，可在盆底适量加施基肥。

（3）转盆　单屋面温室及不等屋面式温室中，光线多自南面一方射入，因此，在温室中放置的盆花如时间过久，由于趋光生长，则植株偏向光线投入的方向，向南倾斜。花卉偏斜生长的程度和速度，与植物生长的速度有很大的关系。生长快的盆花，偏斜的速度和程度就大一些。因此，为了防止植物偏向一方生长，破坏匀称圆整的株形，应在相隔一定日数后，转换花盆的方向，使植株向上直立生长。

对于露地放置的盆花，转盆也可防止根系自排水孔穿入土中，否则如时间过久，移动花盆易将根切断而影响花卉生长甚至萎蔫死亡。

双屋面南北向延长的温室中，光线自四方射入，盆花无偏向一方的缺点，不用转盆。

上盆、换盆、翻盆后均要浇足一次透水，使根系与培养土密接，并要注意遮阴，必要时叶面喷水，一周后逐渐转入正常管理。

（4）松盆土　松盆土可以使因不断浇水而板结的土面疏松、空气流通、植株生长良好，同时可以除去土面的青苔和杂草。青苔的形成影响盆土空气流通，不利于植物生长，而土面被青苔覆盖，难于确定盆土的湿润程度，不便浇水，松盆土后还对浇水和施肥有利。松盆土通常用竹片或小铁耙进行。

3. 浇水

花卉生长的好坏，在一定程度上取决于浇水的适宜与否。其关键环节是综合自然气象因子、温室花卉的种类、生长发育状况、生长发育阶段、温室的具体环境条件、花盆大小和培养土成分等各项因素，科学地确定浇水次数、浇水时间和浇水量。

（1）浇水的原则　浇水要"见干见湿，不干不浇，浇要浇透"，要避免多次浇水不足，只湿及表层盆土，形成"腰截水"，下部根系缺乏水分，影响植株的正常生长。

判断盆花是否需要浇水，也就是说盆土干到什么程度需要浇水，常根据盆土颜色、盆钵的音响、手感来判断。当盆土呈现灰白色，表土已出现干燥状态时，一般来说盆土已干，或一半盆土已干。如果时值盛夏、晚春或早秋季节，就需要浇水。如果在早春、深秋或冬季，则不一定浇水或少浇水。如盆土呈现褐黑色，表土呈潮湿状态，一般来说盆土还未干，不需浇水。也可采取敲盆听音的方法。所谓"敲盆听音"，就是用手指或其他金属器，上下轻弹或轻敲花盆，当发出"壳、壳"的清脆声时，表明盆土已干；若听到"朴、朴"的沉闷浑浊之声，说明盆土还比较潮湿。当盆土上长满青苔时，可用手指撬盆土。如撬上去比较坚硬、干燥，或者手捏表土时，呈现粉末状，则说明盆土已干，需要浇水；如手指撬下去，感到盆土松软，有潮湿感，或用手捏表土呈现片状或团粒状时，则表明盆土是潮湿的，不需浇水。

（2）浇水时间　夏季、暮春和早秋，浇水宜在早晨或傍晚进行；冬季、早春和晚秋可在中午前后浇水。这样可使水温和土温比较一致，防止骤冷骤热，刺激根系，对花卉生长发育不利。寒冷季节的冷水，可在室内放置一些时间后，再浇入盆内。还应注意，盛夏不宜用井水直接浇花，因为井水过冷，会刺激根系。

（3）浇水量

1）花卉的种类不同浇水量不同。对旱性花卉，如常见的昙花、蟹爪兰、令箭荷花、虎尾兰、吊兰和君子兰等多肉类或肉质根花卉，不论是生长期还是休眠期，盆土干后，都不要浇水过多、过勤，一般以偏干为好，否则易引起烂根。对湿性花卉，如常见的龟背竹、春芋、富贵竹等，除休眠期外，在其他季节，浇水可略多、略勤一些，盆土一般以偏湿为好。

2）花卉的不同生长时期，对水分的需要也不同。对播种的幼苗来说，在种子发芽前，盆土宜湿些；待发芽出苗后，浇水量应减少，盆土偏干些，否则会出现烂根现象；在花卉旺盛生长期，所需的水分一般要多一些，盆土干后，浇水可略多些，平时以保持土壤湿润为好；在花芽分化前，盆土宜偏干些，这样有利于抑制营养生长，促进花芽分化；在花卉开花期时，一般盆土宜偏湿一些。如果盆土偏干，会缩短开花期，使花朵提早枯谢；在孕果期，盆土宜偏干些，不可过湿，以防落果；当果实长大时，盆土可略湿润，如盆土过于干，果实也会脱落。

3）花卉在不同季节中，对水分的要求差异很大。现就一般花卉在不同季节中对水分的要求说明如下：

在盛夏高温季节中，太阳光强、温度高，水分蒸发快，盆土易干燥。除旱性和处于休眠期的花卉外，盆土干后，多数盆花浇水应该浇足浇透。有的小盆和微型盆景，早晨浇水后，傍晚如果盆土干了，还需补浇一次。

冬季阳光强度减弱，温度低，水分蒸发慢，盆土干后可少浇水，切不可浇得过多。

春秋两季，盆土一般保持湿润即可。但要注意，在秋季刮西南风时，由于环境干燥，盆土干的速度不低于盛夏烈日之下，因此也应视情况增加浇水量。

4）花盆的大小及植株大小对盆土的干燥速度有影响，盆小或植株较大者，盆土干燥较快，浇水次数应多些，反之宜少浇。

（4）其他注意事项

1）在盛夏烈日高温季节，为了减少盆土水分蒸发，可在盆土表层散布一些木屑、松针、稻谷壳、甘蔗渣等，或在盆底垫草包或黄沙等，以利于盆土的保湿降温。

2）经修根后换盆或移植的花卉，水应浇足浇透，使根系与土密接，第二天再浇一次，以后可转入经常性养护。而刚修根后的肉质根花卉（如兰花、君子兰等），应将其根晾晒后，次日再浇足浇透水，以防盆土过湿，引起烂根。

3）有时浇水时会遇到一边浇水一边漏水的情况，这是由于盆土长期过干，土与盆壁分离并出现裂缝之故。这时应先松土，再反复多次浇水，使土壤湿润膨胀，或把花盆浸入水盆内，让它逐步吸足水。

4）在盛夏如发生盆土过干且时久，引起花卉叶片萎蔫时，不要马上大量浇水，宜先放置阴凉潮湿处，对叶片先进行喷水，再浇少量水，然后逐渐增加浇水量，使其缓缓复原。如开始就浇大水，会造成落叶、落花或落果，严重的甚至会导致死亡。

5）如遇大雨过后，或浇水过多，盆内积水，并出现叶片萎蔫、暗淡失色的现象，要及时检查盆底孔洞是否淤塞，并及时疏通，使之排水畅通。否则积水时久，花卉会烂根致死。

4. 施肥

肥料与植物生长、发育的关系密切。尤其是盆栽植物，由于长期生长在盆钵之中，根系生长受到盆土限制，摄取营养的范围较小。必须有充分的肥料供给才能保证正常生长发育，所以施肥就显得更为重要。但是施用未经腐熟的"生肥"或施肥过量，就会出现肥害，俗称为"烧死"。

施肥必须根据花卉的不同生育期区别施用。幼苗期氮肥要多些，肥水要淡，次数要多，以促进幼苗生长迅速，健壮；成苗后，磷、钾肥要多些，观叶的花卉要多施氮肥，使叶子嫩绿，观花果的花卉要多施磷、钾肥，使植株早开花，早结果，也使花果颜色鲜艳。

施肥必须掌握季节。春、夏季节花卉生长迅速，旺盛，可多施肥；入秋后花卉生长缓慢，应少施肥；冬季多数花卉处于休眠状态，应停止施肥。

盆栽花卉施肥应采取"少吃多餐"（即"薄肥勤施"）的原则，一般从开春到立秋，可每隔 7~10d 施一次稀薄的肥水，立秋后可每隔 15~20d 施一次。

施肥要在晴天进行。盆栽花卉在夏季高温的中午前后不宜施肥，因盆土温度较高，施入追肥容易伤根，傍晚施用效果最好。

盆栽花卉在施用稀薄液肥前，应先把盆土表层耙松，待盆土稍微干燥时再施肥，施肥后立即用水喷洒叶面，以免残留肥液污染叶面，施肥的第二天一定要浇一次水。在上盆及换盆时，常施以基肥，生长期间施以追肥。现将花卉常用肥料及施用方法分述如下：

（1）基肥　花卉的基肥，应在上盆、换盆、翻盆时施用，如豆饼、粪干、蹄角片、过磷酸钙等。一般是放置盆底或盆的四周，但不可使植物根系直接接触肥料。若用粪干作基肥，必须与土壤掺匀，以防浇水后粪干胶结成层，影响水分渗透。

（2）追肥　追肥即在花卉生长季节追施的肥料。追肥都在花木生长时期施用，一般半个月左右施用一次，数量不要太多。盆栽花卉追肥大都采用浇稀薄液肥为主。稀薄液肥应事先在春天泡制，经夏季高温充分腐熟后才能施用，稀薄液肥有两种：

1）肥水：把碎骨块、豆粉、淘米水、麻酱渣等，投入大缸内，加水上盖，放置日光下，经高温腐熟后备用。施用时再加清水冲淡，适用于所有的盆栽花卉。

2）矾肥水：在泡制的肥水中，每50kg水加入500g硫酸亚铁（黑矾），施用时再加水冲淡，适用于喜酸性土的花卉，矾肥水还有促进叶色浓绿富有光泽的作用。

（3）根外追肥　根外追肥一般在生长季节使用，如尿素、磷酸二氢钾及部分微量元素肥料等，配成水溶液用喷壶均匀地喷洒在叶面上，浓度一般为0.1%～0.5%，每隔10～15d喷施一次。

5. 整形与修剪

盆花修剪是盆花栽培管理中的一项很重要的工作。因为修剪可以使盆花生长均衡，开花良好，花期长；通过修剪剪除枯枝老枝，便于植株积累养分，使老枝得以更新，利于新芽、新叶的形成，达到叶绿花繁果硕，株形美观的目的。盆花修剪常用的方法有：

（1）摘心　盆花摘心是在花卉生长期中，适时地用手或剪刀除去嫩梢的生长点，促进多生侧枝，控制盆花徒长，使枝株矮化，达到株冠丰满美观的目的。如四季海棠、象牙红等都是用摘心来整形。摘心还可用来控制花期，如一串红不摘心，9月初可开花，经过几次摘心可推迟到国庆节开花。摘心还可使开花多，特别是一些对生叶，顶生花芽的花卉，经摘心后能抽生出更多的花芽，开出更多的花。如大立菊等通过摘心可培养成数千朵以上的植株。

（2）抹芽　盆花的抹芽也是在花卉生长期中，用手将花卉基部或干上生长出的多余的不定芽，在嫩芽尚未木质化之前及时用手把它抹掉。盆花抹芽一方面可以避免多余的芽消耗养分，另一方面如不及时抹掉多余的不定芽，常会萌发过多的枝条，扰乱树势，影响株形，需要及时抹芽的盆花种类较多，如月季、杜鹃、扶桑等。

（3）修根　盆花修根是盆花在每年春季换盆时，将老根、死根剔除，或疏掉一些须根，促进新根的发生。对于观花、观果的盆栽花卉，如因徒长而不开花结果，可将部分根系切断，削弱根系吸收能力，抑制营养生长，以促进开花结果。

（4）疏花疏果　盆花的疏花疏果是在花卉的生长期中用手将多余的花蕾和过多的果实摘掉。盆花疏花疏果的目的是：一是摘除花果，利于集中养分，使花朵大而鲜艳，果实累累；二是对于幼龄的花木或生长衰弱的观果植物，全部摘除花蕾、幼果，贮存积累营养，为来年更好的开花结果做好准备。如茶花，将一个枝条上过多的花蕾疏除，择优保存，以达到开花大而花朵鲜艳的目的。

（5）支架与诱引　对一些攀缘很强的枝条柔软的盆栽花卉，应设立支架。支架在支撑的同时，也起着诱引枝条向某一指定的方向生长的作用。如文竹、仙人指、蟹爪兰等。

（6）绑扎与捏形　盆花的绑扎与捏形是我国传统的花卉整形技艺，有丰富的经验。其基本的选形方法有：自然修剪、编成拍子、绳拉成弯，因树捏形等。

总之，盆花的修剪，不论施用哪种修剪方法，都是利用盆花的枝条，通过修剪造型技艺，把盆花的植株整成最理想的株形，以提高盆花的观赏效果。

四、盆栽花卉出室与入室及室内外布置

1. 盆花出室

（1）盆花出室时间　南方在清明前后数日，北方宜在谷雨前后数日。

（2）花卉出室前的准备　温室的条件显然不同于露地条件，植物生长比较柔嫩，因此，在变换其环境时，首先应该经过锻炼，以免因不能抵抗外界条件的急剧波动而萎缩。锻炼要逐渐进行，有的要几星期，有的五六天即可，植物锻炼的方法如下：加强室内通风；降低室内温度；增加光照；减少灌水量；少施氮肥，多施磷、钾肥。

由于各种花卉植物对气温的敏感程度不一样，耐寒程度不一样，因此盆花出室应分先后。耐寒程度稍强的花卉（如山茶、茶梅、杜鹃、蓬莱松等），可先出室。一些原产于热带、耐寒性差些的花卉（如茉莉、米兰、扶桑、一品红、珠兰、彩叶草、绿萝等），则宜晚些出室，对不了解耐寒程度的花卉，宁晚勿早。

出温室前后要结合花卉长势，适时换盆、翻盆换土，并适当整形修剪。

2. 盆花入室

（1）盆花入室时间　在北方地区，大部分盆栽花卉不能在室外越冬，必须在霜降前后根据天气情况移入室内，防止被霜危害。在不至于遭受霜害的前提下，稍迟些入室为好，可以锻炼植株的耐寒能力。

（2）花卉入室前的准备

1）防治病虫。有些花卉，经过夏季高温灼伤，秋季又遭遇蚜虫、红蜘蛛、小白蛾等病虫危害，在入室前要彻底进行一次防治，绝不能把病虫带入室内。

2）温室的消毒。温室内的温度、湿度都比外界高，并且是连续的，它不仅有利于植物生长，也有利于病虫害的发生，所以在秋季花卉入室前，室内空旷，操作方便，要抓紧时间进行消毒。消毒常用方法如下：

① 福尔林喷洒：用40%的福尔马林1kg加50kg水遍洒室内，洒后密闭一昼夜。

② 用硫黄粉和木屑烟熏：在1000m²的空间范围内，用硫黄粉和木屑各半斤混合烟熏，烟熏前将温室封闭，施药后也需封闭一昼夜。

3. 盆花室内布置

温室内花卉的摆放主要取决于它对光照、温度、湿度和通风等因素的要求。应根据温室的自身条件，结合盆栽花卉的特性和数量等进行合理摆放，以达到满足花卉正常生长发育的要求。

在温室中，随着与玻璃（或塑料膜）间距离的加大，光照强度逐渐减弱，因此应把喜光花卉摆在温室的前部或中部（如仙客来、秋海棠、君子兰、瓜叶菊等）。耐阴的花卉应摆放在温室的后部或半阴处（如万年青、天冬门、一叶兰等）。在进行盆花摆放排列时，要尽量避免植株间的遮光，矮前高后。走道南侧最后一排植株的阴影，可投射在走道上，以不影响走道北侧的花卉为原则。

温室内各个位置的温度也不一样，门窗附近的温度变化大，中部较稳定。对于喜高温的种类应摆在离热源近的地方（如扶桑、米兰、变叶木等）。把比较耐寒的花卉放在靠近门窗处（如苏铁、文竹、常春藤、鱼尾葵等）。

为了管理的方便，应将处于休眠状态和耐旱等管理粗放的花卉放在高架等不易进入的

部位（如仙人掌及多肉植物）。管理复杂且频繁的种类应放在过道边（如山茶花、瓜叶菊、仙客来等）。悬垂植物和蕨类植物可挂在空中或放在植物台的边缘（如吊兰、蟹爪兰等）。

所以，在同一温室中栽培多种花卉时，既要了解温室的性能，最大限度利用温室面积，又要熟悉花卉的生态习性，不能影响其生长发育。

五、温室环境条件的调节

温室气候生态的主要特征是其封闭性，同时具有可控性。在花卉生产中，人们可根据花卉各个生长期的需要及市场需求，通过人工或相关环境调控设备对温室内环境进行相应的调控，以达到最佳环境条件。温室环境条件的调节主要包括温度、光照和湿度三个方面，根据不同花卉的要求和季节的变化来进行，这三方面的调节是相互联系的。

1. 温度调控

温室内温度调控要求达到能维持适宜于花卉生育的设定温度，温度的空间分布均匀，时间变化平缓。其调控措施主要包括保温、加温和降温三个方面。

（1）保温　温室内散热有3种途径：一是经过覆盖材料的围护结构传热；二是通过缝隙漏风的换气传热；三是通过土壤热交换的地中传热。3种传热量分别占总散热量的70%～80%、10%～20%和10%以下。各种散热作用的结果，使单层不加温温室的保温能力比较小。即使气密性很高的设施，其夜间气温最多也只比外界气温高2～3℃。在有风的晴夜，有时还会出现室内气温反而低于外界气温的逆温现象。保温的方法有以下几种：

1）减少通风换气量。

2）多层覆盖保温。可采用大棚内套小棚、小棚外套中棚、大棚两侧加草苫，以及固定式双层大棚、大棚内加活动式的保温幕等多层覆盖方法，都有较明显的保温效果。

3）适当降低温室的高度，减少夜间保护设施的散热面积，有利提高设施内昼夜的气温和地温。

4）增加温室的透光率，使用透光率高的玻璃或塑料薄膜，正确选择保护设施方位和屋面坡度，尽量减少建材的阴影，经常保持覆盖材料清洁。

（2）加温　我国传统的单屋面温室，大多采用炉灶煤火加温，近年来也有采用锅炉水暖加温或地热水暖加温的。大型连栋温室，则多采用集中供暖方式的水暖加温，也有部分采用热水或蒸汽转换成热风的采暖方式。塑料大棚大多没有加温设备，少部分使用热风炉短期加温，对提早上市提高产量和产值有明显效果。用液化石油气经燃烧炉的辐射加温方式，对大棚防御低温冻害也有显著效果。

（3）降温　温室内降温最简单的途径是通风，但在温度过高、依靠自然通风不能满足花卉生育的要求时，必须进行人工降温5～7℃。

1）遮光降温法。遮光20%～30%时，室温相应可降低4～6℃。在与温室大棚屋顶部相距40cm左右处张挂遮光幕，对温室降温很有效。遮光幕的质地以温度辐射率越小越好。考虑塑料制品的耐候性，一般塑料遮阳网都做成黑色或墨绿色，也有的做成银灰色。室内用的白色无纺布保温幕透光率70%左右，也可兼做遮光幕用，可降低棚温2～3℃。

2）屋面流水降温法。流水层可吸收投射到屋面的太阳辐射的8%左右，并能用水吸热来冷却屋面，室温可降低3～4℃。采用此方法时需考虑安装费和清除玻璃表面水垢污染的问题。水质硬的地区需对水质做软化处理后再用。

3）喷雾降温法。使空气先经过水的蒸发冷却降温后再送入室内，达到降温的目的。

① 细雾降温法。在室内高处喷以直径小于 0.05mm 的浮游性细雾，用强制通风气流使细雾蒸发达到全室降温，喷雾适当时室内可均匀降温 5~7℃。

② 屋顶喷雾法。在整个屋顶外面不断喷雾湿润，使屋面下冷却了的空气向下对流。

4）风机水帘强制通风降温法。大型连栋温室因其容积大，需强制通风降温。

2. 光照调控

（1）补光 补光的目的一是延长光照时间，二是在自然光照强度较弱时，补充一定光强的光照，以促进植物生长发育，提高产量和品质。补光方法主要是用电光源补光；其次是改进温室结构、提高透光率；再次是加强温室管理措施，如保持透明屋面干洁。在保温前提下，保温覆盖材料尽可能早揭迟盖，增加光照时间。适当稀植，合理安排种植行向。选用耐弱光的品种弥补光照强度的不足。也可以进行人工补光

用于温室补光的理想的人造光源要有与自然光照相似的光谱成分，或光谱成分近似于植物光合有效辐射的光谱；要有一定的强度，能使床面光强达到光补偿点以上和光饱和点以下，一般为 30~50klx，最大可达 80klx。补光量依植物种类、生长发育阶段以及补光目的来确定。用于温室补光的光源主要有白炽灯、荧光灯、高压汞灯、金属卤化物灯、高压钠灯。它们的光谱成分不同，使用寿命和成本也有差异。

除用电灯补光外，在温室的北墙上涂白或张挂反光板（如铝板、铝箔或聚酯镀铝薄膜）将光线反射到温室中后部，可明显提高温室内侧的光照强度，可有效改善温室内的光照分布。这种方法常用于改善日光温室内的光照条件。

（2）遮光 当光照过强时适当遮光。遮光主要有两个目的：1）满足作物光周期的需要；2）降低温室内的温度。

一般遮光 20%~40% 能使室内温度下降 2~4℃。初夏中午前后，光照过强，温度过高，超过作物光饱和点，对生育有影响时应进行遮光；在育苗过程中移栽后为了促进缓苗，通常也需要进行遮光。遮光材料要求有一定的透光率、较高的反射率和较低的吸收率。遮光方法有如下几种：

1）覆盖各种遮阴物，如遮阳网、无纺布、苇帘、竹帘等。

2）玻璃面涂白，可遮光 50%~55%，降低室温 3.5~5.0℃。

3）遮光幕。使用遮光幕的主要目的是通过遮光缩短日照时间。用完全不透光的材料铺设在设施顶部和四周，或覆盖在植物外围的简易棚架的四周，严密搭接，为植物临时创造一个完全黑暗的环境。常用的遮光幕有黑布、黑色塑料薄膜两种，现在也常使用一种一面为白色反光、一面为黑色的双层结构的遮光幕。

3. 温室空气湿度的特点及调控

（1）温室空气湿度的特点 由于温室是密闭环境，室内空气湿度主要受土壤水分的蒸发和植物体内水分的蒸腾影响。

温室内作物由于生长势强，代谢旺盛，作物叶面积指数高，通过蒸腾作用释放出大量水蒸气，在密闭情况下水蒸气很快达到饱和，空气相对湿度比露地栽培要高得多。特别是室内夜间随着气温的下降相对湿度逐渐增大，往往能达到饱和状态。

多数花卉光合作用适宜的空气相对湿度为 60%~85%，低于 40% 或高于 90% 时，光合

作用会受到阻碍，从而使生长发育受到不良影响。

（2）温室空气湿度的调控措施

1）通风换气。设施内造成高湿原因是密闭所致。为了防止室温过高或湿度过大，在不加温的设施里进行通风，其降湿效果显著。一般采用自然通风，从调节风口大小、时间和位置，达到降低室内湿度的目的，但通风量不易掌握，而且室内降湿不均匀。在有条件时，可采用强制通风，可由风机功率和通风时间计算出通风量，而且便于控制。

2）加温除湿是有效措施之一。湿度的控制既要考虑花卉的同化作用，又要注意病害发生和消长的临界湿度。保持叶片表面不结露，就可有效控制病害的发生和发展。

3）加湿。大型温室在高温季节也会遇到高温、干燥、空气湿度过低的问题，要采取加湿的措施。主要加湿措施有：喷雾加湿、湿帘加湿等措施等。加湿的同时也可降温。

 任务考核标准

序号	考核内容	考核标准	参考分值/分
1	情感态度	准备充分、学习认真、能积极与教师呼应	10
2	资料收集与整理	能够认真记笔记、广泛查阅资料，积极完成项目要求的内容	10
3	培养土配置	能够因地制宜配制常见花卉生长发育所需培养土	30
4	花卉栽培管理过程	根据温室、荫棚条件制订花卉栽培管理计划（一整年）	30
5	工作记录和总结报告	有完成全部工作的工作记录，书面整洁；总结报告结果正确；上交及时	20
	合计		100

 自测训练

一、名词解释

上盆 换盆 翻盆 转盆

二、填空题

1. 浇水的原则是_____。

2. 盆花出室时间，北方宜在_____（节气）前后数日，入室时间北方宜在_____（节气）前。

三、简答题

1. 温室盆花栽培管理包括哪些方面？

2. 如何调节温室的环境条件？

实训十一 培养土的配制

一、目的要求

通过对培养基质种类和特性等知识的掌握，了解温室不同花卉培养土配制的原则和注意事项；通过花盆种类的识别，了解各种花盆的规格、种类及其应用。

二、材料用具

锹、铲子、花盆、园土、沙、珍珠岩等基质。

三、方法步骤

1）仔细观察各种培养基质的特点及特性，按常规进行盆栽培养基质的配制，并用湿度计测量土壤湿度。

2）观察各种规格花盆的特征、特性

花盆种类很多，有素烧盆（俗称瓦盆）、紫砂盆（南泥盆、宜兴盆）、釉盆（湖南盆）、瓷盆、木桶、水盆等。紫砂盆、釉盆、瓷盆主要是供作盆景和特殊栽培之用。木桶用于大型花卉的栽植。水盆无排水孔，质地可为瓷盆、釉盆或紫砂盆，浅的用于山石盆景，较深的用来培养水仙，大而深的用来栽培荷花和睡莲。

四、作业

结合本地实际特点，如何培制出经济适用的栽培基质。

任务三　花期调控技术

花期调控技术指通过人为改变环境条件或采取特殊的栽培方法，使花卉花期比自然花期提早或延迟的技术措施。随着社会的进步、经济的发展、人民生活水平不断提高，人们对花卉的需求日益增加，传统的季节性生产花卉已难满足市场需求。为此，生产不时之花的"花期调控"技术顺应而生，它较好的解决花卉的周年供应、花卉育种过程中的花期不遇等问题，同时，熟练掌握开花规律及花期调控技术后，方便合理安排花卉生产，提高土地利用率，增加单位面积产值，促进花卉产业健康、快速发展。

花卉花期调控有促成和抑制之分。使花期较自然花期提前的栽培方式称为促成栽培，使花期较自然花期延后的栽培方式称为抑制栽培。

一、花期调控的理论依据和准备工作

（一）花期调控的理论依据

1. 营养生长

园林植物进行生殖生长之前，必须要经过一定时期的营养生长，植株体内营养积累达到一定水平后才能进行生殖生长。据此，处于幼年期的实生花卉，无论条件如何，都无法进入生殖生长阶段，实为营养生长不够、植株体内营养积累水平偏低所致。一般而言，当其他因子合适，植物的营养生长达到一定水平即可进入花芽分化状态，如仙客来具备10片叶左右、紫罗兰具备15片叶、风信子球种球周长达到19cm即可进行花芽分化。

2. 花的分化

花芽分化是植物开花结果的前提，没有花芽分化，开花结果就无从谈起。花芽分化是指由叶芽生理和组织状态转化为花芽生理和组织状态的过程，该过程也是植物由营养生长转为生殖生长的过程。作为植物生命活动中重要的生命活动之一，花芽分化的多少和质量直接影响到植物开花的数量和质量，从而影响到花卉的观赏效果。除植物体内部因素如营养积累水平等影响外，花芽分化还受到光照、温度、水分、矿质元素等外部环境因子的影响。综合起来，主要受到以下条件制约：

（1）植物体内营养积累水平　从 C/N 关系学说中知道：营养是花芽分化以及花器官形成与生长的物质基础，其中碳水化合物对花芽的形成尤其重要，它是合成其他物质的碳源和能源。花器官的形成需要大量的蛋白质，氮素营养不足，花芽分化缓慢且少，但是氮素过多，C/N 比例失调，植株又会贪青徒长，花反而发育不好。据此，植物生长的幼苗期可适当增施氮肥，促进营养生长，达到增加光合面积、提高植株营养积累水平，尽快进入生殖生长的目的。但生产中应注意不宜施肥过度，避免花卉营养生长过旺而无法转入生殖生长。

（2）环境温度　不同种类、品种花卉在生长发育过程中对环境温度的要求不同，同种花卉在不同的生长发育阶段对温度的要求也不同，不同花卉、同种花卉不同生长发育阶段都有与之对应的温度三基点，即所需适宜温度范围、持续时间长短各异。如冬性小麦在 0 ~ 3℃温度下需要 40 ~ 45d 才能完成春化作用，而春性小麦在 8 ~ 15℃温度下 5 ~ 8d 即可完成春化作用。

（3）光周期　光周期是指一天中光暗的交替变化。植物在生长发育过程中，会对光周期变化发生相应反应，称为光周期现象。植物的开花、休眠和落叶，以及鳞茎、块茎、球茎等贮藏器官的形成都受光周期的调节。植物种类、品种不同，其所需光周期时数各异。一般春夏开花的多为长日照植物、秋冬季节开花的多为短日照植物。

3. 花的发育

花的发育除受到自身遗传因素影响外，还受到光照、温度、光周期等环境因子的影响。首先需要合适的光照。在花器官的形成期，如遇连绵阴雨、光照不足，则植物营养生长延长，花芽分化、花的发育受阻。花卉生产中常通过整形修剪等技术措施调节植株之间、植株内部的光照，解决光照不均等问题；其次需要适宜的温度。花芽分化完成之后，还需要适宜的温度才能完成花的发育；第三需要适合的光周期。多数植物在花芽分化完成后可自然开花，但有些植物仍然需要在一定的光周期下才能完成花的发育，进而开花，如菊花等。

4. 花茎伸长

二年生花卉、宿根花卉及一些秋植球根花卉，多需要低温才能抽葶、伸长。

5. 休眠

植物休眠是为了度过外界不良环境条件所产生的一种应激特性。根据引起植物休眠的原因，可将休眠分为自然休眠和被迫休眠两类。自然休眠由植物生理过程或遗传特性决定，处于自然休眠的植物，无论外界环境条件是否合适，都无法进行正常生长发育；被迫休眠则多由于外界环境条件不适，植物不能正常生长发育而处于休眠状态。处于被迫休眠的园林植物，一旦给予合适的外界环境条件，即可转入生长。花卉生产中，可通过调控花卉休眠期的长短，延缓或提早花卉的营养生长，达到花期调控的目的。

6. 开花环境

花卉的花芽分化和花的发育等过程完成后，形成大量花蕾，外界环境条件适合即可正常开放。但如温度、光照、水分、营养状况等外界环境因子不够理想，花蕾也会萎缩、脱落，花朵无法正常开放。

(二) 花期调控的准备工作

1. 确定用花时间和地点

充分了解用花目的、花朵开放时期和用花地点，熟悉当地的气候条件、气象规律，以便制定花卉生产方案。

2. 确定花卉种类和适宜品种

根据用花目的，结合用花时间和地点及气候条件，确定花卉种类和适宜品种。品种选择时，首先考虑满足功能性需求，即能够充分满足用花目的。其次考虑生产技术难度。以生产技术措施简便易行，不需复杂处理即可生产出满意花卉之优良品种为宜。如需提早花期，可选择早花品种，延迟花期则宜选择晚花品种。花卉种类、品种选择合理，可以有效节约资源、降低生产成本。

3. 确定具体技术措施

花卉种类、品种繁多，其生长发育习性千差万别。因此，在开始生产之前，必须熟练掌握所生产花卉种类、品种的生长发育习性，包括开花习性、着花方式、始花年龄等。结合花卉不同生长发育阶段对环境因子的需求、技术措施的反应，制订针对性强的生产技术方案，确保生产出优质的商品花卉。

4. 注意事项

花卉生产中，花期调控技术性强、操作难度大，且多有设施栽培要求。因此，生产中要合理利用生产设施，充分利用自然季节变化的外界环境因子，如夏季的高温长日照光照、冬季的低温短日照条件等，以节约能源、降低成本。此外，生产中，还需根据花卉生长发育进程，及时灵活的调整栽培管理方式和花期调控处理技术措施，保证植株生长健壮、开花时期、开花数量和质量等满足市场需求。

二、花期调控方法

1. 温度处理法

温度处理调控花期主要是通过温度的作用调节花卉的休眠期、花芽分化与形成、花蕾发育、花茎伸长等时期来实现控制花期的目的。

(1) 加温处理　加温处理主要在冬春等低温寒冷季节使用，此时多数植物生长缓慢、停止生长甚至受到低温冻害，通过提高花卉生长环境温度，可以延缓或阻止某些花卉进入休眠、降低冻害发生几率，创造出适合花卉继续正常生长发育的有利条件，达到提前开花的目的。一般已完成花芽分化的植物，放入温室加温后都能提早开花，如瓜叶菊、牡丹、杜鹃、山茶、大岩桐、绣球花等。在室温 20～25℃、相对湿度 80% 以上的条件下，牡丹经 30～35d、杜鹃经 40～45d 即可开花。几种主要花卉春节开花所需温度和加温天数，见表4-1。

表4-1　几种主要花卉春节开花所需温度和加温天数

花卉	温度/℃	处理天数/d	花卉	温度/℃	处理天数/d
牡丹	20～25	30～35	杜鹃	20～25	40～45
碧桃	10～30	45～50	迎春	5	30

加温的途径多种多样，既可以充分利用我国疆域广阔、南北自然气候差异明显的特点，将经过北方冬季自然低温处理的花卉移送到温暖的南方，打破植株休眠，实现提前开花目的，也可以利用温室、大棚等栽培设施，人工提高环境温度；此外，还可充分利用当地特有资源，如地热、工厂余热等对花卉进行加温处理，做到废物利用，节约能源。

　　（2）降温处理

　　1）打破休眠，提早花期。部分花卉休眠之后，将其置于2℃左右冷库中，贮藏1周左右可打破其休眠，再给予生长适温，可恢复生长，并尽快开花。如桂花6～8月份完成花芽分化，入秋后，气温下降，花芽迅速萌动、膨大，当夜间气温降至17℃以下连续4～6d时，桂花就会开放。

　　2）低温春化，提早花期。部分植物需经过一段时间的低温处理，度过春化阶段以后才能形成花芽并完成花发育，然后在较高的温度环境下开花。如毛地黄、桂香竹等，在5～6℃条件下处理一段时期，可促进开花；桃花需要在7.2℃以下处理750～1200h才能正常开花。低温处理期间，注意光照、水分等的日常管理，尤其在低温冷库中，不可长期处于黑暗条件下，并保持土壤湿润。

　　经过低温处理的花卉，在移入高温环境前，注意环境因子逐步变化，达到炼苗目的，避免温度、光照等的骤然变化，影响花卉生长发育。

　　3）延缓生长或降温避暑。部分花卉的花蕾形成、绽放或花朵初开时，适度降温可延缓、延长花期，如水仙花、瓜叶菊等；降温避暑则适于喜冷凉气候，在夏季炎热地区生长不良的花卉，如仙客来、吊钟海棠等，夏季温度保持在28℃以下，植株就不会进入休眠，可继续生长发育并开花结果。

　　4）促进休眠，延迟花期。低温条件下，花卉生长缓慢，甚至停止生长进入休眠，生长发育时期以及花芽成熟过程延长、花期延迟。大多数球根花卉种球在2～4℃的低温条件下处于休眠状态，可以长期贮藏，在需要开花前取出进行促成栽培，即可达到延迟花期的目的。

　　2. 光照处理法

　　（1）短日照处理　短日照处理主要针对长日照花卉的延迟开花和短日照花卉的提前开花。即对生长健壮、高矮合适的花卉，于长日照条件下采取遮光等手段，人为缩短白昼加长黑夜，满足花芽分化和花蕾形成所需短日照条件，连续处理一段时间，待花芽分化完成，置于长日照条件下仍然可以长期保持短日照处理的效果，直至开花。如在长日照季节对一品红进行遮光处理，将每日光照时数缩短到10h，50～60d即可开花。蟹爪兰每日光照时数缩短至9h，2个月后即可开花。一般短日照处理前减少或停止施用氮肥，增加施磷、钾肥施用量，避免花卉徒长，可保证花期调控效果。

　　（2）长日照处理　长日照处理是指在短日照条件下，采用人工辅助增加光照时间，促使长日照花卉在短日照条件下开花，或者短日照花卉在短日照条件下延迟开花。一般于太阳下山之前至翌日日出之时进行人工补光。也可采取暗期中断法，于黑暗的半夜人工补光1～2h，打破连续暗期。如菊花是对光照时数非常敏感的短日照花卉，在9月上旬开始用电灯给予光照，在11月上、中旬停止人工辅助光照，春节前菊花即可开放。利用菊花对光周期反应的敏感性，采用增加光照或遮光处理，可以使菊花随时开花，实现菊花的周年生产，满足市场需求。补光的灯泡功率大小不同，其有效半径和面积各异。电照有效半径见表4-2。

表4-2 电照有效半径

电灯功率/W	有效半径/m	
	效果显著	效果不显著
32	1.20	1.57
50	1.35	2.15
100	2.23	2.75
150	2.90	3.25

（3）昼夜颠倒　昼夜颠倒适合花朵夜间开放，观赏不便之花卉的花期调控。如夜间开花的昙花，从绽开到凋谢只有短短的3～4h，谓之"昙花一现"，人们较难观赏到昙花的曼妙花姿。为此，将花蕾已长至6～8cm的昙花植株，白天置于黑暗环境中，晚上给予人工补充光照，经4～5d连续昼夜颠倒处理后，即可改变昙花夜间开放的习性，使花开于白昼，便于观赏，并有适度延长开花时间之效。

（4）人工光中断黑夜　短日植物在短日照季节形成花蕾并开花，如果采取夜间补光打破连续暗期，破坏短日照效应，能有效阻止短日照植物形成花蕾及开花。停止补光之后，植物能很快进行花芽分化并开花。一般夏末、秋初和早春夜晚补光1～2h，冬季补光3～4h。具体停止补光日期视花芽分化至开花所需时间而定。

（5）调节光照强度　部分花卉不能适应强光照射，花期适当遮光，或把植株移到光强较弱的地方，均可延长开花时间。如盛开的比利时杜鹃置于烈日下，数小时即萎蔫，但在半阴环境下，每朵花和整棵植株的开花时间均大大延长。牡丹、月季花、康乃馨等适应较强光照的花卉，花期适当遮光，可延长花朵观赏期1～3d。

（6）全黑暗处理　部分球根花卉在全黑暗条件下，可促进开花。如朱顶红，在其他条件符合开花要求的前提下，将盆栽的球茎于将要萌动之时，全黑暗处理40～50d，再行正常栽培养护管理，很快即可开花。

3. 药剂处理法

花期调控中，常用的药剂有植物生长物质，包括植物激素和植物生长调节剂两大类。植物激素是指一些在植物体内合成，通常从合成部位运往作用部位、对植物的生长发育产生显著调节作用的微量生理活性物质，具有内源性、可移动性、调节性、量少效宏性和广泛性等特点；植物生长调节剂是一些具有植物激素活性的人工合成或从微生物中提取出来的物质，如乙烯利、矮壮素、多效唑等。不同种类的植物生长物质生理功能也不同。

（1）代替低温解除休眠　赤霉素可以代替低温打破植物休眠。如在牡丹、芍药的休眠芽上涂抹500～1000mg/L的赤霉素，几天后芽就可萌动；需要低温春化的紫罗兰，9月下旬起用浓度50～100mg/L的赤霉素处理2～3次，可促进花芽分化。将赤霉素喷洒于毛地黄、桔梗等植株上，也可代替低温打破休眠，促使提前开花。

（2）加速生长促进开花　部分只有在长日照条件下才能抽薹开花的植物，通过赤霉素处理后在短日照条件下也可开花，如紫罗兰、矮牵牛等。赤霉素促进开花处理方法及效果实例见表4-3。

表 4-3 赤霉素促进开花处理方法及效果实例

花卉名称	赤霉素/mg/L	处理方法及效果
非洲菊	50	喷洒植株，提高采花率
含笑	500	涂抹花蕾，促使 9~10 月开花
山茶花	500~1000	涂抹花蕾，每周 2 次，半月见效，促进开花
君子兰、仙客来等	100~500	涂抹花茎，促使花茎伸出，利于观赏
蟹爪兰	20~500	花芽分化后喷洒植株，促进开花

（3）延迟开花　部分植物生长调节剂，如 2，4-D 等可以延缓植物开花。如用 0.01mg/L 2，4-D 喷洒菊花花蕾，可延缓其开花时期，用 5mg/L 2，4-D 喷洒菊花花蕾，则花蕾变小、花期延迟。

（4）加速发育　有些植物生长调节剂可诱导花卉的花芽分化及促进开花。如用 100mg/L 30mL 的乙烯利浇灌凤梨株心，可使之提前开花；天竺葵生根后，用 500mg/L 乙烯利喷 2 次，第五周喷 100mg/L 赤霉素，可使之提前开花并增加花朵数量。

不同植物生长物质的生理作用和有效浓度范围不同，同种植物生长物质对不同种类、品种花卉的生理作用效应也不同，且药剂效果会受到环境条件、使用时期的综合影响。

此外，虽然植物生长物质使用方便、生产成本低、效果明显，但生产中应慎重使用，避免施用不当，造成损失，甚至污染环境，破坏生态。

4. 栽培措施处理法

（1）控制花卉生长开始期　花卉由开始生长到开花有一定速度和时限，一般开始生长早的花卉，花期也早，开始生长晚则开花也晚。据此，这类对光周期要求不严格的花卉，可通过调节播种期、种植期、萌芽期或扦插等时期控制花卉生长开始期来调控其开花时期。如天竺葵，从播种到开花需 120~150d，若春节前后用花，则可于 9 月上中旬播种；万寿菊扦插后 10~12 周可开花；3 月份种植的唐菖蒲 6 月份开花、7 月份种植的唐菖蒲 10 月份开花，如于 3~7 月份分期分批定植唐菖蒲，则 6~10 月份花开不断；翠菊、万寿菊、百日草、美女樱、凤仙花等 6~7 月份播种，9~10 月份开花满足国庆用花需求。部分"十一"用花种类及播种期见表 4-4。

表 4-4 部分"十一"用花种类及播种期

花卉名称	播种期	花卉名称	播种期
一串红	4 月上旬	大花牵牛、万寿菊、翠菊、美女樱、旱金莲	6 月中旬
半枝莲	5 月上旬	百日草、孔雀草、凤仙花、千日红	7 月上旬
鸡冠花	6 月上旬	矮翠菊	7 月下旬

（2）剪截、摘心、摘叶　部分花卉有一年多次开花的潜能，可通过修剪、摘心等措施调控花期，如一串红、天竺葵、茉莉、香石竹等于花后剪除残花，加强水、肥管理，促使抽枝展叶，可再度开花。月季花后，及时剪除残花，可使花开不断。月季修剪后，夏季约 40~50d、冬季约 50~55d 可再度开花，如 9 月下旬修剪可于 11 月中旬开花，10 月中旬修剪可于 12 月开花。

摘心处理既有利于植株整形、促发侧枝，也可延迟花期。菊花、一串红、康乃馨、万寿菊、大丽花等均可采取摘心处理方式调控花期。如菊花摘心 3~4 次、一串红摘心 2~3 次后，株形理想、开花整齐、适时；荷兰菊于 3 月上旬摘心后萌发新枝约 20d 左右可花，9 月

10 日左右摘心，国庆节前后即可开花。

摘叶可促使部分花卉进入休眠，或促使其重新抽枝，以提前或延迟开花。如白玉兰，在初秋进行摘叶迫使其进入休眠，然后进行低温、加温处理，可提早开花；茉莉花在春季发芽后，摘去叶片，促其抽生新枝，可延迟开花。

（3）控制水肥　部分木本花卉在遭遇干旱、病虫危害等恶劣环境时，会加速开花、结束进程。如三角梅成株后，控制浇水，直至梢顶部小叶转成红色后再浇水，很快即开花。开花后继续控制少浇水，可延续不断开花。此时若浇水过多，则迅速转为营养生长而不再开花；梅花在生长期适当控制水分，会有效增加花芽数量；也有部分木本花卉在春夏之交即已完成花芽分化，遇上夏季自然高温、干旱，即转入休眠。利用此特性，人为给予干旱环境促使休眠，再供给水分，常可在当年再度开花、结果。如丁香、玉兰、锦带花、海棠等。

夏季花卉生长旺盛，水分供应充足常能促进开花。如唐菖蒲在花蕾近出苞时，大量灌水一次，可提早一周开花。

此外，百合、郁金香、风信子等种球冷藏时，应尽量减少种球含水量，除利于贮藏外，还可提早花芽分化。

花期控制措施多样、种类繁多。生产中，必须以花卉生长发育规律及各种有关因子影响为依据，结合外界环境条件，综合判断、灵活把握、合理选择，在保证花卉的正常生长发育的基础上，达到控制花期的目的。

 任务考核标准

序号	考核内容	考核标准	参考分值/分
1	情感态度及团队合作	准备充分、学习方法多样、积极主动配合教师和小组共同完成教学任务	10
2	资料收集与整理	能够广泛查阅、收集整理花期调控有关资料，并对项目完成过程中的问题进行分析和解决	20
3	花期调控技术方案的制定	综合各资料、信息，制订科学合理、可操作性强的花期调控技术方案	30
4	花期调控过程	操作规范、方法正确、合理	30
5	工作记录和总结报告	工作记录完整，书面整洁；总结报告结果分析合理，体会深刻；按时完成	10
		合计	100

 自测训练

一、名词解释

花期调控　抑制栽培　促成栽培　植物生长调节剂　植物激素

二、简答题

1. 花期调控的意义和理论依据分别是什么？

2. 花期调控的主要方法有哪些？

3. 请举实例说明如何通过调节育苗时间来调控花期?

实训十二 花卉花期调控技术

一、目的要求

通过本次花期调控实训,掌握花期调控的基本方法和途径,为花的生产和科学研究服务。

二、原理

根据花卉生长发育的基本规律以及花芽分化、花芽发育以及花卉在花期对环境条件均有一定要求的特点,人为地创造或控制相应的环境、植物激素水平等,来促进或延迟花期。

三、材料用具

1) 材料:菊花。

2) 用具:剪刀、喷雾器等。

四、方法步骤

(一) 日长处理对花期的影响

1. 电照

1) 电照时期依栽培类型和预计采花上市日期而定。11 月下旬~12 月上旬采收,电照期为 8 月中旬~9 月下旬;12 月下旬采收,电照期为 8 月中旬~10 月上旬;1~2 月采收,电照期为 8 月下旬~10 月中旬;2~3 月采收,电照期为 9 月上旬~11 月上旬。

2) 电照的照明时刻和电照时间以某一品种为例,分连续照明(太阳落山时即开始)和深夜 12 时开始两种,比较花期早晚。

3) 电照中的灯光设备:用 60W 的白炽灯作为光源(100W 的照度),两灯相距 3m,设置高度在植株顶部 80cm~100cm 处。

4) 重复电照的时间分 10d、20d 和 30d 三组,比较花芽分化早晚及切花品质(如舌状花比例,有无畸变等)。

2. 遮光处理

(1) 遮光时期 8 月上旬开始遮光。10 月上旬开花的品种在 8 月下旬,10 月中旬开花的品种在 9 月 5 日,10 月下旬~11 月上旬开花的品种在 9 月 15 日前后终止遮光。根据基地现有品种进行遮光处理,并比较不同时期、不同品种催花效果。

(2) 遮光时间和日长比较 一般遮光时间设在傍晚或者早晨。分 4 种情况比较花期早晚:1) 傍晚 7 点关闭遮光幕,早晨 6 点打开的 11h 遮光处理。2) 傍晚 6 时到早晨 6 时遮光的 12h 处理。3) 傍晚和早晨遮光,夜间开放的处理。4) 下午 5 时到 9 时遮光,夜间开放处理。

注意用银色遮光幕在晴天的傍晚保持在 0.5~11lx 较好,最高照度不超过 21~31lx。

(二) 温度调节对花期的影响

菊花从花芽分化到现蕾期所需温度因品种、插穗冷藏的有无,土壤水分的变化和施肥量以及株龄不同而异。一般以最低夜温为 15℃,昼温在 30℃ 以下较为安全。

在试验中将营养生长进行到一定程度而花芽分化还未进行的盆栽菊分为两组:一组放在夜温 15℃、昼温 27~30℃ 的室内(光照状况控制和自然状态相近),另一组置于自然状态下,观察比较现蕾期的早晚。

(三) 栽培措施处理对花卉花期的影响

1) 将盆栽菊花摘心,分留侧芽与去侧芽、留顶芽二组处理,观察两者现蕾期的早晚。

2）对现蕾的盆栽菊进行剥副蕾留顶蕾与不剥蕾二组处理，观察蕾期的长短。

五、作业

1）观察并记载各实验处理结果。

2）比较不同品系菊花生长发育特性及其花期调控特点。

3）举例说明影响电照或遮光时间和强度的因素有哪些。

4）秋菊是短日照植物，还是长日照植物？要使菊花在元旦开花，应采取哪些具体措施？

实训十三　杜鹃花花期调控技术

一、目的要求

本实验通过对植物生理学、植物学、栽培学、植物营养学等多学科知识的综合运用，使学习者了解花卉花期调控原理，熟悉花期调控的基本方法和途径，掌握杜鹃的花期调控技术。

二、原理

根据花卉生长发育的基本规律以及花芽分化、花芽发育以及花卉在花期对环境条件均有一定要求的特点，人为地创造或控制相应的环境、植物激素水平等，来促进或延迟花期。

三、材料用具

1）材料：盆栽杜鹃。

2）用具：枝剪、洒水壶、喷雾器、温度计、塑料口袋、矮壮素、赤霉素等。

四、方法步骤

杜鹃花是杜鹃花科杜鹃花属，为原产于我国的常绿落叶灌木或小乔木，也是中国十大名花之一。杜鹃花为长日照植物，喜半阴、怕强光。花芽分化因品种而异，早花品种在6～7月份，晚花品种在7～8月份进行。花芽分化完成后约需20～40d的低温，即能很快开花。

据此，通过人工控温再配以不同花期的品种适当组合，就能使杜鹃花在一年之内多次开花。

本次实验采取分组的方式进行，每组3～5人，完成5～10盆盆栽杜鹃的花期调控试验。

（1）确定开花时间　根据市场需要或本次试验目的，确定开花时间，制订详细促成栽培计划。

（2）选定品种　选择生长健壮、枝条充实的盆栽杜鹃，加强肥水管理、做好病虫害防治工作。如用于促成栽培则选择早花品种，如用于抑制栽培则选择晚花品种。

（3）促成栽培　为了让杜鹃花在春节前后开花，12月初把经过低温锻炼的杜鹃花转移到室内培养，温度保持在15～20℃，早花种经30～40d，晚花种经50～60d即可开花；也可采取药剂处理，即用0.3%的矮壮素在10月份喷洒2次，于预定花期（如春节等）前50d，用塑料口袋罩住整个植株，维持气温10～15℃，光照3～4h，待花蕾出现时去除塑料口袋，温度维持15℃左右，常对植株喷雾保湿，正常生长管理，到期开花。

（4）抑制栽培　为使杜鹃花期延迟，可在花蕾绽开之前，将其置入1～3℃的冷室中培养，每天3～4h弱光，保持盆土湿润，于预定花期前15～20d取出置于荫蔽、凉爽、防风处养护，并经常往植株上喷雾，施薄肥，经4～5d恢复生机后，略见阳光，届时开花。

五、作业

1）记录操作过程，观察效果并分析原因。

2）实习结束时撰写出图文并茂的实训报告。

任务四　温室观花草本花卉

温室观花草本花卉是指在温带自然条件下，不能越冬，或者越冬困难的以花为观赏对象的草本花卉。

一、温室观花草本花卉的类型

按照观赏用途及对环境条件的要求不同，通常把温室观花草本花卉分为：温室一、二年生花卉，温室宿根花卉，温室球根花卉等。

二、温室观花草本花卉的特点

1. 温室观花草本花卉的特点

1）不耐低温。温室观花草本花卉在温带自然条件下，不能越冬，或者越冬困难。

2）温室观花草本花卉最大限度地利用光能，提供花卉生长的最佳生长环境，生产出品质高、规格统一、数量大的花卉产品，供应冬季和春季市场。

3）种类繁多，具有较高的经济效益。

4）观赏期长、观赏特性突出。温室观花草本花卉花色丰富，观赏时期不一，持续时间长，可以满足多种需求，还可周年选用。

5）多室内盆栽观赏。

2. 繁殖方法

温室观花草本花卉常用播种、分株和扦插等方式繁殖，尤以播种繁殖更为常用。

3. 栽培管理

栽培基质多用人工配制的培养土，浇水适中，施肥遵循薄肥勤施的原则，因其向光性强，生长期内需及时转盆。

三、常见的温室观花草本花卉

（一）瓜叶菊（图 4-20）

别名：千日莲。

科属：菊科，瓜叶菊属。

1. 形态特征

瓜叶菊为多年生草本，常作 1～2 年生栽培。茎直立，叶心形，掌状脉，花顶生，头状花序多数聚合成伞房花序，花序密集覆盖于枝顶，花有蓝、紫、红、粉、白或镶色，为异花授粉植物，花期为 1～4 月份。

图 4-20　瓜叶菊

2. 生态习性

瓜叶菊原产于大西洋上的加那利群岛，性喜凉爽，不耐高温和霜冻，夏忌高温。好肥，喜富含腐殖质而排水良好的沙质土壤，忌干旱，怕积水，适宜中性和微酸性土壤。喜阳光充足和通风良好的环境，但忌烈日直射。花期为 12 月至翌年 4 月，盛花期为 3～4 月份。生长适温为 10～15℃，以夜温不低于 5℃、昼温不高于 20℃为最适宜，温度过高时易徒长。

3. 繁殖与栽培

瓜叶菊的繁殖以播种为主。对于重瓣品种为防止自然杂交或品质退化，也可采用扦插或分株法繁殖。

瓜叶菊属阳性植物，喜欢光照充足的环境，花芽形成后，长日照能促使其提早开花。同时瓜叶菊具有趋光性，所以要经常转盆，以保持匀称的株形。瓜叶菊喜水喜肥，肥水充足是使其枝繁叶茂的重要条件。

4. 园林应用

瓜叶菊花色艳丽，栽培简单，花期长，是元旦、春节、"五一"等节日布置的主要花卉。

（二）报春花类（图 4-21）

别名：樱草类。

科属：报春花科，报春花属。

1. 形态特征

报春花类为多年生宿根花卉，叶基生，叶椭圆形至长椭圆形，叶缘有浅缺刻，叶背被白色柔毛。报春花属植物受细胞液酸碱度的影响，花色分为红、白、黄、篮、紫等色，伞形花序、总状花序或头状花序，花冠漏斗状，花期为 12 月至翌年 4 月。蒴果球状或圆柱形，种子细小褐色，成熟时果实开裂。

图 4-21　报春花

2. 生态习性

报春花类主要分布于北半球温带和亚热带高山地区，约有 580 种，中国多产于西部和西南部，约有 200 种，分布于海拔 800m 以上亚热带地区至 4800m 的高寒山区。喜温凉湿润环境，以富含腐殖质且排水良好的沙质壤土为宜。苗期忌烈日晒和高温，生长适温为 15～18℃，较耐寒，适生于半阴环境。

3. 常见种类

（1）藏报春（*P. sinensis* Sabina）　藏报春又名中国樱草、年景花，原产于四川、湖北西部、陕西南部等地。轮伞花序 2～3 层，各有 6～14 朵小花，花有粉红、深红、蓝及白等色，花期冬春，为重要的冷室冬春盆花。株高 15～30cm，全株密被柔毛，叶片卵形，边缘具缺刻状锯齿，5～9 裂，有叶柄。生长适温为白天 20℃、夜间 5～10℃。播种繁殖，发芽适温为 15～20℃，6～7 月份播种，11 月开始开花，次年 1～2 月份为盛花期。

（2）报春花（*P. malacoides* Franch）　报春花原产于云贵，多年生，常作一、二年生栽培，为优良冷室冬季盆花。株高 20～40cm，叶卵圆形，具叶柄，边缘有锯齿。萼阔钟形，伞形花序，多轮重出，3～10 轮，宝塔形层层升高，花有淡紫、粉红、白、深红等色，有香气。耐寒性较强，越冬温度 5～6℃。播种繁殖，一般 6～7 月份播种，发芽适温为 16℃，2～3 月份开花。

（3）鄂报春（*P. obconica*）　鄂报春又名四季樱草，原产于西南，有白、洋红、紫红、蓝、淡紫色，色彩鲜明，既有单瓣，又有重瓣型，为冷室冬季早春盆花。株高 20～30cm，叶有叶柄，叶缘有浅波状齿。伞形花序，花萼"V"形，花期冬春两季，温度适宜，可四季开花。

（4）欧洲报春（*P. acaulis*）　欧洲报春为多年生草本，叶片卵形基生。伞状花序，花朵硕大，花色鲜艳丰富，有白、蓝、紫、红、黄、粉等色，还有单瓣和重瓣花型。播种育苗，通常于2月份播种，发芽温度为16~20℃，播种后不必覆土，但需保持湿润，经20周左右在年底前后开花，可供应元旦、春节市场。

4. 园林应用

报春花类为冬季、初春家庭与温室名花，也可用作切花。全株入药，清热解毒。盆栽用作室内布置，耐寒的品种还可露地植于花坛、花境、水边、也可与山石配置成景。

（三）秋海棠类（图4-22）

别名：八月春。

科属：秋海棠科，秋海棠属。

1. 形态特征

秋海棠类为多年生草本或亚灌木花卉。茎绿色，节部膨大多汁。叶基生或互生，基部歪斜，叶片两侧常不对称，有的叶片有突起。花单性同株，花顶生或腋生，聚伞花序，花有白、粉、红等色。

图4-22 四季海棠

2. 生态习性

秋海棠原产于我国，分布在长江以南各省区。性喜温暖、稍阴湿的环境和湿润的土壤，不耐寒，怕干燥和积水。

3. 常见种类

（1）四季秋海棠 四季秋海棠又叫虎耳海棠。高15~30cm，多年生草本，具须根。茎直立，肉质光滑无毛。叶卵圆形或宽卵形，互生，有光泽，基部偏斜，边缘有锯齿，两面光滑，主脉红色。聚伞花序腋生，有白色、粉红、红色，花期为4~12月份。蒴果有红翅3枚，种子褐色。喜温暖半阴环境，不耐寒，不耐干燥，生长适温为20℃。

（2）银星秋海棠 银星秋海棠是白斑秋海棠与富丽秋海棠的杂交种，属须根类秋海棠，多年生小灌木。茎半木质化，直立，全株无毛。叶片绿色，斜卵形，有银白色斑点，先端锐尖，边缘有细锯齿，叶背肉红色。花大，白色至粉红色，腋生于短梗，花期为7~8月份。较耐寒，忌日光直射。

（3）球根秋海棠 球根秋海棠是原产南美的几个秋海棠的种间杂交种。株高30~100cm，多年生草本。块茎扁圆形，褐色。茎直立或铺散，肉质有毛，有分枝。叶为不规则心脏形，叶缘浅裂，叶面深绿，叶背有红褐色斑纹。腋生聚伞花序，有白、淡红、鲜红、橙红、黄等色，单瓣或重瓣。喜温暖湿润的半阴环境，不耐高温，不耐寒，生长适温为15~20℃。

（4）丽格秋海棠 丽格秋海棠又叫丽佳秋海棠，宿根草本，系球根秋海棠与野生秋海棠的杂交品系。其具肉质根茎，花形、花色丰富，花朵硕大。属短日照花卉，没有球根，也不结种子，日照超过14h便进行营养生长，日照14h以下极易开花，花期冬春。性喜冷凉、温暖湿润的半阴环境，喜肥沃、排水良好的腐殖质沙壤土。丽格秋海棠采用播种或分株繁殖。

4. 园林应用

矮生、多花的观花秋海棠，用于布置夏、秋花坛和草坪边缘。盆栽秋海棠常用以点缀客厅、橱窗或装点家庭窗台、阳台、茶几等。秋海棠常配置于阴湿的墙角、沿阶处。

（四）天竺葵类（图4-23）

别名：洋绣球、入腊红、石蜡红、日烂红、洋葵、天竺葵、驱蚊草。

科属：牻牛儿苗科，天竺葵属。

1. 形态特征

天竺葵类为多年生的草本花卉，株高30～60cm，全株被细毛和腺毛，茎肉质，具异味。叶互生，掌状有长柄，叶缘多锯齿，圆形至肾形，通常叶缘内有马蹄纹。伞形花序顶生，总梗长，花有白、粉、肉红、淡红、大红等色，有单瓣重瓣之分，还有叶面具白、黄、紫色斑纹的彩叶品种。花期为5～6月份，除盛夏休眠，如环境适宜可花开不断。

图4-23 天竺葵

常见的品种有真爱：花单瓣，红色；幻想曲：大花型，花半重瓣，红色；口香糖：双色种，花深红色，花心粉红；紫球2·佩巴尔：花半重瓣、紫红色；探戈紫：大花种，花纯紫色；美洛多：大花种，花半重瓣，鲜红色；贾纳：大花、双色种，花深粉红，花心洋红；萨姆巴：大花种，花深红色；阿拉瓦：花半重瓣，淡橙红色；葡萄设计师：花半重瓣，紫红色，具白眼；迷途白：花纯白色。

2. 生态习性

天竺葵喜冷凉，但也不耐寒。忌高温，喜阳光充足，排水良好的肥沃壤土；不耐水湿，湿度过大易徒长，稍耐干旱。生长适温为白天15℃左右，夜间不低于5℃。夏季休眠或半休眠，应置半阴处，并控制水分。

3. 繁殖与栽培

天竺葵常用播种和扦插繁殖。播种繁殖于春、秋季均可进行，以春季室内盆播为好，发芽适温为20～25℃，约14～21d发芽。除6～7月份植株处于半休眠状态外，均可扦插繁殖，保持室温13～18℃，插后14～21d生根。

天竺葵苗高12～15cm时进行摘心，促使产生侧枝。盛夏高温时，严格控制浇水，否则半休眠状态的天竺葵如盆土过湿，叶片常发黄脱落。茎叶生长期，每半月施肥一次，茎叶过于生长，需停止施肥，并适当摘去部分叶片，有利于开花。

4. 园林应用

天竺葵可盆栽作室内外装饰，也可作春季花坛用花。

（五）彩色马蹄莲（图4-24）

别名：水芋、野芋、海芋。

科属：天南星科，马蹄莲属。

1. 形态特征

马蹄莲为球根花卉，株高60～70cm。具有肉质块茎，节处生根，根系发达粗壮。叶为心状箭形，叶片亮绿色，全缘，多数品种叶片有半透明斑点。叶柄长，上部具棱，下部呈鞘状折叠椭茎。花序具有大型的佛焰苞漏斗状，似马蹄先端尖反卷。佛焰苞依品种不同，颜色各异，有白、粉、黄、紫、红、橙、绿等色彩。在佛焰苞的中央有无数的小花构成肉穗花序多为黄色，淡绿色圆柱形。盛花期为3～4月份。

图4-24 马蹄莲

2. 生态习性

马蹄莲原产于非洲南部。性喜温暖、阴湿、疏松、排水良好、肥沃或略带黏性的土壤。

3. 繁殖与栽培

马蹄莲以分球繁殖为主，也可采用播种繁殖。

生长期间需要适当光照，特别在开花后，需充足阳光，不然佛焰苞将呈现绿色。生长适温为 18～23℃，夜间温度保持在 10℃ 以上。它不耐旱，在干燥的环境中生长，易出现叶枯黄现象。一般夏季休眠，休眠期不浇水，应置于干燥、有柔和光线处。越冬温度 10℃ 以上。

4. 园林应用

马蹄莲主要用于切花，可制作花饰、花篮、花束等，也可盆栽观赏，全株药用。

（六）君子兰（图 4-25）

别名：大花君子兰、大叶石蒜、剑叶石蒜。

科属：石蒜科，君子兰属。

1. 形态特征

君子兰为常绿宿根花卉，根系肉质粗大，叶基部形成假鳞茎。叶二列状交互叠生，宽带形，革质，全缘，深绿色。花葶自叶腋抽出，直立扁平；伞形花序顶生，下承托数枚覆瓦状苞片；花漏斗状，红黄色至大红色。浆果球形，成熟时为紫红色。

图 4-25　君子兰

2. 生态习性

君子兰原产于南非一带的山地森林中，怕冷畏热，喜阴凉和通风良好的环境。最适生长温度为 18～25℃，冬季保持在 10～15℃ 为宜，夏季须采取降温措施。春、秋、冬三季要求阳光充足，夏季则须遮阴。

3. 繁殖与栽培

君子兰常采用播种法和分株法繁殖。君子兰为异花授粉植物，经人工授粉可提高结实率，并且能进行有目的的品种间杂交，以选育新品种。一般室温 20～25℃ 时播种，约 20d 生根。分株最好在 4～5 月份换盆时进行。将母株叶腋抽出的吸芽分离，用手掰或刀切，生根后上盆。

君子兰喜湿润畏干燥，喜营养丰富、富含腐殖质、通透性良好的土壤。肥水过大且浓，叶片保洁不好，或遭真菌感染都会导致烂叶。气温高、雨水少、环境干燥、不通风、排水不良，或施生肥，都会使叶片焦黄或脱落。

4. 园林应用

君子兰属植物花、叶、果兼美，观赏期长，可周年布置观赏。其傲寒报春、端庄素雅，是布置会场、楼堂馆所和美化家庭环境的名贵花卉。

（七）仙客来（图 4-26）

别名：萝卜海棠、兔耳花、一品冠。

科属：报春花科，仙客来属。

1. 形态特征

仙客来为多年生球茎草本花卉，具扁圆形多肉球茎，外被木栓质。叶具长柄，近心形，表面具大小不等的圆齿牙，表面深绿色，有银白色斑纹。花单朵腋生，花梗细长，高 15～25cm，花稍下垂，萼片 5 裂，花瓣 5 枚，花瓣向外反卷而扭曲，有白、粉红、洋红、紫红等色，还有齿边及具香气的类型和品种。蒴果球形，种子褐色。花期自秋至春。

图 4-26　仙客来

2. 生态习性

仙客来原产于地中海沿岸东南部，从以色列、约旦至希腊一带沿海岸的低山森林地带。性喜温暖湿润的气候和肥沃、疏松、排水良好的沙质土壤。

3. 繁殖与栽培

仙客来一般采取播种或分割球茎法繁殖。播种繁殖，春秋均可，但以 9 月份为好。分割繁殖一般在秋季休眠期后进行。

仙客来忌夏季高温高湿，休眠期喜冷凉干燥；为半耐寒性球茎花卉，最低温度应保持在 12℃以上。进入 5 月下旬，气温升高达 28℃时，仙客来会出现下叶枯黄、心叶皱缩，叶柄萎软下垂的现象，应及时采取通风、遮阳措施，降低光照和温度，减少浇水，保持盆土半干半湿，逐渐降低温度、湿度，使仙客来进入夏季休眠状态。

4. 园林应用

仙客来花形别致，是冬春优美的名贵盆花。仙客来花期长，可达 5 个月，花期恰逢春节、元旦等传统节日，生产价值高，常用于摆放花架、案头，也可用作切花。

（八）大岩桐（图 4-27）

别名：落雪泥。

科属：苦苣苔科，大岩桐属。

1. 形态特征

大岩桐为多年生球根花卉，块茎扁球形。株高 15～25cm，全株密被白色绒毛。叶对生，质厚，长椭圆状卵形或长椭圆形，缘有锯齿；叶面绿色，叶脉间隆起，自叶间长出花梗。花顶生或腋生，花冠钟状，有粉红、红、紫蓝、白、复色等色。蒴果褐色。

图 4-27　大岩桐

2. 生态习性

大岩桐原产于巴西。生长期喜冬季温暖夏季凉爽的环境，生长适温为 18～23℃；休眠期适温为 10～12℃，要求疏松肥沃而排水良好的土壤，夏季开花。

3. 繁殖与栽培

大岩桐以播种繁殖为主，也可叶插或分割块茎。播种时以秋季为好，种子细小，播后不必覆土。扦插繁殖时，春季从老球茎上取新芽或叶片插入砂内，保持较高空气湿度和 25℃左右温度，约 10d 可生根。分株繁殖，在老球茎发芽后切成数块，每块均需带一个芽，在切口处涂草木灰。

生长期间保持较高空气湿度，适当通风和蔽荫，浇水不能浇到叶面上；休眠期保持土壤干燥，低温。冬季最低温度要求在 10℃ 以上，夏季生长旺盛期要注意降温、增湿和防阳光直射；花后减少浇水，停止施肥。

4. 园林应用

大岩桐花大，花色丰富，具有丝绒般的光泽，雍容华贵，十分鲜艳美丽，为观赏价值较高的夏季温室观花植物，最适合摆设在窗台、几案、会议桌上，为室内布置点缀之佳品。

（九）蒲包花（图 4-28）

别名：荷包花。

科属：玄参科，蒲包花属。

1. 形态特征

蒲包花为多年生草本植物，在园林上多作一年生栽培。株高多 20cm，全株茎、枝、叶上有细小茸毛，叶片卵形对生。花形别致，花冠二唇状，上唇瓣直立较小，下唇瓣膨大似蒲包状，中间形成空室，柱头着生在两个囊状物之间。花色丰富，单色品种有黄、白、红等深浅不同的花色，复色则在各底色上着生橙、粉、褐红等斑点。蒴果，种子细小多粒。

图 4-28 蒲包花

2. 生态习性

蒲包花性喜凉爽湿润、通风的气候环境，惧高热、忌寒冷、喜光照，夏季忌烈日曝晒，需蔽阴，在 7～15℃ 条件下生长良好。对土壤要求严格，以富含腐殖质、通气、排水良好的沙质土壤为好。

3. 繁殖与栽培

蒲包花一般以播种繁殖为主。播种多于 8 月底 9 月初进行，于"浅盆"内直接撒播，不覆土，用"盆底浸水法"给水，播后盖上玻璃或塑料布封口，维持 13～15℃，一周后出苗，出苗后及时除去玻璃、塑料布，以利通风，防止猝倒病发生。逐渐见光，使幼苗生长苗壮，室温维持在 20℃ 以下，当幼苗长出 2 片真叶时进行分盆。

浇水掌握间干间湿的原则，防止水大烂根。浇水施肥勿使肥水沾在叶面上，造成叶片腐烂。冬季室内温度维持在 5～10℃。蒲包花为长日照植物，因此在冬季利用人工补光，提前开花。蒲包花 12 月到翌年 5 月开花。蒲包花自然授粉能力差，须人工授粉，5～6 月份种子逐渐成熟，蒴果褐色。

4. 园林应用

蒲包花株形低矮，叶片草绿，花形奇特，色彩鲜明艳丽，一般作为小型盆花供室内陈设，或庭院成片摆放，可使满室增光，满院生辉。

（十）新几内亚凤仙（图 4-29）

别名：五彩凤仙花、四季凤仙。

科属：凤仙花科，凤仙花属。

1. 形态特征

新几内亚凤仙为多年生宿根草本，茎肉质，分枝多。叶互生，有时上部轮生状，叶片卵状披针形，叶脉红色。花单生或数朵呈伞房花序，花柄长，花瓣有桃红色、粉红色、橙红色、紫红白色等。花期极长，几乎全年均能开

图 4-29 新几内亚凤仙

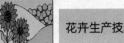

花，但以春、秋、冬季较盛。

2. 生态习性

新几内亚凤仙耐阴，夏季要求凉爽，忌烈日暴晒，并需稍加遮阴，不耐旱，怕水渍。栽培土质以排水良好、肥沃富含有机质的沙质土壤为佳。冬季室温要求不低于12℃。

3. 繁殖与栽培

新几内亚凤仙具有不育性，一般采取扦插法繁殖。插穗可直接采自叶腋间的幼芽，也可以采用当年生枝条，每段2~3节，繁殖速度相当快。为了提高扦插生根率，插穗用ABT生根粉速蘸处理后，5~6d即有新根产生。

新几内亚凤仙的栽培适宜温度为16~24℃，若温度适合，可周年开花。浇水以"见干见湿"为原则。每隔7~10d喷一次叶面肥或每隔半月施一次沤制的稀薄肥水，其长势更加喜人。要经常摘心积累营养以促发侧枝，使株形更加丰满。

4. 园林应用

新几内亚凤仙因其花色丰富，株形优美，是室内摆花、花坛、花境的优良素材。

（十一）朱顶红（图4-30）

别名：百枝莲、柱顶红、朱顶兰等。

科属：石蒜科，朱顶红属。

1. 形态特征

朱顶红为多年生，鳞茎近球形，根着生在鳞茎下方。叶从鳞茎抽生，两列状着生。花为伞形花序，着生在花茎顶端，总花梗中空，稍扁，具白粉，顶端着花2~4朵，喇叭形，花期为5月份。

2. 生态习性

朱顶红喜温暖湿润气候，生长适温为18~22℃，阳光不宜过于强烈，应置荫棚下养护。喜富含腐殖质、疏松肥沃而排水良好的沙质土壤，怕水涝。冬季休眠期，要求冷凉干燥的气候，以10~12℃为宜，不得低于5℃。

图4-30 朱顶红

3. 繁殖与栽培

朱顶红采用分球或播种繁殖。春天栽植时分栽子球或种子随采随播。

盆栽朱顶红宜选用大而充实的鳞茎，栽种于18~20cm口径的花盆中，栽植深度应使鳞茎顶端微露出地面为宜，避免阳光直射。生长季节注意及时浇水和施肥，特别是花期，肥水更不能少，花后应多施肥，以促进鳞茎肥大。鳞茎休眠期，浇水量减少到维持鳞茎不枯萎为宜。

4. 园林应用

朱顶红叶厚有光泽，花色柔和艳丽，花朵硕大肥厚，适于盆栽，陈设于客厅、书房和窗台。

（十二）倒挂金钟（图4-31）

别名：吊钟海棠、吊钟花。

科属：柳叶菜科，倒挂金钟属。

1. 形态特征

倒挂金钟为半灌木或小灌木，株高30~150cm，茎近光滑，枝细长稍下垂，常带粉红或紫红色，老枝木质化明显。叶对生或三叶轮生，卵形至卵状披针形，边缘具疏齿。花单生于枝上部叶

图4-31 倒挂金钟

腋，具长梗而下垂。萼筒长圆形，萼片4裂，翻卷。花瓣有红、白、紫色等，花萼也有红、白之分，花期为4~7月份，浆果。

2. 生态习性

倒挂金钟原产于秘鲁、智利等中、南美洲国家，喜凉爽湿润环境，怕高温和强光，冬季要求温暖湿润、阳光充足、空气流通；夏季要求高燥、凉爽及半阴条件。生长适温为15~25℃，最佳温度为18~22℃，超过30℃进入休眠期，低于5℃停止生长。喜富含腐殖质、排水良好的肥沃沙质土壤。

3. 繁殖与栽培

倒挂金钟常用扦插法繁殖，于11月剪取5~7cm长的完全成熟的枝条，剪去枝条下部叶片，插入细砂中，喷足水置于荫处，1周之后移放到阳光下，3周生根后即可上盆。

倒挂金钟喜半阴环境，但在不同季节对光照有不同的要求。冬季与早春、晚秋需全日照，初夏与初秋需半日照，酷暑盛夏蔽荫。浇水要掌握见干见湿的原则，以保持盆土湿润为宜。盛夏盆土宜偏干，通过喷水使相对空气湿度达到60%以上。冬季须稍湿润，促进新梢生长。

4. 园林应用

倒挂金钟栽培品种极多，是我国习见的盆栽花卉。倒挂金钟花色艳丽，花形奇特，花期长，开花时，垂花朵朵，如悬挂的彩色灯笼，盆栽适用于客室、花架、案头点缀，常作盆花观赏。

 任务考核标准

序号	考核内容	考核标准	参考分值/分
1	情感态度及团队合作	准备充分、学习方法多样、积极主动配合教师和小组共同完成任务	10
2	温室观花草本花卉的特征	能够写出所列题签中温室观花草本花卉的名称、生态习性及根、茎、叶、花、果实特征	20
3	花卉的养护管理	说出题签中的10种温室观花草本花卉的繁殖与日常养护管理方法	30
4	制订温室观花草本花卉养护管理方案并实施。	根据植物学、栽培学、美学、园林设计等多学科知识，制订科学合理的养护管理方案，方案具有可操作性	30
5	工作记录和总结报告	有完成全部工作的工作记录，书面整洁；总结报告结果正确，体会深刻；上交及时	10
		合计	100

 自测训练

一、填空题

1. 非洲菊一般采用_____、_____和_____繁殖。

2. 非洲菊根系发达，至少需要_____cm 以上沙质土壤。

3. 仙客来繁殖一般采用_____繁殖。

4. 马蹄莲以_____繁殖为主。

5. 朱顶红采用_____、_____、_____及_____等方法繁殖。

二、单项选择题

1. 瓜叶菊，别名（　　）。

A. 蝴蝶花　　　　　B. 千日莲　　　　　C. 荷包花　　　　　D. 瓜子海棠

2. 瓜叶菊的花为（　　）。

A. 唇形花　　　　　B. 周围舌状花　　　C. 管状漏斗形　　　D. 高脚碟状

3. 四季秋海棠的花色有（　　）。

A. 黄、白、紫　　　B. 红、紫、雪青　　C. 白、粉、红　　　D. 天蓝、紫、深蓝

4. 下列说明蒲包花的是（　　）。

A. 多年生球根花卉

B. 茎叶光滑，被白粉

C. 茎细长，叶互生

D. 花色有黄、乳白、淡黄、橙红，其间散生许多紫红色、深褐色或橙红色的小斑点

5. 新几内亚凤仙的花序为（　　）。

A. 穗状花序　　　　B. 圆锥花序　　　　C. 总苞舟状　　　　D. 伞状花序

三、简答题

1. 瓜叶菊分为哪四种类型？

2. 列举 8 种适宜陈设在客厅、书房的温室观花草本花卉。

3. 如何为大花君子兰配制营养土？

4. 简述 8 种以上温室观花草本花卉的栽培管理方法及园林应用特点。

实训十四　花卉的上盆与换盆

一、目的要求

通过实训熟练掌握盆花管理中上盆与换盆的基本操作技术。

二、原理

上盆是盆花栽培与欣赏的第一步，是将已育好的种苗植入花盆的操作过程，是盆花养护管理中的基本环节。不同种类、规格的花卉幼苗需要相应的营养空间和适合的培养基质。花卉生长一定阶段后，盆土物理性质变劣，养分减少或为老根所充满，必须换盆以维持正常的生长发育。

三、材料用具

1）材料：三色堇、孔雀草、一串红等草本花卉的播种苗或扦插苗。

2）用具：培养基质、剪枝剪、铁锹、花铲、各种规格的花盆、喷水壶等。

四、方法步骤

（一）上盆

1）选择 2~3 种花卉播种苗或扦插苗。

2）选择与幼苗规格相应的花盆，用一块碎片盖于盆底的排水孔上，将凹面朝下，盆底

可用粗粒或碎盆片、碎砖块，以利排水，上面再填入一层培养土，以待定植。

3）用左手拿苗放于盆口中央深浅适当位置，填培养土于苗根周围，用手指压紧，土面与盆口留有适当高度（3～5cm）。

4）栽植完毕，喷足水，暂置阴处数日缓苗。待苗恢复生长后，逐渐移于光照充足处。

（二）换盆

1）选2～3种盆栽花卉。

2）分开左手手指，按置于盆面植株基部，将盆提起倒置，并以右手轻扣盆边，土球即可取出（不易取出时，将盆边向他物轻扣）。

3）土球取出后，对部分老根、枯根、卷曲根进行修剪。宿根花卉可结合分株，并刮去部分旧土；木本花卉可依种类不同将土球适当切除一部分；一、二年生草花按原土球栽植。

4）换盆后第一次浇足水，置阴处缓苗数日，保持土壤湿润；直至新根长出后，再逐渐增加浇水量。

五、作业

1）什么叫做上盆与换盆？

2）上盆与换盆操作中应注意哪些关键环节？

任务五　温室观花木本花卉

温室观花木本花卉是指在温带自然条件下，不能越冬，或者越冬困难，以花为观赏对象，植物体的茎、枝木质化的多年生花卉。

一、温室观花木本花卉的分类

根据其形态特征，温室观花木本花卉一般可分为乔木类、灌木类、藤本类三种。

1. 乔木类花卉

乔木类花卉树体高大，有明显的主干，直立，生长旺盛，枝条繁茂。常绿乔木花木如广玉兰、白兰、桂花、木莲等。

2. 灌木花卉

乔木类花卉无明显主干，树形低矮，常从根颈分枝。常绿灌木花木如杜鹃花、山茶花、栀子花、米兰、扶桑、夹竹桃、茉莉花等。

3. 藤本类花卉

藤本类花卉枝干长而细弱，不能直立，常攀缘或绕缠于它物而生长，如常绿藤本类花卉常春藤、扶芳藤、绿宝石、绿萝等。

二、温室观花木本花卉的特点

1. 温室观花木本花卉的特点

1）不耐低温。温室观花木本花卉在温带自然条件下，不能越冬，或者越冬困难。

2）四季常绿，种类繁多。在原产地多地栽，具有较高的经济效益，在温带地区盆栽为主，植株较矮小，用于美化环境、陶冶人的情操，是家庭、大型会场等的必备装饰材料，深受人们的喜爱。

3）观赏期长、观赏特性突出。色彩艳丽，姿态优美，可连年开花。

2. 繁殖方法

温室观花木本花卉常用扦插、嫁接等方式繁殖，尤以扦插繁殖更为常用。

3. 栽培管理

栽培基质多用人工配制的培养土，浇水适中，管理粗放，但对光照强度要求较高。

三、常见的温室观花木本花卉

（一）一品红（图4-32）

别名：象牙红、圣诞树、圣诞花、猩猩木、老来娇。

科属：大戟科，大戟属。

1. 形态特征

一品红为多年生落叶灌木。叶互生，卵状椭圆形乃至披针形，钝锯齿缘乃至浅裂或全缘，背面有软毛；茎光滑，有乳汁，顶部花序下的叶较狭，苞片状，通常全缘，开花时呈朱红色。顶生杯状花序（大戟花序），聚伞状排列，总苞淡绿色，有黄色腺体，雄花具柄，丛生，雌花单生总苞中央，子房具长梗，受精后伸出总苞外。花期为12月至翌年2月，所开的花并非由花瓣构成，而是由10多块苞片代替，形成一个散开的花苞，中间一粒粒圆形的绿色花蕊才是真正的花。

图4-32 一品红

2. 生态习性

一品红原产于墨西哥和中美，喜温暖湿润及阳光充足的环境。耐寒性弱，温度低，叶变黄而脱落，冬季室温不得低于15℃。夏季高温日照强烈时，应遮去直射光，并采取措施增加空气湿度，防止叶片卷曲发黄和基部脱叶。喜微酸性的肥沃沙质壤土。

3. 繁殖与栽培

一品红的繁殖以营养繁殖（扦插）为主，采集母本摘心后6周左右的插穗，插穗一般留2~4个已经长好的大叶片，长度以5~8cm为宜。一品红插穗折断后有白色的乳汁流出，因此需要将插穗基部蘸上生根粉或草木灰，防止流失过多汁液和感病，采下来的插穗放入冷室预冷，等傍晚时插入穴盘内的花泥中（事先花泥切成与穴盘大小相符的金字塔形），把穴盘放入装有微喷的扦插床里让其生根。经过7~10d愈伤组织形成，愈伤后，要减少喷雾时间，14d以后开始发根，21~28d根系发达。夏季中午扦插要适度遮阴，防止叶片萎蔫。

一品红的栽培管理分为6个过程，即定植、摘心、水肥管理、高度控制、花期调控、病虫害防治。其中病虫害防治、科学的施肥浇水是贯穿始终的。

（1）定植（上盆）　上盆时间根据花期而定，国庆节用花多于5~6月份定值，春节用花多在8~9月份定值。基质要透气性、排水性良好，含有一定的营养成分，pH值为5.8~6.2，上盆时盆土EC值低些对植株根系生长有利，一般是0.7~0.8。基质使用前要消毒处理。

（2）摘心　当植株根系达到盆底，即可进行摘心（定植后约14d），留5~6片叶，将生长点去掉。

（3）水肥管理　肥料中的EC可以保持在1.5左右，营养阶段肥料氮磷钾之比为20:10:20，生殖阶段肥料氮磷钾之比为 10：20：15。

（4）高度控制 要生产出完美的、达到国际标准的一品红（冠：高 > 1.3），必须进行高度控制。常用的栽培手段有：选用矮化品种；降低昼夜温差，夜温大于日温；合理调节种植密度，增强光照；安排好定植时间；二次摘心；生长调节剂应用，当侧芽长出后，可施用多效唑（B-9）和矮壮素各 1000 ~ 1500mg/L，叶面喷施或灌根均可以（灌根效果更好），两周一次，花芽分化前停止，否则苞片会变小且皱缩，影响品质。

（5）花期调控 一品红属于短日照植物，临界夜长为 12h 20min，光感应周期随品种而异，一般是 7 ~ 9 周。

短日照处理方法。摘心后大约 5 ~ 6 周，视纬度及植株大小进行短日照处理。一般下午 5 点用黑幕遮光，次日 7 ~ 8 点打开，确保每天 14h。注意黑室中的通风问题，密闭条件下通风不良容易造成病害流行。黑夜处理不能间断，温度应低于 23℃，否则会使开花延迟。国庆用花生产计划表见表 4-5。

表 4-5 国庆用花生产计划表

时 间	5 月 30 日	6 月 13 日	7 月 20 日	9 月 20 日
工作计划	定植	摘心	遮光处理	上市

注：开始遮光处理日期 = 上市日期 - 短日感应时间，以品种"彼得之星"为例。

自然条件下 9 月中下旬进入花芽分化期，7 ~ 10 周后叶子就可以变红和开花了。若要在春节期间开花，需要看春节的早晚而定。在 8 月底定植，9 月下旬进行长日照处理，日落后加光到晚上 10 点，11 月上旬停光，1 月中旬即可开花供应春节市场。春节用花生产计划表见表 4-6。

表 4-6 春节用花生产计划表

时 间	9 月 1 日	9 月 14 日	9 月 20 日	11 月 5 日	翌年 1 月 5 日
工作计划	定植	摘心	补光	停止补光	上市

注：开始遮光处理日期 = 上市日期 - 短日感应时间 以品种"彼得之星"为例

（6）病虫害防治 病害主要有真菌引起的茎腐病、灰霉病和细菌引起的叶斑病等，除了定期喷施杀菌剂外，还要在温室中做好通风换气、降低湿度等辅助工作来减少病原，工具应及时消毒，防止交叉传染，并及时清理病株，减少感染源。冬季可用硫黄熏蒸器或含硫的烟幕弹杀死空气中的真菌孢子。

虫害中最常见的有白粉虱，可以用杀虫剂来喷施或灌根即可。利用白粉虱的趋光性，在温室中摆放涂上机油的黄色粘虫板，可将其诱杀。另外要注意白粉虱一般在幼叶的背面吸食汁液，且浅颜色叶片更容易引起白粉虱的危害。

4. 园林应用

一品红是重要的冬春盆花材料，其花色艳丽，花期很长，又正值圣诞节、元旦、春节开花，故深受国内外人民的欢迎。装饰会场、会议室或接待室。一品红也是重要的冬春切花材料，用来制作花篮、花圈、插花等。

（二）山茶 （图 4-33）

别名：曼陀罗树、晚山茶、耐冬、川茶、海石榴。

科属：山茶科，山茶属。

1. 形态特征

山茶为常绿小乔木，叶卵形、倒卵形或椭圆形，长5～11m，叶端短钝渐尖，叶基楔形，叶缘有细齿，叶表面有光泽。花单生或对生于枝顶或叶腋，大红色，径6～12cm，无梗，花瓣5～7枚，但亦有重瓣的，花瓣近圆形，顶端微凹。萼密被短毛，边缘膜质。花丝及子房均无毛。蒴果椭圆形，花期为2～4月份。

图4-33　山茶

2. 生态习性

山茶产于中国和日本。山茶喜温暖、湿润和半阴环境，酷热及严寒均不适宜。最适生长温度为18～25℃，一般在气温29℃以上时则生长停止，达35℃时则叶子会有焦灼现象，时间较长时会引起嫩枝死亡。山茶为肉质根，喜肥沃湿润、土层深厚、疏松，排水良好的微酸性土壤（pH值为5～6.5），土壤黏重积水易腐烂变黑而落叶，甚至全株死亡。

3. 繁殖与栽培

山茶可用播种、扦插、嫁接等方法繁殖。

山茶不喜浓肥，尤其对弱苗不宜一次多量施肥。山茶花怕严寒，易冻伤，在冬初要做好越冬准备。山茶花不宜强度修剪，每年应剪除病虫枝、老弱枝、枯枝及过密枝并及时摘除砧芽，修剪多在花谢后进行。盆栽每年都要将盆土更换，每换一次盆，花盆须增大一号。

4. 园林应用

山茶是中国的传统名花。叶色翠绿而有光泽，四季常青，花朵大，花色美，品种繁多，花期长达5个多月，且花期正值其他花较少的季节，故更为珍贵。茶花不但为中国所热爱，在欧美及日本也受珍视，常用于庭园及室内装饰。

（三）杜鹃（图4-34）

别名：映山红、野山红等。

科属：杜鹃花科，杜鹃花属。

1. 形态特征

杜鹃为常绿或落叶灌木，分枝多，枝细而直，有亮棕色或褐色扁平糙伏毛。叶纸质互生，长椭圆状卵形，长3～5cm。总状花序，花顶生、腋生或单生，漏斗状，2～6朵簇生枝端，雄蕊10枚，花药紫色。萼片小，有毛，子房密被伏毛。蒴果卵形，花期为4～6月份。

图4-34　比利时杜鹃

2. 生态习性

杜鹃广布于长江流域及珠江流域，东至台湾，西至四川、云南。杜鹃花较耐热，不耐寒。喜半阴，怕强光，喜温暖、湿润、通风良好的气候，忌阳光曝晒，在烈日下嫩叶易灼伤，根部也易遭干热伤害。要求肥沃、疏松透气的酸性土壤，忌含石灰质的碱土和排水不良的粘性土。最适宜的生长温度为15～25℃。气温超过30℃或低于5℃则进入休眠期。

3. 繁殖与栽培

杜鹃的繁殖方法主要有扦插、嫁接两种。扦插成活率高，生长快速，性状稳定，随采随插。最常用的嫁接方法，是嫩枝顶端劈接，以5～6月份最宜。

杜鹃根系浅且发达，喜湿润怕干旱，但不耐渍水，对水分特别敏感，养杜鹃时要特别注意控制好水分。浇水时可加入 0.2% 的硫酸亚铁，每周浇一次，以确保土壤呈酸性；杜鹃喜肥，但要掌握"薄肥勤施"的原则。杜鹃为半阴性植物，忌烈日直射和干燥闷热，所以养护时应放在半阴通风处；杜鹃植株低矮，萌芽力强，枝条茂密重叠，不利通风透光，要适时抹去不定芽，疏掉过多的花蕾。花期过后，要及时摘去残花，修去病枝、徒长枝等，以改善通风透光条件。

4. 园林应用

丛植、遍植的杜鹃可根据地形、环境的特点修剪成起伏的波浪形。在庭园中用作花境、花篱、绿篱、草坪中心和四隅，也可植于门前、阶前、墙下等处，也是制作盆景的好材料。

（四）八仙花（图 4-35）

别名：绣球花、紫阳花。

科属：虎耳草科，八仙花属。

图 4-35　八仙花

1. 形态特征

八仙花为落叶灌木，高达 1～4m。小枝粗壮，无毛，皮孔明显。叶对生，大而有光泽，呈椭圆形或倒卵形，边缘具钝锯齿，长 6～18cm，叶柄粗壮。花球硕大、顶生，伞房花序，球状，有总梗，径可达 20cm，全为不育花，状如绣球，卵圆形，粉红色、蓝色或白色，花期为 6～7 月份。

2. 生态习性

八仙花产于中国及日本。八仙花喜温暖湿润的半阴环境，不耐旱，不耐寒，喜肥，需水量较多，但忌水涝。八仙花的生长适温为 18～28℃，冬季温度不低于 5℃。八仙花的花色因土壤酸碱度的变化而变化，土壤为酸性时，花呈蓝色，土壤呈碱性时，花呈红色，但以栽培于酸性土壤中为好。花期为 6～7 月份。

3. 繁殖与栽培

八仙花可用扦插、压条等法繁殖。初夏用嫩枝扦插很易生根。压条繁殖春、夏季均可行。

八仙花为肉质根，盆栽时不宜多浇水，以防烂根，每年春季换盆一次。花开在新枝顶端，花后进行短截，以利于次年长出花枝，适当修剪，保持株形优美。盛夏光照过强时，适当遮阴，可延长观花期。肥水要充足，每半月施肥一次。

春节促成栽培。为使八仙花春节开放，可选 3～5 年生的健壮植株，经 0～5℃低温处理30d 后，移入温室内加温，保持 10～20℃，50～60d 即可开花。注意经常通风，保持良好光照条件及较高空气湿度，每半月施一次有机液肥直至开花。

4. 园林应用

八仙花花球大而美丽，园艺品种繁多，耐阴性较强，是极好的观赏花木。盆栽八仙花则常作室内布置用，是窗台绿化和家庭养花的好材料。

（五）扶桑（图 4-36）

别名：朱槿、佛桑。

科属：锦葵科，木槿属。

1. 形态特征

扶桑为落叶或常绿大灌木，高可达 6m，茎直立多分枝。叶互生，卵形或长卵形，先端尖，叶缘有粗齿或缺刻，形似桑，所以称为扶桑。花冠漏斗状，通常红色，单生叶腋，雄蕊柱 4～8cm，伸出花冠外。蒴果卵球形，长约 2.5cm，夏秋开花。

2. 生态习性

扶桑原产于中国南部，福建、台湾、广东、广西、云南等地均有分布。喜光，喜温暖湿润气候。不耐寒，生长最佳适温为 20～30℃。喜肥沃湿润而排水良好的土壤。

图 4-36　扶桑

3. 繁殖与栽培

扶桑多采用扦插、嫁接法繁殖，又以扦插为主。春季取顶端带有生长点的枝条 10～15cm，只保留上部叶片 1 枚，保持温度 20～26℃、湿度为 80%～90%，20～40d 即可生根。嫁接法多用于复瓣品种，用枝接、芽接法进行，砧木可选择单瓣品种。

扶桑是十分喜好阳光的强阳性树种，夏季不需要蔽荫，光照充足生长健壮。不耐干旱，春秋季需要每天浇水一次，冬季则以盆土见干时再浇水为宜，夏季温度高，除正常浇水外，还要大量喷水淋水增湿。扶桑喜肥，在生长季节可每半月施用一次固态或浇灌液态的均衡肥料。扶桑的花朵开于新生枝条上，又特别耐修剪，萌发力强，故应在早春气温回升时修剪植株一次，以增加枝条的数量，去除衰弱枝、病虫枝、纤细枝，短截粗壮枝、徒长枝，达到丰形的目的。

4. 园林应用

扶桑为美丽的观赏花木，花大色艳，花期长，除红色外还有粉红、橙黄、黄、粉边红心及白色等不同品种，除单瓣外还有重瓣品种。盆栽扶桑是布置节日公园、花坛、会场及家庭养花的最好花木之一。

（六）米兰（图 4-37）

别名：树兰、米仔兰。

科属：楝科，米仔兰属。

1. 形态特征

米兰为常绿灌木或小乔木，多分枝，树冠整齐，圆球形。顶芽、小枝先端常被褐色星形盾状鳞。奇数羽状复叶，小叶 3～5 枚对生，倒卵形至长椭圆形，叶面深绿色，有光泽，全缘。圆锥花序腋生，花黄色，香气甚浓。浆果卵形或近球形，具肉质假种皮。

图 4-37　米兰

2. 生态习性

米兰原产于东南亚，现广植于世界热带及亚热带地区。米兰喜光，不耐旱，略耐阴，喜暖怕冷，喜湿润肥沃、疏松的壤土或沙壤土，以略呈酸性为宜。

3. 繁殖与栽培

米兰常用高压法繁殖，5～8 月份进行，选一、二年生壮枝，50～100d 生根。

米兰喜肥，夏季生长旺盛期，应勤施用碎骨末、鱼肠、蹄片泡制成的矾肥水。适当多施一些含磷质较多的液肥，能使米兰开花多，花香浓郁，色彩金黄。米兰怕寒，越冬较难，气温在12℃以下进入休眠期。浇水的原则是，不干不浇，浇要浇透，夏季高温季节，可在日落前向叶面或花盆周围喷水，以增加环境湿度。

4. 园林应用

米兰可用于布置庭园及室内观赏，花可用于熏茶和提炼香精。

（七）夹竹桃（图4-38）

别名：柳叶桃、半年红。

科属：夹竹桃科，夹竹桃属。

1. 形态特征

夹竹桃为常绿直立灌木，高达4～5m，枝直立而光滑，丛生，嫩枝具棱，分枝力强，多呈三杈式生长。叶3～4枚轮生，窄披针形，厚革质，顶端急尖，基部楔形，具短柄，枝叶内均有少量乳汁，叶面深绿色。聚伞花序顶生，花深红色或粉红色，多数为重瓣和半重瓣，花期为6～10月份，蓇葖果长圆形。

2. 生态习性

夹竹桃原产伊朗、印度、尼泊尔。喜光，也能适应较阴的环境，但蔽阴处栽植，花少色淡。喜温暖湿润气候，不耐寒，耐旱力强。对二氧化硫、氯气、烟尘等有毒气体的抵抗力很强，吸收能力也较强，是工矿企业绿化的优良树种。

图4-38 夹竹桃

3. 繁殖与栽培

夹竹桃以压条法繁殖为主，也可用扦插法，水插尤易生根。压条应在雨季进行，水插法生长季中都可进行。

盆栽夹竹桃，除了要求排水良好外，还需肥力充足。春季需进行整形修剪，使枝条分布均匀，树形保持丰满。

4. 园林应用

夹竹桃植株姿态潇洒，花色艳丽，可在建筑物左右、公园、绿地、路旁、池畔等地段种植，枝叶繁茂，四季常青，也是极好的背景树种，更适宜于工矿区和铁路沿线栽植作抗污染之用。

（八）茉莉（图4-39）

别名：茉莉花。

科属：木犀科，茉莉属。

1. 形态特征

茉莉为多年生常绿灌木，枝细长成藤木状，幼枝有短柔毛。单叶对生，薄纸质，椭圆形或宽卵形，长3～8cm，端急尖或钝圆，基圆形，全缘。聚伞花序，通常有花3朵，有时多花；花萼裂片8～9，线形；花冠白色，浓香，常见栽培有重瓣类型。花后常不结实，花期为5～11月份，以7～8月份开花最盛。

图4-39 茉莉

2. 生态习性

茉莉喜光照充足、土层深厚、土壤肥沃偏酸、水源充足、排水良好的环境。光照强，则花蕾多，枝干粗壮，香味浓郁；若光照不足，则叶大，节间长，花少且小，香味淡。喜温暖气候，不耐寒，最适生长温度为 22~35℃。

3. 繁殖与栽培

茉莉的繁殖用扦插、压条、分株均可。扦插只要气温在 20℃ 以上，任何时候都可以进行，20 多天即可生根。压条在 5~6 月份间进行，压条后 10 余天生根。40 多天自母株切离，当年开花。

保持土壤含水量 60%~70% 之间，水分过多会导致烂根、叶黄，严重黑根死亡。栽培中有时还会出现枝叶生长很好，但不开花或开花量很少的情况，这是由于阳光不足或氮肥太多所致。茉莉花喜酸性土壤，在生长期每隔 10d 施 0.2% 硫酸亚铁水，以保持土壤酸性。

4. 园林应用

茉莉花形玲珑，枝叶繁茂，叶色如翡翠，花朵似玉铃，且花多期长，香气清雅而持久，浓郁而不浊，可谓花中之珍品。可作树丛、树群之下木，也有作花篱植于路旁，效果极好。也做花篮、花圈装饰用。花可用于熏茶和提炼香精。

（九）栀子花（图 4-40）

别名：黄栀子、玉荷花。

科属：茜草科，栀子属。

1. 形态特征

栀子花为常绿灌木，干高可 1~2m，小枝绿色。叶长椭圆形或长披针形，对生或三叶轮生，全缘，无毛，革质而有光泽，叶柄短，托叶鞘状。花单生枝端或叶腋，白色具浓香，形大质肥厚，花白色，花期为 6~8 月份。果卵形，有翅状纵棱 5~8 条，扁平，果熟期为 10 月份。

图 4-40　栀子花

2. 生态习性

栀子原产于我国长江流域，喜温暖湿润环境，生长适温 18~28℃。好阳光但又不能经受强烈阳光照射。较耐寒，能耐 5℃ 低温。怕积水，要求疏松、肥沃和酸性的沙壤土。萌蘖力、萌芽力均强，耐修剪。

3. 繁殖与栽培

繁殖以扦插、压条为主。扦插以水插为主，3 周后即开始生根。压条繁殖于 4 月份从三年生母株上选取健壮枝条，经 20~30d 即生根，6 月份可以从下部切离母株，带土定植。

栀子不耐干燥，生长期要保持较高湿度。喜肥，每月都可浇矾肥水一次，花前施以浓度 10% 的人粪尿及豆饼水，可促使花大叶茂。修剪在 5~7 月份进行，花后剪去顶梢，促使分枝，维持树形并有利于下次开花。

4. 园林应用

栀子四季常青，叶绿花白，芳香馥郁，又有一定耐阴和抗有毒气体的能力，故为良好的绿化、美化、香化的材料。它适用于阶前、池畔和路旁配置，也可用作花篱和盆栽观赏，花还可做插花和佩带装饰。

（十）叶子花（图 4-41）

别名：三角花、室中花、九重葛、贺春梅等。

科属：紫菜莉科，叶子花属。

1. 形态特征

叶子花为木质藤本状灌木，枝具刺、拱形下垂。单叶互生，卵形全缘，被厚绒毛，顶端圆钝。花顶生，细小，常三朵簇生于三枚较大的苞片内，外围的红苞片有鲜红色、橙黄色、紫红色、乳白色等，被认为是花瓣，因其形状似叶，故称其为叶子花，为主要观赏部位。花期可从11月起至第二年6月。

图4-41　叶子花

2. 生态习性

叶子花原产于南美巴西。喜温暖湿润环境，忌积水，生长适温为20～30℃，不耐寒。喜光，光照不足会影响其开花。喜肥，适宜在排水良好、含矿物质丰富的黏重壤土中生长。

3. 繁殖与栽培

叶子花通常用扦插法进行繁殖，5～8月份均可进行。扦插时，剪取成熟的木质化枝条，长20cm，温度保持在25℃左右，大约1个月可生根，一般第二年即可开花。

叶子花生长速度较快，根系发达，须根甚多，每年需3～4个月换盆一次，盆底放一些腐熟的鸡粪和花生饼作基肥。生长期要注意整形修剪，以促进侧枝生长，多生花枝，叶子花常修剪成圆头形，每年可进行两次，一次在换盆时，一次可在开花后，形成丰满的树冠。

4. 园林应用

叶子花观赏价值很高，在我国南方用作围墙的攀援花卉栽培。北方盆栽，置于门廊、庭院和厅堂入口处，十分醒目。叶子花具有一定的抗二氧化硫功能，是一种很好的环保绿化植物。

（十一）含笑（图4-42）

别名：含笑梅、山节子。

科属：木兰科，含笑属。

1. 形态特征

含笑为常绿灌木或小乔木，高2～5m。分枝多而紧密组成圆形树冠，小枝有锈褐色绒毛。叶革质，倒卵状椭圆形，单叶互生，叶柄极短，密被粗毛。花单生叶腋，花瓣6枚，淡黄色而瓣缘常晕紫，香味似香蕉味，花形小，呈圆形，花期为3～4月份。蓇葖果卵圆形，先端呈鸟咀状，果熟期为9月份。

图4-42　含笑

2. 生态习性

含笑喜弱阴，不耐暴晒和干燥，否则叶易变黄。喜排水良好、肥沃的微酸性壤土，否则会造成植株生长不良，根部腐烂，甚至发病而亡。冬季室温保持10～15℃，低至5℃时会受寒害落叶。

3. 繁殖与栽培

含笑繁殖以扦插为主，也可用嫁接、压条、播种法繁殖。扦插于6月间花谢后进行，取当年生新梢作插穗，长8～10cm，约40～50d可生根。嫁接可用紫玉兰或黄兰作砧木，于3月上、中旬腹接或枝接。高空压条于5月上旬进行，约3～4个月生根；播种可在11月将种子沙藏，至翌春种子裂口后盆播。

含笑喜微酸性，水中应加少量食醋或硫酸亚铁。每年翻盆换土一次，并注意通风透光。花谢后及时摘除残花，避免不必要的养分消耗，使来年开好花。

4. 园林应用

含笑为名贵的香花植物，适于在小游园、花园、或街道上成丛种植，可配植于草坪边缘或稀疏林丛之下，使游人在休息中常得芳香气味的享受。

（十二）白兰花（图4-43）

别名：缅桂、白兰、白玉兰。

科属：木兰科，含笑属。

图4-43 白兰花

1. 形态特征

白兰花为常绿乔木，高17m，胸径40cm，干皮灰色。新枝及芽有浅白色绢毛，一年生枝无毛。单叶互生，全缘，薄革质，长圆状椭圆形或椭圆状披针形，两端均渐狭，表面有光泽；叶柄长1.5～3cm；托叶痕仅达叶柄中部以下。花白色或略带黄色，极芳香，花瓣披针形。花期4月下旬至9月下旬，蓇葖果革质。

2. 生态习性

白兰花原产于印度尼西亚、爪哇。喜阳光充足、不耐阴，也不耐酷热和灼日，喜暖热多湿、通风良好气候及肥沃富含腐殖质而排水良好的微酸性沙质壤土。因根系肉质、肥嫩，不耐寒，怕积水。

3. 繁殖与栽培

白兰花常用嫁接、压条繁殖。切接用一、二年生粗壮的紫玉兰作砧木，3月中旬嫁接，20～30d后成活。高空压条于6～7月份选取二年生发育充实的枝条，约2个月生根。

白兰花喜湿润环境，要求空气湿度大，但土壤含水量不能过高。白兰花每10d左右浇一次硫酸亚铁水，否则植株易得黄化病。白兰枝叶繁茂，花期较长，每10d施一次腐熟饼肥水，花前还需补充磷、钾肥，以利于萌发新叶和促进开花。

4. 园林应用

白兰花是极好的行道树种，开花季节，香飘数里，使人心旷神怡，盆栽可布置厅堂。鲜花常作襟花佩戴，极受欢迎。

（十三）桂花（图4-44）

别名：木犀、岩桂。

科属：木樨科，木犀属。

1. 形态特征

桂花为常绿灌木至小乔木，高可达12m。树皮灰色，不裂。芽叠生。叶长椭圆形，长5～12cm，端尖，基楔形，全缘或上部有细锯齿。花簇生叶腋或聚伞状；花小，黄白色，浓香。核果椭圆形，紫黑色。花期为9～10月份。

2. 生态习性

桂花喜光，稍耐阴；喜温暖和通风良好的环境，不耐寒；喜湿润排水良好的沙质土壤，忌涝地、碱地和黏重土壤；对二氧化碳、氮气等有中等抵抗力。

图4-44 桂花

3. 繁殖与栽培

桂花多用嫁接繁殖。嫁接可用小叶女贞、女贞、小叶白蜡等作砧木。小叶女贞栽培广泛，接后成活率高，生长快，但易出现"小脚"现象；小叶白蜡根系较弱，稍受损伤，就会引起死亡。

桂花有二次萌芽，二次开花的习性，耗肥量大，宜于 11～12 月份冬季施以基肥，使次春枝叶繁茂，有利花芽分化。7 月夏季，二次枝未发前，进行追肥，则有利于二次枝萌发，使秋季花大繁茂。

4. 园林应用

桂花树干端直，树冠圆整，四季常青，花期正值中秋，香飘数里，是我国人民喜爱的传统园林花木。在庭院前对植两株，即"两桂当庭"，是传统的配植手法。园林中常将桂花植于道路两旁，假山、草坪、院落等地多有栽培。如大面积栽培，形成"桂花山"、"桂花岭"，秋末浓香四溢，香飘十里，也是极好的景观。与秋色观叶树种同植，有色有香，是点缀秋景的极好树种。

 任务考核标准

序号	考核内容	考核标准	参考分值/分
1	情感态度及团队合作	准备充分、学习方法多样、积极主动配合教师和小组共同完成任务	10
2	温室观花木本花卉的特征	能够写出所列题签中温室观花木本花卉的名称、生态习性及根、茎、叶、花、果实特征	20
3	花卉的养护管理	说出题签中的 10 种温室观花木本花卉的繁殖与日常养护管理方法	30
4	制订温室观花木本花卉养护管理方案并实施	根据植物学、栽培学、美学、园林设计等多学科知识，制订科学合理的养护管理方案，方案具有可操作性	30
5	工作记录和总结报告	有完成全部工作的工作记录，书面整洁；总结报告结果正确，体会深刻；上交及时	10
	合计		100

自测训练

一、填空题

1. 八仙花一般采用_____、_____和_____繁殖。

2. 山茶采用_____、_____和_____等方法繁殖。

3. 一品红以_____繁殖为主。

二、单项选择题

1. 一品红，别名（　　）。

A. 圣诞花　　　　　B. 千日莲　　　　　C. 雁来红　　　　　D. 一串红

花卉生产技术

2. 具有香味的木本花卉是（　　）。

A. 米兰　　　　　　　B. 茉莉　　　　　　　C. 白兰花　　　　　　D. 一品红

3. 一品红观赏的部位是（　　）。

A. 花瓣　　　　　　　B. 瓣化的雄蕊　　　　C. 苞片　　　　　　　D. 花序

三、简答题

1. 一品红栽培时如何控制其高度？

2. 列举 8 种适宜陈设在客厅、书房的温室观花木本花卉。

任务六　室内观叶植物

室内观叶植物是指以观叶为主，具有奇特的叶形和斑驳的叶色，并能在室内较长时间摆放观赏的植物，这一类以观叶为主的植物（或观叶花卉），统称为室内观叶植物。目前世界上已筛选出约 1400 多个植物种和品种，可作为室内观叶植物。

一、室内观叶植物的生态特性

多数室内观叶植物原产于热带和亚热带雨林，在密林下生长，具有独特的生活习性和生态特征。

1. 喜高温环境

室内观叶植物一般生长适温 22～30℃，夜间温度 16～20℃。温度过高或过低，均不利于其生长和发育。

2. 喜高湿的环境

室内观叶植物一般空气相对湿度为 60%～80%。湿度过低易造成叶片萎缩，叶缘或叶尖部位干枯。

3. 喜半阴或隐蔽环境

室内观叶植物一般夏季要遮光 50%～80%，在强光直射的条件下，叶片易被灼焦或卷曲枯萎。

4. 喜疏松透气排水良好的基质

室内观叶植物特别是附生的种类，不少品种除依靠地下根系稳定生机之外，还本能的利用气生根及叶片摄取空间水分和游离氮，供其发芽长叶。栽培时，要有支持攀附生长的桩柱、木板、岩石浅隙、怪石和墙壁等物品，供植株依附定位后向上延伸，扩大蔓延。

5. 喜湿润而忌渍水

室内观叶植物的茎、叶及暴露于空气的根系，喜高温多湿环境，而地下根系忌渍水，栽培过程中，盆土根系少灌水，而地面以上的根、茎、叶则需多喷洒清水保持湿润。多进行根外施肥，以促进其生长。

6. 室内观叶植物的繁殖方法

室内观叶植物的繁殖多采用扦插、分株法，以扦插为主，还可以通过组织培养、孢子或播种繁殖而获得大量苗源。

7. 应用广泛

室内观叶植物是适宜在室内环境条件下长时间或较长期正常生长发育，用于室内装饰与造景的观赏植物，是目前世界上最流行的观赏门类之一。观叶植物还具有耐阴性强、观赏周期长、管理方便、种类繁多、姿态多样、大小齐全、风韵各异等特点，能满足各种场合的绿化装饰需要。为此，室内观叶植物也越来越受到人们的重视和青睐。室内绿化不仅可以增添自然气息，美化生活环境，使人赏心悦目，情趣盎然，而且能净化空气，减轻污染，有利于身心健康，使人们在充分享受高度现代化文明的同时，又能够拥抱绿色，亲近大自然。

二、常见的室内观叶植物

（一）蕨类植物

蕨类植物也叫羊齿植物，是植物界的一个重要组成部分，多为草本，它既是高等孢子植物，又是原始的维管束植物，是介于苔藓和种子植物之间的一类植物，为高等植物中比较低级而又不开花的一个类群。蕨类植物具有独立生活的配子体和孢子体，孢子体为多年生植物，有根、茎、叶器官和维管束系统的分化，并且可以产生孢子囊，是蕨类植物的主要观赏部位，有须状根、根状茎，叶形态多变。蕨类植物的茎除少数具有高大直立的树状地上茎之外，其余都为地下茎，一般横走或斜生，少有直立的；蕨类植物的幼叶在展开前呈拳状卷缩，称为"拳芽"。拳芽展开后分为叶柄和叶片两部分，蕨类植物的叶片形状奇特且多种多样，具有较强的观赏性。

蕨类植物常见种类有：

1. 肾蕨（图 4-45）

别名：蜈蚣草、圆羊齿、篦子草。

科属：肾蕨科，肾蕨属。

（1）形态特征　中型陆生或附生蕨，株高一般 30～80cm。地下根状茎短而直立。肾蕨没有真正的根系，只有从主轴和根状茎上长出的不定根。草质叶片呈簇生披针形，一回羽状复叶全裂，羽片无柄。初生的小复叶呈抱拳状，具有银白色的茸毛，展开后茸毛消失，成熟的叶片浅绿色，具疏浅锯齿，革质光滑。孢子囊群生于小叶片各级侧脉的上侧小脉顶端，囊群肾形。

图 4-45　肾蕨

（2）生态习性　喜温暖潮润和半阴环境，喜明亮的散射光，但也能耐较低的光照，切忌阳光直射。肾蕨喜较高的空气湿度，如果空气干燥，羽状小叶易发生卷边、焦枯现象。保持盆土不干，但浇水太多，叶片易枯黄脱落。

（3）繁殖及栽培　常用分株、孢子和组培繁殖。肾蕨宜用疏松、肥沃、透气的中性或微酸性土壤，常用腐叶土或泥炭土、培养土或粗沙的混合基质。盆底多垫碎瓦片和碎砖，有利于排水、透气。生长期要随时摘除枯叶和黄叶，保持叶片清新翠绿。生长期每旬根外追肥一次，并注意通风。

（4）园林应用　在园林中可作阴性地被植物或布置在墙角、假山和水池边，也可应用于客厅、办公室和卧室的美化布置，尤其用作吊盆式栽培更是别有情趣。其叶片可做切花、插瓶的陪衬材料。

2. 铁线蕨（图 4-46）

别名：铁丝草、美人发、铁线草、水猪毛土。

科属：铁线蕨科、铁线蕨属。

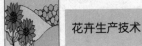

（1）形态特征　多年生草本，植株纤弱，根状茎横走，密生棕色鳞毛。叶互生，具短柄，直立而开展；叶卵状三角形，薄革质，无毛；叶柄墨黑明亮，细圆坚韧如铁丝；二至四回羽状复叶、细裂，裂片斜扇形；叶缘浅裂至深裂；叶脉扇状分叉；孢子囊生于叶缘。

（2）生态习性　喜温暖、湿润和半阴环境，不耐寒，忌阳光直射。喜疏松、透水和肥沃的石灰质砂壤土。

（3）繁殖及栽培　常用分株或组织培养法进行繁殖。以分株

图 4-46　铁线蕨

繁殖为主，4 月份结合换盆进行，或于春天用根茎繁殖。生长期保证土壤水分充足和较高的空气湿度，空气相对湿度以 80% 为宜。夏季置于荫棚下，适当通风。生长适温为 15 ~ 25℃，越冬温度以 5 ~ 10℃ 为佳。

（4）园林应用　铁线蕨喜阴，茎叶秀丽多姿，适宜置于案头、茶几上、客厅或点缀山石盆景，叶片还是良好的干花材料。

3. 巢蕨（图 4-47）

别名：鸟巢蕨、山苏花、七星剑、老鹰七。

科属：铁角蕨科，巢蕨属。

（1）形态特征　根状茎短，顶部密生鳞片，鳞片端部呈纤维状分枝并卷曲。叶阔披针形，革质，两面滑润，锐尖头或渐尖头，向基部渐狭而长下延，全缘，有软骨质的边，干后略反卷；叶脉两面稍隆起，辐射状环生于根状短茎周围，叶丛中心空如鸟巢。

（2）生态习性　喜温暖阴湿环境，保持相对湿度80% 以上，但盆内不可积水，否则容易烂根致死，常附生在大树分枝上或石岩上。不耐寒，生长适温为 20 ~ 22℃，冬季温度不低于 5℃。

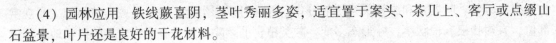

图 4-47　巢蕨

（3）繁殖及栽培　巢蕨一般用分株繁殖。生长期要注意经常检查水肥情况，要经常浇水保持盆土潮润，并应每日数次向叶片及周围喷水。每隔 20d 左右施一次肥，一般每年施4 ~ 6 次肥即可。

（4）园林应用　巢蕨叶片密集，碧绿光亮，为著名的附生性观叶植物，常用以制作吊盆（篮）或栽于附生林下或岩石上，以增野趣。

（二）苏铁（图 4-48）

别名：凤尾蕉、铁蕉、铁树。

科属：苏铁科，苏铁属。

1. 形态特征

苏铁为常绿小乔木，高可达 8 ~ 10m。茎圆柱状，不分枝。大型羽状复叶簇生茎顶，小叶线形，初生时内卷，后向上斜展，边缘向下反卷，厚革质，坚硬，有光泽，先端锐尖，叶背密生锈色绒毛，基部小叶成刺状。雌雄异株，6 ~ 8 月份开花，种子 10 月份成熟，卵形而稍扁，熟时红褐

图 4-48　苏铁雌株

色或橘红色。

2. 生态习性

苏铁性喜温暖、干燥及光照充足的环境。喜光,稍耐半阴。不甚耐寒,在冬季采取稻草包扎等保暖措施。喜肥沃湿润和微酸性的土壤,但也能耐干旱。生长缓慢,10余年以上的植株可开花。

3. 繁殖与栽培

苏铁常用分蘖法繁殖。分蘖宜在早春3~4月份换盆时进行,将母株旁的蘖株扒出,蘖株的形成一般需2~3年,切割时要尽量少伤茎皮,切下后即浸涂1500倍吲哚丁酸(IBA)2h,捞出阴干后,栽在装有粗沙和营养土各半的盆内,放半阴处养护,温度保持27~30℃,很容易成活。

露地栽培应选择地势较高地块,忌积水。每年施1~2次有机肥。冬季控水并停止施肥。应及时除去下部老叶,以保持树形美观。

4. 园林应用

苏铁树形古朴,四季常绿,适合庭园栽培观赏,或盆栽装饰厅堂、居室、办公室等,也可布置专类园。

(三) 天南星科

天南星科属单子叶植物,115属,2000余种,广布于全世界,但92%以上产于热带。我国有35属,206种(其中有4属,20种系引种栽培),天南星科观叶植物均具有独特的叶形、叶色,是优良的室内观赏植物。

1. 安祖花

别名:花烛、火鹤、红掌、红鹤芋。

科属:天南星科,花烛属。

(1) 形态特征 叶椭圆状心脏形,鲜绿色。佛焰苞多红色,肉穗花序螺旋状,花多数,几乎全年开花。

我国常见栽培种有:

1)亚利桑那(图4-49):佛焰苞鲜红色,花序黄色,用直径为17~20cm盆,从栽植至开花需11个月。

2)火焰(图4-50):佛焰苞红色,大而亮丽,蜡质有光泽,闪耀动人,花数5~7朵,花径7~12cm,叶片中型,叶色深绿,适于7~21cm盆径的种植。

图4-49 亚利桑那

图4-50 火焰

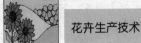
3）阿拉巴马（图4-51）：佛焰苞颜色鲜红偏深，花梗粗壮并伸出叶面约10cm。叶片健壮、肥大，叶色浓绿。

4）粉冠军（图4-52）：花苞粉红色，叶片翠绿。

图4-51　阿拉巴马

图4-52　粉冠军

（2）生态习性　安祖花原产于热带，全年要求高温多湿、蔽阴的弱光环境。生长适温为20~25℃，冬季温度不可低于15℃。喜叶面喷水，要求排水良好。

（3）繁殖与栽培　目前我国盆栽红掌生产用苗主要是从荷兰进口，如安祖公司、AVO公司、瑞恩公司等。最适生长温度为20~30℃，最高温度不宜超过35℃，最低温度为14℃，低于10℃随时有寒害的可能。最适空气相对湿度为70%~80%，不宜低于50%，保持栽培环境中较高的空气湿度，是红掌栽培成功的关键。红掌是按照"叶→花→叶→花"顺序的循环生长的。花序是在每片叶腋中形成的。这就导致了花与叶的产量相同，产量的差别最重要的因素是光照。温室最理想的光照是20000lx左右，最大光照强度不可长期超过25000lx。红掌属于对盐分较敏感的花卉品种，水的含盐量越少越好，最好采用纯净水。肥料往往结合浇水一起施用，一般选用氮磷钾之比为20∶20∶20或10∶30∶20的复合肥，土壤EC值保持1.2ms/cm。也可直接使用红掌专用肥。

（4）园林应用　全年可以开花，是花卉市场新兴的切花和盆花花卉。

2. 花叶万年青（图4-53）

别名：黛粉叶。

科属：天南星科，花叶万年青属。

（1）形态特征　常绿灌木状草本，茎干粗壮多肉质，株高可达1.5m。叶片大而光亮，着生于茎干上部，椭圆状、卵圆形或宽披针形，先端渐尖，全缘，长20~50cm、宽5~15cm；宽大的叶片两面深绿色，其上镶嵌着密集、不规则的白色、乳白、淡黄色等色彩不一的斑点、斑纹或斑块；叶鞘近中部下具叶柄。花梗由叶梢中抽出，短于叶柄，花单性，肉穗花序，佛焰苞呈椭圆形，下部呈筒状。其园艺品种甚多，不同的品种叶片上的花纹不同。

全株有毒，茎毒性最大，其次是叶柄和叶。该植物为天

图4-53　花叶万年青

南星科最毒的植物，其汁液与皮肤接触时引起瘙痒和皮炎；吞下一小块茎则口喉极端刺痛，并导致声带麻痹，故有"哑棒"之称；还有唇舌表皮的烧伤、水肿、大量流涎，影响吞咽和呼吸。症状可持续几天或一周以上。严重者口舌肿胀可造成窒息。有时出现恶心、呕吐和腹泻。

我国常见栽培品种有：

1）大王黛粉叶（图4-54）：叶面沿侧脉有乳白色斑条及斑块。

2）暑白黛粉叶（图4-55）：浓绿色叶面中心乳黄绿色，叶缘及主脉深绿色，沿侧脉有乳白色斑条及斑块。

3）白玉黛粉叶：叶片中心全部乳白色，只有叶缘、叶脉呈不规则的银色。

图4-54　大王黛粉叶　　　　　　　　　　图4-55　暑白黛粉叶

（2）生态习性　花叶万年青原产于南美巴西。喜温暖、湿润和半阴环境。不耐寒、怕干旱，忌强光曝晒。花叶万年青在黑暗状态下可忍受14d，适于在15℃和90%相对湿度下贮运。

（3）繁殖及栽培　花叶万年青常用分株、扦插繁殖，但以扦插繁殖为主。有时可采用播种繁殖，大规模繁殖常采用组织培养。

（4）园林应用　花叶万年青叶片宽大、黄绿色，有白色或黄白色密集的不规则斑点，有的为金黄色镶有绿色边缘，色彩明亮强烈，优美高雅，观赏价值高，是目前备受推崇的室内观叶植物之一，适合盆栽观赏，点缀客厅、书房十分幽雅。在光度较低的公共场所，花叶万年青仍然生长正常，碧叶青青，枝繁叶茂，充满生机，特别适合在现代建筑中配置。

3. 龟背竹（图4-56）

别名：蓬莱蕉、电线兰。

科属：天南星科，龟背竹属。

（1）形态特征　龟背竹为多年生常绿草本植物，茎上有褐色细柱状气生根。幼叶无孔，随着植株的生长，叶主脉两侧出现椭圆形穿孔，叶周边羽状分裂，形似龟背，椭圆形、深绿色、革质。佛焰苞淡黄色，肉穗花序白色。

（2）生态习性　龟背竹原产于墨西哥及南美热带雨林中，喜温暖湿润、耐阴环境。光照时间越长，叶片生长越大，裂口

图4-56　龟背竹

161

越多，但忌阳光直射，强光照射下，叶片易发生焦叶现象。花期为4～6月份。

（3）繁殖及栽培　龟背竹常用扦插繁殖。龟背竹盆栽通常用腐叶土、园土和河沙等量混合作为基质。种植时加少量骨粉、干牛粪作基肥。生长期间需要充足的水分，须经常保持盆土湿润；天气干燥时还须向叶面喷水，以保持空气潮湿，以利枝叶生长、叶片鲜绿。秋冬季节可逐渐减少浇水量。龟背竹较喜肥，4～9月份每月施两次稀薄液肥。生长季注意遮阴，否则易造成叶片枯焦、灼伤，影响观赏价值。龟背竹的叶片有时会发生褐斑病，须及时喷多菌灵等防治，以免病害蔓延。

（4）园林应用　龟背竹为大型观叶植物，适宜厅堂、会场，也可置于池畔、石旁，清幽雅致。

4. 喜林芋属

（1）形态特征　喜林芋属植物茎细，能自我支撑或攀缘，叶心形至卵状心形，叶缘因种类和品种的不同变化很大。我国常见栽培种有

1）红宝石喜林芋：藤本植物，茎粗壮，新梢红色，后变为灰绿色，节上有气根，叶柄紫红色，叶长心形，长20～30cm，宽10～15cm，深绿色，有紫色光泽，全缘。嫩叶叶鞘为玫瑰红色，不久脱落。花序由佛焰苞和白色的肉穗花序组成。

2）绿宝石喜林芋（图4-57）：株形、叶形与红宝石喜林芋基本相同，只是绿宝石喜林芋叶片为绿色，无紫色光泽，茎和叶柄绿色，嫩梢、叶鞘也是绿色。

3）戟喜林芋：茎细长蔓生，可达数米，节间有气根，叶卵状心形，绿色，长10～20cm，宽5～10cm。

4）银叶喜林芋：叶片卵状心形，银白色。

5）琴叶喜林芋（图4-58）：藤本，叶片大，呈提琴状。生长较缓慢。

6）春羽（图4-59）：茎短，丛生，叶片巨大，可达60cm，叶色浓绿，有光泽，叶片宽心脏形，羽状深裂。叶柄细长且坚挺，达80cm。变种为斑叶春芋，叶片上有黄白色的花纹。

7）心叶喜林芋：蔓性藤本植物，攀缘性强，叶片心形深绿色，是一种优雅的观叶植物。

图4-57　绿宝石喜林芋　　　图4-58　琴叶喜林芋　　　　图4-59　春羽

（2）生态习性　喜林芋原产于中美和南美。性喜温暖、潮湿及半阴的环境，耐阴忌强光直射，怕干旱，生长适温为20～30℃。在土质肥厚、通透性好的土壤中生长良好。

（3）繁殖与栽培　常用分株法和扦插法繁殖。夏季避免阳光直射。冬季越冬温度保持在15℃以上。

（4）园林应用　大型观叶植物，适宜厅堂、会场，也可置于池畔、石旁，清幽雅致。

5. 绿萝（图4-60）

别名：魔鬼藤、石柑子、竹叶禾子、黄金葛、黄金藤。

科属：天南星科，绿萝属。

（1）形态特征　绿萝为藤本花卉，藤长可达数米，节间有气生根。叶互生，心形，比红宝石喜林芋要小，长约8～14cm，绿色，个别叶片上会出现黄色斑纹，全缘。随年龄增加，茎增粗。

常见栽培品种

1）银葛：叶上具乳白色斑纹，较原变种粗壮。

2）金葛：叶上具不规则黄色条斑。

3）三色葛：叶面具绿色、黄乳白色斑纹。

（2）生态习性　绿萝性喜温热、潮湿、荫蔽环境，忌阳光直射。要求土壤疏松、肥沃、排水良好。越冬温度不应低于15℃。

图4-60　绿萝

（3）繁殖与栽培　绿萝采用扦插繁殖。盆栽绿萝应选用肥沃、疏松、排水性好的腐叶土，以偏酸性为好。绿萝耐阴，喜湿热的环境，越冬温度不应低于15℃，盆土要保持湿润，应经常向叶面喷水，提高空气湿度，以利于气生根的生长。旺盛生长期可每月浇一次液肥。它对温度反应敏感，夏天忌阳光直射，在强光下容易叶片枯黄而脱落，故夏天在室外要注意遮阳。冬季在室内明亮的散射光下能生长良好，茎节健壮，叶色绚丽。生长期间对水分要求较高，除正常向盆土补充水分外，还要经常向叶面喷水，做柱藤式栽培的还应多喷一些水于棕毛柱子上，使棕毛充分吸水，以供绕茎的气生根吸收。可每2周施一次氮磷钾复合肥或每周喷施0.2%的磷酸二氢钾溶液，使叶片翠绿，斑纹更为鲜艳。

（4）园林应用　绿萝是非常优良的室内装饰植物之一，攀藤观叶花卉。萝茎细软，叶片娇秀。在家具的柜顶上高置吊盆，任其蔓茎从容下垂，或在蔓茎垂吊过长后圈吊成圆环，宛如翠色浮雕。这样既充分利用了空间，净化了空气，又为呆板的柜面增加了线条活泼、色彩明快的绿饰，极富生机，给居室平添融融情趣。

环保学家发现，一盆绿萝在8～10m²的房间内就相当于一个空气净化器，能有效吸收空气中甲醛、苯和三氯乙烯等有害气体。

6. 合果芋

别名：箭叶芋、箭头藤、紫梗芋。

科属：天南星科，合果芋属。

（1）形态特征　合果芋为多年生常绿草本植物，茎绿色，蔓生，节处有气生根，可攀附他物生长，含汁液。叶互生，幼叶为单叶，长圆形、箭形或戟形，老叶为3～9掌状裂，中裂片较大，倒卵形。叶基部裂片两侧常着生小型耳状叶片。叶具长柄，叶鞘长。幼叶色淡，老叶深绿色。肉穗花序，佛焰苞内面白色或玫红色，外面绿色，花期秋季。浆果橙色。

常见栽培品种有

1）白蝶合果芋（图4-61）：叶丛生，盾形，呈蝶翅状，叶表多为黄白色，边缘具绿色斑块及条纹，叶柄较长。茎节较短。

2）银叶合果芋（图4-62）：别名白玉合果芋。为合果芋的栽培品种。叶心形，银白色，叶缘绿色。

3）粉蝶合果芋（图4-63）：为合果芋的栽培品种。叶淡绿色，叶面中部淡粉色。

4）何氏合果芋：为同属常见种。叶面灰绿色，布有银白色脉纹。

图 4-61　白蝶合果芋　　　　　图 4-62　银叶合果芋　　　　　图 4-63　粉蝶合果芋

（2）生态习性　合果芋原产于中、南美洲热带雨林中。适应性强，喜高温高湿的半阴环境。不耐寒，适宜含有机质、疏松肥沃、排水良好的微酸性土壤。

（3）繁殖及栽培　合果芋用扦插繁殖。夏季提高空气相对湿度，注意遮阴，避免强光直射。冬季停止施肥，减少浇水，室温保持在12℃以上，每年换盆一次。

（4）园林应用　合果芋色彩淡雅、叶形多变、株形优美，是良好的室内观叶植物。也可悬挂观赏，摇曳生姿。

7. 白鹤芋属

白鹤芋（图 4-64）

别名：苞叶芋、白掌、一帆风顺、异柄白鹤芋、银苞芋。

科属：天南星科，白鹤芋属。

（1）形态特征　白鹤芋为多年生草本。具短根茎。叶长椭圆状披针形，两端渐尖，叶脉明显，叶柄长，基部呈鞘状。花葶直立，高出叶丛，佛焰苞直立向上，稍卷，白色，肉穗花序圆柱状，白色。

（2）生态习性　白鹤芋原产于热带美洲。喜高温多湿和半阴环境。白鹤芋的生长适温为22～28℃，冬季温度不低于14℃。温度低于10℃，植株生长受阻，叶片易受寒害。白鹤芋叶片较大，对湿度比较敏感。夏季高温和秋季干燥时，要多喷水，保证空气湿度在50%以上，有利于叶片生长。高温干燥时，叶片容易卷曲，叶片变

图 4-64　白鹤芋

小、枯萎脱落，花期缩短。白鹤芋怕强光暴晒，夏季需遮阴60%～70%，但长期光照不足，则不易开花。土壤以肥沃、含腐殖质丰富的壤土为好。

（3）繁殖及栽培　白鹤芋常用分株、播种和组培繁殖。

（4）园林应用　白鹤芋花茎挺拔秀美，清新悦目。盆栽点缀客厅、书房，十分别致。用盆栽白鹤芋布置宾馆大堂、全场前沿、车站出入口、商厦橱窗，显得高雅俊美。在南方，配置小庭园、池畔、墙角处，别具一格。其花也是极好的花篮和插花的装饰材料。它还是过滤室内废气的能手，对付氨气、丙酮、苯和甲醛都有一定功效。

绿巨人（图 4-65）

（1）形态特征　1994 年引进并迅速推广流行。植株高大，高可达 1.2m 以上，适宜作

中、大型（20—30cm）盆栽。开花株叶片宽 20 ~ 25cm，叶长 40 ~ 50cm，花宽 10 ~ 12cm，长 30 ~ 35cm。叶片宽厚挺拔，叶色墨绿有光泽、叶脉粗壮线条明显，很有气派。

（2）生态习性　绿巨人性喜温畏寒，喜阴怕晒，喜湿忌干，生长适温为 18 ~ 25℃，越冬温度为 5℃左右。

（3）繁殖与栽培　绿巨人常单株种植、不易长侧芽，主要采用组织培养方法繁殖。1.5 ~ 2 年才能开花。

（4）园林应用　绿巨人为厅堂、会议室、办公室绿化摆设之佳品。

图 4-65　绿巨人

8. 海芋（图 4-66）

别名：滴水观音、观音莲、观音芋、狼毒。

科属：天南星科，海芋属。

（1）形态特征　海芋为多年生草本，株高可达 1.5m，茎粗壮。叶大，阔箭形。佛焰苞黄绿色。假种皮红色。

（2）生态习性　海芋产于我国南部及西南部，喜高温多湿环境，夏天忌阳光直射。生长适温为 28 ~ 30℃，最低温度为 15 ~ 20℃。海芋喜空气湿度大，但浇水不能过度，盆土宜时干时湿，积水易引起块茎腐烂；冬季必须控水，只要保持叶片不呈软垂状即可。

图 4-66　海芋

（3）繁殖与栽培　海芋用播种或分株法繁殖。栽培土用含腐叶土的沙质土壤，有利于块茎生长肥大。生长季节每月施 2 次以氮磷钾为主的复合液肥，可保持叶色四季碧绿。每年早春或秋季换一次盆。缺肥时，叶片小而黄。不能暴晒，在室外必须遮阴，否则会出现焦叶。红蜘蛛为最常见虫害。

（4）园林应用　海芋叶形、叶色美丽，适宜作室内装饰。

9. 粗肋草

别名：广东万年青、万年青。

科属：天南星科，粗肋草属。

（1）形态特征　粗肋草植株高 20 ~ 150cm。叶互生，披针形至狭卵形，叶长 10 ~ 45cm，叶宽 4 ~ 16cm。花小不明显，佛焰苞白色或绿白色，果实为浆果，成熟时会变为红色。粗肋草的汁液具有毒性，碰触到汁液时，会导致皮肤发炎，不小心吃到时，会造成嘴巴、嘴唇、喉咙及舌头发炎。

常见种类：

1）粗肋草（图 4-67）：又名广东万年青，叶披针形或长椭圆形，中肋两边常不等大，叶色暗绿，并散生灰色、乳白色或黄色、绿色和斑点。

2）白雪粗肋草（图 4-68）：又名白柄粗肋草、金皇后，披针形鲜绿色叶面，镶嵌着黄绿色的斑块，色彩柔和，明亮高雅，在本属植物中最漂亮、观赏价值最高，风行国内外。

3）银后粗肋草（图 4-69）：株高 30 ~ 40cm，茎直立不分枝，节间明显。叶互生，叶柄长，基部扩大成鞘状，叶狭长，浅绿色，叶面有灰绿条斑，面积较大。银皇后以它独特的空气净化能力著称。

4）黑美人粗肋草（图 4-70）：又叫斜纹粗肋草、斜纹亮丝草花，多年生草本，株高

30～50cm。叶有长椭圆形、长卵形或披针形，叶面随品种变化，常有银色或白色斑纹镶嵌。成株能开花，佛焰苞花序，浆果橙红。

图4-67　粗肋草

图4-68　白雪粗肋草

图4-69　银后粗肋草

图4-70　黑美人粗肋草

（2）生态习性　粗肋草喜温暖、湿润的环境，耐阴，忌阳光直射，不耐寒，冬季越冬温度不得低于12℃，土壤要求选择疏松、肥沃、排水良好的微酸性土壤。

（3）繁殖与栽培　粗肋草可用分株、扦插与播种繁殖等三种繁殖方式，分株繁殖方式数量太少，而种子繁殖虽是发展新品种必需手段，但所需时间太长，由种子萌芽至成株需要两年半的时间，不适用于大量生产方式，目前大多以顶芽及茎段两种扦插法为主要的繁殖方式。

（4）园林应用　粗肋草对于净化室内空气悬浮粒子有显著的效果，可推广为净化空气的室内观赏植物；而其叶片具有多样色彩及条纹变化，美国佛罗里达州的观叶植物生产业者也将粗肋草作为一种可炒作的高经济栽培作物，并列名为美国最有潜力三大观叶植物之一。

（四）竹芋科

1. 形态特征

竹芋科是单子叶植物姜目，约有31属，550种。大多数种类具有地下根茎或块茎，叶单生，圆形或卵形，具有各色美丽的斑纹，叶脉羽状排列，二列，全缘。叶片除基部有开放的叶鞘外，在叶片与叶柄连接处，还有一显著膨大的关节，称为"叶枕"，其内有贮水细胞，有调节叶片方向的作用，即晚上水分充足时叶片直立，白天水分不足时，叶片展开，这是竹芋科植物的一个特征。此外，有些竹芋还有"睡眠运动"，即叶片白天展开，夜晚摺合，非常奇特。

2. 生态习性

竹芋科原产于美洲、非洲和亚洲的热带地区，性喜高温、高湿和半阴环境，极不耐寒，最低温度不得低于10℃，生长最适温度为18～28℃。忌强烈的阳光直射，否则就会使叶焦干，但是放在太阴暗处，叶面色彩暗淡不美，缺乏生气。适宜生长的空气相对湿度75%～85%，较高的空气湿度有利于叶片展开。

3. 园林应用

竹芋科多为小型盆栽，是最优良的室内观叶植物之一。植株低矮，叶片斑纹清新雅致，具有浪漫的异国情调，可采用普通小型盆栽或吊篮悬挂，也可布置专类园，还是重要的插花材料。

常见种类有：

1. 孔雀竹芋（图4-71）

别名：和平芋、白掌。

科属：竹芋科，肖竹芋属。

（1）形态特征　孔雀竹芋为多年生常绿草本，株高50cm。叶簇生，卵状椭圆形，叶面乳白或橄榄绿色，有金属光泽，且明亮艳丽；在主脉两侧和叶缘之间有大小相对、交互排列的长椭圆形的斑块，形似孔雀尾羽；叶背紫色，叶柄深紫色。

（2）生态习性　孔雀竹芋耐阴性极强，不耐直射阳光，需肥不多，适应在温暖、湿润的环境中生长，要经常向叶面喷水。

图4-71　孔雀竹芋

（3）繁殖与栽培　孔雀竹芋分生力强，主要用分株繁殖。春末夏初，分出的每个子株至少要保留5片叶片。保持温度在12～29℃左右，冬季温度宜维持在16～18℃。春夏两季生长旺盛，需较高空气湿度。对土壤要求不甚严，但要求保持适度湿润。

（4）园林应用　孔雀竹芋具有美丽动人的叶，生长茂密，又具耐阴能力，是理想的室内绿化植物。其用中、小盆盆栽观赏，主要装饰布置书房、卧室、客厅等，它还能清除空气中的氨气污染。

2. 天鹅绒竹芋（图4-72）

别名：斑马竹芋、绒叶竹芋。

科属：竹芋科，肖竹芋属。

（1）形态特征　天鹅绒竹芋植株矮生，株高50～60cm，具地下根茎，叶单生，根出，是竹芋科中大叶种之一。叶为长椭圆形，长30～60cm、宽10～20cm；叶片有华丽的光泽，呈天鹅绒般的深绿并微带紫色。具浅绿色带状斑块，叶背为深紫红色。花紫色。

（2）生态习性　天鹅绒竹芋原产于巴西。喜温暖、湿润和半阴环境，不耐寒，怕干燥忌强光暴晒。生长适温为18～25℃，

图4-72　天鹅绒竹芋

冬季温度不低于13℃，夏季温度不超过35℃。天鹅绒竹芋对水分的反应十分敏感，若空气湿度小，叶片即刻卷曲。土壤以肥沃、疏松和排水良好的腐叶土最宜。

（3）繁殖与栽培　天鹅绒竹芋主要用分株法和组织培养法进行繁殖。生长旺盛的植株

1~2年可分株1次，分株换盆时，栽得不可太深，将根全部栽入土壤中即可，否则影响新芽生长。大规模繁殖一般采用组织培养法。

（4）园林应用　天鹅绒竹芋叶片宽阔，具有斑马状深绿色条纹，清新悦目。盆栽适用装饰客厅、书房、卧室等处，高雅耐观。在公共场所列放走廊两侧和室内花坛，翠绿光润，青翠宜人。

3. 玫瑰竹芋（图4-73）

别名：彩虹竹芋、粉红肖竹芋。

科属：竹芋科，肖竹芋属。

（1）形态特征　玫瑰竹芋为多年生常绿草本，原产热带雨林地区，株高30~60cm。叶厚，革质，长15~20cm，宽10~15cm，卵圆形，叶面青绿色，叶脉两侧排列着墨绿色线条纹，叶脉和沿叶缘呈黄色条纹，叶背紫红。

图4-73　玫瑰竹芋

（2）生态习性　玫瑰竹芋原产于巴西，喜温暖湿润环境，忌阳光曝晒，忌高温，不耐寒，忌干旱。

（3）繁殖与栽培　玫瑰竹芋喜温暖湿润的半阴环境，怕低温与干风，最适生长温度为20~25℃，冬季温度要求不低于15℃。玫瑰竹芋忌阳光曝晒，夏秋季要遮阴，阳光过强，叶色易显苍老干涩；光线过弱，叶质变薄而无光泽，失去美感。喜排水好、肥沃、疏松的微酸性的腐叶土或培养土。

（4）园林应用　玫瑰竹芋叶色珍奇美丽，是家庭小客室理想的装饰珍品。

4. 红羽竹芋（图4-74）

别名：饰叶肖竹芋、美丽竹芋。

科属：竹芋科，肖竹芋属。

（1）形态特征　红羽竹芋丛生，叶墨绿色，长椭圆形，在侧脉之间有多对象牙形白色条纹，纹理清晰明亮，形如箭尾。但在幼株上呈粉红色，叶背淡红或暗紫红。

（2）生态习性　红羽竹芋性喜温暖、高湿及半荫蔽环境。高温低湿，叶尖及叶缘易出现焦状卷叶，一旦发生就难以恢复，所以叶面要经常喷水，增加环境湿度。越冬温度在10℃以上。

（3）繁殖与栽培　春末夏初结合换盆进行分株繁殖。栽培土以疏松、透气性良好的腐殖质壤土为宜。不必常施肥，氮肥施用过多，易引起植株徒长，叶色不艳。

图4-74　红羽竹芋

（4）园林应用　该品具有艳丽的叶色。与素色品种搭配，其羽状红线更加耀眼。摆在宾馆、办公室大楼门口、门内两侧，十分艳丽夺目。

5. 圆叶竹芋（图4-75）

别名：因青绿色叶片形如苹果，故又称为苹果竹芋、青苹果竹芋。

科属：竹芋科，肖竹芋属。

（1）形态特征　圆叶竹芋株高40~60cm，具根状茎，叶柄绿色，直接从根状茎上长出，叶片硕大，薄革质，卵圆形，新叶翠绿色，老叶青绿色，沿侧脉有排列整齐的银灰色宽条纹，叶缘有波状起伏。

（2）生态习性　圆叶竹芋原产于美洲的热带地区，生长在热带雨林中。喜温暖湿润的半阴环境，不耐寒冷和干旱，忌烈日暴晒和干热风的吹袭。生长适温 18～25℃，冬季应多接受光照，温度不可低于 12℃，宜用疏松肥沃，排水透气性良好，并富含腐殖质的微酸性土壤，可用腐叶土或草炭土加少量的粗沙或珍珠岩混合配制。

（3）繁殖与栽培　可结合换盆进行分株，分株时注意要使每一分割块上带有较多的叶片和健壮的根，新株栽种不宜过深，将根全部埋入土壤即可，否则影响新芽的生长。新株要控制土壤水分，但应经常向叶面喷水，以增加空气湿度。等长出新根后方可充分浇水。

图 4-75　圆叶竹芋

（4）园林应用　圆叶竹芋叶色清新宜人，是很受人们喜爱的室内观叶植物，适合做中型盆栽，装饰居室，时尚自然，颇有特色。

6. 波浪竹芋（图 4-76）

别名：浪星竹芋、浪心竹芋、剑叶竹芋。

科属：竹芋科，肖竹芋属。

（1）形态特征　波浪竹芋株高 25～50cm，茂密丛生。叶基稍歪斜，叶片倒披针形或披针形，长 15～20cm，叶面绿色，富有光泽，中脉黄绿色，叶缘及侧脉均有波浪状起伏，叶背、叶柄都为紫色。波浪竹芋叶背上布满了微毛，直立高挑，十分美丽。

（2）生态习性　波浪竹芋性喜温暖湿润的环境，生长适温为 20～28℃，冬季越冬最好保持在 15℃ 以上。适宜生长于湿度为 75%～95% 的高湿环境中，否则因空气干燥而使叶片卷曲、萎缩、焦边。波浪竹芋性喜半阴环境，不耐阳光直射，耐阴。生长环境不可让阳光直晒，只要光线明亮即可。

图 4-76　波浪竹芋

（3）繁殖与栽培：波浪竹芋采用分株繁殖。浇水最好保持盆土湿润即可，过于易萎蔫，过涝则根系腐烂。施肥以液态肥浇灌为宜，遵循"薄肥勤施"的原则。

（4）园林应用：置于厅堂门口、走廊两侧或会议室角落作为装饰。

7. 箭羽竹芋（图 4-77）

别名：红羽竹芋、双线竹芋。

科属：竹芋科，栉花芋属。

（1）形态特征　箭羽竹芋为多年生常绿草本。株高可达 100cm 以上。叶片呈长椭圆形，长 25～30cm，宽 8～15cm。主脉两侧有白色带与暗绿色带交互成羽状排列。叶背及叶柄紫红色。茎上有细茸毛。

（2）生态习性　箭羽竹芋原产于巴西、哥斯达黎加。喜温暖、湿润和半荫蔽的环境。忌酷暑烈日暴晒。适宜疏松、肥沃、排水良好的壤土。

（3）繁殖与栽培　分株繁殖。春季结合翻盆换土，脱盆后清除根

图 4-77　箭羽竹芋

团宿土，按每丛 3~5 株分栽上盆。盆栽选用腐叶土（或泥炭土）、园土按 1:1 比例混合配制的培养土。生长季节注意保持土壤湿润，但不可积水。夏、秋高温干燥天气，每天要向叶面喷水 2 次，以利叶片正常生长和增加光泽。冬季室温保持在 10℃ 以上。

（4）园林应用　箭羽竹芋可置于厅堂门口、走廊两侧或会议室角落作为装饰。

8. 艳锦密花竹芋（图 4-78）

别名：三色竹芋、四色竹芋。

科属：竹芋科，锦竹芋属。

图 4-78　艳锦密花竹芋

（1）形态特征　艳锦密花竹芋株高 30~60cm，地下有根状茎，丛生。叶长椭圆状披针形，全缘，叶面深绿色，具淡绿、白色、淡粉红色羽状斑纹，叶背、叶柄均为暗紫色。

（2）生态习性　艳锦密花竹芋喜温暖湿润和光线明亮的环境，不耐寒，也不耐旱，怕烈日暴晒，若阳光直射会灼伤叶片，使叶片边缘出现局部枯焦，新叶停止生长，叶色变黄，因此栽培中要注意遮光。

（3）繁殖与栽培　可结合换盆进行分株，分株时注意要使每一分割块上带有较多的叶片和健壮的根，新株栽种不宜过深，将根全部埋入土壤即可，否则影响新芽的生长。若大量繁殖，还可用组培法。

（4）园林应用　艳锦密花竹芋具有较高的观赏价值，常在室内作盆栽观赏。

9. 豹纹竹芋（图 4-79）

别名：条纹竹芋、兔脚竹芋、绿脉竹芋。

科属：竹芋科，竹芋属。

图 4-79　豹纹竹芋

（1）形态特征　豹纹竹芋是多年生常绿草本，植株常匍匐生长。株高 10~30cm，节间短，多分枝，茎匍匐生长。叶宽矩圆形，长 8~15cm，宽 7~10cm，基部心形，前端尖凸，正面淡绿色，有光泽，侧脉 6 对至 8 对，脉间有两列对称呈羽状排列的斑纹，初为灰褐色，后呈深绿色，如兔的足迹，叶背灰绿色。叶倒卵形，长 7~10cm，宽 4~6cm，色鲜绿，主脉两侧有黑绿色条纹交错排列。新长出的叶片，叶面白绿色，更加雅致。

（2）生态习性　豹纹竹芋喜温暖、湿润阴凉环境。越冬温度在 10℃ 以上。18~22℃ 最适宜生长。

（3）繁殖与栽培　采用分株法繁殖，繁殖力强，只要温度适宜，四季均可进行。栽培土壤以松软透气的土壤为宜。浇水过多，盆内积水时会引起烂根。

（4）园林应用　豹纹竹芋植株矮小，多与中高型观叶植物搭配，摆设在橱窗、花架或案头上，显得特别雅致。也可单独摆放在办公桌上或作室内吊盆悬挂观赏。

10. 紫背竹芋（图 4-80）

别名：红背卧花竹芋、红背竹芋、卧花竹芋。

科属：竹芋科，卧花竹芋属。

（1）形态特征　紫背竹芋为多年生草本植物，直立。叶片长卵形或披针形，厚革质，叶面深绿色有光泽，中脉浅色，叶背血红色，形成鲜明的对比。花序圆锥状，苞片及萼鲜红色，花瓣白色。

（2）生态习性　紫背竹芋喜温暖、潮湿、荫蔽环境。生长适温 20～30℃，越冬温度 15℃。

（3）繁殖与栽培　采用分株繁殖，宜在春季进行。盆土以通气疏松良好的腐叶土为好，不必过多的施肥。

（4）园林应用　紫背竹芋可摆设在窗台、案头、花架上盆养，或是种植于橱窗花坛，也可悬挂。

图 4-80　紫背竹芋

（五）棕榈科

棕榈科是单子叶植物，约 217 属，2500 种，分布于热带和亚热带地区。我国东南至西南部有约 22 属，72 种，主产云南、广西、广东和台湾，此外引入栽培的亦有多种。

棕榈科为灌木或乔木，有时藤本，有刺或无刺。直立性棕榈植物的叶片多聚生茎顶，形成独特的树冠；叶大，掌状或羽状分裂，很少全缘或近全缘的；花小，通常淡绿色，两性或单性，排列于分枝或不分枝的佛焰花序上；佛焰苞 1 至多数，将花序柄和花序的分枝包围着，革质或膜质。一般都采用播种方法繁殖。棕榈科是最优良的室内观叶植物之一，也可布置专类园，还是重要的插花材料。

主要种类有：

1. 龙棕（图 4-81）

科属：棕榈科，棕榈属。

（1）形态特征　龙棕为常绿状小乔木，无地上茎，地下茎节密集，粗壮，多须根，在土内起伏弯曲。叶簇生于地面，掌状深裂至 1/4～1/3 处，轮廓近圆形；裂片线状披针形，先端 2 浅裂；叶柄长 25～35cm，两侧有或无密齿。花序复圆锥状，核果肾形，成熟时蓝黑色。

（2）生态习性　龙棕常分布于海拔 1700～2700m 的以云南松为主的针阔叶混交林内。分布区属亚热带高原季风气候类型，年平均温度为 13～15.5℃，相对湿度为 75%。花期为 4 月份，果期为 10 月份。

图 4-81　龙棕

（3）繁殖与栽培　播种繁殖。10 月份采收成熟种子，放在盛有沙土和泥炭的盆内催芽，发芽后移植于苗床，培育大苗，或作盆栽，或下地定植。该种生长较弱，种植时必须有温暖湿润环境，并加强管理。

（4）园林应用　龙棕是庭园绿化、盆景栽培的优美植物。

2. 棕竹（图 4-82）

别名：观音竹、筋头竹、棕榈竹、矮棕竹。

科属：棕榈科，棕竹属。

（1）形态特征　棕竹茎细如竹，多数聚生，有网状的叶鞘；叶掌状深裂几达基部，芽叶内摺；花常单性异株，生于短而分枝、有苞片的花束上，由叶丛中抽出；花萼和花冠 3 齿裂；雄蕊 6，在雌花中的为退化雄蕊；心皮 3，离生；果为浆果，有种子 1 颗；胚乳均匀。栽培的有大叶、中叶和细叶棕竹之分，另外还有花叶棕竹。

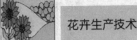

（2）生态习性　它喜温暖潮湿、半阴及通风良好的环境，畏烈日，稍耐寒，可耐0℃左右低温。它常繁生于山坡、沟旁荫蔽潮湿的灌木丛中。

（3）繁殖与栽培　细叶棕竹采用播种和分株繁殖。夏季适当遮阴。生长适温10~30℃，气温高于34℃，叶片常会焦边，生长停滞，越冬温度不低于5℃。

图4-82　细叶棕竹

（4）园林应用　棕竹株形紧密秀丽、株丛挺拔、叶形清秀、叶色浓绿而有光泽，既有热带风韵，又有竹的潇洒，为重要的室内观叶植物。它甚耐阴，既适合中小型盆栽供一般家庭室内陈设观赏，又可大盆栽种用于大型建筑物室内布置，是室内大型观叶植物之一。在明亮的室内可供长期欣赏，在较阴暗的室内连续观赏3~4周。

3. 蒲葵（图4-83）

别名：扇叶葵、葵扇叶。

科属：棕榈科，蒲葵属。

（1）形态特征：蒲葵单干，干径可达30m。叶掌状中裂，圆扇形，灰绿色，向内折叠，裂片先端再二浅裂，向下悬垂，软纯状，叶柄粗大，两侧具逆刺。肉穗花序，作稀疏分枝，小花淡黄色、黄白色或青绿色。熟果黑褐色，果核椭圆形。

（2）生态习性　蒲葵为阳性植物，喜高温多湿，耐阴，耐寒能力差，能耐短期0℃低温及轻霜。

（3）繁殖与栽培　播种繁殖，春至夏季进行。以含腐殖质之壤土或沙质土壤最佳，排水需良好。

图4-83　蒲葵

（4）园林应用　丛植或行植，作广场和行道树及背景树，也可用作厂区绿化，小树可盆栽室内观赏。树干可作手杖、伞柄、屋柱，嫩芽可食。叶可制扇。

4. 软叶刺葵（图4-84）

别名：美丽针葵、美丽珍葵、罗比亲王椰子、罗比亲王海枣。

科属：棕榈科，刺葵属。

（1）形态特征　软叶刺葵为常绿灌木。高1~3m，茎通常单生，有残存的三角形的叶柄基部。叶羽状全裂，长约1m，稍弯曲下垂，裂片狭条形，长20~30cm，宽约1cm，较柔软，2列，近对生。肉穗状花序生于叶腋间，长30~50cm，雌雄异株。果长1.5cm，直径6mm，枣红色。

（2）生态习性　喜阳，喜湿润、肥沃土壤。

（3）繁殖与栽培　软叶刺葵用种子繁殖，种子随采随播，或留种翌年春季5月播种。美丽针葵适应性强，栽培养护皆简单。6~9月份应予以遮阴，以免叶片发黄；其他季节给予较充足光照，以利植株健壮生长。有较强的耐寒

图4-84　软叶刺葵

性，冬季在0℃左右可安全越冬。

（4）园林应用 软叶刺葵株形丰满，叶片浅绿色、光亮，稍弯曲下垂，是优良的盆栽观叶植物。其布置于客厅、书房，雅观大方；大型植株常用于会场、大型建筑的门厅、前厅及露天花坛、道路的布置。

5. 鱼尾葵（图4-85）

别名：孔雀椰子，假桃榔。

科属：棕榈科，鱼尾葵属。

（1）形态特征 鱼尾葵为常绿大乔木，高可达20m。单干直立，有环状叶痕。二回羽状复叶，大而粗壮，尖端下垂，羽片厚而硬，形似鱼尾。花序长达约3m，多分枝，悬垂。花3朵聚生，黄色。花期为7月份。果球形，成熟后淡红色。

（2）生态习性 鱼尾葵喜温暖，湿润。较耐寒。根系浅，不耐干旱，茎干忌曝晒。要求排水良好，疏松肥沃的土壤。

（3）繁殖与栽培 鱼尾葵可采用播种和分株繁殖。生长适温为18~30℃，越冬温度为3℃以上，每1~2年换盆一次。

（4）园林应用 植株挺拔，叶形奇特，姿态潇洒，富热带情调，盆栽布置会堂，大客厅等场合，也可作行道树及园林布景。

图4-85 鱼尾葵

6. 散尾葵（图4-86）

别名：黄椰子。

科属：棕榈科，散尾葵属。

（1）形态特征 散尾葵为常绿丛生灌木或小乔木，偶有分枝。茎干光滑，橙黄色；颈部膨大，分蘖较多。羽状复叶，呈淡绿色，细叶长柄稍弯曲，黄色，故称为"黄色棕榈"。

（2）生态习性 散尾葵喜温暖湿润的环境，喜光也耐阴。忌强光暴晒，喜富含腐殖质、排水良好的微酸性沙质土壤。

（3）繁殖与栽培 分株或播种繁殖。生长旺季置于半阴处，保持盆土湿润和植株周围较高的空气湿度，干燥环境条件下叶尖极易干枯，影响观赏。

图4-86 散尾葵

（4）园林应用 庭园绿化、室内盆栽观赏。

7. 国王椰子（图4-87）

别名：佛竹、密节竹。

科属：棕榈科，溪棕属。

（1）形态特征 国王椰子植株高大，单茎通直，成株高9~12m，最高可达25m，直径可达80cm，树形优美，茎部光洁，密布叶鞘脱落后留下轮纹，叶片翠绿，排列整齐。

（2）生态习性 国王椰子生于沼泽及河流沿岸雨水和阳光充足地区。性喜光照充足、水分充足的环境，也较耐寒，耐阴。对土壤要求不严，但疏松、肥沃和排水良好的土壤更有利其生长。稍耐寒。抗风性强，且耐移栽。

（3）繁殖与栽培　国王椰子采用种子繁殖。生长适温为 22 ~ 30℃，越冬温度 5℃以上。

（4）园林应用　国王椰子树形优美，羽状复叶似羽毛，密而伸展，飘逸而轻盈，树干粗壮，为优美的热带风光树，其叶片受风面小，茎秆纤维柔韧，是极为抗风的树种。园林上可作庭园配置及行道树，作盆栽观赏也甚雅。

8. 酒瓶椰子（图 4-88）

别名：匏茎亥佛棕。

科属：棕榈科，酒瓶椰子属。

（1）形态特征　酒瓶椰子单干，树干短，肥似酒瓶，高可达 3m 以上，最大茎粗 38 ~ 60cm。羽状复叶，小叶披针形，40 ~ 60 对，叶鞘圆筒形。小苗时叶柄及叶均带淡红褐色。肉穗花序多分枝，油绿色。浆果椭圆，熟时黑褐色。花期为 8 月份，果期为翌年 3 ~ 4 月份。常见栽培的近缘物种还有棍棒椰子，干高 5 ~ 9m，中部稍膨大，状似棍棒，羽状复叶，小叶剑形，浆果为长椭圆形。

图 4-87　国王椰子

（2）生态习性　酒瓶椰子性喜高温、湿润、阳光充足的环境，怕寒冷，耐盐碱，生长慢，冬季需在 10℃以上越冬。

（3）繁殖与栽培　采用种子繁殖，但需即采即播。

（4）园林应用　酒瓶椰子株形似酒瓶，非常美观，是一种珍贵的棕榈科观赏植物。既可盆栽用于装饰宾馆的厅堂和大型商场，也可孤植于草坪或庭院之中，观赏效果极佳。此外，酒瓶椰子与华棕、皇后葵等植物一样，还是少数能直接栽种于海边的棕榈科植物。

图 4-88　酒瓶椰子

9. 袖珍椰子（图 4-89）

别名：矮生椰子、袖珍棕、矮棕。

科属：棕榈科，袖珍椰子属。

（1）形态特征　袖珍椰子常绿小灌木，盆栽高度一般不超过 1m。它茎干直立，不分枝，深绿色，上具不规则花纹。叶一般着生于枝干顶，羽状全裂，裂片披针形，互生，深绿色，有光泽。叶长 14 ~ 22cm，宽 2 ~ 3cm，顶端两片羽叶的基部常合生为鱼尾状，嫩叶绿色，老叶墨绿色，表面有光泽，如蜡制品。肉穗花序腋生，花黄色，呈小球状，雌雄异株，雄花序稍直立，雌花序营养条件好时稍下垂，浆果橙黄色。花期为春季。

图 4-89　袖珍椰子

（2）生态习性　袖珍椰子喜温暖、湿润和半阴的环境。生长适宜的温度为 20 ~ 30℃，13℃时进入休眠期，冬季越冬最低气温为 3℃。

（3）繁殖与栽培　袖珍椰子采用种子繁殖。袖珍椰子生长适温为 20 ~ 30℃，13℃进入休眠状态，越冬温度为 10℃。

（4）园林应用 袖珍椰子植株小巧玲珑，株形优美，姿态秀雅，叶色浓绿光亮，耐阴性强，是优良的室内中小型盆栽观叶植物，可供厅堂、会议室、候机室等处陈列，为美化室内的重要观叶植物，近年已风靡世界各地。

10. 夏威夷椰子（图4-90）

别名：竹茎玲珑椰子、竹榈、竹节椰子、雪佛里椰子。

科属：棕榈科，欧洲矮棕属。

（1）形态特征 夏威夷椰子茎干直立，株高1~3m。茎节短，中空，从地下匍匐茎发新芽而抽长新枝，呈丛生状生长，不分枝。叶多着生茎干中上部，为羽状全裂，裂片披针形，互生，叶深绿色，且有光泽。花为肉穗花序，腋生于茎干中上部节位上，粉红色。浆果紫红色。开花挂果期可长达2~3个月。

（2）生态习性 夏威夷椰子原产于墨西哥、危地马拉等地，主要分布于中南美洲热带地区。中国台湾省有批量种植，为主要产地之一。性喜高温高湿，耐阴，怕阳光直射。

（3）繁殖 夏威夷椰子可用播种和分株繁殖。播种种子要随采随播。

图4-90 夏威夷椰子

（4）园林应用 夏威夷椰子枝叶茂密、叶色浓绿，并富有光泽，可更新净化室内空气，羽片雅致，给人以端庄、文雅、清秀之美感，成为室内观叶植物的新秀。它耐阴性极强，很适合室内盆栽观赏，可用于客厅、书房、会议室、办公室等处绿化装饰。

（六）龙舌兰科

龙舌兰科为单子叶植物，约20属，670种，多分布于热带和亚热带地区，我国原产约2属6种，产于南部，引入栽培的4属，约10种，除供观赏外，有些为很重要的纤维植物。根茎短但很发达；叶常聚生于茎的基部，通常厚或肉质，边全缘或有刺；花两性或单性，辐射对称或稍左右对称，总状花序或圆锥花序。性喜干燥。稍耐寒，较耐阴，耐旱力强。要求排水良好、肥沃的沙壤土。常用分株和播种繁殖。在园林应用中是最优良的室内观叶植物之一，也用做布置专类园，是重要的插花材料。

常见种类有：

1. 小花龙血树（图4-91）

别名：山海带、柬埔寨龙血树。

科属：龙舌兰科，龙血树属。

（1）形态特征 单干乔木，具有灰白色的树皮，分枝多，叶剑形，狭长带状，深绿色，叶片集生于枝顶，厚纸质，长20~50cm，宽1~4cm，下垂或半下垂。圆锥花序顶生，大型，由无数白色芳香的小花组成。浆果球形，成熟时橙黄色。本种在我国分布极稀，濒于绝灭。

图4-91 小花龙血树

（2）生态习性 小花龙血树要求温暖潮湿环境，喜阳光也耐半阴，需要肥沃与排水良好的沙质土壤或腐叶土栽植。

（3）繁殖与栽培 小花龙血树采用组织培养法繁殖。生长适温为20~30℃，大于5℃越冬。约 3~5d 浇水 1 次，做到不干不浇，浇则浇透。冬季应减少浇水和暂停施肥。

（4）园林应用　盆栽者可作为室内角隅、走廊、门口等处摆设装饰，尤其适用于暗色调的环境应用，其白色的树皮和下垂的长叶相得益彰而十分瞩目。地栽者多应用于自然式绿化配置上，栽于草坪之中，配以石景则显得十分优雅和美丽。

2. 香龙血树

别名：巴西铁树、巴西千年木、金边香龙血树。

科属：龙舌兰科，龙血树属。

香龙血树树干粗壮，叶片剑形，碧绿油光，生机盎然。当今被誉为"观叶植物的新星"，成为世界上十分流行的室内观叶植物。20 世纪 70 年代盆栽的香龙血树在欧美已十分盛行，成为室内重要的装饰植物之一。目前，荷兰香龙血树的年产值已达到 3760 万美元，列荷兰盆栽植物产值的第二位。意大利、西班牙等国也有一定规模的生产。

（1）形态特征　香龙血树株形整齐，茎干挺拔，叶簇生于茎顶，长 40~90cm，宽 6~10cm，尖稍钝，弯曲成弓形，有亮黄色或乳白色的条纹；叶缘鲜绿色，且具波浪状起伏，有光泽，花小，黄绿色，芳香。

常见品种有：金边香龙血树，叶缘淡黄色，中央为绿色；中斑香龙血树（图 4-92），也称为金心巴西铁，叶面中央具黄色纵条斑，两边绿色；银边香龙血树（图 4-93），也称为银边巴西铁，叶边缘为乳白色，中央为绿色。

图 4-92　中斑香龙血树

图 4-93　银边香龙血树

（2）生态习性　香龙血树性喜高温、高湿及通风良好的环境，较喜光也耐阴，但怕烈日，忌干燥、干旱，喜疏松、排水良好沙质土壤。生长适宜温度为 20~28℃，冬季 13℃以下要防寒害，越冬温度为 5℃。

（3）繁殖与栽培　香龙血树常用扦插法进行繁殖。5~6 月份选用成熟健壮的茎干，剪成 5~10cm 小段，以直立或平卧的方式扦插在以粗砂或蛭石为介质的插床上，保持 25~30℃室温和 80% 的空气湿度，约 30~40d 可生根，50d 可直接上盆。

（4）园林应用　香龙血树植株挺拔、清雅，富有热带情调。几株高低不一的茎干组栽成大型盆栽植株，用于布置会场、客厅和大堂，端庄素雅，充满自然情趣。小型盆栽或水养植株，点缀居室的窗台、书房和卧室，更显清丽、高雅。

3. 也门铁（图 4-94）

科属：龙舌兰科，龙血树属。

（1）形态特征　小乔木或灌木，地栽植株有明显的主干和分支，可高达 20m。也门铁比巴西铁植株高大，叶片较硬，叶端下垂不明显，斜出伸展形，叶片要略长些。巴西木的叶片较软，叶端下垂明显，拱垂形。

（2）生态习性　也门铁喜温暖湿润、通风良好的环境，生长适温为20～30℃，冬季低于10℃左右就出现不良反应；喜半阴，喜肥沃壤土。以50%～60%遮光为佳，忌强光直射。

（3）繁殖与栽培　也门铁多以组培繁殖为主，也可以扦插繁殖。施肥可用有机肥，同时每月配合3～4次三要素叶面肥。夏季要避免光照直射，以免叶片受日光灼伤，出现叶片变黄或变白现象。光照过少时，叶片会呈灰绿色且亮度不足，基部叶片黄化，尤其是有条纹的品种，长期在低光照条件下，色彩变浅或消失，从而失去观赏价值。

图4-94　也门铁

（4）园林应用　也门铁叶姿优美，是室内布置的好材料，可点缀客厅、布置厅堂，对光线的适应性较强，在阴暗的室内可连续观赏2～4周。置于室内光线条件下一般处可摆6个月至2年，能够有效吸附室内的甲醛、苯等有害气体。也门铁是室内绿色植物中最为耐阴的一类观赏植物。

4. 银纹铁（图4-95）

别名：银纹龙血树。

科属：龙舌兰科，龙血树属。

（1）形态特征　银纹铁为多枝小乔木或灌木，在原产地非洲热带地区高约3～5m，盆栽观赏者一般高30～80cm。其叶密生于茎枝上，呈螺旋状排列，无柄而以叶鞘抱茎而生，叶片绿色或有各种银白或金黄色条纹，长30～50cm，宽4～5cm，有时扭曲。圆锥花序生于茎顶，长可达1.3m，由许多散发异味的紫红色小花组成，一般盆栽的植株不会开花，通常为地栽的大型植株成熟后才会开花结籽。

图4-95　银纹铁

银纹铁的品种极多，由于具有银色斑纹的品种最为多见，故引入我国华南地区后以银纹铁命名。常见的品种有：

1）太阳神：又称为阿波罗，是绿叶银纹铁的矮生密叶品种，特点是植株矮小，叶片短而密生，深绿色，质厚，有时扭曲。叶片有金黄或银白色斑纹者又称为斑叶太阳神，观赏价值比绿色叶片的太阳神更高。

2）金边银纹铁：叶片两边有一道宽阔的金黄色镶边，仅在中央为绿色带。

3）金边绿纹铁：植株较细长，叶片上有黄绿色的斑纹，尤其是边缘更有一条黄绿色的镶边。

4）旋叶银纹铁：叶片密生，叶质厚，上半部常扭曲，形成螺旋着生之状，绿色有黄绿或银白色条纹。

5）银线铁：叶片长而密生，绿色杂以银白色线状细直条纹，边缘更有一道明显的银白色镶边。

6）绿叶银纹铁：银纹铁的绿色叶品种，叶片较宽，深亮绿色，密生而质厚，具有金属光泽。

7）黄纹铁：叶片较狭，绿色有数条金黄色斑纹，边缘更有一条金黄色镶边。

8）银心铁：叶片质厚，绿色，中央有一道宽阔的银白色纵带，色彩对比明显。

（2）生态习性　银纹铁喜高温多湿条件，耐半阴，尤其是绿叶品种，可在室内光照较

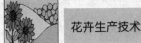

弱的环境下生长。忌严寒与干旱，栽培宜用排水良好的沙质土壤。

（3）繁殖与栽培　银纹铁是热带观叶植物，全年生长适温在20～35℃之间，冬季最低越冬温度约在5℃以上。室内放置易选靠近窗口光线充足处，生长季节浇水做到不干不浇，浇则浇透。每隔两年换盆一次。

（4）园林应用　银纹铁主要以盆栽的方式置于室内观赏，可摆设于厅堂、办公室、客厅、门口、走廊的台面、几架和角隅等处，优雅并富于热带情调。

5. 富贵竹

别名：万寿竹、距花万寿竹、开运竹、富贵塔、竹塔、塔竹。

科属：龙舌兰科，龙血树属。

（1）形态特征　富贵竹为多年生常绿小灌木。株高1m以上，单茎直立。叶互生或近对生，纸质，长披针形，有各种金黄色与银白色斑纹。伞形花序顶生，白色小花芳香。浆果近球形，黑色。其品种有绿叶、绿叶白边（银边富贵竹）、绿叶黄边（金边富贵竹）、绿叶银心（银心富贵竹）等，如图4-96～图4-99所示。

图4-96　金边富贵竹

图4-97　转运竹

图4-98　开运竹

图4-99　富贵竹网柱

（2）生态习性 富贵竹耐阴忌强光照射，喜温暖潮湿忌严寒和干旱。泥养、水养、沙培均适宜，是一种粗生粗长的室内观叶植物。

（3）繁殖与栽培 富贵竹是热带植物，全年生长适温在 20～35℃ 之间，冬季温度约在 10℃ 时生长停止，5℃ 以下会产生寒害。凡是有斑纹的富贵竹品种要多给予些阳光，并要少施氮肥，否则失色返绿。

（4）园林应用 富贵竹粗生粗长，茎秆挺拔，叶色浓绿，冬夏常青，不论盆栽或剪取茎干瓶插或加工"开运竹"、"弯竹"，均显得疏挺高洁，茎叶纤秀，柔美优雅，姿态潇洒，富有竹韵，观赏价值特高，颇受国际市场欢迎。

6. 百合竹（图 4-100）

别名：短叶朱蕉。

科属：龙舌兰科，龙血树属。

（1）形态特征 百合竹为多年生常绿灌木或小乔木。叶线形或披针形，全缘，浓绿有光泽，松散成簇；花序单生或分枝，常反折，花白色，为雌雄异株。

常见栽培品种：斑叶金边百合竹，也叫金边富贵竹，叶缘有金黄色纵纹；金心百合竹，叶缘绿色，中央呈金黄色。

（2）生态习性 百合竹喜高温多湿，生长适温为 20～28℃，耐旱也耐湿，温度高则生长旺盛，冬季干冷易引起叶尖干枯。宜半阴，忌强烈阳光直射，越冬要求 10℃ 以上。对土壤及肥料要求不严。

图 4-100 百合竹

（3）繁殖与栽培 繁殖或扦插，扦插适期为春、秋，20～25℃ 的条件下，30～40d 可生根。

（4）园林应用 其叶片潇洒飘逸，耐阴性好，非常适合室内观赏，还可水培欣赏。

7. 星点木（图 4-101）

别名：星虎斑木、星点千年木。

科属：龙舌兰科，龙血树属。

（1）形态特征 星点木为多枝小灌木，有细长和圆形枝条，叶多片轮生于每一节间，其叶面分布着黄色斑点，犹如星点之状。总状花序生于枝端，有多朵黄色小花组成，具芳香。浆果球形，熟时变为红色。

（2）生态习性 星点木喜高温多湿和半阴环境，忌干旱，严寒和盛夏烈日。喜富含有机质的沙质土壤或腐殖土。

（3）繁殖与栽培 星点木忌强光直射，又怕 13℃ 以下的低温。宜选择明亮的场所，使叶色较亮丽，星点也会较明显。星点木对水分的需求较少，可待土表干了再浇水。

图 4-101 星点木

（4）园林应用 长卵形叶片颜色有黄有白，看起来煞是热闹，株形小巧可爱，盆栽摆在家中具有装饰效果，也是插花常用的绝佳花材。

8. 油点木（图4-102）

科属：龙舌兰科，龙血树属。

（1）形态特征　油点木为丛生常绿小灌木，茎枝圆形，褐红色，多分枝，叶片长椭圆形，深绿色有浅绿色斑点，如同油滴在叶片上所留下的痕迹。叶多片轮生于每一节间，伞形花序生于枝端，小浆果球形，熟时红色。

（2）生态习性　油点木喜高温高湿，在原产地多生于林下半阴处。喜富含有机质的腐叶土。

（3）繁殖与栽培　油点木可用扦插法或分株法栽培，春至秋季为适期。栽培以肥沃的壤土或沙质土壤为佳，排水需良好。

图4-102　油点木

（4）园林应用　油点木适合庭院点缀或盆栽。

9. 三色铁（图4-103）

别名：三色朱蕉、红边朱蕉。

科属：龙舌兰科，龙血树属。

（1）形态特征　三色铁茎秆细长，有分枝，茎秆上有明显的叶痕。叶片革质，细长，窄线形。

（2）生态习性　三色铁原产于马达加斯加，不耐寒，怕涝，喜半阴环境，忌烈日暴晒，也能耐阴暗及全光条件。生长适温为20～25℃。

（3）繁殖及栽培　三色铁常用扦插、压条和播种繁殖。生长期盆土必须保持湿润。缺水易引起落叶，但水分太多或盆内积水，同样引起落叶或叶尖黄化现象。茎叶生长期经常喷水，以空气湿度50%～60%较为适宜。每2～3年换盆一次。

图4-103　三色铁

（4）园林应用　三色铁叶色美丽，多用作室内盆栽。

10. 酒瓶兰（图4-104）

别名：象腿树。

科属：龙舌兰科，酒瓶兰属。

（1）形态特征　酒瓶兰为常绿多浆植物，茎直立，基部膨大，呈酒瓶状。叶线性，绿色，革质，全缘，集生于茎顶部，向四周拱曲下垂。5年后开花，花小，乳白色。

（2）生态习性　酒瓶兰原产于墨西哥东南部。喜温暖湿润、光照充足环境。稍耐寒，越冬温度5℃以上，要求疏松肥沃的沙壤土，耐干燥土壤。

（3）繁殖及栽培　酒瓶兰为播种繁殖。生长季节需保证水肥供应，促使茎基部肥大。需保持较高的空气湿度，否则叶尖枯黄。

（4）园林应用　酒瓶兰茎形奇特，叶片飘逸，具有浓郁的热带气息，且耐旱易于栽培，适宜室内盆栽观赏。

图4-104　酒瓶兰

11. 朱蕉（图4-105）

别名：千年木、红叶铁树、彩叶铁、红竹。

科属：龙舌兰科，朱蕉属。

（1）形态特征　朱蕉为灌木状，直立，高1～3m。茎粗1～3cm，茎单生或叉状分枝，直立细长。叶聚生于茎或枝的上端，矩圆形至矩圆状披针形，绿色或带紫红色。圆锥花序，花淡红色、青紫色至黄色，花梗通常很短，外轮花被片下半部紧贴内轮而形成花被筒，花柱细长。

图4-105　朱蕉

（2）生态习性　朱蕉性喜高温多湿气候，属半阴植物，既不能忍受烈日曝晒，完全蔽阴处叶片又易发黄，不耐寒。要求富含腐殖质和排水良好的酸性土壤，忌碱土，于碱性土壤中叶片易黄，新叶失色，不耐旱。花期为11月份至翌年3月份。

（3）繁殖与栽培　朱蕉可用扦插、压条和播种法繁殖，一般采用播种法。9月份种子成熟后用浅盆点播，发芽适温为24～27℃，播后2周后发芽，苗高4～5cm移栽。每半月施一次硝酸钾肥。主茎越长越高，基部叶片逐渐枯黄脱落，可通过短截，促其多萌发侧枝，树冠更加美观。叶片经常喷水，保持茎叶生长清新繁茂，并注意室内通风，减少病虫危害，每2～3年换盆一次。

（4）园林应用　朱蕉株形美观，色彩华丽高雅，装饰客室和窗台，优雅别致。成片摆放会场、公共场所、厅室出入处，端庄整齐，清新悦目，是布置室内场所常用的优良植物。

（七）桑科

桑科约40属，1000种。其多为乔木、灌木，有刺或无刺，有的有乳状液。单叶互生或对生，全缘或具锯齿或分裂；托叶早落。花小，单性，雌雄同株或异株，集成葇荑、穗状、头状或隐头花序；花单被，雄蕊与花被同数且对生，雌花花被有时呈肉质，子房上位至下位，1～2室，每室有胚珠1颗。聚花果或小瘦果、小坚果。桑科主要分布于全世界热带、亚热带地区，少数属、种分布于北温带。桑科采用扦插繁殖。喜阳光充足、气候温暖和湿润的环境，在肥沃湿润及稍带粘性的土质上生长良好，是最优良的行道树种或庭院植物之一。

桑科常见种类有：

1. 榕类

科属：桑科，榕属。

（1）形态特征　榕类为常绿乔木或灌木。有乳汁。叶片互生，多全缘；托叶合生，包被于顶芽外，脱落后留一环形痕迹。花多雌雄同株，生于球形、中空的花托内。

1）垂榕（图4-106）：别名垂叶榕、小叶榕、垂枝榕。其原产于印度、东南亚、澳大利亚一带。自然分支多，小枝柔软如柳、下垂。叶片革质，亮绿色，卵圆形至椭圆形，有长尾尖。幼树期茎干柔软，可进行编株造型。叶片茂密丛生，质感细碎柔和。常见栽培的主要品种有花叶垂枝榕，常绿灌木，枝条稀疏，叶缘及叶脉具浅黄色斑纹。

2）琴叶榕（图4-107）：又名琴叶橡皮树。常绿乔木。自然分枝少。叶片宽大，呈提琴状，厚革质，叶脉粗大凹陷，叶缘波浪状起伏，深绿色有光泽。风格粗犷，质感粗糙。

图 4-106　垂榕　　　　　　　　　　　　　图 4-107　琴叶榕

3）柳叶榕（图 4-108）：常绿大乔木，叶披针形，厚革质，全缘。

4）人参榕（图 4-109）：常绿乔木，根部肥大，形似人参而得名。

图 4-108　柳叶榕　　　　　　　　　　　图 4-109　人参榕

（2）生态习性　喜高温、多湿和散射光环境。越冬温度一般为 5℃以上，个别种类耐寒性强。室内养护要求光线充足和通风良好。以疏松、肥沃、排水良好的沙质土壤为宜。

（3）繁殖与栽培　一般采用扦插和压条繁殖。

（4）园林应用　室外作行道树、营造绿篱、绿带或点缀性配植，室内盆栽或做盆景，用于大堂、会议室、门厅等处美化布置。

2. 橡皮树

别名：印度橡皮树、印度胶榕、橡胶榕。

科属：桑科，榕属。

（1）形态特征　树体高大、粗壮。叶片厚革质，有光泽，长椭圆形，长 10～30cm，叶面暗绿色，背面浅绿色；幼叶初生时内卷，外面包被红色托叶，叶片展开即脱落。中国南方可露地栽培，耐 0℃低温。

常见栽培品种：斑叶橡皮树（图 4-110）：叶片上有许多不规则的黄色或白色斑块，叶柄粉红色；美叶橡皮树：新叶粉红色，长成后主脉附近浓绿色，周围乳白色，有时呈玫瑰色，但长势弱；黑叶橡皮树（图4-111）：叶片黑绿色。

图4-110　斑叶橡皮树　　　　　　图4-111　黑叶橡皮树

（2）生态习性　橡皮树性喜温暖湿润环境，适宜生长温度为20～25℃，安全越冬温度为5℃。喜明亮的光照，忌阳光直射。耐空气干燥。忌黏性土，不耐瘠薄和干旱，喜疏松、肥沃和排水良好的微酸性土壤。

（3）繁殖与栽培　扦插或高位压条繁殖。在生长旺期，植株需水肥量大，可每10d追肥一次，并充分浇水。冬季控制浇水，将盆置于阳光充足处，并经常叶面喷水，或清洁叶面，保持叶面青翠亮丽。生长多年的植株，当盆土表面出现少量地上根时，就要及时换盆，一般2年一次。盆栽为培育小型植株，避免植株旺长，可在春季换盆时，适量断根，栽种到稍大一号的盆中；或在夏季生长期，适当修剪整枝，促下部萌枝，矮化树体。

（4）园林应用　中、大型盆栽，因种类不同而风格各异，或粗犷厚重，或高雅潇洒，是室内常用的美丽观叶植物。

（八）凤梨科

凤梨科为单子叶植物，全世界约50属1000余种。其多为短茎附生草本，但有时也为陆生耐旱植物（如菠萝）。叶色光亮，叶互生，质地厚实，有的品种叶片有纵向或横向条纹或彩带。叶片簇生于短缩茎上，形成叶杯，用以储水和吸收养分。根部极不发达，水分和营养吸收主要靠叶杯。但由于叶杯长期贮存水，根、叶易腐烂，故要注意往叶杯内加干净水，定期用500倍的百菌清杀剂清洗根、叶部，防止腐烂。花两性或有时单性，形成简单或复合的穗状，总状或头状花序，通常具艳色苞片或稀为单花。果为浆果、蒴果、稀为肉质聚花果（凤梨），种子有时具翅或羽状冠毛。喜温暖湿润气候。

凤梨一生只开花一次，花后会在老植株基部长出一至数枚分蘖芽，此时不宜过早分株。观赏凤梨不仅花艳叶美，而且病虫害较少。

凤梨科多数产于南美热带或亚热带地区的附生层，因而它喜欢温暖湿润的气候条件。夏季适温为25～30℃，冬季适温为15～18℃，最低温度不能低于12℃。气温高时，可给植株喷水。柔和的阳光使叶片更加美丽。生长季节可大量浇水，同时在莲座叶筒中灌些水。每次浇水后，待盆土较干时再浇第二次，不可过量。冬天盆土应稍干一些。5～9月份为生长旺盛期，每两周施一次肥。除此之外，还应增施磷、钾肥两次。每年3～4月份间换盆。盆栽介质除要求富含腐殖质、肥沃外，更重要的是要有疏松、透气性佳、排水良好、微酸性土壤。可按下列配方配成混合均匀的盆土：腐叶土（或泥炭土）1/2～3/4，河沙（不宜过细）1/4～1/2，并掺入3%～5%的腐熟鸡粪、饼肥等优质有机肥及骨粉等。凤梨为著名的室内观叶、观花植物。作为客厅摆设，既热情又含蓄，很耐观赏。

凤梨科主要种类有：

1. 美叶光萼荷（图4-112）

别名：粉菠萝、蜻蜓凤梨、斑粉菠萝、粉凤梨。

科属：凤梨科，珊瑚凤梨属（光萼荷属）。

（1）形态特征　附生，叶丛"莲座状"，叶革质，宽线形，长40～60cm，宽5～7cm，叶端钝圆有短突出，绿色，被灰色鳞片，叶面上有银灰色的横走细致斑条，叶背粉绿色，叶缘密生深色的细刺。总花梗从叶丛中抽出，淡红色，穗状花序集生成圆锥球状，密生着粉红色的苞片，苞片呈披针形，缘带细刺。小花初开时为蓝紫色，后变桃红色。

图4-112　美叶光萼荷

（2）生态习性　喜半阴环境，春、夏、秋季应遮去50%～60%光照，忌强光直射，但冬季应充分接受阳光。生长适宜温度为20～28℃，越冬温度不能低于10℃。

（3）繁殖与栽培　分割吸芽繁殖，花后母株可存活8～10个月，其基部长出吸芽，掰下后剥去基部小叶数片，扦插即可。也可待吸芽长成母株一半大小时再掰下种植。移栽前在小株叶筒内注入水，并尽可能带些母株的根。

（4）园林应用　美叶光萼荷花序粉红美丽，观赏期达数月之久，是一种极受欢迎的品种。

2. 斑叶凤梨（图4-113）

别名：艳凤梨，金边菠萝。

科属：凤梨科，凤梨属。

（1）形态特征　斑叶凤梨为多年生地生性草本，株高可达120cm。叶莲座状着生，叶片长60～90cm，厚而硬，两侧近叶缘处有黄色纵向条纹。花葶生于叶丛中，呈稠密球状花序，小花紫红色，结果后顶部冠有叶丛。植株粗犷，富有野趣，果形如菠萝，经久耐赏，誉为菠萝花。生性强健，易于水养。斑叶凤梨叶扁平较短，中央铜绿色，两边具淡黄色条纹，花及果鲜红色。

图4-113　斑叶凤梨

（2）生态习性　斑叶凤梨喜温暖、阳光直射的环境，生长适温为21～35℃，越冬室温在12～15℃以上，根系生长适温为29～31℃；适于酸性或微酸性的沙质壤土。

（3）繁殖与栽培　分株繁殖或扦插繁殖。斑叶凤梨在凤梨科中是较喜光的种类，在热带地区直接在阳光下生长，没有充足的阳光不能良好生长，在北方温室栽培时，冬季不遮光，出房后稍加遮阴栽培过渡一段时间，再放在阳光下栽培，才能生长良好；生长季节要有充足的水分和较高的空气湿度，耐旱能力强，数日不浇水对生长的影响不大。

（4）园林应用　斑叶凤梨株形较大，莲座状叶丛十分美丽，常作室内摆设或会议装饰材料。顶端五彩花序，十分可爱，是插花的好材料。南方用于地栽庭院观赏。

3. 水塔花（图 4-114）

别名：火焰凤梨、红笔凤梨。

科属：凤梨科，水塔花属。

（1）形态特征　水塔花为多年生草本，附生性。无茎。叶阔条形或披针形，基部略膨大，筒状簇生，上面绿色，下面粉绿色。穗状花序，直立，稍高于叶，苞片粉红色，萼片暗红色，被粉；花冠鲜红色，开花时旋扭；花期为夏季。

（2）生态习性　水塔花喜温暖、湿润、半阴环境。不耐寒，稍耐旱。忌强光直射，生长适温为 20～28℃。对土质要求不高，以含腐殖质丰富、排水透气良好的微酸性沙质壤土为好，忌钙质土。

图 4-114　水塔花

（3）繁殖与栽培　分株繁殖。盆土用腐叶土或苔藓泥炭加沙或珍珠岩，拌入适量腐熟厩肥，生长季节要适度灌溉，水可浇入叶筒内，保持较高空气湿度，通风良好。冬季需要充足阳光，轻微喷雾，室内温度不低于 8～10℃。易受霜害。

（4）园林应用　水塔花植株矮小，叶丛中心筒内常贮有水，好似水塔，别有风趣。水塔花株丛青翠，花色艳丽，是良好的盆栽花卉。盛开的水塔花是点缀阳台、厅室的佳品。

4. 果子蔓（图 4-115）

别名：红杯凤梨、姑氏凤梨、果子蔓。

科属：凤梨科，擎天凤梨（果子蔓）属。

（1）形态特征　果子蔓为多年生常绿草本，中型种，叶丛紧密抱成漏斗状，株高 20～30cm，宽 3～4cm，叶较薄，亮绿色，具光泽，叶缘光滑无刺。花茎从叶丛中心抽出，复穗状花序，具多个分枝，花茎长约 30cm，苞叶鲜红色，小花黄色。

（2）生态习性　果子蔓性喜高温多湿的环境，生长适温为 20～30℃，越冬温度 15℃以上，湿度 85％以上。

（3）繁殖与栽培　春夏季分殖吸芽或播种繁殖。栽培基质由等量肥沃腐叶土、蕨根或粗苔藓泥炭或树皮配制。自夏至秋，莲座叶丛中要保持足够水分，须用软水灌溉。

图 4-115　果子蔓

（4）园林应用　果子蔓为花叶俱佳的观赏植物，亭亭玉立的花穗十分艳丽，花期能达数月之久，是布置客厅、书房等几桌上好植物材料。

5. 彩叶凤梨（图 4-116）

别名：五彩凤梨、美艳凤梨、赪凤梨、斑叶红心凤梨。

科属：凤梨科，丽穗凤梨属。

（1）形态特征　彩叶凤梨为多年生常绿草本。株高 20cm。叶莲座状着生，基部成筒状，披针形，缘具细齿；革质；绿色有金属光泽，开花前中心部分叶基部或全株叶变成深红色，可保持观赏期 2～3 个月。

（2）生态习性　彩叶凤梨原产于巴西。喜温暖湿润环境，喜明亮光照，怕强光暴晒，宜肥沃、疏松和排水良好的土壤，冬季温度不低于10℃。

（3）繁殖与栽培　梨叶凤梨主要用分株繁殖。花期后从母株旁萌发出蘖芽，待蘖芽长成10cm高小株时，剥取另行栽植。

（4）园林应用　彩叶凤梨开花前，内轮叶下半部或全叶变红色，能持续数月之久，春季开蓝紫色小花。彩叶凤梨适合室内盆栽观赏或用于插花、盆景欣赏。

6. 铁兰类（图4-117）

别名：紫凤梨、紫花凤梨。

科属：凤梨科，铁兰属。

（1）形态特征　铁兰类为常绿附生植物，地下大多无根或少根，依靠叶片上发达的鳞片吸收营养物质。叶片簇生呈莲座状；叶窄长，几乎无叶筒，约50片。羽状花序椭圆形，苞片2裂，对生，苞片间着生小花，开花后，莲座叶丛逐渐枯死。

（2）生态习性　铁兰喜阳光充足、温暖高湿环境，忌阳光暴晒，不耐寒，可耐10℃低温。要求土质疏松、排水良好的腐叶土。

（3）繁殖及栽培　铁兰采用分株繁殖，春季花后结合换盆进行。生长季节要叶面喷肥，依靠鳞片吸收。盆土不可积水，最好用含钙质低的水浇水。

（4）园林应用　盆栽观赏，华丽典雅，也可吊盆欣赏。

图4-116　彩叶凤梨

图4-117　铁兰

7. 丽穗凤梨

科属：凤梨科，丽穗凤梨属。

（1）形态特征　丽穗凤梨类为常绿附生草本植物，叶长条形，具斑纹，叶丛莲座状，可蓄水；复穗状花序，顶端红色苞片组成剑形花序，小花黄色。

常见种类：莺歌凤梨（图4-118）：小型附生植物，株高20cm。叶片带状，革质，自然下垂，叶色鲜绿，有光泽。穗状花序直立，苞片基部鲜红色，顶端黄色，可保持1个月之久，小花黄色；虎纹凤梨（图4-119）：叶片线形，向四周伸长，叶面深绿色，有横条状斑纹，条纹黑紫色，艳丽。穗状花序，苞片鲜红色，小花黄色。

（2）生态习性　丽穗凤梨类喜温暖湿润、疏松肥沃、排水良好的腐叶土。不耐寒，较耐阴。

（3）繁殖及栽培　丽穗凤梨常用分株或播种法繁殖。生长期内要充分浇水、施肥，保持叶筒始终有水，但盆土不宜过湿。

（4）园林应用　丽穗凤梨为中小型盆栽，花期长，也可观叶。

图 4-118　莺歌凤梨

图 4-119　虎纹凤梨

（九）五加科

五加科为双子叶植物，80 属，900 种，广布于两半球的温带和热带地区。五加科为多年生草本、灌木或乔木，有时攀援状，茎有时有刺；叶互生，稀对生或轮生，单叶或羽状复叶或掌状复叶。花整齐，两性或单性，萼齿小，花冠绿白色或黄绿色，花柱离生或合成柱状，或无花柱而柱头直接生于子房上；虽花小而色不艳，但具香味，花盘隆起，果实为浆果或具多核之核果。

常见种类有：

1. 八角金盘（图 4-120）

别名：八角盘、八手、手树。种属：五加科，八角金盘属。

（1）形态特征　八角金盆为常绿灌木。叶大、掌状，5 ~ 9 深裂，厚，有光泽，边缘有锯齿或呈波状，绿色有时边缘金黄色，叶柄长，基部肥厚。伞形花序集生成顶生圆锥花序，花白色。花期为 10 ~ 11 月份。浆果球形，紫黑色，外被白粉，翌年 5 月成熟。

（2）生态习性　八角金盘喜温暖，忌酷暑，较耐寒，冬季能耐 0℃ 低温，夏季超过 30℃ 时，叶片易发黄，诱发病虫害；宜阴湿，忌干旱及强光直射；要求疏松、肥沃的沙质土壤。

图 4-120　八角金盘

（3）繁殖及栽培　八角金盘可用播种、扦插或分株繁殖。温室栽培条件下，除盛夏外，全年皆可扦插；适期是 2 ~ 3 月份和 5 ~ 6 月份。分株多于春季换盆时进行。播种于 5 月份果熟后可即采即播。八角金盘生命力极强，适宜在半阴环境下生长。光线过强、空气干燥、土壤过于贫瘠都会导致叶片变黄枯萎。温度忽高忽低，则叶色暗淡、脱落。生长中应及时修剪，除去顶端优势，促使萌发侧枝，丰满树形。

（4）园林应用　八角金盘四季常青，叶形优美，浓绿光亮，且适应室内弱光环境，是

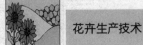

重要的耐阴观叶植物。可用于布置门厅、窗台、走廊、水池边，叶片又是插花的良好配材。

2. 孔雀木（图4-121）

别名：手树。

科属：五加科，孔雀木属。

（1）形态特征 孔雀木为常绿观叶小乔木，茎干和叶柄有白色斑点。叶革质，互生，掌状复叶，小叶5～9枚，小叶柄短，线形，边缘为整齐的锯齿，中脉明显，色浅；幼叶呈铜红色，后变为深绿色，有特殊的金属光泽。

（2）生态习性 孔雀木喜温暖湿润环境，空气湿度保持40%左右。孔雀木怕强光曝晒，光线不足易导致枝条徒长，影响观赏价值。土壤以肥沃、疏松的壤土为好。不耐寒，生长适温为18～30℃，冬季温度低于5℃，植株易受寒害。

图4-121 孔雀木

（3）繁殖与栽培 孔雀木常用扦插方法繁殖。栽培忌温度忽高忽低及空气干燥，忌过湿和干燥土壤。生长季节隔1～2周施加稀薄饼肥水一次。冬季生长缓慢，适当控水，停止施肥，增加其抗寒力。

（4）园林应用 树形优美，姿态自然洒脱，是名贵的大中型盆栽观叶植物。

3. 鹅掌柴（图4-122）

别名：鸭脚木，小叶伞树，矮伞树。

科属：五加科，鹅掌柴属。

（1）形态特征 鹅掌柴为常绿大乔木或灌木，分枝多，枝条紧密。掌状复叶，小叶5～9枚，叶革质，浓绿，有光泽，椭圆形，端有长尖。花小，多数白色，有香气，花期为10～11月份；浆果球形，果期12月份至翌年1月份。

（2）生态习性 在空气湿度高、土壤水分充足的环境下生长良好，但对北方干燥气候有较强适应能力。盆土缺水会引起叶片大量脱落。生长适温为15～25℃，低于5℃会造成叶片脱落。

（3）繁殖与栽培 用播种及扦插繁殖。夏季需要较多的水分，每天浇水一次，使盆土保持湿润，春、秋季节每隔3～4d浇水一次，水分太多或渍水，易引起根腐。生长期每周施肥一次，可用氮、磷、钾等量的颗粒肥松土后施入。斑叶种类则应

图4-122 鹅掌柴

少施氮肥，氮肥过多则斑块会渐淡而转为绿色。每年春季新芽萌发之前应换盆，去掉部分旧土，用新土盆栽，并结合换盆进行修剪。

（4）园林应用 鹅掌柴株形丰满优美，适应能力强，是优良的盆栽植物。适宜布置客厅书房及卧室，可放在庭院蔽阴处和楼房阳台上观赏，还可庭院孤植。

4. 昆士兰伞木（图4-123）

别名：昆石兰遮树、澳洲鸭脚柴、伞树、大叶伞。

科属：五加科，鹅掌柴属。

（1）形态特征 昆士兰伞木为常绿乔木，高达 12m。掌状复叶互生，小叶长椭圆形，全缘。花小，红色，总状花序。核果近球形，紫红色。

（2）生态习性 昆士兰伞木原产于澳洲。喜温暖湿润、通风和明亮光照，适于排水良好、富含有机质的沙质壤土。

（3）繁殖与栽培 扦插、嫁接繁殖。安全越冬温度为 8℃。夏季忌阳光直射，适宜遮去 30% ~ 40% 光照。烈日曝晒时叶片会失去光泽并灼伤枯黄；过阴时则会引起落叶。因生长量大，每月施 1 次肥料，并充分供应水分，保证盆土湿润，过干过湿都会引起树叶的脱落。生长期间应经常进行叶面喷雾，空气干燥叶片会褪绿黄化。

图 4-123 昆士兰伞木

（4）园林应用 昆士兰伞木叶片阔大，柔软下垂，形似伞状，株形优雅轻盈，适于客厅的墙隅与沙发旁边置放。

5. 圆叶福禄桐（图 4-124）

别名：圆叶南洋森、圆叶南洋参。

科属：五加科、南洋森属

（1）形态特征 圆叶福禄桐为常绿灌木或小乔木，植株多分枝，茎干灰褐色，密布皮孔。枝条柔软，叶互生，3 小叶的羽状复叶或单叶，小叶宽卵形或近圆形，基部心形，边缘有细锯齿，叶面绿色。另有花叶、银边品种。此外，本属中的羽叶南洋森、蕨叶南洋森、皱叶南洋森、五叶南洋森、栎叶南洋森等品种也常见于栽培。

（2）生态习性 圆叶福禄桐原产于太平洋群岛，喜温暖湿润和阳光充足的环境，耐半阴，不耐寒，怕干旱。

图 4-124 圆叶福禄桐

（3）繁殖与栽培 扦插繁殖。夏季注意避免强烈阳光的直射。生长期保持盆土湿润而不积水。每 2 周左右施一次观叶植物专用肥或腐熟的稀薄液肥。冬季放在室内阳光充足处，适当减少浇水，温度应维持在 12℃ 以上。每 2 年至 3 年换盆一次。

（4）园林应用 圆叶福禄桐茎干挺拔，叶片鲜亮多变，是近年较为流行的观叶植物，可用不同规格的植株装饰客厅、卧室、书房、阳台等处，既时尚典雅，又自然清新。

6. 常春藤（图 4-125）

别名：土鼓藤、钻天风、三角风、散骨风、枫荷梨藤。

科属：五加科，常春藤属。

（1）形态特征 常春藤为常绿攀援藤本。茎枝有气生根，吸附其他物攀援；茎红褐色，长可达 30m。叶片着生于营养之上，呈 3 ~ 5 裂，心脏形；叶面暗绿色，叶色、叶形变化丰富，形成诸多园艺品种。

（2）生态习性 常春藤生长强健，性喜温暖、荫蔽的环境，忌阳光直射，但喜光线充足，较耐寒，抗性强，对土壤和水分的要求不严，以中性和微酸性为最好。

（3）繁殖与栽培 用种子、扦插和压条繁殖。常春藤栽培

图 4-125 常春藤

管理简单粗放，但需栽植在土壤湿润、空气流通之处。室内应置于光线明亮处，光照弱、气温高、通风不良，易使常春藤生长衰弱，招致病虫害。生长季浇水应充分，冬季则偏干，同时，由于根系发育快，应及时分株和移植，并结合整枝，加速繁殖。移植可在初秋或晚春进行，定植后需加以修剪，促进分枝。

（4）园林应用　在庭院中可用以攀缘假山、岩石，或在建筑阴面作垂直绿化材料；在华北宜选小气候良好的稍阴环境栽植；也可盆栽供室内绿化观赏用。

（十）非洲茉莉（图4-126）

别名：灰莉木、箐黄果。

科属：马钱科，灰莉属。

1. 形态特征

非洲茉莉为常绿蔓性藤本，茎长可达4m。叶对生，长圆形、椭圆形至倒卵形，先端突尖，厚革质，叶背中脉隆起，侧脉极不明显。夏季开花，花序直立顶生，有极短的总花梗，花冠白色，漏斗状，蜡质，浓郁芳香。蓇葖果椭圆形，种子顶端具白绢质种毛。

2. 生态习性

非洲茉莉原产于印度等地，性喜温暖湿润气候，喜光，不耐寒，怕旱但又怕涝。喜富含腐殖质、肥沃而排水良好的微酸性土壤。生长适温为15～25℃，冬季室温应保持在5℃以上。花期为5月份，果期为10～12月份。

图4-126　非洲茉莉

3. 繁殖与栽培

非洲茉莉常用播种、扦插、分株、压条繁殖。

非洲茉莉在气候温暖的环境条件下生长良好，喜阳光，但要求避开夏日强烈的阳光直射。喜空气湿度高、通风良好的环境，不耐寒冷、干冻及气温剧烈下降。在疏松肥沃，排水良好的壤土上生长最佳。它的萌芽、萌蘖力强，耐修剪。要求水分充足，但根部不得积水，否则容易烂根。喜疏松肥沃、排水良好的沙壤土。

4. 园林应用

非洲茉莉为常绿蔓性藤本，可以作庭园绿化树，也可家庭观赏。

（十一）文竹（图4-127）

别名：云片松、刺天冬、云竹。

科属：百合科，天门冬属。

1. 形态特征

文竹为多年生常绿藤本观叶植物，根部稍肉质，茎柔软丛生，伸长的茎呈攀援状。叶状枝纤细秀丽，密生如羽毛状。小花白色，两性，1～4朵，生于短柄顶端，花期为春季。浆果球形，紫黑色。

2. 生态习性

文竹原产于南非。不耐寒，不耐旱，喜温暖，半阴的环境，忌阳光直射，忌霜冻，生长适温为 15~25℃，越冬温度为 5℃。

3. 繁殖与栽培

文竹通常用种子繁殖。温度保持 20~30℃，一个月左右即可发芽。

每年春季换盆时，去除宿土，增加新鲜肥土，剪去枯枝黄叶，适当整形。文竹生长期要充分浇水，经常保持盆土湿润，但浇水不能过多，更不能积水，否则易烂根，落叶，降低观赏价值。秋后应减少浇水。生长期每月施肥一次，夏季置通风半阴处，植株定型后应控制施肥。

图 4-127　文竹盆景

4. 园林应用

文竹枝叶纤细，四季常青，层叠茂密，翠绿如云，婀娜多姿，姿态潇洒，清雅秀丽；文竹似小迎客松，苍劲挺拔，大株文竹可开小白花，结小圆球形果，由绿变红，十分可爱，是深受人们喜爱的一种盆栽观赏植物。

（十二）变叶木（图 4-128）

别名：变色月桂、洒金榕。

科属：大戟科，变叶木属。

1. 形态特征

变叶木为常绿木本花卉，茎直立，多分枝。单叶互生，厚革质；叶片含花青素，有亮绿色、白色、灰色、红色、淡红色、深红色、紫色、黄色、黄红色等，诸色相杂成各种斑纹、斑块，叶片全缘或开裂，形状有线形、披针形至椭圆形。

2. 生态习性

变叶木原产于东南亚和太平洋群岛的热带地区。喜温暖、湿润和阳光充足的环境，耐寒性差。变叶木的生长适温为 10~

图 4-128　变叶木

30℃，低于 10℃会造成大量落叶，甚至全株死亡。变叶木喜湿怕干，喜肥沃、粘重而保水性好的土壤。

3. 繁殖与栽培

变叶木主要有播种、扦插、压条三种方法。

变叶木喜水湿，生长期要多浇水，经常给叶片喷水，保持叶面清洁及潮湿环境。变叶木喜阳光充足的环境，除盛夏外，均应置于阳光充足处，光照越强，叶色则愈加亮丽；若光照长期不足，叶面斑纹、斑点不明显，缺乏光泽，枝条柔软，甚至产生落叶。

4. 园林应用

变叶木在华南地区多用于公园、绿地和庭园美化，既可丛植，也可做绿篱。在长江流域及以北地区均做盆花栽培，因其叶色绚丽，是装饰房间、厅堂和布置会场的高档彩叶植物。其枝叶是插花理想的配叶料。全株可入药，但乳汁有毒，人畜误食有腹痛、腹泻等中毒症状。

（十三）吊兰（图4-129）

别名：垂盆草、桂兰、钩兰、折鹤兰、蜘蛛草或飞机草。

科属：百合科，吊兰属。

1. 形态特征

吊兰为多年生常绿草本植物，具有肥大的圆柱状肉质根。叶基生，条形至条状披针形，嫩绿色，着生于短茎上。总状花序长 30～60cm，弯曲下垂，小花白色，花被 6 片，花期为春夏季。

图4-129　吊兰

2. 生态习性

吊兰原产于南非，性喜温暖湿润、半阴的环境。它适应性强，较耐旱，不甚耐寒。生长适温为 15～25℃，越冬温度为 5℃。

3. 繁殖与栽培

吊兰可采用扦插、分株、播种等方法进行繁殖。通常用分株法繁殖，除冬季气温过低不适宜分株外，其他季节均可进行。也可剪取花茎上带根的小苗盆栽。

吊兰喜半阴环境，阳光过强，会使叶尖干枯，但冬季应使其多见些阳光，才能保持叶片柔嫩鲜绿。吊兰宜盆大株少，如中等大的花盆种 2～3 株为宜，株数过多，易叶片枯萎。吊兰是较耐肥的观叶植物，若肥水不足，容易焦头衰老，叶片发黄，失去观赏价值。

4. 园林应用

吊兰，叶修长，婉约地飘荡在空中，常被悬吊于窗前、墙上，被人们誉之为"空中仙子"。吊兰形态似兰、四季鲜绿，不仅可在室内栽植供观赏、装饰用，而且具备强大的吸污本领，是净化室内空气最好的植物之一。

（十四）马拉马栗（图4-130）

别名：瓜栗，发财树。

科属：木棉科，瓜栗属。

1. 形态特征

马拉马栗为常绿灌木或小乔木，茎直立，掌状叶，小叶 7～11枚，室内发财树长圆至倒卵圆形。叶大互生，有长柄，掌状复叶，有小叶 9～12 枚，小叶长 12～15cm，宽约6cm。

2. 生态习性

马拉马栗原产于墨西哥的哥斯达黎加，喜温暖、湿润、向阳或稍有疏荫的环境，生长适温 20～30℃。越冬温度不低于 5℃。

图4-130　马拉马栗

3. 繁殖与栽培

马拉马栗以种子繁殖为主。种子在秋季成熟，宜随采随播。

浇水的首要原则是间干间湿，水量少，枝叶发育停滞；水量过大，可能招致烂根死亡；应经常给枝叶喷水，以增加必要的湿度。生长温度保持在 16℃以上，在深秋和冬季，则应注意做好越冬防寒。盆栽的发财树 1～2 年就应换一次盆，于春季出房时进行，并对黄叶及细弱枝等做必要修剪，促其萌发新梢。

4. 园林应用

由于马拉马栗的名称深受商家及一般市民的欢迎，加上株形优美、叶色亮绿，每逢节日都竞相采购，以图吉祥如意。

任务考核标准

序号	考核内容	考核标准	参考分值/分
1	情感态度及团队合作	准备充分、学习方法多样、积极主动配合教师和小组共同完成任务	10
2	室内观叶植物的特征	能够写出所列题签中室内观叶植物的名称、生态习性及根、茎、叶、花、果实特征	20
3	室内观叶植物的养护管理	说出题签中的 8 种室内观叶植物的繁殖与日常养护管理方法	30
4	制订室内观叶植物养护管理方案并实施	根据植物学、栽培学、美学、园林设计等多学科知识，制订科学合理的养护管理方案，方案具有可操作性	30
5	工作记录和总结报告	有完成全部工作的工作记录，书面整洁；总结报告结果正确，体会深刻；上交及时	10
	合计		100

自测训练

一、填空题

1. 即喜阳又耐阴的花卉有_____、_____、_____、_____、_____。

2. 蕨类植物一般采用_____或_____繁殖。

3. 观叶植物常见的虫害有_____、_____、_____等。

4. 可以采用叶芽扦插的观叶植物有_____、_____、_____、_____等。

二、判断题

1. 花烛、花叶万年青、孔雀竹芋等可在 5℃以上越冬。

2. 大多数观叶植物适宜在半阴条件下生长。

3. 龙血树、朱蕉和万年青均可以采用根插法进行繁殖。

4. 花叶榕一般采用嫁接法繁殖。

5. 蕨类植物一般采用孢子来进行大量繁殖。

三、选择题

1. 大多数观叶植物适宜的温度范围是（　　）。

　　A. 10～15℃　　　　B. 15～20℃　　　　C. 20～30℃　　　　D. 25～35℃

2. 较喜阳的花卉种类是（　　）。

　　A. 变叶木　　　　B. 一叶兰　　　　C. 白鹤芋　　　　D. 朱蕉

3. 能用叶插法进行繁殖的花卉是（　　）。

A. 虎尾兰　　　　　　B. 冷水花　　　　　　C. 常春藤　　　　　　D. 朱蕉

四、简答题

1. 观叶植物栽培的优势有哪些？

2. 根据观叶植物对空气湿度的不用要求，可将其分为哪几种类型？各举4例。

3. 分别列举10种属于天南星科、棕榈科、竹芋科、龙血树属室内观叶植物的名称，并简要说明其栽培管理要点。

任务七　温室观果花卉

　　观果花卉是以观果为主的一类花卉，既包括草本花卉，也包括木本花卉。观果花卉易结实，株型丰满，四季常青，果实形态奇特，色彩鲜艳，并且挂果时期长，具有极高的观赏价值，深受花卉爱好者的青睐。温室观果花卉集观赏、食用、绿化、美化环境等多种功能于一体，满足了人们多方面的需求，成为近期市场上的一大卖点，市场潜力巨大。

一、温室观果花卉栽培管理关键措施

1. 初春萌芽前修剪

　　这是栽培管理上的重要手段，也是防止开花而不结实的根本措施之一。凡生长过密、细弱、交叉、重叠、病虫枯枝都应全部剪去，健壮枝也只留2～3个芽，多余部分剪除。

2. 夏季施肥

　　生长旺盛期，要有充足的水分和养分，追肥可增加到3～5d一次，但氮肥切忌过量，以免枝条徒长，肥料的浓度可逐次增大；新梢长至20cm左右时，要进行摘心，并在叶面喷施0.1%的磷酸二氢钾，以促进枝条饱满，多发坐果率高的"伏花"（开花坐果时间在6月初的叫"伏花"）。

3. 盛花期适当控制肥水

　　掌握"干花湿果"的原则，待果实坐稳长到黄豆大时，再勤施肥水。特别要注意磷肥的补充。使果大色艳，必要时还可用0.1%的尿素和0.05%的磷酸二氢钾混合液在夜间向叶面喷施。一周一次，到10月底停止施肥。

4. 注意调节光照

　　每2～3d接受3～5h光照，忌暴晒，光照过足，会加速果实成熟，导致提前脱落；置于向阳处已结果的花卉，应固定位置，不要随意搬动，以免光照紊乱，影响长势，果实成熟期若光照不足，会直接影响果实的色、香、味和观赏时间，越冬期间光照不足，也会引起衰弱黄化，光合产物不足，致使果实提早衰老和脱落。

5. 保持适宜湿度

　　观赏期长的关键是湿度，盆土不能太湿，否则透气性能降低，会使根系发锈、细弱，叶片发黄，从而造成落花落果，开花时盆土要适当干些才有利坐果。但过干也会使叶片卷曲，使花梗和果梗因缺水而产生分离脱落，造成大量落花落果现象。花期要防止雨淋，不要向正在开放的花朵喷水，以防冲走雌蕊柱头的粘液，不利雄蕊花粉萌发，同时柱头长期沾水，易引起腐烂。

6. 适时疏枝、疏花、疏果

"伏花"、"伏果"质量好，而"秋花"、"秋果"为时过晚，果实小且入室前来不及转黄，应淘汰。疏枝时注意不要齐基部剪去，应保留 0.5cm。因基部树皮有发皱部分，易萌生新的果枝，有利更新。在 10 月底停肥时可按生长方向及强弱，进行一次疏果，控制结果数量。

7. 后期管理

果实逐渐变黄后，温度不宜太高，在 5～10℃ 低温下，可在枝头保存两个月以上；用尿素与过磷酸钙混合液进行根外追肥，可防止果实过早变黄或落果。

控制用药浓度。在防治病虫害时，应注意不使用浓度过大的药剂喷射，否则易造成早期落果和果皮生锈。

二、常见的温室观果花卉

(一) 金橘（图 4-131）

别名：金柑、洋奶桔、金枣、金弹、金丹。

科属：芸香科，金橘属。

1. 形态特征

金橘为常绿灌木，节间短，多分枝，通常无刺。叶片披针形至矩圆形，表面绿光亮，背面散生油腺点，全缘或具不明显的细锯齿。单花或 2～3 花集生于叶腋，具短柄；花两性，整齐，白色，极香；萼片 5；花期为 6～8 月份。果实小，矩圆形或卵形，金黄色，果皮肉质而厚，有许多腺点，有香味；果期为 11～12 月份。

图 4-131 金橘

2. 生态习性

金橘原产于我国南方的两广、闽浙一带，在北方均做盆栽。喜温暖湿润和日照充足的环境。不耐寒，耐旱，稍耐阴。要求排水良好肥沃、疏松的微酸性沙质壤土。

3. 繁殖与栽培

用枸橘、酸橙播种苗为砧木，一般采用芽接与枝接。芽接在 6～9 月份进行，盆栽常用靠接，在 6 月份进行，第二年萌芽前移植。枝接在春季 3～4 月份进行，常用切接法。

金橘性喜阳光充足温暖湿润的气候，光照不足，环境荫蔽，往往会造成枝叶徒长，开花结果较少。盆栽金桔要求水肥管理得当，喜湿润但忌积水，盆土过湿容易烂根。在春芽萌发前，保留 3 个健壮枝条，枝条基部留 3～5 个饱满芽，待新芽长到 15～20cm 时摘心，使枝条饱满。每次修剪和摘心后施一次速效性磷肥，防枝叶徒长，促进花芽分化及开花结果。

4. 园林应用

盆栽金桔四季常青，枝叶繁茂，花色玉白，香气远溢。在春节挂果累累，异常热闹，可谓碧叶金丸，扶疏长荣，观赏价值极高。用它布置厅堂、客室，金碧闪闪，逗人喜爱，展现欣欣向荣、蒸蒸日上的气势，在广东及香港地区，很多市民为图吉利在春节购买。

(二) 代代（图 4-132）

别名：回青橙、玳玳橙、酸橙花。

科属：芸香科，柑橘属。

1. 形态特征

代代为常绿灌木或小乔木，嫩枝扁平有棱角，具短硬刺。叶革质，椭圆形至卵状椭圆，叶柄长 2 ~ 2.5cm，具宽翅。总状花序单生或数朵簇生于叶腋，花萼绿色，花瓣乳白色，极芳香，花期为 5 ~ 6 月份。果实硕大扁圆形，直径 7 ~ 8cm，老果可宿存到第 3 年至第 4 年，果成熟期为 12 月份。

2. 生态习性

代代原产于中国浙江，现中国东南部诸省均有栽培。性喜温暖湿润环境、喜光照、喜肥，生长适温为 20 ~ 30℃，越冬保持 0℃ 以上，不宜过高。在富含腐殖质、疏松肥沃和排水通畅的沙质微酸性培养土中生长良好。

图 4-132　代代

3. 繁殖与栽培

代代多采用扦插和嫁接繁殖，在南方，可在梅雨季节扦插，采 1 ~ 2 年生充实枝条，40 ~ 50d 生根。嫁接可用任何柑桔类植株的实用苗作砧木，在 4 月下旬至 5 月上旬或 8 月中旬进行劈接，幼苗 3 年后即可开花结果。

代代喜肥，果实生长时若得不到必需的营养就会落果，一般应 10d 左右施肥一次。代代生长迅速，根系发达，盆栽时每年春季应结合修建翻盆换土一次。修剪时只保留侧枝基部 2 ~ 3 个芽，代代开花、结果较多时，应适当进行疏花、疏果，这样不但果实肥大，还有利于翌年植株的生长。

4. 园林应用

代代春夏之交开花，花色洁白如琼，瓣质浑厚如玉，香浓扑鼻。花后结出橙黄色果实，压满树枝，如不采摘，可在植株上留 2 ~ 3 年不落，隔年花果同存，犹如"三世同堂"因而得名代代，为重要的木本香花及观果植物。

（三）佛手（图 4-133）

别名：九爪木、五指橘、佛手柑。

科属：芸香科，柑橘属。

1. 形态特征

佛手为常绿小乔木或灌木。株高 70 ~ 130cm，老枝灰绿色，幼枝略带紫红色，有短而硬的刺。叶椭圆形，单叶互生，叶片革质，叶缘有浅波状钝锯齿。花单生，簇生或为总状花序，花瓣 5 枚，淡紫色，盛开时淡黄绿色，花期为 4 ~ 5 月份。柑果卵形或长圆形，橙黄色，裂开呈手掌状，具香味。种子卵形，先端尖，果熟期为 10 ~ 12 月份。

图 4-133　佛手

2. 生态习性

佛手原产于亚洲，为热带、亚热带植物，喜温暖湿润、阳光充足的环境，最适生长温度为 22 ~ 24℃，不耐严寒及干旱。适合在富含腐殖质、排水良好的酸性沙质壤土中生长。

3. 繁殖与栽培

佛手虽结果，但没有种子，所以只能通过无性繁殖延续后代。繁殖佛手可用嫁接、扦插、高空压条方法等。嫁接法包括切接法、靠接法；扦插时间在 6 月下旬至 7 月上中旬，从健壮母株上剪取枝条为插穗，约 1 个月可发根，两个月发芽，发芽后即可定植；高空压条法在每年 5 ~ 7 月份气温较高时进行，容易成活。

佛手施肥应根据树龄大小、长势而定。一般头 3 年在 3 ~ 8 月份每月宜施一次速效有机肥；4 月追肥以减少落果，5 ~ 6 月份追肥以促果实壮大，采果后及时施入麸饼、堆肥、人畜粪尿并加入磷钾肥或复合肥，以充实秋梢或恢复伤势。采果后进行弯枝，以抑制佛手向上生长和促进秋梢的生长，增加结果枝，摘除夏季腋芽（不结果）和疏花疏果（去密去小），剪去老枝、病虫枝，以减少养分的消耗。

4. 园林应用

佛手果状如人手，雅称"金佛手"，色泽金黄，香气浓郁，又能散发出醉人的清香，让人感到妙趣横生，是名贵的冬季观果盆栽花木。

（四）石榴（图 4-134）

别名：安石榴、海榴、金罂、若榴、涂林等。

科属：石榴科，石榴属。

1. 形态特征

石榴为落叶灌木或小乔木，分枝多，嫩枝有棱，呈方形，不易折断。单叶对生或簇生，长椭圆形，顶端尖，表面有光泽。花两性，单生或数朵簇生，花冠白色或红色；花有单瓣、重瓣之分，花多红色，也有白色和黄、粉红、玛瑙等色。浆果，每室内有多数子粒，花石榴花期为 5 ~ 10 月份，果石榴花期为 5 ~ 6 月份，石榴花似火，果期为 9 ~ 10 月份。

图 4-134　石榴

2. 生态习性

石榴原产于伊朗、阿富汗等国家。喜光、有一定的耐寒能力，喜湿润肥沃的石灰质土壤，适宜生长温度为 15 ~ 20℃。

3. 繁殖与栽培

石榴枝条极易生根，生产上多用扦插法繁殖。多在春季 2 月份进行，插条以充实饱满的二年生枝最好，插条长约 20cm，下端剪成马耳形，并将其上小枝剪除，插后一个月左右即可生根成活。

石榴为喜光树种，在光照充足的条件下，生长结果良好，反之，枝条徒长，叶色发黄，病害增多，果实品质下降。石榴耐旱，喜干燥的环境，浇水应掌握"见干见湿、宁干不湿"的原则。在开花结果期，盆土不能过湿，否则枝条徒长，导致落花、落果、裂果现象的发生。石榴喜肥，定植时用马蹄片施足底肥，生长旺盛阶段还应每周追施一次富含磷、钾的稀薄液体肥料，补充植株生长所需养分。

4. 园林应用

石榴株丛矮小，叶秀花艳，花期绵长，果实百子同房，独具风采，在庭院中极富观赏价值，是绿化和美化庭院的优秀树种。此外，石榴耐瘠、耐盐，也是缓坡丘陵和沿海滩涂地区发展经济的良好树种。

(五)冬珊瑚（图4-135）

别名：珊瑚樱、玉珊瑚、红珊瑚、吉庆果、毛叶冬珊瑚、珊瑚豆、珊瑚子等。

科属：茄科，茄属。

1. 形态特征

冬珊瑚为直立分枝小灌木。单叶互生，狭矩圆形至倒披针形。花单生或数朵簇生叶腋，白色，花小，花期为7～10月份。浆果球形，橙红色或黄色，前端尖，果期为8～11月份。

2. 生态习性

冬珊瑚原产于欧亚热带，中国华东、华南地区

图4-135　冬珊瑚

有野生分布。冬珊瑚性喜阳光，喜温暖的环境，生长适温为18～25℃；不耐旱，忌积水，怕涝；要求肥沃、疏松的土壤。

3. 繁殖与栽培

冬珊瑚采用播种或扦插繁殖。播种时间为春季3～4月份，扦插繁殖于春、秋季均可进行，气温在18～28℃之间，约经10天便可成活。

冬珊瑚生长强健，每两周施一次稀释液肥加腐熟的羊粪水。生长季节，每半月进行一次松土施肥，开花前施用含磷追肥，可使花繁果茂。开花时要适度控制水量，水分过多易导致植株烂根落叶或掉花，盆土过干又易引起植株根系萎缩，植株枯萎落叶，难以正常开花结果。为了控制植株高度和植株内通风透光，应从植株内疏去一部分枝条。

4. 园林应用

冬珊瑚多盆栽用于室内观赏。

(六)南天竹（图4-136）

图4-136　南天竹

别名：天竺、兰竹。

科属：小檗科，南天竹属。

1. 形态特征

南天竹为常绿灌木。株高约2m，直立，少分枝。老茎浅褐色，幼枝红色。叶互生，2～

3回羽状复叶，小叶椭圆状披针形，全缘。圆锥花序顶生，花小，白色，花期为5～7月份。浆果球形，鲜红色，宿存至翌年2月，果期为10～11月份。

2. 生态习性

南天竹原产于我国及日本，分布于我国长江中下游各省。南天竹性喜温暖湿润的环境，适宜生长温度为20℃左右，适宜开花结实温度为24～25℃，耐半阴，不耐寒，要求排水良好的肥沃土壤。

3. 繁殖与栽培

南天竹的繁殖以播种、分株为主，也可用扦插繁殖。可于果实成熟时随采随播，也可将种子沙藏，于翌年春播。分株宜在春季芽萌动前的2～3月份或秋季10～11月份进行。扦插以新芽萌动前或夏季新梢停止生长时进行。

南天竹在半阴、凉爽、湿润处养护最好。随着植株增长每隔1～2年换盆一次，剪除大部分根系，去掉细弱过矮的枝干，留3～5株定干造型，半个月后正常管理。每两月可施一次氮、磷混合肥，另加1%硫酸亚铁液肥。南天竹浇水应见干见湿，土壤要保持一定的湿润程度，花期不要浇水过多，以免引起落花或影响授粉而致结果不好。

4. 园林应用

南天竹树姿秀丽，翠绿扶疏。红果累累，圆润光洁，是常用的观叶、观果植物，无论地栽、盆栽还是制作盆景，都具有很高的观赏价值。

（七）火棘（图4-137）

别名：救兵粮、救命粮、火把果、赤阳子。

科属：蔷薇科，火棘属。

1. 形态特征

火棘为常绿灌木或小乔木，侧枝短刺状，短枝梢部具坚硬枝刺；单叶互生，倒卵状长圆形，长1.6～6cm，边缘有钝锯齿；复伞房花序，花为白色，小而密，每束花序花为10～22朵，花直径1cm，花期为3～4月份；果实扁球形，直径约5mm，成穗状，每穗有果10～20余个，颜色为桔红色至深红色，9月底开始变红，10月份成熟，可保持到春节。

图4-137 火棘

2. 生态习性

火棘产于云南、贵州、福建、湖南、湖北等地，分布于我国黄河以南以及西南地区，属亚热带植物。喜温暖湿润、通风良好、日照时间长的生长环境，最适合其生长的温度为20～30℃。土层深厚、土质疏松、有机质含量丰富、肥沃、排水良好的微酸性的土壤，更有利于火棘的生长发育。

3. 繁殖与栽培

火棘一般用播种或扦插法繁殖。播种繁殖在每年3月上旬进行，温度保持在20～30℃，30～40d即可出苗。扦插繁殖于6月为宜，选2～3年健康丰满的枝条插扦，温度高、湿度大，易于成活，翌年春季可移栽。

火棘移栽定植时，要下足基肥，以有机肥为主，定植3个月后再使用无机肥，9～10月份要适量增加使用磷肥、钾肥，冬季停止施肥促进其休眠。火棘开花前要浇足水，花期要保持土壤干燥，冬季进入休眠期前要浇足水。火棘树冠杂乱密集，应及时修剪，以保证透光通

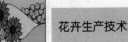
风，营养集中供应树干及果实生长。

4. 园林应用

火棘适应环境能力较强；果实颜色鲜艳，观果期时间长，果可经久不落；是一种极好的春季看花、冬季观果植物；还是草坪拼栽及秋冬两季配置菊花、腊梅等传统插花艺术的材料；也可在园林中丛植、草地边缘孤植。

（八）枸骨（图4-138）

别名：老虎刺、猫儿刺、鸟不宿、圣诞树。

科属：冬青科，冬青属。

1. 形态特征

枸骨为常绿小乔木或灌木，树皮灰白色，平滑不裂，小枝粗壮，当年生枝具纵脊，无毛。枝开展而密生，形成阔圆形树冠。叶硬革质，叶形奇特，呈宽三角形或卵状长圆形，先端有硬针刺的齿，或长圆形，倒卵状长圆形而全缘，但先端仍具硬针刺，顶端扩大并有3枚大尖硬刺齿，中央一枚向背面弯，基部两侧各有1～2枚大刺齿，基部圆形或截形，全缘或波状。花序簇生叶腋，每枝具单花，花瓣长垣状卵形，基部稍结合，花期为4～5月份。核果球形，鲜红色，背部有一纵沟或部分有沟，内果皮骨质，果期为9月份。

图4-138 枸骨

2. 生态习性

枸骨产于我国长江流域及以南各地，生于山坡、谷地、溪边杂木林或灌丛中。耐干旱，能耐阴，不耐盐碱，较耐寒，长江流域可露地越冬；喜阳光充足、温暖气候及有机质含量高、排水良好的酸性土壤。

3. 繁殖与栽培

枸骨以扦插繁殖为主。梅雨季节实行用软枝带踵插，成活率较高。

枸骨对营养需求较大，春季需每周施肥一次，秋季每月追肥一次，冬季休眠期前施肥一次，夏季可不用施肥。枸骨生长旺盛期需水量大，要保证土壤湿润且不能积水。枸骨萌发力很强，应及时修剪，以保证良好的树形。

4. 园林应用

枸骨常年翠绿，叶形奇特，果实鲜红而长期不落，颇具观赏价值，是我国优良观叶、观果树种。可修剪成各种造型或制成盆景作为园林或室内装饰，还可用作城市或公园的绿篱。其果实颜色鲜艳，观果期长，是各旅游景点的常用树种。

 任务考核标准

序号	考核内容	考核标准	参考分值/分
1	情感态度及团队合作	准备充分、学习方法多样、积极主动配合教师和小组共同完成任务	10

（续）

序号	考核内容	考核标准	参考分值/分
2	温室观果花卉的特征	能够写出所列题签中温室观果花卉的名称、生态习性及根、茎、叶、花、果实特征	20
3	温室观果花卉的养护管理	说出题签中的 8 种温室观果花卉的繁殖与日常养护管理方法	30
4	制订温室观果花卉养护管理方案并实施	根据植物学、栽培学、美学、园林设计等多学科知识，制订科学合理的养护管理方案，方案具有可操作性	30
5	工作记录和总结报告	有完成全部工作的工作记录，书面整洁；总结报告结果正确，体会深刻；上交及时	10
合计			100

 自测训练

一、名词解释

观果花卉

二、简答题

1. 火棘如何修剪？

2. 南天竹栽培中注意什么事项？

3. 常见的观果花卉有哪些？

任务八　仙人掌类与多肉植物

多肉植物又称为多浆植物、肉质植物，意指具肥厚多汁的肉质茎、叶或根的植物。全世界约有 10000 余种，分属 40 多个科。其中属仙人掌科的种类较多，因而栽培上又将其单列为仙人掌类植物。仙人掌类及多肉植物多数原产于热带、亚热带干旱地区或森林中；植物的茎、叶具有发达的贮水组织，是呈现肥厚而多浆的变态状植物。多肉植物通常包括仙人掌科以及番杏科、景天科、大戟科、萝摩科、菊科、百合科、凤梨科、龙舌兰科、马齿苋科、葡萄科、鸭跖草科、酢浆草科、牻牛儿苗科、葫芦科等植物。仅仙人掌科植物就有 140 余属，2000 种以上。在园艺上，这一类植物生态特殊，种类繁多，或体态清雅而奇特，或花色艳丽而多姿，颇富趣味性。多肉植物大多耐室内半阴、干燥的环境，是理想的室内盆栽植物。许多国家的植物园和公园常辟专门温室展览。

一、生态习性

按原产地把仙人掌和多肉植物分为三类：

（1）原产热带、亚热带干旱地区或沙漠地带　在土壤及空气极为干燥的条件下，借助于茎、叶的贮水能力而生存。如原产墨西哥沙漠地区的金琥。

（2）原产热带、亚热带的高山干旱地区　这些地区水分不足、日照强烈、大风及低温等环境条件形成了矮小的多浆植物。这些植物的叶片多呈莲座状，或密被蜡层及绒毛，以减弱高山上的强光及大风危害、减少水分的蒸腾。

（3）原产热带森林地区　这些种类不生长在土壤中，而是附生在树干及阴谷的岩石上。如昙花、蟹爪、量天尺等。

二、生物学特性

1. 鲜明的生长期及休眠期

陆生的大部分仙人掌科植物，是原产在南北美热带地区的，该地的气候有明显的雨季和旱季之分，长期生长在该地的仙人掌科植物就形成了生长期及休眠期交替的习性。在雨季中吸收大量的水分，并迅速生长、开花、结果；旱季为休眠期，借助贮藏在体内的水分来维持生命。同样，某些多浆植物也是如此，如大戟科的松球掌。

2. 具有非凡的耐旱能力

（1）代谢途径　他们生理上形成了与一般植物不同的代谢途径—CAM 代谢或景天代谢途径：它们的绿色组织上的气孔夜间开放，吸收并固定 CO_2，形成以苹果酸为主的有机酸；白天则气孔关闭，不吸收 CO_2，但同时却通过光合碳循环将从苹果酸中释放的 CO_2 还原为糖。

（2）体形的不同　他们多为球形体，使相同的体积下，具有最小的表面积，最大限度地减少蒸腾，并不影响贮水体积。

（3）表面结构上的改变　他们多具有棱肋，雨季时可以迅速膨大，把水分贮存在体内；干旱时，体内失水后又便于皱缩。表面具有毛刺和白粉、蜡层等，减少水分的蒸发。

3. 达到开花的年龄不同

仙人掌类和多肉植物一般较巨大型的种类，达到开花年龄较久，需要 20~30 年或更长，如金琥要 30 年；矮性、小型种类达到开花年龄较短，一般种类播种后 3~4 年就可开花。

三、繁殖方法

1. 扦插

其用扦插法繁殖可采用茎插或叶插。选取株形完整、成熟者，过嫩或过于老化的茎节都不易成活。仙人球属等，很容易出仔球，而且只要轻轻一掰就能取下，可以在伤口干燥后立即扦插或直接上盆栽种。木质上的仔球一次不要取得太多，否则越冬困难，而且下一批仔球不容易长出。肉质茎分节的种类可在节间截断；仙人掌种类、量天尺等可用一节作插穗；蟹爪、仙人指、假昙花等必须用 3 节或更多。节间截断的插穗只要略干燥就可扦插。扦插苗生长快，提早开花，能保持原有品种的特性。

2. 嫁接

（1）应用范围　用于根系不发达、生长缓慢或不易开花的种类；用于珍贵稀少的畸形变异种类；用于自身球体不含叶绿素等不宜用他法繁殖的种类；便于观赏如使蟹爪等呈悬吊下垂式观赏者。

（2）嫁接时间　以春、秋为好，温度保持在 20~25℃条件下易于愈合。接后 3d 再浇水，约 10d 左右就可去掉绑扎线。

（3）常用砧木　掌类花卉的砧木常用量天尺、仙人球、叶仙人掌、龙神柱、卧龙柱和仙人掌属中茎节肥厚的种类如仙桃、伯氏红花掌等。霸王鞭可作为大戟科球形种类的砧木；

大花犀角或大犀角可作为萝摩科带花品种的砧木。

（4）方法

1）平接：适合柱状和球形种类。操作时先在砧木适当高度用利刀横切。仙人球属种类作砧木时，因生长点凹陷在球顶中心，一定要把生长点切除。横切后再沿切面边缘作20°～45°的切削，紧接着将接穗下部横切一刀，一般不要切去过多，但接穗下部有虫斑或表皮老化的可切去，只要接穗不过分薄（厚度至少为直径的1/3～1/2），都能成活。接穗立即放置在砧木切面上，放时注意将接穗与砧木的维管束对准，至少要有部分接触。平接适用于柱状或球形种类。通常接穗粗度较砧木稍小，或相差不多，并注意接穗与砧木维管束要有部分接触，之后用细线或塑料条做纵向捆绑，使接口密接。如仙人球和量天尺中间的两个维管束环要交错、不能呈两个同心圆。

2）劈接：将砧木从需要的高度横切，并在顶部或侧面切成楔形切口；接穗下端的两侧也削成楔形，并嵌进砧木切口内，用仙人掌刺或竹针或木夹等固定。但应注意，楔形切口在砧木侧面时，应切至砧木的髓部，砧木于接穗的维管束才易于愈合。由于侧芽生长于刺座部位开楔形裂口，嫁接时更易愈合，愈合后生长也快。劈接多用于茎节扁平的种类，如蟹爪兰等。砧木高出盆面15～30cm，以养成垂吊式供观赏。

四、栽培管理

1. 水

盆花浇水的原则：不干不浇，浇则浇足。对于有多绒毛及细刺的种类、顶端凹入的种类等，不能从上部浇水，可采用浸水法，否则上部存水易造成植株溃烂而有碍观赏，甚至死亡。地生类在生长季可充分浇水，休眠期控制浇水（一般在冬季），高温高湿可促进生长；附生类则不耐干旱，冬季也无明显休眠，要求四季经常浇水且湿度要求较高。

2. 温度

地生类冬季通常5℃以上就能安全越冬，但也可置于温度较高的室内继续生长；附生类四季均需温暖，通常在12℃以上为宜，但温度超过30～35℃时，生长趋于缓慢。

3. 光照

地生类耐强光；光线不足则引起落刺或植株变细。夏季在露地放置的小苗应有遮阴设施；附生类除冬季需要阳光充足外，以半阴条件为好；在室内栽培多植于北侧。

4. 土壤

多数种类要求排水通畅、透气良好的石灰质沙土或壤土。地生类培养土的配制按土壤、泥炭或腐叶土、粗沙之比为7∶3∶2或2∶2∶3；附生类培养土的配制按粗沙、腐叶土、鸡粪（蚓粪）之比10∶（3～4）∶（1～2）。

5. 施肥

附生类在配制培养土加鸡粪外，在生长季施些加硫酸亚铁的稀薄液肥，降低pH值；地生类幼苗期可施少量骨粉或过磷酸盐，大苗在生长季可施少量追肥。

五、园林应用

由于这类植物种类繁多，趣味性强、具有较高的观赏价值，因此常以这类植物为主体而设专类园，向人们普及科学知识，使人们饱尝沙漠植物景观的乐趣。

六、常见种类

(一) 仙人掌类植物

1. 仙人掌（图4-139）

别名：霸王树、仙巴掌、仙桃、火掌。

科属：仙人掌科，仙人掌属。

（1）形态特征　植株丛生呈大灌木状，茎下部木质，圆柱形。茎节扁平，椭圆形，肥厚多肉；刺座内密生黄色刺；幼茎鲜绿色，老茎灰绿色。花单生茎节上部，短漏斗形，鲜黄色。浆果暗红色，汁多味甜，可食，故仙人掌又有"仙桃"之称。

（2）生态习性　仙人掌性强健，喜温暖，耐寒；喜阳光充足；不择土壤，以富含腐殖质的沙壤土为宜；耐旱，忌涝。

图4-139　仙人掌

（3）繁殖及栽培　仙人掌以扦插繁殖为主。室内盆栽时，越冬温度在8℃左右。盆栽需要有排水层，生长期浇水以"见干见湿"为原则，适当施肥。秋凉后少水肥；冬季盆土稍干，置冷凉处。

（4）园林应用　仙人掌盆栽室内观赏，给人以生机勃勃之感；夜间放出大量氧气，是居室内清新空气的优良植物。地栽与山石配置，可构成热带沙漠景观。我国南方可露地栽植用于绿化。

2. 仙人球（图4-140）

别名：雪球、刺球、草球、花盛球等。

科属：仙人掌科，仙人球属。

（1）形态特征　仙人球为多年生肉质多浆草本植物。茎呈球形或椭圆形，高可达25cm，绿色，球体有纵棱若干条，棱上密生针刺，黄绿色，长短不一，作辐射状。花着生于纵棱刺丛中，银白色或粉红色，长喇叭形，长可达20cm，喇叭外鳞片，鳞腋有长毛。仙人球开花一般在清晨或傍晚，持续时间为几小时到一天。球体常侧生出许多小球，形态优美、雅致。

（2）生态习性　仙人球故乡在南美洲，原产在高热、干燥、少雨的沙漠地带，形成了喜干、耐旱的特性。水浇多了会死。仙人球怕冷，喜欢生于排水良好的沙质土壤。夏季是仙人球的生长期，也是开花期。

图4-140　仙人球

（3）繁殖及栽培　仙人球以扦插繁殖为主。栽培土采用腐殖土6份、河沙4份、砻糠灰2份混合配制。春夏季节，仙人球开始生长，每半月施一次氮磷钾混合肥料；冬天，仙人球处于休眠期，保持室温在5℃以上，盆土要相对偏干一些，否则容易烂根。

（4）园林应用　仙人球适于盆栽室内观赏。

3. 昙花（图4-141）

别名：昙华、月下美人、琼花。

科属：仙人掌科，昙花属。

（1）形态特征　昙花为灌木状肉质植物，高1~2m。主枝直立，圆柱形，茎不规则分枝，茎节叶状扁平，长15~60cm，宽约6cm，绿色，边缘波状或缺凹，无刺，中肋粗厚，无叶片。花自茎片边缘的小窠发出，大型，两侧对称，长25~30cm，宽约10cm，白色，干时黄色；花期极短，多夜间开放；花被管比裂片长，花被片白色，干时黄色，雄蕊细长，多数；花柱白色，长于雄蕊，柱头线状，16~18裂。浆果长圆形，红色，具纵棱有汁。种子多。

图4-141　昙花

（2）生态习性　昙花喜富含腐质的沙质土壤，喜温暖湿润和多雾及半阴的环境，不宜暴晒，不耐寒，不耐霜冻。要求排水良好的含腐殖质丰富的沙质土壤。冬季温度不低于5℃。

（3）繁殖及栽培　昙花以扦插繁殖为主。盆栽基质可用腐叶土（山泥、塘泥）、粗河沙、有机肥、田土混合配置，忌黏重土壤。生长期保持土壤及空气湿润。忌强光曝晒，否则变态茎枯黄，也忌过于荫蔽。一个月施肥一次，全素肥料及有机肥均可。

（4）园林应用　昙花可露地栽培于庭院，也可盆栽观赏。还可入药。

4. 令箭荷花（图4-142）

别名：荷令箭、红孔雀、荷花令箭、孔雀仙人掌等。科属：仙人掌科，令箭荷花属。

（1）形态特征　令箭荷花为附生类仙人掌植物，茎直立，多分枝，群生灌木状，高约50~100cm。植株基部主干细圆，分枝扁平呈令箭状，绿色。茎的边缘呈钝齿形。齿凹入部分有刺座，具0.3~0.5cm长的细刺。扁平茎中脉明显突出。花从茎节两侧的刺座中开出，花筒细长，喇叭状的大花，白天开花，1朵花仅开1~2d，花色有紫红、大红、粉红、洋红、黄、白、蓝紫等，夏季白天开花，花期为5~7月份。果实为椭圆形红色浆果，种子黑色。

图4-142　令箭荷花

（2）生态习性　令箭荷花喜温暖湿润的环境，忌阳光直射，耐干旱，耐半阴，怕雨淋，要求肥沃、疏松、排水良好的中性或微酸性的沙质土壤。生长期最适温度为20~25℃，花芽分化的最适温度在10~15℃之间，冬季温度不能低于5℃，花期为4月份。

（3）繁殖及栽培　令箭荷花采用扦插及嫁接繁殖。盆栽土要求含丰富的有机质，忌土壤黏重。夏季宜置于通风良好的半阴处，并控制浇水；春秋生长旺盛，阳光宜充足，保持土壤湿润。生长季节每月施肥1～2次，现蕾后增施磷钾肥，促使花大色艳。及时剪去过多的侧芽和基部枝芽，减少养分消耗。

（4）园林应用　令箭荷花花色丰富，品种繁多，以其娇丽轻盈的姿态，艳丽的色彩和幽郁的香气，深受人们喜爱。以盆栽观赏为主，用来点缀客厅、书房的窗前、阳台、门廊，为色彩、姿态、香气俱佳的室内优良盆花。

4. 仙人指（图4-143）

别名：圣烛节仙人掌。

科属：仙人掌科，仙人指属。

（1）形态特征　仙人指茎节扁平，多分枝，淡绿色，边缘浅波状，无尖齿。花着生于茎节顶端，为整齐花，多为粉红或紫红色。花期为冬、春两季。

（2）生态习性　仙人指原产于巴西热带雨林中，为附生类型仙人掌科植物。喜温暖、湿润，忌阳光直射。土壤以疏松、排水良好、富含腐殖质的沙质土壤为好。

（3）繁殖及栽培　仙人指可用扦插、嫁接繁殖。基质可选用腐叶土、泥炭、粗河沙、田园土等配置，不宜使用粘重土壤。生长期可结合浇水，每月施肥1～2次，现蕾后，盆土不宜过干，也不宜长期过湿，否则易落蕾。冬季室温以15℃为宜。

图4-143　仙人指

（4）园林应用　仙人指是隆冬季节一种非常理想的室内盆栽花卉，茎节常因过长，而呈悬垂状，故又常被制作成吊兰做装饰。

5. 金琥（图4-144）

别名：象牙球。

科属：仙人掌科，金琥属。

（1）形态特征　金琥茎圆球形，单生或成丛，高1.3m，直径80cm或更大。球顶密被金黄色棉毛。有棱21～37，显著。刺座很大，密生硬刺，刺金黄色，后变褐，有辐射刺8～10枚，3cm长，中刺3～5枚，较粗，稍弯曲，5cm长。6～10月份开花，花生于球顶部棉毛丛中，钟形，4～6cm，黄色，花筒被尖鳞片。

（2）生态习性　金琥习性强健；喜石灰质土壤，喜干燥，喜暖，喜阳，要求阳光充足，畏寒、忌湿。喜光照充足，每天至少需要有6h的太阳直

图4-144　金琥

射光照。夏季应适当遮阴，但不能遮阴过度，否则球体变长，会降低观赏价值。生长适宜温度为白天25℃，夜晚10～13℃。冬季应放入温室，或室内向阳处，温度保持8～10℃。若冬季温度过低，球体上会出现难看的黄斑。

（3）繁殖及栽培　金琥采用播种繁殖，也可切顶促生仔球，然后嫁接繁殖。栽培基质

以腐叶土（山泥）、粗河沙、田园土、有机肥混合配制，可加少量石灰质材料（如陈石灰墙皮）。喜光，但夏季应适当遮光，以免灼伤。越冬温度宜8℃以上，并严格控水。

（4）园林应用 金琥寿命很长，栽培容易，成年大金琥花繁球壮，金碧辉煌，观赏价值很高。而且体积小，占据空间少，是城市家庭绿化十分理想的观赏植物。金琥多盆栽欣赏，置于大厅、客厅及会议室摆放。也可用来布置专类园。

6. 蟹爪莲（图4-145）

别名：蟹爪兰、蟹爪仙人掌、锦上添花、螃蟹兰、仙人花、蟹足霸王树、圣诞仙人掌。

科属：仙人掌科，蟹爪兰属。

（1）形态特征 蟹爪莲为多年生常绿植物，老株基部常木质化。枝茎变态呈片状，表面暗紫红色，多分枝，常成簇下垂向四方扩展，节间短，节部明显，将变态枝分成许多小段，长4~4.5cm，宽1.5~2.5cm，似螃蟹的爪子，中央的骺部明显而突出。冬季至早春在茎节的顶端开花，两侧对称。品种不同，有桃红、深红、白、橙、黄等多种花色，花筒淡褐色，具4个棱角，花被3~4轮，呈塔状叠生，花瓣张开反卷，6.5~8cm长，基部2~3轮为苞片，呈花瓣状，向四周平展伸出，因花冠下垂生长，故能自花授粉。果梨形或广椭圆形，光滑暗红色。

图4-145 蟹爪莲

（2）生态习性 蟹爪莲原产于巴西东部热带森林中，在自然环境里常附生在树干上或荫蔽潮湿的山谷里，枝条下垂形成悬挂状。喜温暖湿润和半阴环境，夏季避免烈日暴晒和雨淋，冬季要求温暖和光照充足。土壤要求富含腐殖质、排水良好的腐叶土和泥炭土，酸碱度为pH值5.5~6.5。不耐寒，生长最适温度为15~25℃，冬季温度以15~18℃为宜，温度低于15℃，即有落蕾的可能。夏季温度超过28℃，植株便处于休眠或半休眠状态。在开花季节保持10~15℃，可使开花期持续2~3个月。蟹爪兰是典型的短日照花卉，在每天8~10h光照条件下2~3个月即可开花。

（3）繁殖及栽培 蟹爪莲可用扦插、嫁接繁殖。栽培基质可选用腐叶土、泥炭、粗河沙、田园土等配制，不宜使用粘重土壤。生长期可结合浇水，每月施肥1~2次，现蕾后，盆土不宜过干，也不宜长期过湿，否则易落蕾。冬季室温以12~15℃为宜。

（4）园林应用 由于花期正逢圣诞节，故而西方又称它为"圣诞花"。是隆冬季节一种非常理想的室内盆栽花卉，株型垂挂，花色鲜艳可爱，适合于窗台、门庭入口处和展览大厅装饰，热闹非凡、满室生辉、美胜锦帘。

7. 山影拳（图4-146）

别名：仙人山、山影、山影掌。

科属：仙人掌科，天轮柱属。

（1）形态特征 山影拳刺座上无长毛，刺长，颜色多变化。夏、秋开花，花大型喇叭状或漏斗形，白或粉红色，夜开昼闭。20年以上的植株才开花。多分枝。茎暗绿色，具褐色刺。约有3~4个石化品种。果大，红色或黄色，可食。种子黑色。

（2）生态习性 山影拳性强健，喜温暖，稍耐寒；喜阳光充足，耐半阴；要求排水良好、肥沃的沙壤土；宜通风良好的环境。

（3）繁殖与栽培　山影拳采用扦插或嫁接繁殖。生长季宜给予充足光照，通风良好。盆土宜稍干燥，不必施肥，肥水过大会使茎徒长成原种的柱状，且易腐烂。越冬温度5℃左右。

（4）园林应用　山影拳为盆栽观赏，远看似苍翠欲滴、重叠起伏的"山峦"，近看仿佛沟壑纵横、玲珑有致的怪石奇峰。虽是活生生的绿色植物，却有中国古典山石盆景的风韵。配以雅致的盆钵，置于书房案头、客厅桌几，高雅脱俗。在其上嫁接色彩艳丽的球形仙人掌类植物（如绯牡丹），则妙趣横生。亦可用于布置专类园，营造干旱沙漠景观。

8. 量天尺（图4-147）

别名：霸王花、三棱箭、三角柱。

科属：仙人掌科，量天尺属。

（1）形态特征　量天尺为附生性多浆植物。茎多分枝，浓绿色；三棱，棱缘波浪状；具节，节上常有气生根。花白色，漏斗形，花期为6～10月份。果可长圆形，红色，果肉白色，有香味。

（2）生态习性　量天尺原产于墨西哥及西印度群岛，为热带及亚热带森林中的附生植物。性喜温暖、湿润，喜阳光，但夏季必须遮阴。喜疏松、肥沃、富含有机质的沙质土壤。盆栽时要经常换土，修剪根部，否则茎肉易干瘪。

（3）繁殖及栽培　量天尺采用扦插繁殖。盆栽土壤宜肥沃，生长期保持土壤及空气湿润，一般不用施肥。冬季宜保持土壤干燥，可耐5℃低温。

（4）园林应用　量天尺亲和力强，是仙人掌植物嫁接的优良砧木。

（二）景天科

1. 燕子掌（图4-148）

别名：玉树、景天树、八宝、冬青、肉质万年青。

科属：景天科，青锁龙属。

（1）形态特征　燕子掌为常绿小灌木。株高1～3m，茎肉质，多分枝。叶肉质，卵圆形，长3～5cm，宽2.5～3cm，灰绿色，有红边。花径2mm，白色或淡粉色。

（2）生态习性　燕子掌喜温暖干燥和阳光充足环境。不耐寒，怕强光，稍耐阴。土壤肥沃、

图4-146　山影拳

图4-147　量天尺

图4-148　燕子掌

排水良好的沙壤土为好。冬季温度不低于7℃。

（3）繁殖及栽培　燕子掌常用扦插繁殖。每年春季需换盆，加入肥土。燕子掌生长较快，为保持株形丰满，肥水不宜过多。生长期每周浇水2~3次，高温多湿的7~8月份严格控制浇水。盛夏如通风不好或过分缺水，也会引起叶片变黄脱落，应放半阴处养护。入秋后浇水逐渐减少。室外栽培时，要避开暴雨冲淋，否则根部积水过多，易造成烂根死亡。每年换盆或秋季放室时，应注意整形修剪，使其株形更加古朴典雅。

（4）园林应用　燕子掌枝叶肥厚，四季碧绿，叶形奇特，株形庄重，栽培容易，管理简便。宜于盆栽，可陈设于阳台上或在室内几桌上点缀，显得十分清秀典雅。树冠挺拔秀丽，茎叶碧绿，顶生白色花朵，十分清雅别致。若配以盆架、石砾加工成小型盆景，宜盆栽，也可培养成古树老桩的姿态，装饰茶几、案头更为诱人。但其叶汁有毒，可致失明。最新研究报道，燕子掌提取物制药能有效的治疗糖尿病。

2. 石莲花（图4-149）

别名：宝石花、粉莲、胧月、初霜。

科属：景天科，风车草属。

（1）形态特征　石莲花为多年生草本。有匍匐茎。叶丛紧密，直立呈莲座状，叶楔状倒卵形，顶端短、锐尖、无毛、粉蓝色。花茎柔软，有苞片，具白霜。8~24朵花成聚伞花序，花冠红色，花瓣披针形不开张。花期为7~10月份。

（2）生态习性　石莲花原产于墨西哥，现世界各地均栽培。喜温暖干燥和阳光充足环境，不耐寒、耐半阴，怕积水，忌烈日。以肥沃、排水良好的沙壤土为宜。冬季温度不低于10℃。长期置荫蔽处的植株易徒长而叶片稀疏。长江以南可行露地栽培。

图4-149　石莲花

（3）繁殖及栽培　石莲花常用扦插繁殖，于春、夏进行。茎插、叶插均可。石莲花管理简单，每年早春换盆，清理萎缩的枯叶和过多的子株。盆栽土以排水好的泥炭土或腐叶土加粗沙为宜。生长期以干燥环境为好，不需多浇水，盆土过湿，茎叶易徒长。在低温条件下，水分过多根部易腐烂，变成无根植株。生长期每月施肥一次，以保持叶片青翠碧绿。但施肥过多，也会引起茎叶徒长，2~3年生以上的石莲花，植株趋向老化，应培育新苗及时更新。

（4）园林应用　石莲花叶片莲座状排列，肥厚如翠玉，姿态秀丽，形如池中莲花，观赏价值较高。盆栽是室内绿色装饰的佳品，也可地栽用于花境点缀。

3. 长寿花（图4-150）

别名：圣诞伽蓝菜。

科属：景天科，伽蓝菜属。

（1）形态特征　长寿花为多年生肉质草本。茎直立，株高10~30cm。叶肉质交互对生，椭圆状长圆形，深绿色有光泽，边略带红色。圆锥状聚伞花序，花色有绯红、桃红、橙红、黄、橙黄和白等。花冠长管状，基部稍膨大，花期为12月份至翌年4月底。

（2）生态习性　长寿花喜温暖稍湿润和阳光充足环境。不耐寒，生长适温为 15～25℃，夏季高温超过 30℃，则生长受阻，冬季室内温度需 12～15℃，超过 24℃，会抑制开花。低于 5℃，叶片发红，花期推迟。耐干旱，对土壤要求不严，以肥沃的沙壤土为好。长寿花为短日照植物，对光周期反应比较敏感。生长发育好的植株，给予短日照（每天光照 8～9h），处理 3～4 周即可出现花蕾开花。

图 4-150　长寿花

（3）繁殖及栽培　长寿花主要用扦插繁殖。盆栽可用腐叶土、泥炭土、粗沙、田土及有机肥配制营养土。生长季节应保持盆土湿润。忌土壤过湿，以防叶片腐烂。每月施肥 2 次，以复合肥为主。秋季花芽形成时，增施磷钾肥。

（4）园林应用　长寿花株形紧凑，叶片晶莹透亮，花朵稠密艳丽，观赏效果极佳，加之花期在冬、春少花季节，花期长又易控制，为大众化的优良室内盆花。长寿花可用于布置厅堂、居室、几案、阳台等，春意盎然，也可用于花坛、花槽装饰绿化。

（三）百合科

1. 条纹十二卷（图 4-151）

别名：十二卷、蛇尾兰、雉鸡尾。

科属：百合科，十二卷属。

（1）形态特征　条纹十二卷为多年生肉质草本植物。叶片紧密轮生在茎轴上，呈莲座状；叶三角状披针形，先端锐尖；叶表光滑，深绿色；叶背绿色，具较大的白色瘤状突起，这些突起排列成横条纹，与叶面的深绿色形成鲜明的对比。

（2）生态习性　条纹十二卷原产于非洲南部热带干旱地区，喜温暖及半阴环境，冬季要求冷凉，室温不可超过 12℃，生长适温为 16～18℃，耐干旱，要求排水良好营养丰富的土壤。

图 4-151　条纹十二卷

（3）繁殖及栽培　条纹十二卷常用分株和扦插繁殖，培育新品种时则采用播种。不耐高温，夏季应适当遮阴，但若光线过弱，叶片退化缩小。冬季需充足阳光，但若光线过强，休眠的叶片会变红。冬天盆土过湿，易引起根部腐烂和叶片萎缩。

（4）园林应用　条纹十二卷肥厚的叶片镶嵌着带状白色星点，清新高雅。可配以造型美观的盆钵，装饰桌案、几架等。

2. 芦荟

别名：油葱、龙角、草芦荟、狼牙掌。

科属：百合科，芦荟属。

（1）形态特征　芦荟为常绿、多肉质草本植物。叶簇生，呈座状或生于茎顶，叶常披针形或叶短宽，边缘有尖齿状刺。花序为伞形、总状、穗状、圆锥形等，色呈红、黄或具赤色斑点，花瓣六片、雌蕊六枚。花被基部多连合成筒状。

常见栽培种类：

1）库拉索芦荟（图4-152）：又称为美国芦荟。须根系，茎干短，叶簇生在茎顶。叶呈螺旋状排列，厚肥汁浓。叶长30～70cm，宽4～15cm，厚2～5cm，先端渐尖，基部宽阔；叶子呈粉绿色，布有白色斑点，随叶片的生长斑点逐渐消失，叶子四周长菜刺状小齿。其花茎单生，长有两三个高60～120cm 的分枝。总状花序散疏，花点垂下。它是目前应用在

图4-152　库拉索芦荟

食品、药品和美容方面最广泛的品种，原产于非洲北部地区，现在美洲栽培最多，日本、韩国和中国台湾、海南岛也都有大面积商业化栽培。变种有中国芦荟、上农大叶芦荟等。

2）木立芦荟（图4-153）：又名小木芦荟。产地在南非。在医学上，木立芦荟已经被检验出具有很多有效成分，是一种公认最有效的品种。在药用方面，叶子除了可以生吃、打果汁外，还可以加工成健康食品或化妆品等。由于容易处理，它也适合作食用的家庭菜。

3）开普芦荟：又称为好望角芦荟，这是一个大型品种群，高度达6m，茎秆木质化，叶30～50片，簇生茎顶，叶子大而坚硬，带有尖刺，叶深绿色至蓝绿色，被白粉。种子繁殖。开普芦荟是中药新芦荟干块的原料，是一种传统的药用植物。

4）皂质芦荟：须根系，无茎，叶簇生于基部，但所含黏性叶汁不如库拉索芦荟丰富。其多用于观赏，既作药用，又可用美容。

图4-153　木立芦荟

（2）生态习性　芦荟喜欢生长在排水性能良好，不易板结的疏松土质中。芦荟怕寒冷，它长期生长在终年无霜的环境中。在5℃左右停止生长，低于0℃，就会冻伤。生长最适宜的温度为15～35℃，湿度为45%～85%。与所有植物一样，芦荟也需要水分，但最怕积水。芦荟需要充分的阳光才能生长。

（3）繁殖及栽培　芦荟可以用扦插法和分株法进行繁殖。芦荟喜欢生长在排水性能良好，不易板结的疏松土质中。在阴雨潮湿的季节或排水不好的情况下很容易叶片萎缩、枝根腐烂以至死亡。要尽量使用发酵的有机肥，喷施壮茎灵，可使植物杆茎粗壮、叶片肥厚、叶色鲜嫩、植株茂盛。同时可提升抗灾害能力，减少农药化肥用量，降低残毒。

（4）园林应用　芦荟形状差别很大，千姿百态，花色、叶形各有特色，可适于各种不同的栽培目的，深受人们的喜爱。芦荟属中的一些种株形奇特，叶片肥厚，具有抗炎、健胃下泄、强心活血、免疫和再生、免疫与抗肿瘤、解毒、抗衰老、镇痛、镇静、防晒、防虫、防腐、防臭的作用，引起了科学界，特别是医学界的广泛重视，尤其是以美国为代表的西方发达国家，投入了大量的人力、物力、财力研究开发应用芦荟，因而形成了一股"芦荟热"，芦荟发展非常迅速，开发成果利用显著，经济效益巨大，其研究成果不仅用于医疗、

美容、食品保健，而且还应用于染料、冶金、纺织、农药、畜牧等领域中，从此芦荟身价倍增。

（四）龙舌兰科

1. 虎皮兰 （图 4-154）

别名：虎尾兰、千岁兰、虎尾掌。

科属：龙舌兰科，虎尾兰属。

（1）形态特征　虎皮兰地下茎上无枝，叶簇生，下部筒形，中上部扁平，剑叶直立，株高 50～70cm，叶宽 3～5cm，叶全缘，表面乳白、淡黄、深绿相间，呈横带斑纹。花从根茎单生抽出，总状花序，花淡白、浅绿色，3～5 朵一束，着生在花序轴上。

（2）生态习性　虎皮兰原产于非洲西部，耐干旱，喜阳光温暖，也耐阴，忌水涝，在排水良好的沙质壤土中生长健壮。春夏生长速度快，应多浇一些有机液肥，晚秋和冬季保持盆土略干为好。不耐严寒，秋末初冬入室。

图 4-154　虎皮兰

（3）繁殖与栽培　虎皮兰采用叶插繁殖、分株繁殖。一般放置于阴处或半阴处，但也较喜阳光，唯有光线太强时，叶色会变暗、发白。适宜温度为 18～27℃，低于 13℃ 即停止生长。浇水要适中，不可过湿，浇水太勤，叶片变白，斑纹色泽也变淡。施肥不应过量，一般使用复合肥。

（4）园林应用　虎皮兰叶片坚挺直立，并有横向斑带，极为美观，常作室内盆栽。

2. 龙舌兰 （图 4-155）

别名：龙舌掌、番麻、世纪树。

科属：龙舌兰科，龙舌兰属。

（1）形态特征　龙舌兰为多年生常绿草本植物，肉质，茎极短。叶丛生，肥厚，匙状披针形，叶色灰绿或蓝灰，基部排列成莲座状。叶缘刺最初为棕色，后呈灰白色，末梢的刺长可达 3cm。花梗由莲座中心抽出，花序圆锥形，黄绿色。蒴果椭圆形或球形。

（2）生态习性　龙舌兰喜温暖干燥和阳光充足环境。稍耐寒，较耐阴，耐旱力强。要求排水良好、肥沃的沙壤土。冬季温度不低于 5℃。

图 4-155　龙舌兰

（3）繁殖与栽培　龙舌兰常用分株和播种繁殖。分株在早春 4 月换盆时进行，将母株托出，把母株旁的蘖芽剥下另行栽植。播种繁殖在采种后于 4～5 月份播种，约 2 周后发芽，幼苗生长缓慢，成苗后生长迅速，10 年生以上老株才能开花结实。生长适温为 15～25℃，越冬温度应保持在 5℃ 以上。较喜光，要常放在外面接受阳光，但对花叶品种在夏日需适当遮阴，以保持色泽鲜嫩。对土壤要求不太严格，但以疏松、肥沃、排水良好的壤土为好。

（4）园林应用　龙舌兰叶片坚挺美观、四季常青，园艺品种较多。龙舌兰常用于盆栽或花槽观赏，适用于布置小庭院和厅堂，栽植在花坛中心、草坪一角。

（五）番杏科

1. 生石花（图4-156）

别名：石头花。

科属：番杏科，生石花属。

（1）形态特征　生石花茎呈球状，依品种不同，其顶面色彩和花纹各异，但外形很像卵石。秋季开大型黄色或白色花，状似小菊花。全株肉质，茎很短。肉质叶对生联结，形似倒圆锥体。有淡灰棕、蓝灰、灰绿、灰褐等颜色，顶部近卵圆，平或凸起，上有树枝状凹纹，半透明。花由顶部中间的一条小缝隙长出，黄或白色，一株通常只开1朵花（少有开2~3朵），午后开放，傍晚闭合，可延续4~6d，花径3~5cm。花后易结果实和种子。

图4-156　生石花

（2）生态习性　生石花喜温暖，不耐寒，生长适温15~25℃；喜微阴，宜遮去50%~70%的光照；喜干燥通风。

（3）繁殖及栽培　生石花采用播种和分株繁殖。用疏松、排水好的沙质土壤栽培。浇水最好浸灌，以防水从顶部流入叶缝，造成腐烂。冬季休眠，越冬温度10℃以上；可不浇水，过干时喷水即可。夏季高温也休眠。

（4）园林应用　生石花小巧玲珑，形态奇特，似晶莹的宝石闪烁着光彩，在国际上享有"活的宝石"之美称，适宜作室内小型盆栽。

2. 佛手掌（图4-157）

别名：舌叶花、宝绿。

科属：番杏科，舌叶花属。

（1）形态特征　佛手掌为常绿植物。全株肉质，外形似佛手。茎斜卧，为叶覆盖。叶宽舌状，肥厚多肉，平滑而有光泽。花自叶丛中央抽出，形似菊花，黄色，花期为4~6月份。

（2）生态习性　佛手掌原产于南非，世界各国多有栽培，为多年生肉质植物。喜冬季温暖，夏季凉爽干燥环境，生长适温18~22℃，超过30℃温度时，植株生长缓慢且呈半休眠状态。越冬温度须保持在10℃以上。宜于肥沃、排水良好的沙壤土生长。

图4-157　佛手掌

（3）繁殖与栽培　佛手掌采用分株或播种繁殖。分株一般在春季结合换盆进行，将老株丛切割若干丛，另行上盆栽植即可。生长期每2~3个星期施用一次稀薄有机液肥。冬季要节制浇水，保持盆土湿润但不能积水。越冬温度10℃以上。生长期要保证水肥，但不可过多。入秋后应停止施肥，少浇水。

（4）园林应用　佛手掌是室内观赏花卉，绿叶金花，用于装点书房、客厅案头、茶几，格外玲珑、高雅。株形奇特，形如佛手，翠绿晶莹，是趣味盆栽的好材料。暖地可用于岩石园。

（六）大戟科

1. 虎刺梅（图4-158）

别名：基督刺、麒麟花、老虎筋、铁海棠。

科属：大戟科，大戟属。

（1）形态特征　虎刺梅为多刺直立或稍攀缘性小灌木。株高1～2m，多分枝，体内有白色浆汁。茎和小枝有棱，棱沟浅，密被锥形尖刺。叶片密集着生新枝顶端、倒卵形，叶面光滑、鲜绿色。枝端开出鲜红、玫红的小花（2枚红色苞片），花期冬春季。南方可四季开花。蒴果扁球形。

图4-158　虎刺梅

（2）生态习性　虎刺梅喜高温，不耐寒；喜强光；不耐干旱及水涝；喜肥沃、排水好的土壤。

（3）繁殖及栽培　虎刺梅采用扦插繁殖。喜高温，生长适温为24～30℃；冬季室温15℃以上才开花，否则落叶休眠。土壤水分要适中，长期阴湿则生长不良，稍干燥无妨，过干旱会落叶。休眠期土壤要干燥。光照不足，总苞片色不艳或不开花。

（4）园林应用　虎刺梅栽培容易，花期长，红色苞片，鲜艳夺目，盆栽观赏或作刺篱等。也用来绑扎成孔雀等造型，成为宾馆、商场等公共场所摆设的精品。

任务考核标准

序号	考核内容	考核标准	参考分值/分
1	情感态度及团队合作	准备充分、学习方法多样、积极主动配合教师和小组共同完成任务	10
2	仙人掌类及多肉植物的特征	能够写出所列题签中仙人掌类及多肉植物的名称、生态习性及根、茎、叶、花、果实特征	20
3	仙人掌类及多肉植物的养护管理	说出题签中的8种仙人掌类及多肉植物的繁殖与日常养护管理方法	30
4	制订仙人掌类及多肉植物养护管理方案并实施	根据植物学、栽培学、美学、园林设计等多学科知识，制订科学合理的养护管理方案，方案具有可操作性	30
5	工作记录和总结报告	有完成全部工作的工作记录，书面整洁；总结报告结果正确，体会深刻；上交及时。	10
合计			100

自测训练

一、名词解释

仙人掌类植物　多肉植物

二、简答题

1. 将8～10种仙人掌类植物、8～10种多肉植物，按种名、科属、观赏用途和园林应用列表记录。

2. 简述仙人掌类植物、多肉植物的分类。

3. 简述蟹爪兰的繁殖栽培管理技术要点。

4. 简述芦荟的繁殖栽培管理技术要点。

任务九　兰科植物

兰科植物分布极广，但85%集中分布在热带和亚热带。园艺上栽培的重要种类，主要分布在南、北纬30°以内，年降雨量为1500～2500mm的森林中。从植物形态上兰科植物分为：

1）地生兰。生长在地上，花序通常直立或斜上生长。亚热带和温带地区原产的兰花多为此类。中国兰和热带兰中的兜兰属花卉属于这类。

2）附生兰。生长在树干或石缝中，花序弯曲或下垂。热带地区原产的一些兰花属于这类。

3）腐生兰。无绿叶，终年寄生在腐烂的植物体上生活。

一、中国兰

中国兰花简称国兰，通常是指兰属植物中的一部分地生种。假鳞茎较小，叶线形，根肉质；花茎直立，有花1～10余朵，花小而芳香，通常淡绿色有紫红色斑点。种类不同叶和花形态及花期变化较大。中国兰产自秦岭以南及西南地区。栽培历史悠久，最少在千年以上，为中国十大传统名花之一。自古以来人们把兰花视为高洁、典雅、爱国和坚贞不屈的象征，形成有浓郁中华民族特色的兰文化。

（一）中国兰的鉴赏

中国兰虽然花小也不鲜艳，但甚芳香，叶态优美，深受中国和日本、朝鲜等国人民的喜爱。中国兰以其花形、花色淡雅、朴素及幽香为特点，即所谓的君子之风，对其色、香、姿、形上的欣赏有独特的审美标准。如瓣化萼片有重要观赏价值，绿色无杂为贵；中间萼片称为主萼片，两侧萼片向上跷起，称为"飞肩"，极为名贵；排成一字名为"一字肩"，观赏价值较高；向下垂，为"落肩"不能入选。花不带红色为"素心"，是上品等。中国兰主要是盆栽观赏。

（二）形态特征

中国兰为多年生草本，叶革质。花葶顶生或腋生；花冠的各部分在我国的古书上有特定

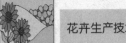
的名称：萼片中间1枚为主瓣，下2枚为副瓣，副瓣伸展情况为肩；上2枚花瓣直立，肉质较厚，先端向内卷曲，俗称棒，下面（中央）一枚为唇瓣，较大，俗称舌；蕊柱俗称鼻；顶端着生1~3粒花粉块，稍下凹入部分为柱头。蒴果长圆形，俗称"兰荪"，成熟后为褐色。种子细小呈粉末状，含有数万粒。

（三）生态习性

（1）对温度的要求　中国兰要求比较低的温度，生长期白天保持在20℃左右，越冬夜间温度为5~10℃，其中春兰和蕙兰最耐寒，可耐夜间5℃的低温；建兰和寒兰要求温度高，不能耐30℃以上高温，要在兰棚中越夏。

（2）对光照的要求　种类不同、生长季不同，对光的要求不同。冬季要求充足光照，夏季50%~60%遮阴度，墨兰最耐阴，建兰、寒兰次之，春兰、蕙兰需光较多。

（3）对水分的要求　中国兰喜湿忌涝，有一定耐旱性。要求一定的空气湿度，生长期要求在60%~70%，冬季休眠期要求50%。

（4）对土壤的要求　中国兰要求疏松、通气排水良好富含腐殖质的中性或微酸性（pH值5.5~7.0）土壤。

（四）繁殖及栽培

中国兰常用分株繁殖，也可播种繁殖或组织培养。分株以新芽未出土之前或开花以后为好。栽培兰花的关键是土壤，要求富含腐殖质、透气性好的酸性土。盆用透气性良好的素烧深瓦盆。浇水应掌握7分干3分湿，适当偏干的原则。兰花需肥不多，新栽的兰花，未长新根前不能施肥，培养1~2年，新根生长茂盛时才可施肥。兰花最忌烟尘，应置于空气清新的环境中。

（五）园林应用

中国兰多盆栽室内观赏，清雅别致，也可植于小庭院，配以假山、迎春、薜荔等，色香并美，颇有古雅之趣。兰花还可提取香精，也可食用、药用。

（六）常见的中国兰

1. 春兰（图4-159）

别名：草兰、山兰、朵朵香。

科属：兰科，兰属。

（1）形态特征　春兰常绿，根肉质白色，假鳞茎呈球形。叶4~6枚集生，狭带形，边缘有细锯齿，叶脉明显。花单生，少数2朵，花茎直立，花期为2~3月份，时间可持续1个月左右。花朵香味浓郁纯正。本种品种甚多，通常以花被片的形状可分为如下花形：梅瓣形、水仙瓣形、荷瓣形、蝴蝶瓣形。

（2）生态习性　春兰原产于中国长江流域及西南各地。喜温暖湿润，稍耐寒，忌酷热。冬季阳光充足，其他季节遮阴。要求土壤疏松、排水良好的沙质土壤

图4-159　春兰

（3）繁殖及栽培　春兰以分株繁殖为主，近年来常用组织培养繁殖。栽培中应掌握"春不出、夏不日、秋不干、冬不湿"的规律，春季保温；夏季遮阴；秋季多浇水施肥，保持湿润；冬季休眠期减少水肥供应。

（4）园林应用　盆栽观赏，置于书房、案几上，雅趣横生，满室飘香。

2. 蕙兰（图4-160）

别名：夏兰、九子兰、九节兰。

科属：兰科，兰属。

（1）形态特征　蕙兰根肉质，淡黄色。假鳞茎卵形。叶线性，5~7枚，比春兰叶直立而宽长，叶缘粗糙、基部常对褶，横切面呈"V"形。花葶直立，总状花序，高30~80cm，着花5~13朵，花淡黄绿色，香气比春兰稍淡。花瓣较萼片稍小，唇瓣绿白色，具紫红斑点。花期为4~5月份。大约有20~30个，名贵品种甚多，品种分类同春兰。

（2）生态习性　蕙兰原产于中国长江流域及西南各地。喜温暖湿润，稍耐寒，忌酷热。冬季阳光充足，其他季节遮阴。要求土壤疏松、排水良好的沙质土壤。

（3）繁殖及栽培　同春兰。

（4）园林应用　同春兰。

3. 建兰（图4-161）

别名：秋兰、雄兰、秋蕙。

科属：兰科，兰属。

（1）形态特征　建兰假鳞茎椭圆形，较小。叶2~6枚丛生，广线形。花葶直立，花序总状，着花5~12朵；黄绿色乃至淡黄褐色，有暗紫色条纹；唇瓣宽圆形，三裂不明显，中裂片端钝，反卷，带黄绿色，有紫褐斑。香气浓，花期为7~9月份。可分为彩心建兰和素心建兰两类品种。名贵品种很多。

（2）生态习性　建兰原产于中国华南、西南、东南的温暖湿润地区及东南亚、印度等地。健壮挺拔，叶绿花繁，香浓花美，不畏暑，不畏寒，生命力强，易栽培。

（3）繁殖及栽培　同春兰。

（4）园林应用　同春兰。

4. 墨兰（图4-162）

别名：报岁兰、拜岁兰、丰岁兰。

科属：兰科，兰属。

（1）形态特征　墨兰根长而粗壮，假鳞茎椭圆形。叶4~5枚丛生，剑形。花茎直立，高出叶面，花5~17朵，花瓣多具紫褐色条纹。花期为11月至翌年1月。品种丰富。

（2）生态习性　墨兰原产于中国福建、台湾、广东、广西、云南等地。

（3）繁殖及栽培　同春兰。

图4-160　蕙兰

图4-161　建兰

图 4-162　墨兰

（4）园林应用　同春兰。

5. 寒兰（图 4-163）

科属：兰科，兰属。

（1）形态特征　寒兰假鳞茎不显著。叶 3～7 枚<u>丛生</u>，狭长，直立性强。花茎直立，与叶面等高或高于叶面。花疏生，10 余朵，有香气。花期为 9～12 月份。

（2）生态习性　寒兰分布在福建、浙江、江西、湖南、广东以及西南的云、贵、川等地。

（3）繁殖及栽培　同春兰。

（4）园林应用　同春兰。

图 4-163　寒兰

二、洋兰

（一）洋兰的概念

洋兰是相对于中国兰而言的，它兴起于西方，是受西洋人喜欢的兰花，现已在世界各地栽培，成为花卉产业的重要部分。按照中国、日本和朝鲜等东方国家人民栽培兰的习惯，中国兰通常是指兰属植物中一部分地生种类，如春兰、蕙兰等，如前所述。而洋兰则不同，栽培的种类十分广泛，洋兰中常见栽培的种类分成附生和地生两大类。

（二）洋兰的生态习性

洋兰大多产于热带和亚热带地区森林中，常附生于树干或岩石上，为附生兰。也有少数种类生长在林下的腐殖土上，为地生兰。洋兰属于半喜阴类植物，在栽培中通常都给予遮阴。一般都喜欢温暖的环境，而不耐寒。在北方栽培洋兰，还必须保持栽培环境有较高的空气湿度。通常是每日数次向温室或荫棚地面、台架及四壁洒水。

（三）洋兰的繁殖及栽培

1. 栽培方法

洋兰主要有盆栽法、木框栽植法、树蕨板和木段栽植法等。

2. 温度

洋兰通常按原产地的不同分成 3 大类：原产于热带地区的种类，白天温度为 25～30℃，夜间温度为 18～21℃，通常应放在高温温室过冬；原产于亚热带地区的兰花，越冬温度白天为 18~21℃，夜间为 12~15℃；原产于亚热带和暖温带地区的地生兰，越冬期间白天温度为 10~15℃，夜间温度为 5~10℃。

3. 阳光与遮阴

一般落叶种类兰花比常绿种类需要较强的阳光；附生类较地生类需要阳光多；叶片肥厚多肉，叶面有较厚角质层的种类喜较强的阳光；叶片呈黄绿色的种类较暗绿色的需要较多的阳光。

4. 浇水和空气湿度

（1）地生兰 洋兰中，有部分地生兰，如兜兰中的部分种，常用腐叶土或苔藓等材料盆栽。因为腐叶土和苔藓保水力强，浇水 2 次可以较长时间不会干燥，一定要看盆土的干湿程度来浇水，不干不浇。

（2）附生兰 附生兰用蕨根、树皮块、碎砖块等排水性能极好而保水能力差的材料盆栽。浇水后盆栽材料和根系易干燥，尤其在北方秋、冬、春三季，水分散失甚快，经常注意浇水。用盆栽的植株比用木框和树蕨板种的兰花干燥要慢些，浇水次数要少。

5. 施肥

过去人们认为附生兰花根部有真菌，可以吸水空气中的氮，从而合成兰花可以利用的氮肥，所以兰花不必再施肥。但近些年来的实践证明，洋兰合理的施肥可以使幼苗生长得更迅速，成株更健壮，花色更鲜艳美丽。但用肥过量，可能引起植株根部的腐烂。

（四）常见的洋兰

1. 卡特兰（图 4-164）

别名：卡特利亚兰、多花布袋兰。

科属：兰科，卡特兰属。

（1）形态特征 卡特兰常绿，假鳞呈棍棒状或圆柱状，具 1~3 片革质厚叶，是贮存水分和养分的组织。花单朵或数朵，着生于假鳞茎顶端，花大而美丽，色泽鲜艳而丰富。花萼与花瓣相似，唇瓣 3 裂，基部包围雄蕊下方，中裂片伸展而显著。假鳞茎呈纺锤形，株高 25cm以上；每茎有叶 2~3 枚，叶片厚实呈长卵形。一般秋季开花一次，有的能开花 2 次，一年四季都有不同品种开花。花梗长 20cm，花大，花径约 10cm，有特殊的香气，每朵花能连续开放

图 4-164 卡特兰

很长时间；除黑色、蓝色外，几乎各色俱全，姿色美艳，有"兰花之王"的称号。

（2）生态习性 卡特兰为多年生草本附生植物，多附生于大树的枝干上。喜温暖湿润环境，越冬温度，夜间为 15℃左右，白天为 20~25℃，保持较大的昼夜温差至关重要，不可昼夜恒温，更不能夜温高于昼温。要求半阴环境，春、夏、秋三季应遮去 50%~60% 的光线。

（3）繁殖及栽培 卡特兰繁殖用分株、组织培养或无菌播种。生长时期需要较高的空气湿度，适当施肥和通风。冬季温度为 15~18℃。栽培卡特兰，通常用泥炭藓、蕨根、树皮块或碎砖等作盆栽材料。栽种时盆底先填充一些较大颗粒的碎砖块、木炭块，再用蕨根两份、泥炭藓 1 份的混合材料，或用加工成 1cm 直径的龙眼树皮、栎树皮，将卡特兰的根栽

植在多孔的泥盆中。这些盆栽材料要在使用前用水浸透。

（4）园林应用 卡特兰花形、花色千姿百态，绚丽夺目，有"兰花皇后"的誉称；而且花期长，一朵花可开放1个月左右；切花水养可欣赏10~14d。常在喜庆、宴会上、用于插花观赏。

2. 大花蕙兰（图4-165）

别名：虎头兰、喜姆比兰、蝉兰、西姆比兰。

科属：兰科，兰属。

（1）形态特征 大花蕙兰是由兰属中的大花附生种，小花垂生种以及一些地生兰经过一百多年的多代人工杂交育成的品种群。假鳞茎椭圆形，粗大。叶长50~80cm，叶宽2~4cm，株高60~150cm不等，花葶40~150cm不等，叶色浅绿至深绿，标准花茎每盆3~5支，每支着花6~20朵花。其中绿色品种多带香味。

（2）生态习性 大花蕙兰喜冬季温暖和夏季凉爽气候，喜高湿强光，生长适温为10~25℃。喜光照充足，夏秋防止阳光直射。要求通风、透气。为热带兰中较喜肥的一类。喜疏松、透气、排水好、肥分适宜的微酸性基质。花芽分化在8月高温期，在20℃以下花芽发育成花蕾和开花。

图4-165 大花蕙兰

（3）繁殖及栽培 大花蕙兰常用分株、播种和组培繁殖。大花蕙兰生长适温为10~30℃，且喜白天温度高，夜间温低，温差大（8℃以上）的环境。大花蕙兰的最适光强为20000~30000lx（注：中等偏强）。喜根部湿润而不积水的环境，生长期要求高湿，75%~85%，休眠期50%左右，花期55%~65%。中小苗期需要高钾肥，氮、磷、钾比例1：2：3，中大苗需加重磷肥的比例，而且以有机肥为主，叶面施肥为辅。

（4）园林应用 大花蕙兰是兰花中较高大的品种。植株挺直，开花繁茂，花期长，栽培相对容易，是近年来新兴的高档室内盆花。

3. 兜兰（图4-166）

别名：拖鞋兰。

科属：兰科，兜兰属。

图4-166 兜兰

（1）形态特征　兜兰茎极短，叶片革质，近基生，带形或长圆状披针形，绿色或带有红褐色斑纹。花葶从叶丛中抽出，花形奇特，唇瓣呈口袋形。背萼极发达，有各种艳丽的花纹。两片侧萼合生在一起。蕊柱的形状与一般的兰花不同，两枚花药分别着生在蕊柱的两侧。花瓣较厚，花寿命长。

（2）生态习性　兜兰喜温暖、湿润和半阴的环境，怕强光暴晒。绿叶品种生长适温为12～18℃，斑叶品种生长适温为15～25℃，能忍受的最高温度约30℃，越冬温度应在10～15℃左右为宜。一般而言，温暖型的斑叶品种等大多在夏秋季开花，冷凉型的绿叶品种在冬春季开花。

（3）繁殖与栽培　兜兰常用播种和分株繁殖。属阴性植物，栽培时，需有配套的遮阴设施。生长过程中，对光线的要求不完全一样。因此，管理上比较复杂。早春以半阴最好，盛夏早晚见光，中午前后遮阴，冬季须充足阳光，而雨雪天还需增加人工光照。总之，切忌强光直射。盆栽可用腐叶土2份、泥炭或腐熟的粗锯末1份配制培养土。上盆时，盆底要先垫一层木炭或碎砖瓦颗粒，垫层的厚度掌握在盆深的1/3左右。这样可保持良好的透气性，又有较好的吸水、排水能力，可满足植株根系生长的要求。

（4）园林应用　兜兰为多年生常绿草本植物，是兰科中最原始的类群之一，是世界上栽培最早和最普及的洋兰之一。其株形娟秀，花形奇特，花色丰富，花大色艳，很适合于盆栽观赏，是极好的高档室内盆栽观花植物。其花期长，每朵开放时间，短的3～4周，长的5～8周。兜兰因品种不同，开放的季节也不同，多数种类冬春时候开花，也有夏秋开花的品种，因而如果栽培得当，一年四季均有花看。

4. 石斛兰（图4-167）

别名：石兰、吊兰花、金钗石斛。

科属：兰科，石斛属。

（1）形态特征　石斛兰为多年生落叶草本。茎丛生，直立，上部略呈回折状，稍偏，黄绿色，具槽纹。叶近革质，短圆形。总状花序，花大、白色，顶端淡紫色。落叶期开花。

（2）生态习性　石斛兰为附生植物，生境独特，对小气候环境要求十分严格。石斛兰多生于温凉高湿的阴坡、半阴坡微酸性岩层峭壁上，群聚分布，上有林木侧方遮阴，下有溪沟水源，冬春季节稍耐干旱，但严重缺水时常叶片落尽，裸茎渡过不良环境，到温暖季节重新萌发枝叶。常与地衣、苔藓植物以及抱石莲、伏石蕨、卷柏、石豆兰等混生。石斛兰以其密集的须根系附着于

图4-167　石斛兰

石壁砂砾上吸收岩层水分和养料，裸露空中的须根则从空气中的雾气、露水吸收水分，依靠自身叶绿素进行光合作用。因此，石斛兰受小气候环境中水分，尤其是空气湿度的严格限制，分布地域极为狭窄。

（3）繁殖及栽培　石斛兰常用分株、扦插和组培繁殖。盆栽石斛兰需用泥炭、苔藓、蕨根、树皮块和木炭等轻型、排水好、透气的基质。同时，盆底多垫瓦片或碎砖屑，以利于根系发育。栽培场所必须光照充足，对石斛兰生长、开花更加有利。春、夏季生长期，应充

分浇水，使假球茎生长加快。9月份以后逐渐减少浇水，使假球茎逐渐趋成熟，能促进开花。生长期每旬施肥1次，秋季施肥减少，到假球茎成熟期和冬季休眠期，则完全停止施肥。栽培2~3年以上的石斛兰，植株拥挤，根系满盆，盆栽材料已腐烂，应及时更换。无论常绿类或是落叶类石斛兰，均在花后换盆。换盆时要少伤根部，否则遇低温叶片会黄化脱落。

（4）园林应用　由于石斛兰具有秉性刚强、祥和可亲的气质，有许多国家把它作为每年6月20日的"父亲节之花"。在国外，石斛兰的花语为"欢迎你，亲爱的"。除作盆栽外，更多的是用作艺术插花，因为它的花枝修长，色彩秀丽，亲和力强，用许多花草陪衬可显得协调和谐。如果细心赏来，就会令人产生一种"巧笑倩兮，美目盼兮"的感受。

5. 蝴蝶兰 （图4-168）

科属：兰科，蝴蝶兰属。

（1）形态特征　蝴蝶兰茎很短，常被叶鞘所包。叶片稍肉质，常3~4枚或更多，正面绿色，背面紫色，椭圆形，长圆形或镰刀状长圆形，长10~20cm，宽3~6cm，先端锐尖或钝，基部楔形或有时歪斜，具短而宽的鞘。花序侧生于茎的基部，长达50cm，不分枝或有时分枝；花序柄绿色，粗4~5mm，被数枚鳞片状鞘；花序轴紫绿色，多少回折状，常具数朵由基部向顶端逐朵开放的花；花苞片卵状三角形，长3~5mm；花色多样，美丽，花期长；中萼片近椭圆形，长2.5~3cm，宽1.4~1.7cm，先端钝，基部稍收狭，具网状脉；侧萼片歪卵形，长2.6~3.5cm，宽1.4~2.2cm，先端钝，基部收狭并贴生在蕊柱足上，具网状脉；花瓣菱状圆形，长2.7~3.4cm，宽2.4~3.8cm，先端圆形，基部收狭呈短爪，具网状脉；唇瓣3裂，基部具

图4-168　蝴蝶兰

长约7~9mm的爪；侧裂片直立，倒卵形，长2cm，先端圆形或锐尖，基部收狭，具红色斑点或细条纹，在两侧裂片之间和中裂片基部相交处具1枚黄色肉突；中裂片似菱形，长1.5~2.8cm，宽1.4~1.7cm，先端渐狭并且具2条长8~18mm的卷须，基部楔形；蕊柱粗壮，长约1cm，具宽的蕊柱足；花粉团2个，近球形，每个劈裂为不等大的2片。花期为4~6月份。

（2）生态习性　蝴蝶兰喜高温、高湿、通风半阴环境，忌水涝气闷。越冬温度不低于15℃。由于蝴蝶兰生于热带雨林地区，本性喜暖畏寒。生长适温为18~30℃，冬季15℃以下就会停止生长，低于10℃容易死亡。要求富含腐殖质、排水好、疏松的基质。

（3）繁殖与栽培　蝴蝶兰繁殖方法主要有播种繁殖法、花梗催芽繁殖法、断心催芽繁殖法、切茎繁殖法和组织培养法五种。蝴蝶兰可以从湿润的空气中吸收水分，空气湿度要保持在70%。当室内空气干燥时，可用喷雾器或喷壶向叶面喷雾，但需注意，花期不可将水雾喷到花朵上，以免落花落蕾。蝴蝶兰需光照不多，切忌强光直射。栽培蝴蝶兰一般选用水草、苔藓作栽培基质，应少施肥，施淡肥。

（4）园林应用　蝴蝶兰花形奇特，色彩艳丽，如彩蝶飞舞，深受人们喜爱。蝴蝶兰是珍贵的盆栽观赏花卉，可悬吊式种植，也是国际上流行的名贵切花花卉。蝴蝶兰是新娘捧花

的主要花材，尽显雍容华贵；亦可作胸花。盆栽蝴蝶兰盛花时节正值中国传统节日—春节，平添喜庆、繁荣富足气氛，是馈赠亲友的佳品。

 任务考核标准

序号	考核内容	考核标准	参考分值/分
1	情感态度及团队合作	准备充分、学习方法多样、积极主动配合教师和小组共同完成任务	10
2	兰科植物的特征	能够写出所列题签中兰科植物的名称、生态习性及根、茎、叶、花、果实特征	20
3	兰科植物的养护管理	说出题签中的8种兰科植物的繁殖与日常养护管理方法	30
4	兰科植物养护管理方案并实施	根据植物学、栽培学、美学、园林设计等多学科知识，制订科学合理的养护管理方案，方案具有可操作性	30
5	工作记录和总结报告	有完成全部工作的工作记录，书面整洁；总结报告结果正确，体会深刻；上交及时	10
合计			100

 自测训练

一、名词解释：

热带兰 地生兰 洋兰 中国兰

二、填空题

1. 常见地生兰的主要栽培种有（列举三种）_____、_____和_____。

2. 地生兰一般采用_____和_____方法繁殖。浇水以 pH 值_____的水为宜，夏季空气湿度应保持在_____之间。施肥应掌握_____原则。夏秋季应注意_____。

3. 根据附生兰对温度的要求，大致将其分为_____、_____和_____三大类。

三、简答题

1. 热带兰和地生兰，洋兰和中国兰有哪些不同？

2. 栽培附生兰选择什么栽培基质？

3. 兰花在园林中有哪些应用？

4. 兰花有哪些常见属？形态上和习性上有哪些特点？

<h3 style="text-align:center">实训十五 温室花卉种类识别</h3>

一、目的要求

使学生熟悉温室花卉的形态特征、生态习性及掌握它们的繁殖方法、栽培要点与观赏用途。

二、材料用具

数码相机、钢卷尺、直尺、卡尺、铅笔、笔记本、常见温室花卉。

三、方法步骤

教师现场讲解、指导学生学习，学生课外复习。

1）教师现场教学讲解每种花卉的名称、科属、生态习性、繁殖方法、栽培要点、观赏用途。学生做好记录。

2）学生分组进行课外活动，复习花卉名称、科属及生态习性、繁殖方法、栽培要点、观赏用途。

3）利用数码相机记录典型标本。

四、作业

将所见花卉分类，按表4-7记录。

表 4-7

中文名	学　名	科　属	主要特征	观赏用途

项目五 鲜切花生产

任务一 鲜切花生产技术概述

一、品种选择

（一）外部条件

以切花外观和观赏性为标准，表现在以下几个方面。

1. 花色清洁、纯正、明亮

通常以某一切花品种在最适生长条件下的花色为标准，与此相比发生的颜色变异均作为不合格产品。美国切花月季花展中品种评审的 ARS（美国农业科研局）标准对花色的评价有以下几点：

1）花色应是清洁的，不能有药痕迹残留。

2）应具备切花标准色（本色）。

3）色泽清澈，无污垢，不发暗，具有明亮的半透明感。

4）颜色的纯粹度包括鲜明和清晰两个方面，清洁度指没有斑点等不自然的着色。

5）颜色的光泽由花瓣反射光的能力决定，花瓣有绒光感，栩栩如生。

2. 花形优美、生动别致

切花月季要求高脚、卷边、包心，整体呈圆形轮廓，排列成高雅的姿态，开放度为1/2～3/4；鹤望兰要求花形奇特；小花类（如情人草、满天星、勿忘我等）要求整个花序群体效果好，花形瘦长、轻盈、飘逸；大花与小花间要有层次感。

3. 瓣质厚实、质硬

瓣质是由构成花瓣物质材料的质和量所决定的，是决定花瓣的纹理、张力、稳定性和强度以及花瓣厚度的因素。优秀的瓣质可使切花花形优美、开放持久。切花品种一般要求瓣质厚实、质硬、纹理清晰，以增强花形的稳定性。虞美人花朵像花毛茛，全部重瓣，很漂亮，但花瓣太薄，不能做切花。还有东方罂粟，也不能做切花。

4. 叶片洁净平整

鲜切花一般要求叶片洁净平整，最好有光泽，无病虫害，无机械损伤，具有适当的大小和形状，柔软但不脆弱。

5. 自然花期长

自然花期越长，则水养越持久。如美人蕉花期特别短，大花蕙兰、蝴蝶兰、石斛兰花期长。

6. 生长健壮，无病虫害，无毒无异味

如万寿菊（又叫臭芙蓉），因有强烈的药味，且叶背边缘有小毒腺点，不能放在餐桌上。目前，美国已育出无异味的万寿菊（白色、奶黄色）。

7. 花茎挺直、粗壮且有韧性

切花要求枝条不过粗过细，花梗不弯曲，这样才有足够强度支撑花头。如向日葵不过大，花头不弯曲，花茎不过粗的可做切花品种。

8. 枝条必须有足够长度

花茎长度是评定切花品质的主要标准，并且是切花分级重要依据之一。国际市场上对切花月季花茎长度要求一般是：一级花茎长度大于60cm，而短于40cm为等外品。

9. 枝、叶、花配合协调

枝叶匀称，茎长与花茎也要达到均衡协调，整体效果好。

（二）内在条件

切花是包含多个器官的鲜活园艺产品，其内部各个器官之间复杂的相互作用，直接影响切花本身化学成分含量及分配，进而影响到切花的品质。

1. 含水量

鲜切花离体后，叶面蒸腾与根吸水之间的水分平衡被破坏，蒸腾量大于吸水量，水分亏缺。因此，切花要保持鲜活度和品质，就必须保持较高的水分含量和膨胀状态。大多数切花体内含水达70%~80%就显得鲜活水灵。

2. 碳水化合物含量

碳水化合物（主要是糖）是切花体内重要的营养物质和呼吸机质，能保护线粒体的结构和功能，为切花的生命活动提供能量，其含量与切花品质直接相关。一般来说，切花花茎较粗者，体内碳水化合物含量高，花枝不易弯垂，着色好、品质好。

3. 酚类物质含量

一般来说，切花体内含酚类物质越少，切花品质越好。原因可能是切花体内的黄铜类色素与酚类物质发生氧化作用，从而使花瓣衰老变褐。

4. 有机酸和挥发性物质含量

有机酸主要是一些代谢产物，如冬氨酸、苹果酸、酒石酸含量的变化，导致液泡中pH值变化，进而影响到花瓣的颜色变化。因此，切花体内有机酸含量越少（不足1%），切花质量越好，水养时间越长。

5. 蛋白质和脂类物质含量

切花体内含有的可溶性蛋白质中有相当部分是维持生命活动所需的酶类。切花采收后蛋白质酶、核酸酶、过氧化物酶等活性降低，使可溶性蛋白质量下降，导致切花品质降低。

6. 激肽含量

切花体内激肽含量越高，越能大量贮藏糖分，降低呼吸频率；使茎秆耐机械负荷强，抗失水能力强。

7. 矿质元素和维生素含量

切花体内矿质元素主要有N、P、Ca、Mg、K等，它们的含量对切花品质有直接或间接的影响。Ca是细胞壁的重要构成元素，其含量与枝干质地的硬度有关。缺K植物细胞壁太薄和木质部不发达，如缺K或Ca会引起月季花梗弯曲。

8. 植物激素

切花中含有 IAA（生长素）、CTK（细胞分裂素）、GA3（赤霉素）、ABA（脱落酸）和乙烯等植物激素，它们的含量及其变化可调控切花的衰老进程。一般来说，乙烯、ABA 促进花瓣衰老，CTK 和 GA3 延迟花瓣衰老，而 IAA 具有促进和延迟花瓣衰老的双重作用。

总之，切花品种选择是否得当直接影响切花的质量，生产上应综合考虑以上各项条件，从而培育出满意的品种。

二、鲜切花采收、采后处理与保鲜技术

（一）鲜切花采收、分级和包装

1. 鲜切花的采收

（1）采收时期　常见的采收期有三种：

1）蕾期采收。蕾期露出花色时采收，目前提倡采用此法，其优点主要有以下几点：

① 有利于包装、运输、贮藏，少占空间、少受伤害。

② 降低采收后的处理和运输之间遇到的极端高温、低温及鲜切花自身代谢产生乙烯对鲜切花的危害，提高切花在低光、高温条件下的品质和寿命。

③ 缩短生产周期，提早上市。

④ 提高温室和土地的利用率，降低成本，减少运输损耗。

2）花蕾期初放时采收。多数切花此时采收。

3）盛花期采收。此类切花依赖于母株提供营养，才能正常开放。

（2）采收时间　采收的适宜时间因切花种类、季节、天气而不同。一年四季中，夏季气温高，单花开放或花序上小花部分开放后采切，冬季气温低时可在花苞开放时采切。

一天中上午和下午采收各有优缺点。上午采收可保持切花含水量高，下午若遇到高温采收，切花易失水。夏季时大部分切花宜在上午采收。对于带茎叶和需要贮运的切花宜在含水量较低的傍晚采收，以便于包装与预处理，也有利于保鲜贮运。

（3）采收部位和方法　采收工具一般用花剪，也有些用枝剪（木本花卉如梅花），有些用刀割（草本花卉），有些用手掰（如非洲菊、马蹄莲、花烛），有的用脚踢（如菊花）。采切的花茎应尽量留长一些，剪截时要形成一定斜面，增大吸水面积，尤其对于只通过切口吸水的木质茎类切花。

2. 鲜切花的分级

鲜切花通常分为特级、一级、二级三个等级，也可依据美国标准进行分级。

我国为促进花卉商品生产和交易，于 1997 年 12 月 19 日首批发布了月季、唐菖蒲、菊花、满天星、香石竹 5 种切花的国家农业行业标准。2000 年对此标准又进行了补充和修订，增加了非洲菊、百合、马蹄莲、火鹤、鹤望兰、肾蕨、银芽柳等几种切花（枝、叶）类的质量标准等级及鲜切花质量等级划分公共标准。

3. 鲜切花的包装

包装方法　切花大批量包装前，需要硫代硫酸银（STS）或其他花卉保鲜剂预处理。包装前，按一定数量（通常 10 枝）扎成一束（香石竹和月季等多为 20 枝一束），然后用包装材料包装，置于包装箱内。为了保湿，可在包装箱内放置碎湿纸、冰袋降温保鲜，也可在箱底固定放有保鲜液的容器，切花垂直插入。包装材料有报纸、塑料薄膜、包装

箱、编织袋等。包装箱上都有透气孔。包装箱的尺寸要依切花种类大小的不同而设计。

（二）鲜切花保鲜技术与贮运技术

1. 鲜切花保鲜技术

（1）保鲜剂成分及作用　切花保鲜剂的主要成分有水、糖、杀菌剂或抗菌剂（如8-基喹啉，8-HQ）、表面活性剂（如吐温-20）、无机盐（如硫酸银）、有机酸及其盐类［如柠檬酸（盐）、苯甲酸（盐）］、乙烯抑制剂和拮抗剂［如 AOA（氨氧乙酸）、AVG（氨氧乙基乙烯基甘氨酸）等］及植物生长调节物质（如细胞激动素、赤霉素）等。

（2）保鲜剂的处理方法　目前，生产上常用的处理方法有吸水处理、脉冲处理、花蕾开放液处理（或催花处理）和瓶插保鲜液处理。

1）吸水处理：在采后处理或贮运过程中，为防止切花茎端导管被堵塞，影响吸水，或运输过程失水而影响切花外观品质，常常进行吸水处理。

2）脉冲处理：将花茎下部置于含较高浓度（高出瓶插液的数倍）的糖和杀菌剂溶液中浸几小时至几十小时称为脉冲处理，即切花贮藏运输前的预处理，此溶液称为脉冲液。

3）花蕾开放处理：目前，为了长期贮藏及远距离运输，越来越多的切花在花蕾期采切。

4）瓶插保鲜液处理：通常说的保鲜液即为瓶插液，为切花零售店短期保鲜和消费者瓶插观赏时用。瓶插保鲜液成分主要为糖（浓度约 0.5% ~2%）、杀菌剂、有机酸和植物生长调节剂。

2. 鲜切花贮运技术

（1）贮运前处理技术

1）采后调整：采后调整目的是补充花茎在田间亏损的水分，恢复切花细胞膨压，减少花瓣叶片萎蔫、褪色，运输后花不开放及寿命缩短等。

2）预处理：预处理是用含糖为主的化学溶液短期浸泡花茎基部，其目的是延长切花寿命，保证运输和贮藏后的开放品质，使花蕾期采切的花枝正常开放。

3）预冷：运输或冷藏前，温度高，消耗营养多，故应使切花温度尽快冷却到适宜温度，散去田间热，减弱其呼吸强度和水分蒸发；同时减轻冷藏库的热负荷，有利于保鲜，可减少运输中的腐烂、萎凋。预冷的条件为 0~1℃、相对湿度为 95% ~98%。

（2）贮藏方法

1）常温贮藏：常温贮藏指用自然环境温度贮藏切花，一般为 5~25℃。目前，切花常温贮藏在切花生产中仍占有一席之地。因为投入少，成本低，操作方便。在常温贮藏中通常要配合使用保鲜剂增加保鲜效果。

2）低温贮藏：在低温冷库中贮藏鲜切花称为低温贮藏，冷库中温度要求恒定，变化值一般不超过 ±1℃，尤其是要求在 5℃以下贮藏的切花。

3）气调贮藏：在适合的低温下减少贮藏环境中 O_2 浓度（浓度为 1% ~5%）并增加 CO_2 浓度（浓度为 3% ~5%）的贮藏方法称为气调贮藏。

4）减压贮藏：减压贮藏是当今鲜切花贮藏的又一发展领域，是将切花置于降低气压和低温的环境中连续供应湿空气流的贮藏方法。

（3）主要运输方式

1）陆地运输（公路和铁路）：对于短距离或运输时间不超过 20h 的切花，一般采用卡车公路运输。运输前，切花要预冷到最适宜低温。预冷之后，包装箱上的通气孔应马上关闭，同时将箱子在卡车或火车上紧密码垛，防止运输中移动。对于长距离或运输时间超过 20h 或数天的切花，要用有冷藏设备的卡车或火车箱运输。

2）水路运输：由于空运价格高，最近几年，切花水路运输已进入实践阶段，不少国家选用水路运输切花，但运输时间比较长，不利于切花保鲜。一般是切花采后尽快用保鲜剂预冷，然后将切花箱子装入冷藏集装箱内，再转运到海港。

3）空中运输：空中运输切花在国内、国际中越来越重要。空运时间短、速度快、损耗小，但其成本高，高档花常用此法运输。因飞机无冷藏条件，所以切花运输前应预冷处理，箱子上所有通气孔应关闭，且用 STS 处理。目前，我国云南生产的切花不少通过空运外销。

 任务考核标准

序 号	考核内容	考核标准	参考分值/分
1	情感态度	准备充分、学习方法多样、积极主动完成任务	10
2	资料收集与整理	能够广泛查阅、收集、整理花卉的资料，并对鲜切花品种标准进行正确分析	20
3	鲜切花品种选择	根据鲜切花品种应具备的外部和内部条件，合理选择鲜切花品种	20
4	鲜切花的分级、包装、保鲜	根据不同的鲜切花种类提出正确的分级、包装、保鲜技术方案	20
5	分级、包装、保鲜操作过程	现场操作规范、正确	20
6	工作记录和总结报告	有完成全部工作的工作记录，书面整洁；总结报告结果正确，体会深刻；上交及时	10
合计			100

 自测训练

一、填空题

鲜切花的采收时期有三种，分别是＿＿＿＿＿＿＿、＿＿＿＿＿＿＿＿＿、＿＿＿＿＿。

二、简答题

1. 如何进行鲜切花品种的选择？

2. 常见鲜切花的保鲜技术是什么？

3. 简要叙述切花包装方法。

4. 结合实际，说明当地常见切花上市前分级标准。

任务二　切花的周年生产技术

一、切花月季（图5-1）

月季属蔷薇科属植物，原产于我国，有2000多年的栽培史。但切花月季的栽培，至今不过200多年历史。切花月季色彩艳丽，千姿百态，深受人们喜爱，也是国际最为流行的四大鲜切花之一，寓意关爱、友谊、欢庆和祝贺。

1. 形态特征

月季为灌木或藤本植物，落叶或常绿。茎直立多刺，个别种类近无刺。叶为羽状复叶，小叶3～7片、卵圆至阔披针形、锯齿缘，托叶较大且与叶柄合生。花生新枝茎顶，单生、丛生或为散状花序，单瓣花5瓣或为半重瓣及重瓣花，多数种类具香气。花色有紫、红，玫瑰红、粉、白、黄、绿及复色，花期为春秋或四季常开。

2. 种类（或品种）介绍

用作切花的月季品种可分为红色系、粉色系、黄色系、白色系和复色系等。切花月季主要品种简介见表5-1。

图5-1　切花月季

表5-1　切花月季主要品种简介

品　种　名	英　文　名	花　色	主　要　特　征	备　　注
红色系				
红衣主教	Kardinal	深红	中大花型，瓣质硬，有绒毛，抗病力强	适合夏秋季大棚生产
萨曼莎	Samantha	深红	大花型，长势强健，抗热，但抗病性较差	温室、露地生产均可
宏大	Crand Gara	深红	大花型，高心翘角，瓣厚韧，抗病	优秀品种，周年生产
卡尔红	Carl Red	深红	中型花，花枝少刺，生长势较强，抗热	适合温室冬季栽培
红成功	Red Success	朱红	大花型，瓣多质硬，开放较慢，抗热性	适合夏秋季栽培
红胜利	Madelon	大红	中大花型，高心卷边，花形优美，枝条挺	优秀品种，荷兰主栽
梅朗口红	Rorge Meilland	大红	大花型，生长势强，枝条粗壮，硬，抗病	适合露地种植生产
玛丽娜	Marina	朱红	中型花，色彩明亮，生长旺盛，抗病力强	优秀品种，日本主栽
默蒂斯	Mercedes	朱红	中型花，瓣质硬，枝条硬挺少刺，长势强	优秀品种，荷兰主栽
粉色系				
火鹤	Flamingo	浅粉	大花型，高心卷边，花形优美，质硬耐插	温室、露地栽培均可
贝拉m	Belami	粉红	中型花，高心卷边，花形好，抗病力强	目前粉色为主栽品种
婚礼粉	Bridal Pink	淡粉	中型花，高心卷边，花形优美，抗病	优秀品种，日美主栽
索尼娅	Sonia	淡粉	大花型，有香味，生长势强，少刺，抗病	温室、露地栽培均可
女主角	Leading Lady	粉红	大花型，但花瓣稍软，抗病力强	温室、露地栽培均可
唐娜小姐	Prima Donna	深桃红	大花型，花形优美，生长旺，枝条少刺	温室、露地栽培均可

（续）

品　种　名	英　文　名	花　色	主　要　特　征	备　注
黄色系				
金奖章	Gold Medal	深黄	大花型，长势强，产量高，易栽培，抗病	适合温室栽培
黄金时代	Golden Times	金黄	中型花，初开呈平头状，长势旺，抗病	温室栽培，不宜露地
得克萨斯	Texas	纯黄	中花型，生长旺盛，产量高，抗病性强	优秀品种，宜于温室
白色系				
爱斯基摩	Escimo	白色	枝条较粗，高芯卷边中花型	
雪山	Snowy Mountain	白色	枝条较粗，大叶，光亮，刺中等偏少。高芯卷边特大型	
坦尼克	Titanic	白色	叶片深绿，植株健壮。高芯卷边大花型	
复色系				
第一夫人	First Lady	粉/白	高心翘角，杯状花形，较耐寒。花枝70cm	冬季切花优秀品种
阿丽法	Arifa	红/白	翘角，花形优美，花枝长55cm，耐瓶插	优秀品种，温室栽培
坦待·肯	Tantaus Konfetti	玫红/黄	高心翘角，花形优美，花枝长70~80cm，耐瓶插	优秀品种，温室栽培

3. 生态习性

月季喜阳光充足，排水良好，空气流通又能避免大风侵袭的环境，但盛夏需适当遮阴。月季多数品种，白天最适温度为20~27℃，夜间最适温度为12~18℃。冬季气温低于5℃或超过35℃时均逐渐进入休眠状态；喜深厚，肥沃，湿润而排水良好的土壤，pH值5.6~6.5的微酸环境最佳。喜肥，耐干旱、忌积水，空气污染会影响切花生长发育。

4. 繁殖方法

切花月季繁殖的方法主要有扦插、嫁接、组织培养与种子繁殖。

（1）扦插繁殖　扦插繁殖适于发根容易的品种。扦插繁殖在春秋两季均可扦插。春季在4月下旬至5月底进行，此时气候温和，枝条活力强，插后一个月即可生根，成活率高。秋季扦插在8月下旬至10月底进行，此时扦插受昼夜温差的影响，生根相对较慢，40~50d后才能生根。

（2）嫁接繁殖　选用根系发达，生长旺盛，抗病性、抗寒性强的蔷薇作砧木，我国常用粉团蔷薇和野蔷薇，扦插扩繁砧木，也可用实生苗做砧木。嫁接方法用"T"形芽接和切接法。

（3）组培繁殖　取幼嫩茎段为外植体，以腋芽培养为继代繁殖，快繁月季幼苗。

1）诱导培养：MS + BA2mg/L。

2）继代增殖培养基：MS + BA（1~2）mg/L + IAA（0.1~0.3）mg/L。

3）壮苗培养基：MS + BA（0.3~0.5）mg/L + NAA（0.01~0.1）mg/L。

4）生根培养基：1/2MS + IAA1.0mg/L。

（4）种子繁殖　种子繁殖主要用于培育切花新品种和砧木。

5. 栽培管理

（1）土壤准备　土壤要深翻40~50cm，每亩施用24~36m³经过腐熟的有机肥。用福尔马林、氯化钴、溴甲烷及呋喃丹、棉隆等消毒土壤，可杀菌杀虫。

（2）定植

1）定植方式。二行式每畦2行，行距35cm；三行式每畦3行，行距25cm；四行式每畦4行，行距25cm。

2）定植方法。选取根系（或接口）良好的花卉，按设计好的株行距拉线定点，然后挖穴栽苗，深度以接口与土平为宜。嫁接苗接口朝南，砧木稍向北倾。定植后浇透水一次。

（3）定植后管理　芽接萌芽后，待有5~6片叶摘心，之后选择3个粗壮枝条留为主枝。主枝的粗度到0.5cm以上时，一般将这3个枝条重剪，幼苗栽植当年的秋季就可以采花。切接苗则对嫩梢摘心，及时摘花蕾，之后通过抹除多余的侧芽，经过3~4次摘心过程即可采花。

（4）周年生产花期安排　南方切花月季栽培一般为秋、冬、春生产型，炎热的夏季为其休眠或半休眠季节；北方则为春、夏、秋生产型，寒冷的冬季为其休眠季节，目前，无论南北方多以温室栽培为主。温室温度适宜，周年均可定植，但一般以春秋两季最佳，即3~5月份或9~11月份定植。

6. 切花采收、采后处理和保鲜技术

（1）采收技术

1）采收标准。做远距离运输时，花萼略有松散；兼作远距离和近距离运输时，花瓣伸出萼片；就近批发时，外层花瓣开始松散；尽快出手时，内层花瓣开始松散。

2）采收时间。适宜上午采收。

3）剪切部位。一般来说，采收剪切部位是保留5片小叶的2个节位，俗称的"5留2"。

（2）分级与冷藏　切花的花枝在清水中浸4h后，取出，去下部叶和刺，然后对同一花色、同一品种进行分级。分级后按级包扎，用薄塑料小袋将每枝花头罩好，每束再以高密度聚乙烯塑料袋包装。遇冷后入0.5~1℃、相对湿度90%~95%的冷库中贮藏。

（3）保鲜技术

1）保鲜剂应用。切花采收后可以通过剪口和其他途径吸收保鲜剂，延缓衰老，延长寿命。常用保鲜剂种类和配方见表5-2。

表5-2　常用保鲜剂种类和配方

保鲜剂种类	配　　方
OS	2%S+300mg/L 8-HQC
HS	4%S+50mg/L 8-HQC+100mg/L 异抗坏血酸
HS	5%S+200mg/L 8-HQC+50mg/醋酸银
HS	2%−6%S+1.5mmol/L Co(NO$_3$)$_2$
HS	30/L S+130mg/L CA+25mg/LAgNO$_3$

注：S为蔗糖；8-HQC为8-羟基喹啉柠檬酸；Co(NO$_3$)$_2$为硝酸钴；AgNO$_3$为硝酸银；CA为柠檬酸。

2）低温贮藏技术。短期贮藏的切花，分级后在1~5℃条件下贮藏，运输前用保鲜剂处理3~4h。长期贮藏的切花，可在1℃条件下干藏：采收后迅速除去田间热，密封于纸箱中，一般可以干藏15d。

二、唐菖蒲（图5-2）

别名：剑兰、菖兰、十样锦、扁竹莲。

科属：鸢尾科，唐菖蒲属。

1. 形态特征

唐菖蒲为多年生草本植物，地下部球茎。扁圆形，在球茎上有明显的茎节，这些节数与

2枚鞘叶和4~5枚真叶相对应，球茎的底部有一圆形凹陷，成为茎盘，球茎外被褐色膜质外表，基生叶剑型，互生，成两列。花葶自叶丛抽出，高50~80cm，穗状花序顶生，每穗花8~24朵；花冠呈膨大漏斗形，花茎为12~16cm，花色有红、粉、白、橙、黄、紫、蓝、复色等色系。我国栽培始于19世纪末。

图5-2　唐菖蒲

2. 种类（或品种）介绍

目前国际上主要商用唐菖蒲切花品种有近百个。切花唐菖蒲生产上栽培的主要品种简介，见表5-3。

表5-3　切花唐菖蒲生产上栽培的主要品种简介

色　　系	品　　种	英　文　名	主　要　特　征
白色系	白友谊 白女神 白繁荣	White Friendship White Goddess White Prosperity	乳白色，叶黄 纯白，长势好 纯白，长势好
粉色系	粉友谊 夏威夷 超级玫瑰	Friendship Hswaii Spic&Span	粉红，花期偏早 粉红，抗病性稍差 粉红，生长健壮，整齐
红色系	奥斯卡 红美人 欢呼 青骨红	Oscar Rde Beauty Applause TraderHore	大红，花型大，花期中等 鲜红，生长健壮，整齐 淡红，花期偏早，整齐 大红，花期偏迟，不易退化
黄色系	金色原野 新星 阳光 荷兰黄	Gold Fidld Nova lux Sunshine Holland Yellow	金黄色 纯黄，花期集中，成化率高 纯淡黄 黄色
紫色系	紫黑玉 忠诚	Mirandy Fidelio	深紫色 浅紫，花茎紫色，粗壮
橙色系	状元红 早晨的新娘	Har Knese Morning Bride	橙红，生长势好 橙黄色

3. 生态习性

唐菖蒲原产于中南部非洲及地中海沿岸地区。唐菖蒲性喜温暖，既怕冷又不耐高温，生长期适温白天为20~25℃，夜间为10~15℃，温度低于10℃，生长缓慢；高于27℃生长受阻；0℃以下受害，唐菖蒲属于喜光性的长日照植物，栽培要求日照充足。唐菖蒲既怕旱又怕涝，低洼积水地常引起球茎腐烂和死亡。唐菖蒲喜深厚肥沃、排水性良好的沙质土壤，pH值以6~7为佳。

4. 繁殖方法

（1）有性繁殖　多进行人工授粉。在开花后1~2d，当雌蕊3裂柱头呈羽毛状时，是授粉的最好时期。授粉后5~6周种子成熟。唐菖蒲种子无休眠期，采种后可立即播种，按常规方法，采种后第二年春天播种，秋季可收到子球，第三年再栽培一年，第四年才能开花鉴定。

（2）无性繁殖

1）子球繁殖法：唐菖蒲每年都形成新球和许多子球。新球可以再次用作切花生产。

2）球茎切割繁殖法：选择生长发育良好的、个大无病虫害的唐菖蒲球茎，用干净的刀片将球茎切成几块，每块都必须带有一个充实的茎芽和根盘。切好的茎可用0.5%的高锰酸钾处理20min，或在切面涂以木炭粉或草木灰防腐烂。

3）组织培养法：唐菖蒲组培繁殖时，其球茎切块、球茎侧芽、子球茎、花茎、花蕾、花托、叶片的白色基部及尖可作为外植体。

常用培养基介绍如下：

① 诱导培养基：MS + 6 - BA（3 - 5）mg/L + NAA（0.05 - 0.1）mg/L + 腺嘌呤硫酸盐（Ade）160mg/L

② 继代培养基：MS + 6 - BA（3 - 5）mg/L + NAA 0.3mg/L

③ 生根结球培养基：MS + 6 - BA 0.1mg/L + NAA 0.5mg/L + 活性炭0.25%

5. 栽培管理

（1）种球处理

1）将2 ~ 3℃下贮存1周的种球在3%乙烯利中浸泡3 ~ 4min，再用密闭容器在温室下封存24h，即可解除休眠。

2）将球茎浸泡在3%氯乙醇中3 ~ 4min，然后将球茎封存到密闭的容器中置23℃下24h，处理后可立即栽种，20d左右可发芽。

3）采用BA溶液泡球茎12 ~ 24h后栽种，1 ~ 2周后球茎可发芽，BA的浓度一般为50 ~ 100mg/L。

（2）温室促成及抑制栽培

1）种球的处理：当采收的唐菖蒲种球，必须进行处理，以打破休眠，促使其发芽。

2）定植：处理好的唐菖蒲种球，按预定时间来定植。每亩温室可植1.2万 ~ 3万球，栽培深度5 ~ 15cm左右，覆土后盖好地膜，可有效地提高地温。

3）植后管理。

① 肥水管理：栽植后立即浇透水一次，以后见干即浇，每次浇水量不能过大。生长期内应追肥3次，第一次在2叶期，此时花芽分化。若水肥缺乏，花数减少；第二次在4叶期，主要是促使花枝粗壮，花朵大；第三次在6叶期，促进新球发育。追肥的比例为氮磷钾为2:3:3。

② 温度控制：一般以10 ~ 18℃为佳。

③ 光照：唐菖蒲为长日照植物，又为阳性植物。因此生长要求较强光照及较长日照时数。在中国中部至北部冬季栽培唐菖蒲一定要补光，尤其花芽分化阶段。

④ 气体：温室要经常通气。

⑤ 拉网：需拉网支撑。

（3）周年生产安排　唐菖蒲温室周年生产可于9月、10 ~ 11月、12月至翌年1月定植，12月至翌年7月陆续开花。

6. 切花采收、采后处理与保鲜技术

（1）采收

1）采收时期：唐菖蒲切花采收期一般在花序上从下数 1～5 个花蕾显色，又称为卷花期。采切时间一般在傍晚，采切花枝时，通常植株留两片叶子，注意尽量不伤及留下的叶片。

2）采收方法：采切时要用消过毒的具细长尖刀的锋利刀具，右手握刀斜插入鞘中央切花茎，左手抽出花茎，这样可少伤叶片，同时得到较长花枝的唐菖蒲。

（2）分级、包装

1）分级：唐菖蒲采切后要进行分级，分级标准见附录。

2）包装：分级后要进行包装，每 10 枝或 20 枝捆成一扎，放入纸箱中。各层次花需反向叠放，花朵朝外，离箱边 5cm，避免损伤花序。

（3）保鲜剂技术。根据保鲜剂的作用时期、作用目的，可将其分为以下 3 种：

1）预处理液：采用 20%～30% 的蔗糖溶液 + 300mg/L8-羟基喹啉柠檬酸 + 30mg/L 硝酸银 + 30mg/L 硫酸铝。

2）催花液：可采用 10% 左右的糖液 + 200mg/L 杀菌剂 + 100mg/L 有机酸。

3）瓶插液：唐菖蒲瓶插液有以下几种。

① 5% 蔗糖 + 50mg/L 硝酸银 + 300mg/L8-羟基喹啉 + 适量催化剂。

② 300mg/L 8-羟基喹啉 + 50mg/L 硝酸银 + 5% 蔗糖。

③ 300mg/L 苯甲酸钠 + 300mg/L 柠檬酸 + 2% 蔗糖。

④ 4% 蔗糖 + 150mg/L 硼酸 + 100mg/L 氯化钴。

三、切花菊（图 5-3）

别名：黄花。

科属：菊科，菊属。

1. 形态特征

切花菊为多年生宿根草本植物。株高 30～150cm，茎部半木质化。单叶互生，有柄，叶形大，卵形至披针形，羽状浅裂或深裂，头状花序单生或数个枝生顶，花有白、粉、雪青、瑰红、紫红、墨红、黄、棕、淡绿及复色等。

图 5-3　切花菊

2. 种类（或品种）介绍

目前世界各国广泛栽培的切花菊优良品种，多数是日本培育的，部分是欧美改良的品种。常见切花菊品种见表5-4。

表5-4 常见切花菊品种

类　别	品种名称	花　色	始　花　期
秋菊品种	樱唇	粉/绛紫	9月份
	大绯玉	红	9月份
	千代姬	红	9月份
	四季之光	紫粉	10月份
	新女神	红	9月份
	郁	粉	9月份
	金荷	粉	9月份
	新东亚	金黄	10月份
	秋晴水	白	9月份
	香芳之镜	白	9月份
	秋之风	白	10月份
夏菊品种	常夏	红	6月份
	足极锦	红	5月份
	有明	粉	6月份
	黄屏风	黄	5月份
	秀黄冠	黄	5月份
	筑学	白	5月份
	银香	白	6月份
	森之泉	白	7月份
寒菊品种	岛小町	红	12月份
	寒樱	红	12月份
	春姬	红	1月份
	乙女樱	粉	11月份
	黄氏家园	黄	12月份
	春之光	黄	1月份
	金御园	黄	12月份
	岩之霜	白	12月份
	寒小雪	白	1月份
	银正月	白	12月份

3. 生态习性

切花菊喜日照充足、通风干燥，气候凉爽的环境，具有一定的耐寒性，小菊类耐寒性更强。宜在深厚、肥沃、排水良好的沙质土壤上生长，pH值以6.7～7.2最佳，忌重茬。

4. 繁殖方式

（1）扦插繁殖

1）采穗圃中母株来源：生产商常用优良品种脱毒组培苗做母株建立采穗圃。母株要2～3年更换一次。

2）插穗采取：定植母株上的冬至芽长成10～20cm的粗壮芽时，剪取其上7～8cm的顶芽为插穗，余下部位可待其再生侧芽，取侧芽做插穗，取下的插穗要去掉下部的1/3的叶片，然后20～30个一束，放入清水中或30mg/L的吲哚丁酸溶液中备用。

3）扦插基质：扦插基质要求无菌、疏松、持水、排水性良好。一般选用蛭石、珍珠岩、河沙、煤渣等大粒基质与土壤以1∶1比例混合后使用，扦插前要对基质进行消毒。

4）扦插与插后管理：扦插时用木棍在基质上开洞，然后将插穗插入，深度以插穗的1/3为宜，插后将土按实浇透水，并加盖塑料小拱棚保湿，如光照过强，温度高于20℃还需遮阴。

插穗4℃以上即可发根，最佳温度为15～20℃。插后每天检查床内温、湿情况，约2周左右大部分插穗生根，此时可经常通风，并逐渐撤去遮阴物，约20d左右扦插苗可正常养护，或做定植苗，或继续扦插。

（2）组培繁殖

1）外植体：菊花常用茎尖、幼茎段、叶柄、叶片、花序梗、花序轴、幼花、花瓣、形成层等作外植体。

2）培养基：菊花用 MS 培养基为基础效果很好。

3）基本培养基（BM）：1LMS 无机盐成分 + 肌醇 10mg + 盐酸硫氨素 0.04mg + 蔗糖3% + 琼脂 0.5%。

4）诱导培养基：基本培养基（BM）+ 激动素 0.02mg + 萘乙酸 0.002mg。

5）增殖培养基：不加琼脂的基本培养基（BM）+ 激动素 0.02mg + 萘乙酸 0.002mg

6）生根培养基：基本培养基（BM）+ 萘乙酸 0～0.002mg。

5. 栽培管理

切花菊可周年生产，四季均有相应品种类型，如3～7月份应用夏菊类，8～11月份应用秋菊，12月份至翌年2月份用寒菊类。

（1）秋菊的周年生产供应技术

1）秋菊温室补光栽培：此法适用于12月至翌年4月份用花的切花栽培。

品种要求：利用温室补光栽培将花期延迟，因此必须选择长日照补光处理延迟花的生长发育；

定植与摘心：一般在需花前120d左右定植，以一次摘心，二次摘心来调节花期。

补光处理：定植后马上补光直至需花前50～60d停止。

拉网：一般要2～3层网。

2）秋菊温室遮光栽培：因秋菊是短日照花卉，一般6月份扦插育苗，正常花期11月份。为让其提前到8～9月份供花，可在3～5月份采用分期扦插育苗与短日照处理相结合的措施，让其在预期时间开花。具体做法是：一般当菊株35～45cm、其十几片真叶时，即在预定开花期提前3个月时，开始遮光，进行短日照处理。一般下午5点开始用遮光膜遮光，早晨7点揭去遮光膜，保持光照时间10h以下。直至花蕾现色时，停止短日照处理。短日照处理期，遮光要严实，不能漏光。

（2）夏菊的周年生产供应技术　夏菊周年生产，6～10月份上市者可在露地栽培；5月和11月上市者，可利用塑料大棚；12月至翌年4月上市者可利用加温温室进行生产。

6. 切花采收、采后处理和保鲜技术

（1）切花菊的采收与分级　高温季节，以花开五、六成时采收为宜；如果需要远途运输，以初开为宜；反之，低温、短途运输时，以七、八成开时采收为宜。采收时在花枝距地面10cm处剪断，不带难吸水的木质花茎，应立即经保鲜液处理。剪切时，最好斜面切割。

目前生产上多采用"脚踢"的方法：一只手抓着花枝上部，一只脚贴着地面对着植株轻轻一踢即可，最后将采切的花枝置于阴凉处整理分级，摘除下端1/6叶片，按品种、花色进行分级。

（2）保鲜技术 在切花品种之中，菊花的抗凋萎性最强。采后10h后再插入水中，仍能保持较好的新鲜状态，所以短途运输不必特意进行保鲜，但若出口，则必须进行处理，且要伴随全程的冷链运输。

菊花作为世界四大切花之一，以其色彩鲜艳、姿态高雅等优点受人们青睐，是国际市场上的销售最大的鲜切花之一，约占切花总产量的30%。尤其在日本，菊花更受人崇尚，是日本皇室的国花。被视为第一切花。我国生产切花白菊、黄菊及色彩多头的小菊主要出口到日本，每年对日出口量约4000万~5000万枝，利润丰厚，市场潜力巨大，云南和山东已能实现周年供货。

四、香石竹（图5-4）

别名：康乃馨、麝香石竹。

科属：石竹科，石竹属。

1. 形态特征

香石竹为多年生草本植物。株高30~100cm，茎直立，多分枝，基部半木质化。茎硬而脆，节明显膨大。叶对生，线状披针形，基部抱茎，全绿色。花单生或2~6朵聚生枝顶，花冠石竹形，花瓣扇形，花朵内瓣多呈皱缩状，多为重瓣；花色有红、玫瑰红、粉红、深红、黄、橙、白、复色等，花有香气。香石竹已有2000余年的栽培历史。我国上海与1910年开始引种生产，到20世纪50年代迅速发展，20世纪80年代以西姆（Sim）系列品种为主，近年又从欧洲引进新品种，并进行脱毒快繁、扩大推广。

图5-4 香石竹

2. 种类（或品种）介绍

目前世界上香石竹品种已达千余种，绝大部分属切花类型。香石竹国内主要引种栽培品种，见表5-5。

表5-5 香石竹国内主要引种栽培品种

品　　种	花　色	株　高	分枝性	抗病性	耐温性
威廉西姆 Willian Sim	红	矮	一般	强	耐寒
白西姆 White Sim	白	中	差	强	耐寒
科莱普索 Colypso	粉	中	一般	强	耐寒
诺拉 Nora	粉	矮	一般	极强	耐寒
黄西姆 Yellow Sim	黄	矮	中	强	耐寒

（续）

品　　　种	花　色	株　高	分 枝 性	抗 病 性	耐 温 性
卡利 Kaly	纯白	矮	一般	强	耐寒
埃斯帕纳 Espana	红	极高	中	极强	耐高温
托纳多 Tornado	红	高	中	强	耐高温
坦加 Tabga	红	极高	强	极强	耐高温
科索 Corso	粉	高	强	中	耐高温
洛查 Roza	粉	中	中	强	极耐高温
糖果 Candy	黄	中	强	中	耐高温
尼基塔 Nikita	黄红复色	高	强	强	耐高温
白糖 White Candy	白	中	强	中	耐高温
罗马 Roma	白	中	强	强	耐高温
粉黛安娜 Pink Diana	粉	中	强	强	一般
阳光 Sunny	黄色，带红边	中	强	强	一般
黄格恩斯 Guernsery-Yellow	黄	中	强	强	一般
银星 Silver Star	白色，带红线	矮	强	中	中

3. 生态习性

香石竹原产地中海区域、南欧及西亚，世界各地广为栽培。香石竹喜温暖凉爽的气候，不耐酷暑和严寒，生长适温为 15 ~ 21℃，周年生产的适宜温度（昼/夜温）为：夏季18 ~ 21℃/13 ~ 15℃，冬季 15 ~ 18℃/11 ~ 13℃，春秋季 18 ~ 19℃/12 ~ 13℃。香石竹是喜光中性花卉，适于疏松透水、深厚肥沃、富含腐殖质的微酸性壤土或稍黏质的壤土，适宜的土壤 pH 值为 6 ~ 6.5。忌连作。

4. 繁殖方法

香石竹可用播种、扦插、组织培养繁殖。组织培养主要用于脱毒母株的繁殖，播种繁殖用于杂交育种，切花生产多用扦插繁殖。

在采穗圃选用健壮插条，插穗长 8 ~ 10cm，保留 6 ~ 8 个叶，现采现插。扦插时间由需苗时间决定，一般可在需苗前 1 ~ 1.5 个月扦插。在暮春、夏季和初秋扦插时，插床上方的部分温室要遮阴，扦插成活的生根苗必须在插床上生长 1 ~ 2 周，待根系长到 5cm 以上时再移栽。

5. 栽培管理

（1）定植

1）土壤准备：施以粗有机质为主的农家肥作底肥，需充分腐熟并粉碎，并加入过磷酸钙。

2）定植密度：有效花枝密度控制在 180 ~ 200 枝/m²。

3）定植方法：定植时可使用定植绳或定制框，以确保定植密度准确及整齐度。

（2）栽后管理

1）肥水管理：在施足基肥的基础上，还要施足追肥，追肥的原则是少量多次。苗期浇水要见干见湿。幼苗期要适度控水"蹲苗"，使其形成健壮的根系。

2）温度管理：香石竹栽培的温度管理要随着室外温度的变化作调整，保持白天温度19 ~ 25℃，夜间温度 11 ~ 16℃。

3）光照控制：香石竹原种属长日照植物，栽培品种多为中日照。故夏季遮阴不能过度，冬季若温度适宜，要补充光照。

4）摘心：摘心是香石竹栽培中的基本技术措施，目的是促进分枝，增加花枝数量。

5）张网：第一层网距地面10~25cm，以后每隔20cm增加一道网，可增加到3~4层。

（3）香石竹周年生产安排　香石竹温室周年生产，冬季开花型安排在6月份定植，11~12月份开花；夏秋季开花型安排在8月份定植，5~8月份陆续开花。

6. 切花采收、采后处理和保鲜技术

（1）采收与分级　标准型大花香石竹在花朵初放时采收，即当外轮花瓣开展到花梗呈垂直状态时。散射型小花香石竹在有三朵花开放时剪切。需长途运输或贮藏的切花可在花蕾期采收，当花瓣显色后，花瓣长1~2cm时采收。香石竹切花的分级通常以长度为标准，各国等级对长度要求有所不同。

（2）采后处理与保鲜　分级后，按花色，每10枝、20枝或30枝一束捆扎，可把花头放在同一个平面上捆扎成圆形，或花头双层摆放成长方形，在贮运前用保鲜液做预处理，贮运后做催花处理。

预处理液：硫代硫酸银100mg/L，处理2~4h。

催花液：10%蔗糖 + 200mg/L 8-HQC + 50mg/L IBA，1~4d。

瓶插液：3%蔗糖 + 300mg/L 8-HQC +500mg/L B9。

五、百合（图5-5）

科属：百合科，百合属。

1. 形态特征

百合属于球根花卉，无皮鳞茎，呈扁球形。根由茎根和基生根组成。叶散生，披针形。花单生或数朵横向着生茎顶，花朵呈喇叭状长筒形，有清香，花被6枚。花色极为丰富，有白、粉、粉红、红、黄、橙红、紫红、紫及杂色等。

2. 种类（或品种）介绍

目前生产上做切花栽培的百合主要有亚洲百合、东方百合、麝香百合三大种系，近年又出现了麝香百合与东方百合的杂交种。

图5-5　百合

3. 生态习性

百合喜冷凉气候，生长开花最适日温为20~25℃，夜温为10~15℃。耐寒而怕酷暑，30℃以上花芽分化受抑制，5℃以下花停止开放。属长日照植物，生长期要求阳光充足，但大多数百合更适合略有遮阴的环境，以自然光照的70%~80%为好。最适相对湿度为80%~85%，对土壤要求不严，适应性强，但以疏松、透气、透水、肥沃、腐殖质含量高的微酸性沙质壤土为好，忌土壤高盐分。

4. 繁殖方法

切花百合常见的繁育方法有分球、扦插及组织培养。每年秋季或春季选择品种纯正、无病虫害、6~9cm规格的优质鳞茎作繁殖材料，消毒后清水冲洗，阴干备用。用泥炭、蛭石、细沙之比为2∶2∶1混合作基质。开沟定植，到子叶逐渐发黄时挖掘，阴干1~2d后，按直径大小分级，直径3.5cm以上的为商品种球；直径1.5~2.5cm的为一级种球；直径1.5cm以下的为二级种球。种球经过消毒后按等级装箱冷藏，库温控制在2℃左右。

5. 周年生产技术

（1）种球选择和打破休眠　一般来说，商品种球应尽量选择大规格种球，周年供应切花，则种球应分期分批打破休眠后栽种。打破休眠的方法有冷藏，即种球用500倍多菌灵和福美双混合剂浸泡30min，清水冲洗、晾干后用塑料包装冷藏。并加锯末屑或草炭填充空隙；温水浸泡即48℃左右温水浸泡种球，每隔2~3min提起再入池中，来回2~3次，然后在45℃温度中浸泡12h就可打破休眠；激光处理即用100mg/L赤霉素（GA$_3$）浸泡种球。

（2）催芽　选大而健壮的种球，剥去外层死亡、老化或染病的鳞片，用800倍甲基托布津、多菌灵混合液浸种30min，捞出后用清水稍加冲洗，置于预先铺好的3cm左右厚的砂或锯末上，再盖上2~3cm厚砂土或锯末，浇水。维持温度8~23℃，4~5d可发芽，球茎芽长到3~6cm高或出现白根后即可种植。

（3）基本设施　南方地区尤其华南地区，可用塑料大棚生产栽种；而北方大多数地区以温室栽培为主。

（4）整地作畦　在种植前30d深翻土壤30cm，精细整地，并对土壤消毒。若种过其他球根花卉的土壤中应施入800倍三氯杀螨醇消毒为宜。温室内还可以采用蒸汽消毒。设施中可选择珍珠岩或蛭石、草炭之比为1:1，或泥炭、煤渣、园土之比为1:2:17，或珍珠岩、草炭、松针之比为1:1:15混合作百合切花栽培基质。整地时施入充分腐熟的有机肥（如堆肥、厩肥等）。每亩施入腐熟有机肥2000~3000kg、稻壳60~100kg、醋糟20kg或过磷酸钙200kg，或先将腐熟堆肥3~3.5t和腐熟牛马粪2t混匀，撒施土中，然后在地表撒1t腐熟羊粪，同时加草炭或腐烂落叶松针2~3m^3、硫酸亚铁3~5kg，使土壤为pH值6~6.5。施肥后耕翻晾晒，使下层土壤与肥料均匀混合，增强土壤通透性，减少病虫害发生。若土壤贫瘠，还应增施蹄角粉、骨粉、硫酸钾等磷钾肥15kg左右。百合所需要氮、磷、钾比例1:2:2。种前应测定土壤pH值，如偏碱性，在表土层施入尿素或硫酸铵等铵态氮肥。采用低畦（雨水少、干旱、地势高的地区）、高畦（雨水多、地势低的地区）或箱式或苗床栽培，种植百合以宽垄窄沟为宜，畦高20~30cm，垄宽1.0~1.2m，畦间沟深一些，宽20~40cm，垄中间比两边稍高。

（5）种球的准备　浸种可用多菌灵加代森锌500倍液浸泡20min或2%高锰酸钾溶液浸10min。若未出芽的可用0.5%五氯硝基苯拌种，也可用生根粉浸种，促进根系发育。

（6）定植与管理　定植时间最好在早晚进行，并保证土壤温度低于15℃，种植方法一般采用高畦开沟点种法。百合定植密度见表5-6。

表5-6　百合定植密度　　　　　　　　　　　（单位：头/m^2）

种　群	规　格					
	9~10	10~12	12~14	14~16	16~18	18~20
麝香百合系	—	55~65	45~55	40~50	35~45	
东方百合系	—	55~65	45~55	45~50	40~50	25~35
亚洲百合系	65~85	60~70	55~65	50~60	40~50	

百合通常 5d 浇一次水，采用垄沟浇水；种植 21d 后开始追肥，以氮肥为主，配一定钾肥；当生长至 15 片叶时，喷施 0.1% 的硝酸钾，盛蕾期每 7 ~ 10d 喷施 0.2% 磷酸二氢钾，生长过程中每 7 ~ 10d 用硫酸亚铁溶液灌根或叶面喷施，追肥持续到采收前 3 周为止。冬季生产需用人工补充光照。初期温度需维持在 12 ~ 15℃，约 15d 左右；生长后期维持日温 20 ~ 25℃。适当增加空气中的 CO_2 浓度，当植株长到 15 ~ 30cm 时开始张网，一般架两层网。

6. 切花采收、采后处理和保鲜技术

（1）采收　以最下面一朵花蕾着色为标准。如亚洲百合有 5 个左右花苞则至少有一个花苞着色时采收；东方百合茎上有 10 个或 10 个以上的花苞，则必须至少有 3 个花苞已经着色时采收。上午 10 点以前进行，可用 75% 酒精消毒的锋利的刀切割，留地面上茎秆 15cm 以上。

（2）采后处理与保鲜　采收后依据每枝花茎上的花苞数、茎长、花茎的硬度及叶片与花苞正常与否分级。每 10 枝 1 扎捆扎并套上塑料袋。在水中再剪去 3 ~ 5cm 茎段，及时插入放有杀菌剂的预冷清水中处理 4 ~ 48h，放入干燥的冷库（2 ~ 3℃）中贮藏，可贮藏 4 ~ 6 周。可用有孔的纸盒包装。贮后，将切花再剪切，并置于保鲜液中，瓶插寿命 5 ~ 9d，30mg/L S + 400mg/L 8-HQC + 200mg/L GA 对延缓切花百合衰老的效果最佳。

切花百合是近年来风靡全球，是继月季、香石竹、菊花、唐菖蒲、非洲菊之后的新兴的高档切花之一。百合花常用以代表文雅和纯洁。目前主要生产切花百合的国家有荷兰、韩国、日本、肯尼亚。

六、非洲菊（图 5-6）

别名：扶郎花、灯盏花、太阳花等。

科属：菊科，扶郎花属。

1. 形态特征

非洲菊为多年生草本植物。株高 60cm，叶基裂，基部渐狭窄。头状花序单生于茎段，花梗高出叶丛 15 ~ 20cm。筒状花较小，乳黄色，舌状花较大，倒披针形或带状。花色有红、黄、白、紫、橙等。果实扁平，黑褐色。

2. 种类（或品种）介绍

根据花瓣宽窄可将非洲菊分为窄花瓣型（舌状花瓣宽 4 ~ 4.5mm）、宽花瓣型（舌状花瓣宽 5 ~ 7mm）、重瓣型、托挂型与半托挂型等。目前栽培非洲菊品种从荷兰引进，是经过多年试种和反复筛选而获得的优良品种。

图 5-6　非洲菊

3. 生态习性

非洲菊原产非洲，是全球五大鲜切花之一。非洲菊喜冬暖夏凉的环境，怕寒冷、忌炎热。最适生长温度为日温 20 ~ 25℃，夜温 16℃。冬季可在 12 ~ 15℃下生长，但低于 10℃就停止生长。喜阳光充足，但对日照时数无明显反应，在强光下花朵发育最好，略有遮阴可使花茎较长，取切花更为有利。光照过强时，应适当遮阴。怕涝，适宜空气湿度 60% ~ 80%。

喜土壤疏松肥沃、排水良好、富含腐殖质、土层深厚、微酸性，忌积水和黏重土，土壤 pH 值为 5.5～6.0 时最合适。

4. 繁殖方法

非洲菊可采用播种、分株、扦插和组培繁殖。但切花生产主要以组培繁殖为主。一般以花托和花梗作为外植体。

以花托为外植体其诱导培养基：MS＋10mg/L6－BA＋0.1mg/LIAA；继代增殖培养基：MS＋1mg/L6－BA＋0.1mg/IAA；生根培养基：1/3MS＋0.01mg/LIBA。

5. 周年生产技术

（1）栽培设施　在大部分地区，非洲菊生产都须进行保护地栽培。华南地区如广东、福建等可露地或大棚内栽培，东北地区则需温室促成栽培。非洲菊只要维持温度 12℃ 以上，即可周年开花。

（2）整地作畦　栽培床需要 25cm 以上的深厚土层，每亩施入充分腐熟并经太阳晒干的有机肥料 3500～4000kg、复合肥 20～25kg、草木灰 350kg。忌连作。作高畦。

（3）定植与管理　最适宜的定植时间是 3 月下旬和 9 月上旬，密度为每畦 3 行，中行与边行交错形成"品"字形，株行距（30～35）cm×（35～40）cm，5～6 株/m²。宜浅栽，根颈部露出土面 1～1.5cm，避免过深。定植后用手将根部压实，浇透水。小苗期，每周用 0.1% 的复合肥淋施或叶面喷施。每 2 周用 0.1% 的磷酸二氢钾加 0.1% 的尿素喷施一次。花前、花后以钾肥为主。浇灌肥时，切忌从植株的中心浇灌。

夏季白天最高温不超过 30℃，冬季保证气温在 12℃ 以上。缓苗期光照控制在 30%～40%，成活后光照控制在 40%～60%。生殖阶段，上午 8：30 和下午 5：00 以后及阴天和雨天，打开遮阳网，中午保持 40%～50% 的透光性即可。

6. 切花采收、采后处理和保鲜技术

（1）采收　当花枝最外两三圈管状花已经开放时采收最为适宜。最佳的采收时间为上午 9：00 以前或傍晚 18：00 以后，最好在上午待切花表面露水干燥后采收。用手握住花茎下部，将整枝花向侧方用力拔取。

（2）采后处理与保鲜技术　采收立即将切花基部浸入水桶等容器中暂时保存，置于阴湿条件下，尽快预冷。然后将花梗浸入保鲜液中处理 2～24h，按颜色、花茎长短、花朵大小分级，同一级别按 10 枝一扎扎住花茎基部，用 70cm×40cm×30cm 的长方形包装盒包装，并在盒中放置硬泡沫长条。按不同等级装箱。短途运输用货车，长途运输则最好选用空运。

七、花烛（图5-7）

别名：安祖花、火鹤等，国内商品名称为红掌。

科属：天南星科，花烛属。

1. 形态特征

花烛为多年生常绿植物。株高 1m 以上，根肉质、节间短、近无茎。叶子根茎抽出，常绿，有光泽，革质。叶长椭圆状心脏形，具长柄。单花顶生，佛焰花苞直立开展，阔心脏形，有猩红、大红、粉红、紫白、白色、绿色等多种颜色。肉穗花序无柄，黄色。小浆果内有 2～4 粒种子，粉红色，密集于肉穗花序上。

2. 种类（或品种）介绍

目前已育出多个颜色的品种，如橙红、猩红、粉红、朱红、白色、绿色等。

3. 生态习性

花烛原产于中美洲、南美洲的热带雨林，19 世纪开始在欧洲栽培观赏。花烛喜高热环境，生长适宜温度为日温 20 ~ 28℃，夜温 19 ~ 24℃。冬季温度不低于

图 5-7　花烛

18℃，最高温不宜超过 35℃。喜半阴，夏季需遮光 70% 以上。理想的光照强度为 15000 ~ 20000lx。喜温暖、湿润、空气湿度大的环境，但根系不耐积水。一年四季应经常进行叶面喷水。空气湿度以 70% ~ 80% 最佳。要求疏松、肥沃、保水透气性能好的土壤，不适宜在粘重土壤中生长，适宜 pH 值为 5.2 ~ 6.2。常用水苔、木屑等基质栽培效果较好。自然条件下，空气中的 CO_2 浓度为 340μl/L 左右或温室中补充至 800μl/L。

4. 繁殖方法

花烛可采用播种、分株、扦插和组培等方法繁殖。规模化生产常用组培繁殖。外植体采用母株的叶片或幼嫩叶柄及愈伤组织。愈伤组织诱导培养基为 MS + 1mg/L6 – BA + 0.1mg/L2，4 – D；不定芽诱导培养基为 MS + 1 – 4mg/L6 – BA + 0.1 – 0.5mg/LNAA；生根培养基为 1//2MS + 0.1mg/LNAA。

5. 周年生产技术

（1）栽培设施和基质准备　栽培设施有遮阴棚、简易大棚、温室等。国外多数在玻璃温室内栽培。昆明、广州、深圳、珠江三角洲等地在阴棚内栽培。

栽培花烛目前以无土栽培为主。南方常用泥炭、草炭、树皮、珍珠岩、陶粒、稻壳等。北方地区以松针土作栽培基质效果良好。荷兰安祖公司的栽培基质由碎肥泥、碎石、岩棉等 $1cm^3$ 方块配制。插花花泥是最好的栽培基质，但成本较高。

（2）选苗和定植　目前红掌种苗有两种规格可供国内生产者，一种是 72 穴种苗（培育 24 周的种苗），一种是 24 穴种苗（培育 30 周的种苗）。一般选用 20 ~ 25cm 的中等大小的种苗。定植前，基质和设施内都要消毒，而后用混有肥料的水浇灌基质，使栽培基质被营养液饱和，然后静置栽培床 2d；每年 3 ~ 4 月份和 9 ~ 10 月份定植，多为单株定植，株行距 40cm×40cm，株数为 4 株/m^2。若种植槽栽种，每亩可种 4 行，行间距约 30cm 左右。深度以气生根刚好全部埋入基质为限。

（3）管理　冬季控制夜温在 19℃，日温 25℃；夏季日温 30℃，夜温 24℃。必须使用喷淋系统或雾化系统来增加室内空气相对湿度，湿度为 70% ~ 80%。定植一个月后光照略为加强。营养生长期要求光照较高，开花期间对光照要求低，可调至 10000 ~ 15000lx。平时光照控制在 15000 ~ 20000lx。生长期间应薄肥薄施，采用滴灌法、微喷灌法和常规的灌溉方法均可。一周一次。开花期注意补充钙、镁的营养。生长期保持相对湿度 80% 左右，高温季节 2 ~ 3d 浇水 1 次，中午叶面喷淋水。浇水掌握干湿交替进行的原则，切莫在植株缺水严重时才浇。

6. 切花采收、采后处理和保鲜技术

（1）采收　当肉穗花序下部 3/4 变色且看到雄蕊时即可采收，或根据佛焰苞下面的花茎是否挺直作为判断依据。采收时，用一只手小心地握住花茎，另一只手剪切，剪切时保留

花梗长40cm左右，保留植株上3cm的茎。花枝剪下后立即插入盛有清水的塑料桶或保鲜液中。

（2）采后处理与保鲜技术　分级前清洗花朵上的灰尘或污物，一般按长度、花色及花大小分级，一般同一花色或同一花梗长度的3~4枝花为一束。单花用聚乙烯套袋，上下错开，然后剪齐花梗基部，放在盛水或瓶插液的塑料小瓶内，再放入特制纸箱中。在花的下面铺设聚苯乙烯泡沫片，包装箱四周垫上潮湿的碎纸。保鲜方法可用于13℃湿储藏于水中2~4周；切花涂蜡可延长采后寿命一倍。萎蔫切花可浮于20~25℃水中1~2h，以恢复新鲜。

目前花烛种苗出口国主要是德国、荷兰，主要产区为荷兰、意大利、巴西、菲律宾、新加坡、泰国、毛里求斯、美国夏威夷和加勒比海地区及我国台湾地区。荷兰是世界上最大的花烛生产及贸易基地。我国商业化生产较晚，主产区为云南、海南、广东、福建、四川等。

八、马蹄莲 （图5-8）

别名：水芋、观音莲、海芋、红芋、彩芋、佛焰苞芋。

科属：天南星科，马蹄莲属。

1. 形态特征

马蹄莲为多年生草本植物。株高70~100cm，地下部位肥大的肉质块茎，褐色，块茎节间处向下生根，向上长茎。叶茎生，长约20cm，叶片剑形或戟形，先端锐尖，全缘，具长柄，鲜绿色。花茎基生于叶旁。佛焰苞喇叭形，下部短筒状，上部展开，先端长尖，全长15~25cm。常见的颜色有白色、黄色或红色、紫色等。

图5-8　马蹄莲

肉穗花序藏于佛焰苞内，圆柱形，比佛焰苞短，雄花在上部，雌花在下部。花期主要集中在11月份至翌年6月份。

2. 种类 （或品种）介绍

常见的马蹄莲栽培种类有白花马蹄莲、银星马蹄莲、黄花马蹄莲、红花马蹄莲等。后三者称为彩色马蹄莲，国内切花马蹄莲是以白花系为主栽品种，白色马蹄莲常见有三个栽培种类：白梗种、红梗种、青梗种。

3. 生态习性

马蹄莲原产于埃及和非洲南部。马蹄莲喜温暖、湿润、空气湿度大的环境，不耐干旱，也不耐寒，故生长适宜温度为15~25℃，10℃以上能生长开花。夜间白花种不低于13℃，红、黄花种不低于16℃。冬季越冬温度不能低于5℃，0℃时块茎就会受冻死亡。对光照要求因发育阶段而不同，初期要适当遮阴；生长旺盛期和开花期要阳光充足。要求疏松、肥沃、排水良好，富含有机质，pH值6.0~7.0，EC值小于0.75的土壤。马蹄莲好水好肥，水分的供给要掌握"少量多次"的原则。

4. 繁殖方法

马蹄莲切花生产主要采用分球繁殖。一般春、秋两季于花后或植株枯萎、块茎休眠时分球。方法是将母球挖出后，将其周围带芽的小球或小孽芽另行栽植。小球1~2年即长成开花球。培养小球的基质按腐殖土、沙、珍珠岩按1：1：1的比例均匀配制。

5. 周年生产技术

（1）整地作畦与种球选择　深翻土壤 40 ~ 50cm，每亩施入充足腐熟的堆肥 2000kg、骨粉及菜饼等 200kg、过磷酸钙 70kg，与土壤混合均匀，做成宽 120cm、高 20 ~ 25cm 的高畦。选择生长健壮、色泽光亮、芽眼饱满、无病虫害的种球，大小以直径 3 ~ 5cm 为宜。种球经 GA_3 处理，浓度为 25 ~ 50mg/L 溶液浸泡 10min。栽种前，日光温室墙面和土壤要用甲醛或石灰消毒。

（2）定植与管理　定植时间根据切花和种球的需求而定。取肥大健壮的块茎种植，种植前要催芽，定植时宜削去球底衰老部分，每个小球要有 3 ~ 4 个芽。株行距为 20cm × 35cm，双行交错栽植，深度为 6 ~ 14cm。

马蹄莲需水量较多，可作水培。在设施中栽培要保持土壤湿润，生长初期宜湿，开花后期适当控制水量，花后养球期宜干燥。生长期每半月追肥 1 次，前期以氮肥为主，花期每 15d 用尿素 1kg、氯化钾 1kg 兑水 60kg 浇灌根部，也可叶面喷施 0.2% 的磷酸二氢钾溶液，每 7d 天喷 1 次。施肥时切勿施入株心、叶柄和采花的伤口上，以免引起腐烂。

马蹄莲不能暴晒，夏季应适当遮阳、降温、通风，遮光 30% ~ 60%。春、秋、冬三季要阳光充足。为保证开花期的营养供应，定植的第二年要进行摘芽，每株留 10 个左右的芽，其余摘去。生长开花旺盛时，应及时掰去多余的叶片。保持株间通风透光。

6. 切花采收、采后处理和保鲜技术

（1）采收　当佛焰苞先端向下倾，色泽由绿转白时，即开花八成左右为适时采收期。早晚冷凉时采收，而且植株不能潮湿，可每隔 3 ~ 4d 早上给植株浇一次水。采收时用手握花茎，即用手侧拔，切忌用割的方法。

（2）采后处理与保鲜技术　采收后每枝花上用玻璃纸包好，按大小分级，每 10 枝 1 束。在水中切茎，切去约 1.5 ~ 2cm，插于保鲜剂中，处理 8 ~ 12h，湿贮于水中，再在 4℃ 冷库中保存，装箱后运销市场。4 ~ 6℃ 下，清水或只含杀菌剂的水中可冷藏 1 周，但要每 2d 换 1 次清水或杀菌剂。瓶插寿命 7 ~ 15d。

马蹄莲花色洁白如玉，佛焰苞张开后如马蹄，代表纯洁、高雅、永结同心，常作为婚礼、喜庆、艺术插花及国外复活节上广泛应用的主题花材。在欧美各国已有较长的栽培历史，近年来黄色和红色品种盛行。我国近几年盛行切花生产。目前在广东、云南、广西、浙江、上海、四川都有生产区，其中昆明为主产区。

九、洋兰

洋兰，泛指从国外引进的兰花。由于其祖先大多依附树干或岩壁间生长，凭着自身气根吸收空中的水分和养分而生存，故又名附生兰、气生兰。洋兰的种类和品种非常丰富，做切花的有卡特兰、蝴蝶兰、石斛兰、文心兰、大花蕙兰等。这些花大多花形奇特、花色艳丽、花姿优美。洋兰栽培历史很短，1737 年瑞典植物学家林奈首创了植物分类法，初步把兰花分为 8 个属 21 种。1759 年英国在伦敦成立了皇家植物园，对 100 多种洋兰进行栽培试验，1838 年洋兰进入美国，继而在荷兰试种，并引起东南亚各国的注意，许多国家对洋兰实行优惠政策，鼓励花商发展洋兰。日本、韩国也大量发展洋兰并积极出口。我国对洋兰研究起步较晚，现正抓紧开发。目前全世界生产和经营洋兰的共有 86 个国家和地区，洋兰生产已成为一个被誉为"朝阳工程"的产业。

1. 形态特征

洋兰根粗壮，数根近等粗，无明显主次根之分；具根状茎和假鳞茎，根状茎较细，索状；假鳞茎是由根状茎上生出的芽膨大而成；叶片多肥厚革质，为带状或长椭圆形；具3枚瓣化的萼片，3枚花瓣，其中1枚成为唇瓣，具1枚蕊柱；蒴果开裂，种子多且发育不全。

2. 种类（或品种）**介绍**

1）蝴蝶兰：又名蝶兰。兰科，蝴蝶兰属。茎短而肥厚，顶部为生长点，叶片肥厚多肉，根从节部生长出来，花序从叶腋间抽出，花色鲜艳夺目，花从下到上逐朵开放，当全部盛开时，犹如一群轻轻飞翔的蝴蝶。

2）大花蕙兰：又名虎头兰。兰科，大花蕙兰属。叶片长达70cm左右，向外弯垂，花梗由兰头抽出，花瓣圆厚、花色壮丽、花形大，花期很长，连开2～3个月才凋谢。

3）卡特兰：兰科，卡特兰属。茎棍棒状，附生性，叶长圆形，钝而厚，花2～5朵，萼片披针形，花瓣卵圆形，边缘波状，花期为10月份至翌年3月份。

4）石斛兰：又名石斛、吊兰花。兰科，石斛属。茎直立，丛生，稍扁，叶长圆形，近革质，总状花序，花大，白色，顶端淡紫色，自然花期为3～6月份。以花期可分为春石斛和秋石斛，前者为节生花类，盆花栽培；而后者为顶生花类，做切花栽培。

5）文心兰：又名跳舞兰、金蝶兰。兰科，文心兰属。根状茎粗壮，叶卵圆至长圆形，革质。花茎粗壮，圆锥花序，小花黄色，有棕红色斑纹。植株轻巧，潇洒，花茎轻盈下垂，花朵奇异可爱，形似飞翔的金蝶，极富动感。

3. 生态习性

洋兰喜温暖、湿润的环境，生长适温为20～25℃，不耐寒，冬季温度一般要求不低于10℃，夏季冷凉条件下生长良好。喜阳光充足，但忌强光直射。春、夏、秋当光照过强时可用遮阳网遮去50%阳光。忌干旱，适于水分充足和较高的空气湿度，过分干燥则影响叶片生长，严重时可导致植株死亡。宜选用肥沃、疏松、湿润、排水良好的微酸性土壤。

4. 繁殖方法

洋兰主要的繁殖方法是组织培养，其次是分株繁殖、播种繁殖和扦插繁殖。

组织培养繁殖广泛用于洋兰商品化生产。外植体有茎尖、侧芽、幼叶尖、休眠芽或花序；分株繁殖一般用于复茎类洋兰（如大花蕙兰、文心兰、石斛兰等），春、秋季节，将带有2个芽的假鳞茎剪下，剪去腐烂和折断的根，直接栽于准备好的基质内；播种繁殖用于新品种的选育；假鳞茎扦插繁殖适用于具有假鳞茎的种类。

5. 周年生产技术

（1）基质　应用疏松通气的物质为种植材料。要用水苔、陶粒、泥炭、木炭等作为栽培基质。基质要经过严格的消毒。

（2）定植与管理　定植季节一般在春季，种植时不能太深，不能把株心埋于基质中。洋兰最适生长温度为22～26℃，最低不低于10℃，最高不超过30℃，尤以昼夜温差较大的地方生长较好。夏季适当遮光，其他季节给予充足光照。每7～10d追肥一次，幼苗期及营养生长期多施氮肥，到开花前多施磷钾肥，施肥时最好用营养液或进口特制的有机质液肥。保持基质湿润，增加空气湿度，要求空气湿度70%～80%为宜，水质要清洁干净，决不能用污水。

6. 切花采收、采后处理和保鲜技术

洋兰花枝有三分之一花朵开放时即可采收，包装时将花茎切口重切一次以减少感染，再以胶带捆扎茎部。需要施药者则隔离喷药再加以晾干。晾干后利用透明塑料纸或袖套包住花朵部分，切口套上含有保鲜杀菌液的保鲜管，以10枝为一把。

任务考核标准

序 号	考核内容	考核标准	参考分值/分
1	情感态度及团队合作	准备充分、学习方法多样、积极主动配合教师和小组共同完成任务	10
2	四大鲜切花周年生产时间安排	能够广泛查阅、收集，结合当地实际情况，合理安排鲜切花周年生产时间	40
3	四大鲜切花周年生产技术	能合理提出鲜切花周年生产的技术要点，方案具有可操作性	40
4	工作记录和总结报告	有完成全部工作的工作记录，书面整洁；总结报告结果正确，体会深刻；上交及时	10
		合计	100

 自测训练

一、填空题

世界四大切花是＿＿＿＿＿、＿＿＿＿＿、＿＿＿＿＿、＿＿＿＿＿。

二、简答题

1. 结合实际，谈谈切花月季栽培技术要点。
2. 说明唐菖蒲切花周年生产技术要点。
3. 结合当地实际，论述秋菊温室栽培的花期安排。
4. 说明百合切花周年生产技术要点。
5. 结合当地实际，说明非洲菊切花周年生产时间安排。

实训十六　唐菖蒲定植技术

一、目的要求

使学生熟悉唐菖蒲球茎栽植前的处理方法，掌握唐菖蒲定植技术。

二、材料用具

唐菖蒲生产用球、高锰酸钾、萘乙酸、刀片、有机肥、铁锹、耙子、移植铲、喷壶。

三、方法步骤

根据品种，场地设施及切花上市时间安排，确定各批次生产种球数量和播期，分两次完成。

1）选健壮的生产用球，剥去外皮膜，挖出根盘上残留物，用清水浸泡种球6h，再用0.5%高锰酸钾液浸泡1h，捞出后放在15～20℃环境中催芽，待白根露尖后可播种。

2）作1m宽，15cm高畦；施入有机肥，按株行距15cm×20cm定植，盖土5~8cm，浇透水，扣地膜。

四、作业

观察唐菖蒲球茎在吸水前后及催芽前后的变化，分析其内部发生了什么变化。

实训十七　切花菊张网、剥芽技术

一、目的要求

使学生熟悉切花菊生长发育规律及产品要求，掌握张网、剥芽操作技能技巧。

二、材料用具

塑料袋、竹签、芽接刀、竹竿、铁丝、铁锹、切花菊、苗床。

三、方法步骤

选用切花菊苗床，根据长宽数据及株行距设计网孔大小，在生长期开展。

1）当切花菊长到15cm以后，开始张网，在苗床辊边第隔2m插一个竿高1.2m，将预先结好的网固定在竹竿上，平整、踏实，定时向上提，并再张两层网使菊花在网内平均分布。

2）在定苗后及时剥去下部腋芽，在芽长到0.5cm时开始剥，用竹签或芽接刀，也可直接用手抹除，不能损伤菊花枝叶，剥除时要干净及时。

四、作业

1）切花菊张网操作的过程及张网的标准要求。

2）剥芽的要求和剥芽的作用。

实训十八　香石竹摘心、抹蕾操作技术

一、目的要求

使学生熟悉香石竹生长发育规律，掌握香石竹摘心、抹蕾操作技术。

二、材料用具

直尺、芽接刀、塑料袋、喷雾器、杀菌剂、香石竹、生产苗床。

三、方法步骤

在教师及技术人员指导下，分组选定苗床，按生产管理方案进行摘心和抹蕾操作。每次操作后要喷施杀菌剂。

1）摘心类型不同，操作的次数也不同，第1次摘心留植株基部4~6节，其余茎尖摘除，摘心用一只手握住要保留最后1节，另一只手捏住茎尖侧下折去茎尖，不能提苗。

2）花蕾发育后，除了要保留的花蕾外，下部其余侧芽都要及时抹去，在豌豆粒大时开始抹掉，不能伤及叶及预留枝芽。

四、作业

通过实际操作，分析摘心、抹蕾技术操作不当引起的问题和解决的措施。

实训十九　切花月季采收及保鲜技术

一、目的要求

使学生熟悉切花月季采收标准，掌握采收方法、采后处理及采后保鲜贮藏技术。

二、材料用具

剪枝剪、塑料水桶、保鲜剂、打刺机、切花月季、保鲜柜、塑料袋、撕裂膜。

三、方法步骤

在清早或傍晚采收，提前备好工具、用品，分组、分地点采收、保鲜。

1）观察月季花萼是否平展，第1~2花瓣是否露色外展，留足营养枝长度，尽量延长切花枝长度25cm以上，剪口平滑，及时用清水浸下切口。

2）按品种色泽、长度分级，打去下部20~25cm叶和刺，喷上保鲜液，每20枝一束，绑扎枝条中下部，再用塑料袋或纸袋套花朵部分，在2℃左右条件下贮藏。

四、作业

记录采收的过程及保鲜技术的处理。分析保鲜的原理和作用。

项目六 花卉栽培新技术

任务一 花卉无土栽培技术

凡是利用其他物质代替土壤的作用，能为根系提供一种新的生长环境的栽培花卉的方法，称为花卉的无土栽培。在这种环境中花卉不仅可以得到足够的水分、养分、空气，并且这些条件还便于人工调控。花卉的无土栽培表现出许多土壤栽培无法比拟的优点，例如无土栽培可以提高花卉品质，增加花卉产量，能克服连作障碍，节约肥料和水分，减轻病虫危害，清洁卫生，降低劳动强度，省工省时。另外，花卉的工厂化生产也以无土栽培为基础，推动花卉产业化的发展。总的来说，花卉的无土栽培经济效益大、环境效益大，无污染，是花卉业的发展趋势。无土栽培是近几年新兴的花卉栽培先进技术。

一、无土栽培基质

无土栽培基质主要作用是固定植株，供应氧气，并有一定的保水持肥能力。所以，基质的保水性能、排水性能都要好，性能稳定，有一定强度固根，不含有害物质。花卉无土栽培常用的基质有很多，主要分为两大类，即无机基质和有机基质。无机基质如沙、蛭石、岩棉、珍珠岩、泡沫塑料颗粒、陶粒、炉渣等；有机基质如泥炭、锯末、木屑、树皮、棉子壳等。基质在使用前需洗净或消毒。

二、无土栽培营养液的配制

花卉无土栽培的营养液中应含有花卉生长发育所需要的大量元素（氮、磷、钾、钙、镁、硫）和微量元素（铁、锰、硼、锌、铜、钼）等。正确使用营养液主要是要保持各种离子之间的平衡关系，使之有利于花卉的生长发育。

1. 常用的无机肥料

1）硝酸钙[$Ca(NO)_2 \cdot 4H_2O$]：白色结晶，易溶于水，碱性肥，为配制营养液良好的氮源和钙源肥料。

2）硝酸钾（KNO_3）：又称为火硝，白色结晶，易溶于水但不易吸湿，为优良的氮钾肥。

3）硫酸铵[$(NH)2SO_4$]：白色结晶，吸湿性小，用量不宜大，可做补充氮肥施用。

4）过磷酸钙[$Ca(H_2PO)_2 \cdot H_2O + CaSO_2 \cdot 2H_2O$]：使用较广的水溶性磷肥，白色粉末，具吸湿性，吸湿后有效磷成分降低。

5）磷酸二氢钾（KH_2PO_4）：白色结晶呈粉状，吸湿性小，易溶于水，呈微酸性，为无土栽培优质磷钾肥。

6）硫酸钾（K_2SO_4）：白色粉状，易溶于水，吸湿性小，是无土栽培中良好的钾源。

除上述肥料外，无土栽培中还有很多常用的无机肥料，如尿素 $[CO(NH_2)_2]$、硝酸铵（NH_4NO_3）、硫酸钾（K_2SO_4）、氯化钾（KCl）、硫酸镁（$MgSO_4 \cdot 7H_2O$）、硫酸亚铁（$FeSO_4 \cdot 7H_2O$）、硫酸锰（$MnSO_4 \cdot 3H_2O$）、硫酸锌（$ZnSO_4 \cdot 7H_2O$）、硼酸（H_3BO_3）、硫酸铜（$CuSO_4 \cdot 5H_2O$）、钼酸铵 $[(NH_4)_6MO_7O_{24} \cdot 4H_2O]$ 等。

2. 几种主要花卉营养液的配方

下面配方是指大量元素的添加量，微量元素则按常量添加，其用量为每千克混合肥料中加 1g，少量时可不加。几种主要花卉营养液的配方见表 6-1 ~ 表 6-4。

表 6-1　道格拉斯的孟加拉营养液配方

无 机 肥 料	用量/（g/L）	
	配 方 1	配 方 2
硝酸钠	0.52	1.74
硫酸铵	0.16	0.12
过磷酸钙	0.43	0.93
碳酸钾		0.16
硫酸钾	0.21	
硫酸镁	0.25	0.53

表 6-2　波斯特的加利福尼亚营养液配方

无 机 肥 料	用量/（g/L）
硝酸钙	0.74
硝酸钾	0.48
磷酸二氢钾	0.12
硫酸镁	0.37

表 6-3　菊花的营养液配方

无 机 肥 料	用量/（g/L）
硫酸铵	0.23
硫酸镁	0.78
硝酸钙	1.68
硫酸钾	0.62
磷酸二氢钾	0.51

表 6-4　唐菖蒲的营养液配方

无 机 肥 料	用量/（g/L）
硫酸铵	0.156
硫酸镁	0.55
磷酸钙	0.47
硝酸钠	0.62
氯化钾	0.62
硫酸钙	0.25

3. 营养液的配制

（1）营养液的配制原则　在配方组合适宜的原则下，选用无机肥料用量宜低不宜高。肥料在水中有良好的溶解性，并易为植物吸收利用。水源清洁，水质好。营养液中总浓度（盐分浓度）、酸碱度及其总体表现出来的生理酸碱反应应是较为平稳的，应满足植物正常生长要求。配制后和使用营养液时都不会产生难溶性化合物的沉淀。

1）营养液是无土栽培作物所需矿质营养和水分的主要来源，它的组成应包含作物所需要的完全成分，如氮、磷、钾、钙、镁、硫等大中量元素和铁、锰、硼、锌、铜等微量元素。营养液的总浓度不宜超过 0.4%，对绝大多数植物来说，它们需要的养分浓度宜在 0.2% 左右。

2）配制营养液的肥料在水中要有良好的溶解性，并能有效地被作物吸收利用。不能直接被作物吸收的有机态肥料，不宜作为营养液肥料。

3）根据作物的种类和栽培条件，确定营养液中各元素的比例，以充分发挥元素的有效性和保证作物的均衡吸收，同时还要考虑作物生长的不同阶段对营养元素要求的不同比例。

4）水质是决定无土栽培营养液配制的关键，所用水源应不含有害物质，不受污染，使用时应避免使用含钠离子大于 50mL/L 和氯离子大于 70mL/L 的水。水质过硬，应事先予以处理。

（2）营养液的配制　配制营养液一般配制浓缩贮备液（也叫母液）和工作营养液（或叫栽培营养液，即直接用来浇灌花卉用的）两种。生产上一般用浓缩贮备液稀释成工作营养液，所以前者是为了方便后者而配制的，如果有大容量的容器或用量较少时也可以直接配制工作营养液。

1）母液的配制。为了防止在配制母液时产生沉淀，不能将配方中的所有化合物放置在一起溶解，因为浓缩后有些离子的浓度的乘积超过其溶度积常数而会形成沉淀。所以应将配方中的各种化合物进行分类，把相互之间不会产生沉淀的化合物放在一起溶解。配方中的各种化合物一般分为三类，配制成的浓缩液分别称为 A 母液、B 母液、C 母液。A 母液以钙盐为主，凡不与钙作用而产生沉淀的化合物均可放置在一起溶解。一般包括 $Ca(NO_3)_2$、KNO_3，浓缩 100～200 倍；B 母液以磷酸盐为主，凡不与磷酸根产生沉淀的化合物都可溶在一起，一般包括 $NH_4H_2PO_4$、$MgSO_4$，浓缩 100～200 倍；C 母液是由铁和微量元素合在一起配制而成的，由于微量元素的用量少，因此其浓缩倍数可以较高，可配制成 1000～3000 倍液。

在配制各种母液时，母液的浓缩倍数，一方面要根据配方中各种化合物的用量和在水中的溶解度来确定，另外一方面以方便操作的整数倍为宜。浓缩倍数不能太高，否则可能会使化合物过饱和而析出，而且在浓缩倍数太高时，溶解也较慢。

配制浓缩贮备液的步骤：按照要配制的浓缩贮备液的体积和浓缩倍数计算出配方中各种化合物的用量，依次正确称取 A 母液和 B 母液中的各种化合物称量，分别放在各自的储液容器中，肥料一种一种加入，必须充分搅拌，且要等前一种肥料充分溶解后才能加入第二种肥料，待全部溶解后加水至所需配制的体积，搅拌均匀即可。在配制 C 母液时，先量取所需配制体积 2/3 的清水，分为两份，分别放入两个塑料容器中，称取 $FeSO_4 \cdot 7H_2O$ 和 EDTA-2Na 分别加入这两个容器中，搅拌溶解后，将溶有 $FeSO_4 \cdot 7H_2O$ 的溶液缓慢倒入EDTA-2Na溶液中，边加边搅拌；然后称取 C 母液所需的其他各种微量元素化合物，分别放在小的塑料容器中溶解，再分别缓慢地倒入已溶解了 $FeSO_4 \cdot 7H_2O$ 和 EDTA-2Na 的溶液中，边加边搅拌，最后加清水至所需配制的体积，搅拌均匀即可。

2）工作营养液的配制。利用母液稀释为工作营养液时，在加入各种母液的过程中，也要防止沉淀的出现。配制步骤为：应在储液池中放入大约需要配制体积的 1/2～2/3 的清水，量取所需 A 母液的用量倒入，开启水泵循环流动或搅拌器使其扩散均匀，然后再量取 B 母液的用量，缓慢地将其倒入贮液池中的清水入口处，让水源冲稀 B 母液后带入贮液池中，开启水泵将其循环或搅拌均匀，此过程所加的水量以达到总液量的 80% 为度。最后量取 C 母液，按照 B 母液的加入方法加入贮液池中，经水泵循环流动或搅拌均匀即完成工作营养液的配制。

4. 营养液的使用与管理

无土栽培所用的培养液可以循环使用。配好的培养液经过植物对离子的选择性吸收，某些离子的浓度降低得比另一些离子快，各元素间比例和 pH 值都发生变化，逐渐不适合植物需要。所以每隔一段时间，要用 NaOH 或 HCl 调节培养液的 pH 值，并补充浓度降低较多的元素。由于 pH 值和某些离子的浓度可用选择性电极连续测定，所以可以自动控制所加酸、碱或补充元素的量。但这种循环使用不能无限制地继续下去。用固体惰性介质加培养液培养时，也要定期排出营养液，或用滴灌培养液的方法，供给植物根部足够的氧。当植物蒸腾旺盛的时候，培养液的浓度增加，这时需补充些水。无土栽培成功的关键在于管理好所用的培养液，使之符合最优营养状态的需要。

三、无土栽培的方法

1. 水培

水培是指花卉根系悬浮在栽培容器中的营养液中的栽培方法。为了改善营养液的供氧条件，营养液必须不断地循环流动。如薄层营养液膜法（NFT）、深液流法（DFT）。水培方式由于设备投入较多，所以在实际应用中受到一定的限制。

2. 基质培

基质培又称为介质培，即在一定容器中，以基质固定花卉的根系，花卉从中获得营养、水分和氧气的栽培方法。在花卉的无土栽培中，一般选用几种不同的基质，按照一定的比例混合后使用。由于不同的花卉种类对基质要求不同，在栽培中应根据花卉的实际情况进行适当配制栽培基质。下面是几种常用的混合基质配方，可供参考。

泥炭 1 份 + 蛭石 1 份，或泥炭 1 份 + 珍珠岩 1 份，适合一般的切花栽培。

泥炭 1 份 + 炉渣 1 份，或泥炭 4 份 + 蛭石 3 份 + 沙 3 份，适合康乃馨的切花栽培。

泥炭 6 份 + 沙 4 份，或泥炭 1 份 + 发酵锯末 1 份 + 沙 1 份，适合切花菊栽培。

珍珠岩 1 份 + 泥炭 3 份，常用作盆花栽培。

泥炭 1 份 + 珍珠岩 1 份 + 蛭石 1 份，常用作育苗基质。

珍珠岩 1 份 + 蛭石 1 份 + 河沙 1 份，常用作扦插基质。

在切花花卉的无土栽培中，常采用有机生态型无土栽培办法，在基质中加入适量经过消毒的有机肥，其后只要浇水就可保证切花正常生育，管理简便易行。

任务考核标准

序　号	考核内容	考核标准	参考分值/分
1	情感态度	准备充分、学习认真、积极与小组配合完成任务	20
2	资料收集	能够广泛查阅资料，正确解决出现的问题	30
3	营养液配制操作过程	根据营养液配方，配制母液和工作液，操作规范、数据准确	30
4	工作记录和总结报告	有完成全部工作的工作记录，书面整洁；总结报告结果正确；上交及时	20
		合计	100

 自测训练

一、名词解释

无土栽培

二、填空题

无土栽培栽培的方法有_____和_____　。

三、简答题

1. 花卉无土栽培的优点有哪些？

2. 营养液配制的原则是什么？如何进行管理？

实训二十　花卉的无土栽培

一、目的要求

通过实训使学生掌握无土栽培的基本方法，营养液的配制技术，了解适合无土栽培的花卉以及无土栽培所需的基本设施。

二、原理

凡是利用其他物质代替土壤为根系提供另一种环境条件来栽培花卉的方法，就是花卉的无土栽培。在无土栽培环境中，通过人工配制营养液，用特定的设备（如栽培床）或基质固定植株，花卉不仅可以得到与常规土壤中同样的水分、无机营养和空气，得以正常的生长发育，且可人工调控环境，有利于栽培技术现代化，并节省劳力、降低成本。

三、材料用具

1) 材料：盆栽一串红

2) 药品：硝酸钾、硝酸钙、过磷酸钙、硫酸镁、硫酸铁、硼酸、硫酸锰、硫酸锌、钼酸铵、1moL/L HCl、1moL/L NaOH。

3) 用具：塑料盆、天平、容量瓶、蒸馏水、蛭石基质等。

四、方法步骤

（一）营养液的配制（汉普营养液配制）

1）大量元素10倍母液的配制：称取硝酸钾7g，硝酸钙7g，过磷酸钙8g，硫酸镁2.8g，硫酸铁1.2g，顺次溶解至1L。

2）微元量100倍母液的配制：称取硼酸0.06g，硫酸锰0.06g，硫酸锌0.06g，硫酸铜0.06g，钼酸铵0.06g，依次溶解后定容至1L。

3）母液稀释：将大量元素母液稀释5倍，微量元素母液稀释50倍后等量混后，用1moL/L HCl 或 1N NaOH 调 pH 至 6.0～6.5。

（二）基质栽培

1）脱盆洗根。将盆倒扣，用手顶住排水孔，将植株连同培养土一起倒出，然后放入水池中浸泡，使培养土从根际自然散开，洗净根系。

2）浸根吸养。将根系土壤洗净后，放入稀释好的营养液中，进行缓冲吸养培养。

3）填充基质。消好毒的蛭石填入塑料盆后，将一串红植株种植于其中（注意尽量避免窝根），蛭石最后填充高度至离盆面2～3cm。

4）营养液灌注。蛭石充填压实后将营养液均匀地浇透基质。

5）根系加固。在基质表面放石粒或其他材料隐固植株。

6）日常养护管理。定期更换营养液。

五、作业与思考

1）观察并记录无土栽培实验结果。

2）什么叫无土栽培？有哪些花卉适于无土栽培？其发展前景如何？

3）与常规栽培相比无土栽培有什么优缺点？

任务二　组合盆栽技术

近年来，组合盆栽在欧美和日本等国相当风行，不仅广泛应用于家庭、办公室绿化美化、会场布置、商场、宾馆、橱窗装饰及社交礼仪，而且还成为人们一种新的休闲活动。在花卉王国——荷兰，组合盆景被称为"活的花卉、动的雕塑"。组合盆栽在我国虽刚刚起步，但随着社会的发展，人们生活水平的提高，凭借其丰富的色彩组合，迎合了当代花卉消费需求，具有广阔的发展空间及前景，将推动花卉产业及花卉文化的迅速发展。

花卉组合盆栽是采用艺术配置的手法，通过组合设计使植物从单株观赏提升为与插花相似的艺术作品。但与插花相比，除了观赏性强外，具有更强的生命活力，更持久、动态性的观赏效果，因而大大提升花卉的附加值。

一、组合盆栽的涵义

组合盆栽是指将几种生长习性相似的观赏植物材料，运用艺术的原则和配置方法，经过人为设计安排后，将其合理搭配并种植在一个或多个容器内的花卉应用形式。它不仅要发挥每种植物特有的观赏特性，更要达到各种植物间相互协调、构图新颖的效果，表现整个作品的群体美、艺术美和意境美。

二、组合盆栽的组合原则

花卉组合盆栽不是随意将几种花卉拼凑种植在一起，而是按照艺术构图手法，达到较好的艺术观赏性，同时还要依据花卉生长发育规律，进行合理组合与栽培。组合时注意以下两点：首先要从栽培角度考虑如何选择、搭配植物，其次是充分利用花卉所赋予的象征性。

1. 注重栽培技术

要使组合盆栽的植物生长持久，在一定的范围内，所选择的植物对环境条件（如温度、光照、水分、土壤等）的要求要相近。

（1）温度　对绝大多数植物来说，生长的温度范围为 10 ~ 30℃，在此范围内，植物基本能正常生长，对植物配置影响不大。但低于 10℃ 或高于 35℃ 时，多数植物会被迫休眠。因此，有时要根据特殊的温度情况做出特殊的选择。

（2）光照强度　在组合盆栽中影响植物配置最大的因素是光照强度。不同种类的植物对光照强度的要求不同。阳性花卉要求日照为 80% ~ 100%。在全日照下生长最好，适于室外摆设，如月季等。中性花卉喜光、但能耐阴，要求日照为 50% ~ 100%，适宜室内和室外摆放，如发财树等。阴性花卉需光较少，要求日照为 50% ~ 70%，最适于室内摆设，如绿萝等。

（3）水分　不同种类的植物对水分的要求不同。耐旱花卉耐旱性强，能长期忍受土壤及空气的干燥，如仙人掌类；半耐旱花卉较耐旱，叶呈革质、蜡质或具有针状枝叶，如罗汉松、龙柏等；中性花卉对水分的要求多于半耐旱性花卉；但不能在全湿的土壤中生长，多数植物属于此类，如月季等；耐湿花卉要求很高的土壤和空气相对湿度，如海芋等；水生花卉生长在水中或湿地中，如睡莲、荷花等。

（4）土壤酸碱度　不同种类的花卉对土壤酸碱度要求不同，在植物配置时要考虑植物所栽培的土壤（基质）的酸碱度。如月季要求中性土壤，兰花要求酸性土壤。

2. 注重植物的象征性

植物的象征性包括植物所象征的语言，植物色彩所代表的感情，以及在不同场合下组合盆栽所特有的应用价值。灵活运用植物的象征性，犹如语言般表达内心的思想，是组合盆栽植物配置的重要因素之一。

（1）组合盆栽花语　花语是用来表达人的语言、人的某种感情和愿望。不同的植物代表的寓意不同，在植物配置时，要充分理解花的寓意，才能更好地表达丰富多彩的文化内涵。例如：康乃馨被称为母亲花，表示友爱和温馨；发财树表示恭喜发财；玫瑰是爱情的信物，表示内心炽热的追求等。

（2）色彩的象征意义　人们在长期的生活中，赋予了花卉某些感情色彩，如绿色代表草原、森林；蓝色代表朴素、柔和；红色代表热烈；白色代表纯洁；黑色代表庄重；橙色代表温暖等。在组合盆栽中有意识地运用色彩来体现作品的意境和情调，能更好地表达创作的主题思想。

（3）特殊应用　在特殊的节日（如元旦、母亲节等）以及特殊场合（如探病、宴会等），进行组合盆栽时要考虑不同组合的花卉所产生的效果。例如：元旦以红色为主色调，适宜配置的植物有各式兰花、观赏凤梨、富贵竹等，同时加上表达意境的包装、卡片或其他装饰物等，以表达友好、倾慕的心意。

三、栽植搭配及选择

一般一个容器可组合种植 3 ~ 5 种植物。在组合时，选择植物应注意以下几方面的问题。

1. 组合植物的性状要相似

种植在同一容器中的花卉材料应尽量为生态习性一致的种类，其对温度、湿度、光照、水分和土壤酸碱度等生态因子要求相似，这样便于养护管理，容易达到理想的组合盆栽效果。如喜光、耐旱的有仙人掌类、景天科、龙舌兰科等植物；喜阴、耐湿的有蕨类、天南星科植物、竹芋科植物等；喜光、喜湿的有凤梨科植物、天竺葵、彩叶草等。

2. 选择植物要富有变化

选择的植物在株形、规格、高度、叶形、叶色上应有所不同，这样才能产生高低错落、层次变化的效果。

3. 色彩搭配和谐

色彩搭配时，一般以中型直立植物来确定作品的色调，再用其他小型植物材料作以陪衬。花形、花色与叶形、叶色匹配，使组合后的群体在色、形、姿、韵诸方面表现出美感。

4. 植物选择要与摆放环境、用途相符

植物选材时要考虑作品摆放位置的周围环境、陈设布置、季节以及作品的用途，使作品能够与其周围环境、用途相符合，如组合盆栽用于室内装饰时选择的植物材料要求有一定的耐阴性。

5. 容器要与组景植物和谐

组合盆栽的容器要与组景植物和谐。其容器质地、大小、颜色、形状都会影响盆栽的风格。

6. 盆栽组合主体植物要首先确定

一般应把主景植物放在中央或在长盆的2/3处，然后再配置一些陪衬植物，也可留有空隙铺一些卵石、贝壳加以点缀。容器边缘也可种植蔓生植物垂吊以遮掩边框。同时，应选择生长较慢的中小型植物，不宜选用生长过快，株形变化过大的植物材料，如龟背竹、海芋、花叶万年青等。否则，整个作品的造型难以控制，很难达到预期设计的效果。

组合盆栽能改变一棵不出众或者有残缺植物的命运。由于多棵植物组合在一起栽植，利用植物间的高低错落或前后排序，将植物株形不良、叶片受损或其他缺陷遮掩起来，尽量展现其美好的一面，创造出植物由"丑小鸭"变成"白天鹅"的效果。

四、容器的选择

对组合盆栽而言，适宜的容器不仅可以提供观赏植物充足的生长发育空间，同时也是组合盆栽设计灵感的来源和依据。栽培器皿要求美观、有特色、艺术观赏价值高。主要容器有紫砂盆、瓷盆、玻璃盆器、纤维盆、木质器皿类、滕质器皿类、工艺造型盆类及卡通盆类等。

五、栽培基质及装饰物的选择

恰当的选择与搭配基质，是保证组合盆栽中观赏植物正常生长发育的基础。组合盆栽所用基质既要考虑植物的生长特性，又要考虑其观赏所处的环境。基质总的要求是疏松、通气、排水良好、保水、保肥力强、质轻、无毒、清洁无污染。主要栽培基质有泥炭、蛭石、珍珠岩、河沙、水苔、树皮、陶粒、彩石、锯末、椰糠等。

装饰物种类有很多，如缎带、包装纸、动物房屋模型、小蘑菇、小灯笼、小鞭炮、树枝、松球等。

六、设计要素

设计是一种装饰，是一种艺术作品的创造，是一种以完美的构思来表现美感的过程。组合盆栽造型设计要素可归纳为色彩、均衡、渐层、对比、韵律、比例、调和、质感、空间、统一等。在组合设计之初，应考虑到组合植物之间配置后持续生长的特性及成长互动的影响，并和陈列地点的环境条件相适应。

1. 色彩

植物从花色到叶色呈现丰富多彩的变化，绚丽的色彩极富感染力。进行色彩设计除需要掌握一些色彩的知识外，还要了解在色彩设计中所受影响的因素，例如个人的喜好、周围的环境、背景等。色彩在组合盆栽中选用不宜过多，互相协调才能使人有赏心悦目之感。

2. 均衡

均衡主要指平衡与稳定。在植物配置时，要权衡整体，使各部分让人感到平稳而优美。妥善处理植株的形态、大小、色彩、质感等，可以达到均衡视觉的效果。在组合植物时常遵循上轻下重、上小下大的原则。

3. 渐层

渐层是一种渐次变化反复形成的效果，含有等差、渐变的意思，在由强到弱、由明至暗或由大至小的变化中形成质或量的渐变效果。而渐层的效果在植物体上常可见到，如色彩变化、叶片大小、种植密度的变化等。

4. 对比

在组合盆栽造型中，把两个完全对立的植物作比较，这就是对比。它包括植物的形体对比，如长宽、高低等；质感对比，如植株枝叶的粗糙与光滑、明与暗等。通过对比使对立的双方达到相辅相成、相得益彰的艺术效果。

5. 韵律

在组合盆栽设计中，韵律美是一种动感，它利用植物的高低起伏、弯环曲折的变化、种植的疏密虚实等，能使人产生一种有声与无声交织在一起的节律感。

6. 比例

比例指在一特定范围内各种观赏植物形体之间的相互比较。如大小、长短等的比例关系。在组合盆栽中，上、中、下段高度常用的比例为 8 : 5 : 3，接近黄金分割比率。

7. 调和

调和又称和谐。盆栽的主体是观赏植物，尽管各种植物在形态、体积、色泽上千差万别，但总体上，它们的共性多于差异性，都可在绿色这个基调上得到统一。因此，在整体造型时注意色彩、位置、形态的统一搭配，不要有分离排斥现象，使之从内容到形式都是一个完善的整体。

8. 质感

质感是指物体本身的质地所给人的感觉（包括眼睛的视觉和手指的触觉），是粗糙的还是细致的；是如丝质般的光滑还是如陶土般的厚实稳重。不同的植物所具有的质感不同。另外，颜色也会影响到植物质感的表现，如深色给人厚重与安全感，浅色则有轻快、清凉的感觉。在设计时利用植物间质感的差异，也能有很好表现。从叶形、大小、质地、叶序及枝干粗细等，均依植物种类不同而有所差异，故在选择材料时需依照设计理念、造型变化分别采用。

9. 空间

在种植组合盆栽花卉时，必须要保留适当的空间，以保证栽植后植株有充分的生长空间，确保花卉正常生长，也让欣赏者有发挥自由想象的余地。

10. 统一

统一也就是作品的整体效果。在各种盆栽设计作品中，最应注重的是表现出其整体统一的美感。统一的目的，在于其设计完满，可以让每一个元素的加入都有效果，而不破坏作品的风格。而作品中所使用的植物材料，彼此间每一个单位的存在，可以使周遭物增加光彩，亦可以因为周遭使自己明亮。整体而言，表现出统一和谐的美感。

七、设计手法

1. 园艺手法

利用园艺的操作技术来表现组合盆栽的设计，是属于比较原始传统的布置手法，如单植、混植、修剪、扦插等。

2. 礼品包装手法

运用套盆、礼篮、包装材料等将盆栽以礼物的形态呈现现代礼物的应用观念。利用礼篮作为组合盆栽的容器时，要先在底层铺一层塑料纸，以防漏水。

3. 花艺手法

（1）结构　指作品强调整体的外形轮廓，而不考虑组合盆栽内的单一元素，如将组合盆栽设计成直立形、三角形、放射形、L形、S形、椭圆形等基本图形。

（2）架构　架构将组合盆栽的应用朝立体发展，它具有装饰性强，可区隔空间做不同的变化和应用的优点，还可以在运输时提供保护。

4. 造园手法

（1）缩景、自然写景　利用容器创造出一个缩小的景或一个自然的景，在设计构思前，先对自然进行仔细的观察和体验，把自然山水的景物概括和浓缩，再现于组合盆栽的空间之中，宜注意比例、位置、色调及增加作品的深度。

（2）情景设计　利用植物和装饰物，把人文、典故、传奇故事、节庆、事件、自然地景等情景融入组合盆栽的设计中，清楚地展现作品的意境。

（3）容器堆叠　把花器放在一起并相互重叠，以增加作品的分量，让作品更具立体感，提高空间利用率及产生层次深度变化的美感。

（4）绿雕　广义的绿雕是指通过摘心、修剪、缠绕、牵引、编织、压附等园艺整枝技术或是特殊的栽植方式，使植物的形状如雕塑作品一样赏心悦目。如将树木修剪成特殊造型等。

各种设计手法的运用要从创作目的上来考虑。比如为西式餐厅创作组合盆栽桌花，就可以用花艺手法和架构手法，并运用西式插花花艺风格创作；用于开业或庆典的组合盆栽，则要根据场合、气氛以及摆放位置综合考虑设计手法和风格；古典装修风格的房间可以摆放优美的观叶植物或者蕨类植物组合盆栽；现代建筑室内摆放小叶植物组合盆栽相当迷人；若作为日常馈赠礼物，也可采用礼品包装手法，即将组合盆栽用包装纸或羽毛、丝绸等点缀装饰，彰显华丽美观。

任务考核标准

序　号	考核内容	考核标准	参考分值/分
1	情感态度及团队合作	准备充分、学习方法多样、积极主动配合教师和小组共同完成任务	10
2	资料收集与整理	能够广泛查阅、收集和整理组合盆栽的资料，并对项目完成过程中的问题进行分析和解决	20
3	组合盆栽设计方案的制订	根据植物学、栽培学、美学、园林设计等多学科知识，制订科学合理的组合盆栽方案，方案具有可操作性	30
4	组合盆栽的组合操作过程	现场操作规范、正确	30
5	工作记录和总结报告	有完成全部工作的工作记录，书面整洁；总结报告结果正确，体会深刻；上交及时	10
合计			100

自测训练

一、名词解释

组合盆栽

二、简答题

组合盆栽与插花艺术有何异同？

实训二十一　花卉组合栽培

一、目的要求

本实训通过综合利用植物学、栽培学、美学、园林设计等多学科知识，通过对花卉品种的选择、基质的调配、盆具挑选、色彩搭配、种植设计和点缀装饰材料的配置等环节的实践，加强学生的动手能力、设计能力以及分析问题的能力。

二、材料用具

花卉材料：学院实习农场温室内所有的盆栽花卉品种，学生可以根据实验的内容和组合盆栽设计的意图，选择合适的花卉品种和规格。

用具：剪枝剪、盆具、装饰材料和石头、数码照相机。

三、试验方案

每组同学自行设计，下面的方案仅供参考

1）制订组合盆栽实验方案：查阅相关资料，研究组合盆栽的特点；构思组合盆栽方案。

2）考虑组合盆栽的科学性：考虑观赏植物的生物学习性，选择搭配植物的相互关系，确定植物种类构成。

3）考虑组合盆栽的艺术性：考虑植物色彩搭配、体量（规格）及配置。

4）考虑增加组合盆栽科学性和艺术性的辅助配置：研究盆具、装饰材料和置石等。

四、方法步骤

1）植物材料准备：根据组合盆栽设计的要求，选择不同色彩、不同规格的花卉植物材料。

2）盆具准备：根据组合盆栽设计的需要，选择适宜形状、适宜大小和适宜颜色的花盆和用具。

3）培养土的准备：采用基质栽培的种植形式，首先配制好所需要的培养土，注意其配方、pH 值和 EC 值，适合该组合盆栽所有植物生长发育的要求。

4）组合盆栽种植：注意不同花卉材料的配置，探讨各种配置方式的美学效果和不同花卉种类的生态和谐性。

五、作业

试验报告的主要内容包括：试验名称、年级专业班级、姓名、学号、试验目的、材料与方法、结果与分析、问题与讨论、参考文献等。

试验的报告不仅要反映试验的结果，同时要反映组合盆栽的设计过程、设计的意境、体现意境的方式方法或途径。报告不仅要求文字、数字表格的表达形式，同时要求用设计图、过程分解照片和最终作品照片达到图文并茂的效果。

项目七　花卉的应用

任务一　花卉室外应用

在园林绿地中，人们常常把空旷地、林地、坡地等，用多种植物覆盖起来。即使水面也要种植水生植物。这样才可以发挥其巨大的卫生防护与美化功能，在园林中创造出花团锦簇、绿草如茵、荷香拂水、空气清新的景观与意境，以最大限度的利用空间，来达到人们对园林文化娱乐、环境保护、风景艺术等多方面的要求。花卉的应用是使花卉展示人工美和自然美的艺术方式。

一、花坛

1. 花坛的概念

花坛是指在具有几何轮廓的植床内，种植各种不同色彩的花卉，运用花卉的群体效果来体现图案纹样，或观赏盛花时绚丽景观的一种花卉应用形式。花坛的形式在变化和拓宽，由最初的平面地床或沉床花坛拓展到斜面、立面及活动式等多种类型。

2. 花坛的分类

（1）依花材分类

1）盛花花坛：又名花丛花坛，主要由观花草本植物组成，表现盛花时群体色彩美或绚丽的景观，可由同种类不同品种或不同花色群体组成，也可由不同种的多种花色花卉群体组成。

2）模纹花坛：主要由低矮的观叶植物或花、叶具美的植物组成。表现群体组成的精美图案或装饰纹样。它包括毛毡花坛、浮雕花坛和彩结花坛。毛毡花坛是由不同种色叶植物组成同一高度、表面平整，宛若绚丽的地毯；浮雕花坛是依植物高度不同和花坛纹样变化，由常绿小灌木和低矮草本组成高度不一而呈现凹凸不平，整体上具有浮雕效果的花坛；彩结花坛是指花坛纹样模仿绸带的绳结式样，图案线条粗细一致，并以草坪、砾石或卵石为底色。

3）现代花坛：常见两种类型的组合形式。如在规则式几何形植床中，中间为盛花布置形式，边缘用模纹式；或在立体花坛中，立面为模纹式，基部为不平的盛花式。

（2）依空间位置分类

1）平面花坛：表面与地面平行，主要观赏花坛平面效果，包括沉床花坛。

2）斜面花坛：花坛设在斜坡或阶地上，也可以布置在建筑的台阶两旁或台阶上，花坛表面为斜面，是主要观赏面。

3）立体花坛：花坛向空间伸展，具有竖向景观，是一种超出花坛原有含义的布置形式，它以四面观为多。常有造型花坛和标牌花坛等形式。造型花坛是用模纹花坛的手法，运用五色草或小菊等草本观叶植物做成各种造型（如动物、花篮、花瓶、亭、塔等），前面或四周用平面式装饰；标牌花坛是用植物材料组成的竖向牌式花坛，多为一面观赏，可以是落地的，也可以借建筑材料（砖、木板、钢管、铁架等）搭成骨架，植物材料种植在栽植箱中，绑扎或摆放在骨架上，使图案成为距地面一定高度的垂直或斜面的广告宣传牌样式。

（3）依花坛组合分类

1）独立花坛：即单体花坛，常设在广场、公园入口等小环境中。

2）花坛群：由相同或不相同的数个单体花坛组成，但在构图及景观上具有统一性。多置在面积较大的广场、草坪或大型的交通环岛上。花坛应具有统一的底色，如草坪或铺装广场，以突出其整体感。单体花坛在设计构图中是整体的一部分，格调应一致，但可有主次之分。花坛群可以结合喷泉和雕塑布置，后者可以成为构图中心或装饰。

3）花坛组：是另一种单体花坛的组合形式。是同一个环境中设置的多个花坛，花坛组不同于花坛群之处在于各花坛之间的联系不是非常紧密，只是在某一局部环境总体布置中多个相同的因子（如沿路的多个带状花坛、建筑前作基础栽植的数个花坛）。

3. 花坛设计

（1）花坛设计原则　主题鲜明的原则；形式美的原则；文化性原则；协调性原则。

（2）花坛色彩配置　花坛色彩选择要求鲜明、艳丽且与台座、环境协调。

1）对比色应用：此配色活泼而明快。深色调对比较强烈；浅色调对比柔和而鲜明；如堇紫色+浅黄色（堇紫色三色堇+浅黄色三色堇、藿香蓟+黄早菊、荷兰菊+三色堇）；绿色+红色（扫帚草+星红鸡冠）等。

2）暖色调应用：此配色鲜艳、热烈而庄重，常在大型花坛中应用。色彩不鲜明可以加白色调剂，如红+黄或红+白+黄（黄早菊+白早菊+一串红或一品红；金盏菊或黄三色堇+白雏菊或白三色堇+浅色美女樱）。

3）同色调应用：此配色不常用，适于运用在小花坛或花坛组中，起装饰作用，不做主景。如白色建筑前用纯红色的花，或由单纯红色、黄色或紫红色的花组成花坛组。

（3）花坛材料选择与配置　因花坛要保持鲜艳的色彩和整齐的轮廓，要求选用植株低矮、生长整齐、花期集中、株丛紧密且花色艳丽（或观叶）的种类，一般便于经常换动，故常选一、二年生花卉。如毛毡花坛可选五色苋类、香雪球、三色堇、雏菊、半边莲、矮翠菊、蜂窝花等；孔雀草、矮一串红、矮万寿菊、荷兰菊、彩叶草及四季秋海棠等的小苗也可；花丛花坛常用的花卉有三色堇、金盏菊、金鱼草、紫罗兰、福禄考、石竹类、百日草、一串红、万寿菊、孔雀草、美女樱、凤尾鸡冠、翠菊、藿香蓟、菊花及球根花卉类如水仙类、风信子、郁金香、朱顶红等，用雏菊、勿忘我、花亚麻、三色堇作衬托，还可点缀一些高过主要观赏花卉的种类，如霞草、高雪轮、蛇目菊等效果独特；花坛中心宜选择高大而整齐的花材，如美人蕉、扫帚草、毛地黄、高金鱼草，也有用苏铁、蒲葵、海枣、凤尾兰、雪松、云杉及球形黄杨、龙柏等树木的；花坛边缘常用矮小灌木绿篱或常绿草本，如雀舌黄杨、紫叶小檗、葱兰、沿阶草等。

4. 花坛的建植与管理

建植花坛按照绿化布局所指定的位置，翻整土地，将其中砖块杂物过筛剔除，土质贫瘠的要调换新土并加施基肥，然后按设计要求平整放样。

栽植花卉时，圆形花坛由中央向四周栽植，单面花坛由后向前栽植，要求株行距对齐；模纹花坛应先栽图案、字形，如果植株有高低，应以矮株为准，对较高植株可种深些，力求平整；株行距以叶片伸展相互连接不露出地面为宜，栽后立即浇水以促成活。

平时管理要及时浇水，中耕除草，剪残花，去黄叶，发现缺株及时补栽；模纹花坛应经常修剪、使图案不杂乱，遇到病虫害发生，应及时喷药。

二、花境

1. 花境的概念

花境是模拟自然界中林地边缘地带多种野生花卉交错生长的状态，运用艺术手法设计的一种花卉应用形式。在园林中具有增强自然景观、分隔空间和组织游览路线的作用。

2. 花境类型

（1）依设计形式分类

1）单面观赏花境：多临近道路设置，常以建筑物、矮墙、树丛、绿篱等为背景，前面为低矮的边缘植物，整体由前低后高，供单面观赏。

2）双面观赏花境：此花境无背景，多设在草坪上或树丛间，植物种植是中间高两侧低，供两面观赏。

3）对应式花境：在园路的两侧、草坪中央或建筑周围设置两个相对应的花境，呈二列式。在设计上统一考虑，作为一组景观，多采用对称手法，同时考虑节奏和变化。

（2）依选材分类

1）宿根花卉花境：全部由可露地越冬的宿根花卉组成。

2）混合式花境：以耐寒宿根花卉为主，配置少量花灌木、球根花卉或一、二年生花卉。此类花境季相分明、色彩丰富，多见应用。

3）专类花卉花境：由同属不同种类或同一种不同品种植物为主，要求宿根花卉花期、株形、花色等有较丰富的变化，如百合类花境、鸢尾类、菊花类花境。

3. 花境设计与配置

花境在设计形式上是沿着长轴方向演进的带状连续构图，带状边缘是平行或近于平行的直线或曲线，其基本构图单位是一组花丛；每组花丛通常由5~10种花卉组成，一种花卉集中栽植。平面上看各种花卉是块状混植；立面上看高低错落、犹如林缘野生花卉交错生长的自然景观；花丛内应由主花材形成基调，次花材为配调，由各种花卉组成季相景观；每季以2~3种花卉为主，其他花卉为辅以烘托主花材；植物材料以耐寒的可露地越冬的宿根花卉为主，间有一些耐寒的球根花卉，灌木、或少量一、二年生草花。

花境既要体现植物个体的自然美，又要展示植物自然组合的群体美。它可一次种植多年观赏，且养护管理粗放。

（1）花境的位置设置 在园林绿地中花境可设置在以下位置：

1）建筑物土墙基前设置花境：在形体小、色彩明快的建筑物前，花境起到基础栽植、软化线条、连接自然风景的作用。以1~3层低矮建筑前装饰效果较好。围墙、栅栏、篱笆及坡地挡土墙前也可设置花境。

2）道路旁设置花境：园林游步道边，道路尽头雕塑、喷泉等小品前及路两边可设置花境，通常在边界物前设单面观赏花境，再在花境前设园路或草坪以供游人欣赏。

3）绿地中较长的植篱、树墙前设置花境：绿色的背景使花境色彩充分展姿、活化了单调的绿篱、绿墙壁。

4）宽阔的草坪上、树丛间设置花境：在绿地空间设置双面观赏的花境，可丰富景观、以引导游览路线。花境两侧辟出游步道以便观赏。

5）宿根园、家庭花园中设置花境：在小面积花园的周边布置花境是花境最常用的方式。

（2）花境设计　花境中各花卉配置应考虑同一季节中彼此的色彩、姿态、体形及数量的调和对比，整体构图要完整，还要求有季相变化。

1）植床设计。带状植床，单面观赏花境后边缘线多采用直线，前边缘线可为直线或自由曲线；两面观赏花境边缘线基本平行，可直线或流畅的自由曲线。

朝向要求：对应式花境要求长轴沿南北方向展开，以使花境两边光照均匀，其他类型花境可自由选择方向，但选择植物时应据花境具体位置考虑。

土壤条件及装饰要求：要求2%～4%的排水坡度；在土质较好、排水强的绿篱、树墙前、草坪边缘的花境宜用平床，给人整洁感；而在排水差的土质挡土墙前花境为和背景协调，可用30～40cm高床。边缘用不规则的石块镶边，使花境具粗犷风格；若使用蔓性植物覆盖边缘石，还可创造柔和的自然感。

2）背景设计。单面观赏花境背景多为树墙、绿篱、栅栏等，以绿色或白色为宜；若背景质地和颜色不理想，可在背景前再设观叶植物或攀援障。

3）边缘设计。高床可用自然的石块、砖头、碎瓦、木条等垒砌；平床多用低矮植物镶边，以15～50cm为宜。若花境前为园路，边缘可用草坪镶边，宽度至少30cm以上。若要求花境边缘分明、整齐，还可在花境边缘与环境分界处挖20cm宽、40～50cm深的沟，填充金属或塑料条板防止边缘植物侵饰路面或草坪。

4）种植设计。应根据植物生态习性、观赏特性、花境具体地理位置、人流的集散、参观路线等进行艺术配置。应把植物的株形、株高、花期、质地等主要观赏特点进行艺术性组合和搭配，创造出优美的群落景观。

花境设计应以在当地能露地越冬的宿根花卉为主，兼顾一些小灌木、球根花卉和一、二年生花卉；花境设计所用花卉应具备花期长，且花期分散于各季节，开花顺序有差异、花色丰富、有水平与竖直线条的交叉；花卉还要有较高的观赏价值，如芳香植物、花形独特、花叶均美、观叶植物或禾本科植物，但不用斑叶植物（色彩难调和）。

5）色彩设计。

单色系设计：不常用，只为强调某一特殊需要时使用。

类似色设计：常用于强调季节色彩特征时，有浪漫格调但应与环境协调。如早春的鹅黄色、秋天的金黄色。

补色设计：多用于花境的局部配色，使色彩鲜明、艳丽。

多色设计：是花境常用的方法，使花境具鲜艳、热烈气氛。但应视花境大小选择花色数量，否则过多色彩反觉杂乱。

6）季相设计。温暖地花境应当四季有景可观，寒冷地应做到三季有景。利用花期、花色及各季节代表性植物来创造季相景观。如早春的报春、夏日的福禄考、秋天的菊花、冬天的梅花或羽衣甘蓝等。

具体设计方法：在平面种植图上标出花期、然后依月份或季节检查花期的连续性，并注明各季节花卉分布情况，使花境成为一个连续开花的群体。

4. 花境的建植与养护

花境的建植、养护与花坛基本相同。但在栽植花卉的时候，根据布局，先种宿根花卉，再栽一、二年生花卉或球根花卉，经常剪残花，去枯枝，摘黄叶，对易倒伏的植株要支撑绑缚，秋后要清理枯枝残叶，对露地越冬的宿根花卉，应采取防寒措施，对栽植 2～3 年后的宿根花卉，要进行分株，以促进更新复壮。

三、花台

1. 花台的概念

花台又称为高设花坛，是在高出地面几十厘米的植床中栽植花木的园林形式。花台四周用砖石、混凝土等堆砌作台座，其内填入土壤，栽植花卉，类似花坛但面积较小。在庭院中作厅堂的对景或入门的框景，也有将花台布置在广场、道路交叉口或园路的端头以及其他突出醒目便于观赏的地方。

2. 花台的特点

种植槽高出地面，装饰效果突出。

花台的外形轮廓都是规则的，而内部植物配置有规则式的，也有自然式的。

3. 花台的分类

花台的布置形式可分为两类：

（1）规则式布置　规则式花台的外形有圆形、椭圆形、正方形、矩形、正多边形、带形等，其选材与花坛相似，但由于面积较小，一个花台内通常只选用一种花卉，除一、二年生花卉及宿根、球根类花卉外，木本花卉中的牡丹、月季、杜鹃、凤尾竹等也常被选用。由于花台高出地面，因而应选用株形低矮、繁茂匍匐，枝叶下垂于台壁的花卉（如矮牵牛、美女樱、天门冬、书带草等）十分相宜。这类花台多设在规则式庭院中、广场或高大建筑前面的规则式绿地上。

（2）自然式布置　自然式布置又称为盆景式花台，把整个花台视为一个大盆景，按中国传统的盆景造型。常以松竹、梅、杜鹃、牡丹为主要植物材料，配饰以山石、小草等。构图不着重于色彩的华丽，而以艺术造型和意境取胜。这类花台多出现在古典式园林中。

花台多设在地下水位高或夏季雨水多、易积水的地区，如根部怕涝的牡丹等就需要花台。古典园林的花台多与厅堂呼应，可在室内欣赏。植物在花台内生长，因受空间的限制，往往不如地栽花坛那样健壮，所以，西方园林中很少应用。花台在现代园林中除非积水之地，一般不宜大量设置。

四、花柱

花柱作为一种新型绿化方式越来越受到人们的青睐，它最大的特点是充分利用空间，立体感强，造型美观而且管理方便。立体花柱四面都可以观赏，从而弥补了花卉平面应用的缺陷。

1. 花柱的骨架材料

花柱一般选用钢板冲压成 10cm 间隔的孔洞（或钢筋焊接成），然后焊接成圆筒形。孔洞的大小要视花盆而定，通常以花盆中间直径计算。然后刷漆、安装，将栽有花草的苗盆（卡盆）插入孔洞内，同时花盆内部都要安装水管，便于灌水。

2. 常用的花卉材料

应选用色彩丰富、花朵密集且花期长的花卉，例如长寿花、三色堇、矮牵牛、四季海棠、天竺葵、早小菊、五色草等。

3. 花柱的制作

1）安装支撑骨架：用螺栓等把花柱骨架各部分连接安装好。

2）连接安装分水器：花柱等立体装饰都配备相应的滴灌设备，并可实行自动化管理。

3）卡盆栽花：把花卉栽植到卡盆中。用作花柱装饰的花卉要在室外保留较长时间，栽到花柱后施肥困难，因此应在上卡盆前施肥。施肥的方法是：准备一块海绵，在海绵上放上适量缓释性颗粒肥料，再用海绵把基质包上，然后栽入卡盆。

4）卡盆定植：把卡盆定植到花柱骨架的孔洞内，把分水器插入卡盆中。

5）养护管理：定期检查基质干湿状况，及时补充水分；检查分水器微管是否出水正常，保证水分供应；定期摘除残花，保证最佳的观赏效果；对一些观赏性变差的植株要定期更换。

五、花墙

垂直绿化是应用攀缘植物沿墙面或其他设施攀附上升形成垂直面的绿化。垂直绿化对丰富城市绿化、改善生活环境有很重要作用。花墙作为垂直绿化的一种形式，既可使墙体增添美感，显得富有生机感，起到绿化、美化效果，又可起到隔热、防渗、减少噪声及屏蔽部分射线和电磁波的作用。夏季可降温，冬季则保暖。

1. 花墙植物材料的选择

向阳墙面温度高，湿度低，蒸腾量大，土壤较干旱，应选择喜光、耐旱和适应性强的花卉种类，如凌霄、木香、藤本月季、藤本蔷薇等；向阴墙面日照时间短，温度低，较潮湿，应选择耐阴湿的花卉种类，如常春藤、金银花、地锦等。

2. 墙面绿化的形式

1）附壁式：将藤本花卉的蔓藤，沿墙体扩张生长，枝叶布满攀附物形成绿墙。附壁式适用于具有吸盘或吸附根的藤本植物。

2）篱垣式：选用钩刺类和缠绕类植物，如藤本月季和蔷薇、香豌豆、牵牛等使其爬满栅栏、篱笆起绿色围墙作用。

3. 花墙材料的种植

在近墙地面应留有种植带或建有种植槽，种植带的宽度一般为50～150cm，土层厚度在50cm以上。种植槽宽度为50～80cm，高度为40～70cm，槽底每隔2～2.5cm应留排水孔。选用疏松、肥沃的土壤作种植土，植株种植前要进行修剪，剪掉多数的丛生枝条，选留主干，花卉根部应距墙根15cm左右，株距50～70cm。栽植深度以花卉根团全埋入土中为准。如墙面太光滑，植物不易爬附，需在墙面上均匀地钉上水泥膨胀螺丝，用铁丝贴着墙面拉成网，供植物攀附。

4. 花墙的养护

由于藤本植物离心生长能力很强，要经常施肥、灌溉、及时松土、除草和修剪整形，生长期注意摘心、抹芽，促使侧枝大量萌发，迅速达到绿化效果。花后及时剪残花。冬季应剪去病虫枝、干枯枝及重叠枝。

六、篱垣及棚架

利用蔓性和攀缘类花卉可以构成篱栅、棚架、花廊；还可以点缀门洞、窗格和围墙，既可起到绿化、美化的效果，又可起防护、荫蔽的作用，给游人提供纳凉、休息的场所。

在篱垣上常利用一些草本蔓性植物作垂直布置（如牵牛花、香豌豆、苦瓜、小葫芦等）。这些草花重量较轻，不会将篱垣压歪压倒。棚架和透空花廊宜用木本攀缘花卉来布置，如紫藤、凌霄、络石、葡萄等。它们经多年生长后能布满棚架，具有观花观果的效果，同时又兼有遮阳降温的功能。采用篱垣及棚架形式，还可以补偿城市因地下管道距地表近，不适于栽树的弊端，有效地扩大了绿化面积，增加城市景观，保护城市生态环境，改善人民生活质量。

特别应该提出的是攀缘类月季与铁线莲，具有较高的观赏性。它们可以构成高大的花柱，也可以培养成铺天盖地的花屏障，既可以弯成弧形做拱门，也可以依着木架做成花廊或花凉棚，在园林中得到广泛的应用。

在儿童游乐场地常用攀缘类植物组成各种动物形象。这需要事先搭好骨架，人工引导使花卉将骨架布满，装饰性很强，使环境气氛更为活跃。

七、花篱

花篱是用开花植物栽植、修剪而成的一种绿篱。它是园林中较为精美的绿篱或绿墙。其构成的主要花卉有栀子花、杜鹃花、茉莉花、六月雪、迎春、凌霄、木槿、麻叶绣球、日本绣线菊等。

花篱按养护管理方式可分为自然式和整形式，自然式一般只施加少量的调节生长势的修剪，整形式则需要定期进行整形修剪，以保持体形外貌。在同一景区，自然式花篱和整形式花篱可以形成完全不同的景观，应根据具体环境灵活运用。

花篱的栽植方法是在预定栽植的地带，先行深翻整地，施入基肥，然后视花篱的预期高度和种类，分别按20cm、40cm、80cm左右的株距定植。定植后充分灌水，并及时修剪。养护修剪原则是：对整形式花篱应尽可能使下部枝叶多见阳光，以免因过分荫蔽而枯萎，因而要使树冠下部宽阔，越向顶部越狭，通常以采用正梯形或馒头形为佳。对自然式花篱必须按不同树种的各自习性以及当地气候采取调节树势和更新复壮等措施。

 任务考核标准

序 号	考核内容	考核标准	参考分值/分
1	情感态度及团队合作	准备充分、学习方法多样、积极主动配合教师和小组共同完成任务	10
2	资料收集与整理	能够广泛查阅、收集和整理室外花卉应用的资料，并对项目完成过程中的问题进行分析和解决	20
3	花坛、花境设计方案的制订	根据植物学、栽培学、美学、园林设计等多学科知识，制订科学合理的花坛、花境设计方案，方案具有可操作性	30

（续）

序　号	考核内容	考核标准	参考分值/分
4	花坛、花境的建植操作过程	现场操作规范、正确	30
5	工作记录和总结报告	有完成全部工作的工作记录，书面整洁；总结报告结果正确，体会深刻；上交及时	10
合计			100

自测训练

一、名词解释

花坛　花境

二、简答题

1. 室外花卉有哪几种应用形式？各有什么特点？

2. 设计一个庆"五一"用的花坛。

3. 设计一个庆"十一"用的花坛。

4. 盆花的应用形式有哪些？

5. 花坛有几种类型？

实训二十二　花坛花境设计

一、目的要求

通过实训，了解花坛花境在园林中的应用，以及掌握花坛花境设计的基本原理和方法，并达到能实际应用的能力。

二、设计原则

以园林美学为指导，充分表现植物本身的自然美以及花卉植物组成的图案美、色彩美及群体美。

三、设计要求

1. 花坛设计

在环境中可作为主景，也可作配景。形式与色彩的多样性决定了花坛在设计上也有广泛的选择性。花坛的设计首先风格、体量、形状诸方面应与周围环境协调，其次才是花坛自身的特点。花坛的体量、大小应与花坛设计处的广场，出入口及周围建筑的高低成比例，一般不应超过广场面积的1/3，不小于1/5。花坛的外部轮廓应与建筑物边线、相邻的路边和广场的形状协调一致；色彩应与环境有所差别，既起到醒目和装饰作用，又与环境协调，融于环境之中，形成整体美。

2. 花境设计

（1）植床设计　种植床是带状的，直线或曲线。大小选择取决于环境空间的大小，一般长轴不限，较大的可以分段（每段＜20m为宜），短轴有一定要求，视实际情况而定。种植床有2%～4%的排水坡度。

（2）背景设计　单面观花境需要背景，依设置场所不同而异，较理想的是绿色的树篱或主篱，也可以墙基或棚栏为背景。背景与花境之间可以留一定的距离，也可不留。

（3）边缘设计　高床边缘可用自然的石块、砖块、碎瓦、木条等垒砌，平床多用低矮植物镶边，以 15～20cm 高为宜。若花境前为园路，边缘宜用草坪带镶边，宽度≥30cm。

（4）种植设计

1）植物选择。全面了解植物的生态习性，综合考虑植物的株形、株高、花期、花色、质地等主要观赏特点。应注意以在当地能露地越冬，不需特殊养护且有较长的花期和较高的观赏价值的宿根花卉为主。

2）色彩设计。色彩设计上应巧妙地利用花色来创造空间或景观效果。基本的配色方法有：类似色，强调季节的色彩特征；补色，多用于局部配色；多色，具有鲜艳热烈的气氛。色彩设计应注意与环境、季节相协调。

3）立面设计。要有较好的立面观赏效果，充分体现群落的美，要求植株高低错落有致，花色层次分明。充分利用植物的株形、株高、花序以及质地等观赏特性，创造出丰富美观的立面景观。

4）平面设计。平面种植采用自然块状混植方式，每块为一组花丛，各花丛大小有变化，将主花材植物分为数丛种在花境不同位置。

四、方法步骤

1）分小组分区调查你所在城市主要街道和绿地花坛花境类型或形式，并选取 2～3 个较好的花坛或花境实测与评价（主要以五一、十一为主要时期集中调查）。

2）设计某处一国庆花坛，花材自选。说明定植方式、株行距、用花量及养护管理措施。

五、作业

1）比较花坛与花境异同点。

2）完成花坛、花境调查报告（每小组一份）。

3）每人完成花坛，花境平面设计图及其设计说明书。

任务二　花卉室内装饰

随着人们物质和文化生活水平的不断提高与丰富，人们对室内环境要求越来越高，以往简单的室内设计已经不能满足人们的需求，用花卉来装饰室内已成为一种时尚，且在不断更新发展。花卉及花卉装饰将日益成为迎来送往、生活起居及工作环境的必需品和组成部分。

一、室内花卉装饰的概念

室内花卉装饰，指室内陈设物向大自然借景，将园林情调引入室内，在室内再现大自然景色，是一种具生命活力的装饰方式。它不仅是一种单纯的环境美化，而且可以净化空气，有益身心健康，陶冶情趣。

二、盆花装饰

1. 盆花装饰的特点

盆花装饰是指用盆栽花卉进行的装饰。盆花又称为盆栽，即把花木种植在花盆里供人观赏的植物。盆栽植物既可以装饰室内，又可装饰庭院与阳台，是居室植物装潢最常用、最普遍的一种方式。它的主要特点如下：

1）盆花的种类可供选择的范围广泛，不受地域适应性的限制。

2）盆花装饰可利用特殊栽培技术进行促成或抑制栽培，摆放出不时之花。

3）盆花便于精细管理，完成特殊造型达到美学上更高的观赏要求。

4）盆花装饰布置场合随意性强。

2. 盆花的分类

适合盆栽观赏的花卉，按高度、形态、对环境条件的要求进行如下分类：

1）依据盆花植物组成分为：独立盆栽、多木群栽和多类混栽。

2）依据植物姿态及造型分为：直立式、散射式、垂吊式、图腾柱式和攀缘式。

3）依据盆花高度（包括盆高）分类：特大盆花、大型盆花、中型盆花、小型盆花、特小型盆花。

4）依据盆花对光照条件的要求不同分类：要求室内明亮而无直射光的盆花，要求室内明亮并有部分直射光的盆花，要求室内光照充足的盆花。

3. 盆花的主要应用形式

（1）正门内布置　正门内盆花多用对称式布置，常置于大厅两侧，因地制宜，可布置两株大型盆花，或成两组小型花卉布置。常用的花卉有：苏铁、散尾葵、南洋杉、鱼尾葵、山茶花等。

（2）盆花花坛　盆花花坛多布置在大厅、正门内、主席台处。依场所、环境不同可布置成平面式或立体式，但要注意室内光线弱，选择的花卉光彩要明丽鲜亮，不宜过分浓重。

（3）垂吊式布置：在大厅四周种植池中摆放枝条下垂的盆花，犹如自然下垂的绿色帘幕，轻盈飘逸，十分美观。或置于室内角落的花架上，或悬吊观赏，均有良好的艺术效果。常用的花卉有：绿萝、常春藤、吊竹梅、吊兰、紫鸭趾草等。

（4）组合盆栽布置　组合盆栽是近年流行的花卉应用，强调组合设计，被称为活的花艺。将草花设计成组合盆栽，并搭配一些大小不等的容器，配合株高的变化，以群组的方式放置。另外，还可以根据消费者的爱好，随意打造一些理想的有立体感的组合景观。

（5）室内角隅布置　角隅部分是室内花卉装饰的重要部位，因其光线通常较弱，直射光较少，所以要选用一些较耐弱光的花卉，大型盆花可直接置于地面，中小型盆花可放在花架上，如巴西铁、鹅掌柴、棕竹、龟背竹、喜林芋等。

（6）案头布置　多置于写字台或茶几上，对盆花的质量要求较高，要经常更换，宜选用中小型盆花，如兰花、文竹、多浆植物、杜鹃花、案头菊等。

（7）造景式布置　多布置在宾馆饭店的四季厅中。可结合原有的景点，用盆花加以装饰，也可配合水景布置。一般的盆栽花卉都可以采用。

（8）窗台布置　窗台布置是美化室内环境的重要手段。南向窗台大多向阳、干燥，宜选择抗性较强的虎刺梅、虎尾兰和仙人掌类及多浆植物，以及茉莉、米兰、君子兰等观赏花卉；北向窗台可选择耐阴的观叶植物，如绿萝、吊兰、一叶兰等。窗台布置要注意适量采光，以不遮挡视线为宜。

4. 盆花的装饰设计

（1）宾馆大堂的绿化装饰　宾馆大堂是迎接客人的重要场所。整体景观要有热烈、盛情好客的气氛并带有豪华富丽的气魄感，才会给人留下美好深刻的印象。因此在植物材料的选择上，应注重珍、奇、高、大，或色彩绚丽或经过一定艺术加工的富有寓意的植物盆景。为突出主景，再配以色彩夺目的观叶花卉或鲜花作为配景。

（2）走廊的绿化装饰　此处的景观应带有浪漫色彩，使人漫步于此有轻松愉快的感觉。因此，可以多采用具有形态多变的攀缘或悬垂性植物，此类植物茎枝柔软，斜垂盆外，临风轻荡，具有飞动飘逸之美，使人倍感轻快，情态宛然。

（3）居住环境绿化装饰　首先要根据房间和门厅大小、朝向、采光条件选择植物。一般来说，房间大的客厅、大门厅，可以选择枝叶舒展、姿态潇洒的大型观叶植物，如棕竹、橡皮树、南洋杉、散尾葵等，同时悬吊几盆悬挂植物，使房间显得明快，富有自然气息。大房间和门厅绿化装饰要以大型观叶植物和吊盆为主，在某些特定位置如桌面、柜顶和花架等处点缀小型盆栽植物；若房间面积较小，则宜选择娇小玲珑、姿态优美的小型观叶植物，如文竹、袖珍椰子等。其次要注意观叶植物的色彩、形态和气质与房间功能相协调。客厅布置应力求典雅古朴、美观大方，因此，要选择庄重幽雅的观叶植物。墙角宜放置苏铁、棕竹等大中型盆栽植物，沙发旁宜选用较大的散尾葵、鱼尾葵等，茶几和桌面上可放 1~2 盆小型盆栽植物。在较大的客厅里可在墙边和窗户旁悬挂 1~2 盆绿萝、常春藤。书房要突出宁静、清新、幽雅的气氛，可在写字台放置文竹，书架顶端可放常春藤或绿萝。卧室要突出温馨和谐，所以宜选色彩柔和、形态优美的观叶植物作为装饰材料，利于睡眠和消除疲劳，微香有催眠入睡之功能。因此植物配置要协调和谐，少而静，多以 1~2 盆色彩素雅，株形矮小的植物为主。忌色彩艳丽，香味过浓，气氛热烈。

（4）办公室的绿化装饰　办公室内的植物布置除了美化作用外，空气净化作用也很重要。由于电脑等办公设备的增多，辐射增加，所以采用一些对空气净化作用大的植物尤为重要，可选用绿萝、金琥、巴西木、吊兰、荷兰铁、散尾葵、鱼尾葵、马拉巴栗、棕竹等植物。另外由于空间的限制，采用一些垂吊植物也可增加绿化的层次感，还可在窗台、墙角及办公桌等处点缀少量花卉。

（5）会议室的绿化装饰　布置时要因室内空间大小而异。中小型会议室多以中央的条桌为主进行布置。桌面上可摆放插花和小型观叶、观花类花卉，数量不能过多，品种不宜过杂。大型会议室常在会议桌上摆几盆插花或小型盆花，在会议桌前整齐地摆放 1~2 排盆花，可以是观叶与观花植物间隔布置，也可以是一排观叶一排观花的。后排要比前排高，其高矮以不超过主席台会议桌为宜，形成高矮有序、错落有致、观叶、观花相协调的景观。

（6）展览室与陈列室绿化装饰　展览室与陈列室常用盆花装饰。如举办书画或摄影展览，一般空地面积较大，但决不能摆设盆花群，更不能用观赏价值较高，造型奇特或特别引人注目的盆花进行摆设，否则会喧宾夺主，使画展、影展变成花展，分散观众的注意力。布置的目的是协调空间、点缀环境，其数量一般不宜多，仅于角隅、窗台或空隙处摆放单株观叶盆花即可。如橡皮树、蒲葵、苏铁、棕竹等。

（7）各种会场绿化装饰

1）严肃性的会场：要采用对称均衡的形式布置，显示出庄严和稳定的气氛，以常绿植物为主调，适当点缀少量色泽鲜艳的盆花，使整个会场布局协调，气氛庄重。

2）迎、送会场：要装饰得五彩缤纷气氛热烈。选择比例相同的观叶、观花植物，配以插花、花篮突出暖色基调，用规则式对称均衡的处理手法布局形成开朗、明快的场面。

3）节日庆典会场：选择色、香、形俱全的各种类型植物，以组合式手法布置花带、花丛及雄伟的植物造型等景观，并配以插花、花篮等，使整个会场气氛轻松、愉快、团结、祥和，激发人们热爱生活、努力工作的情感。

4）悼念会场：应以松柏常青植物为主体，规则式布置手法，形成万古长青、庄严肃穆的气氛。与会者心情沉重，整体效果不可过于冷刹，以免加剧悲伤情绪，应适当点缀一些白、蓝、青、紫、黄及淡红的花卉，以激发人们化悲痛为力量的情感。

5）文艺联欢会场：多采用组合式手法布置以点、线、面相连装饰空间，选用植物可多种多样，内容丰富，布局要高低错落有致。色调艳丽协调，并在不同高度以吊、挂方式装饰空间，形成一个花团锦簇的大花园，使人感到轻松、活泼、亲切、愉快。

6）音乐欣赏会场：要求以自然手法布置，选择体形优美，线条柔和、色泽淡雅的观叶、观花植物，进行有节奏的布置，并用有规律的垂吊植物点缀空间，使人置身于音乐世界里，聚精会神地去领略那和谐动听的乐章。

三、切花装饰

植物的茎、叶、花和果的色彩、形状、姿态有观赏价值，或有香气可取的，都可切取供装饰之用。切花较盆花更方便，常用作插花、花篮、花圈或花环、花束、扣花及其他装饰等。

1. 切花的概念

广义讲鲜切花是指从母株上切离后的花枝或不带花的枝条和叶片等。切花应用即是以切花花材为主要素材，通过摆插来表现其活力与自然美及装饰效果。

2. 切花的分类

按切花的质地分类：鲜切花、干切花、人造切花。

按切花的性质分类：切花、切叶、切枝、果实。

3. 切花的主要应用形式

切花应用根据其运用的目的，表现方法的不同可分为艺术插花和礼仪插花两类。前者侧重于利用花材表现作者的愿望、情感和兴趣，较多感性投入。它不受商业要求的制约。形式多样、不拘一格、活泼多变、强调展现自然美感和活力，而不完全侧重作品本身的装饰效果。而后者则有更多理性的投入，是带有商业性的产品设计，往往带有一定的模式，作品更追求装饰美，而不突出材料本身所具有的自然美。礼仪插花和艺术插花虽然用途不同，但并无明显的分界，比如一件用于致贺的花篮，同样可以采用艺术插花的手法，既表达了送花人的礼节，而受花人将其摆在家中，一样可以仔细欣赏和品味。

（1）艺术插花 用于美化、装饰环境和陈设在各种展览会上供艺术欣赏、活跃文化娱乐活动而用的插花叫艺术插花。这类插花在选材、构思、造型与布局等方面有较高的要求和它独有的特点。在花材选用上很广泛，无论新鲜的、干枯的都可应用。嫩芽、鲜花、新叶固然有生机勃勃和清新之美，但残荷枯枝也具秋意泷泷、生命不止的情趣。所以，艺术插花虽不过分要求花材的种类和数量的多寡，但十分强调每种花材的色调、姿态和神韵之美，主张以精取胜，主题突出，意境优美，充满诗情画意。因此，在符合构图法则、顺乎自然的基础上，造型不拘泥形式，自由活泼，多姿多态，并充分表现作者的情感与意趣，这是艺术插花独具的特点，最易引起欣赏者的喜爱和遐想，也是最具魅力的一种插花。

艺术插花的形式有瓶插、盘插、篮插等。从风格上讲，有东方艺术式插花、西方艺术式插花和现代自由艺术式插花等。

（2）礼仪插花 礼仪插花是指在公共场所、社交礼仪活动中用于装点环境、人体等的用花，一般有花钵、花束、花篮、服饰花等多种类型的花卉运用形式。现选用常见形式作介绍。

1）花钵：礼仪用花钵要求色泽鲜明，造型也较严谨，一般多用西式的规则型插花或在此基础上加以变化，以强调其装饰性。不同花材在西式插花的造型中地位不同。一般可分为三类，即线条花（又称为骨架花）、焦点花、填充花。

2）花束：花束是指利用剪切下来的花枝通过艺术构思，加以修整剪扎而成束，并再精心装饰包装而成的花卉造型。花束制作简便、造型多变，携带也很方便，是探亲访友，演出或接送献花时使用最普遍的礼仪用花。

花束形式多样，通常在考虑应用场合、赠送对象及文化习俗基础上，选择适宜的形式。花束从外形轮廓来分，有具四面观的圆形、圆锥形和单面观的长形、扇面形等，也有活泼多变的自由形及小品花束等。花束也可因选用花的色彩、质感及搭配包装纸、彩带等的差异而呈现不同风格，如用单一花色彩明艳或多种花色彩缤纷的缤纷浪漫型；有用花单一，用色清雅，以淡色或白色等冷色调为主的清新自然型；有造型端庄严谨，用花一、二种为主，花、叶质感细致整齐，花色艳丽或淡雅的端庄型；也有用花时选用花色俏丽、花形独特的，并配以造型、色泽奇特的叶片以产生富有特点、风格突出的独特型花束。

花束用花材除了玫瑰等少数木本花材外，大多用草本花材，便于造型处理。一般拿到花材后先去除冗枝和过繁的叶片及皮刺，并对花或花序加以适当修整，花枝长度视花束造型一般保留 30～50cm 左右。由于花材不同，可酌情选配衬叶，一般如玫瑰、百合、菊花等叶多的可少用或不用衬叶，而香石竹、非洲菊、红掌等花枝上自身叶少或没有的，可多配些花叶。而花束造型不论什么样，都要求保持花束上部花枝舒展，下部要圆整紧密。避免出现花枝排成扁平状或聚集成团，从而显得呆板且杂乱无章，缺乏立体感。各类花束的绑扎方法一般都是相同的，即第一枝花都以"以右压左"的方式重叠在手中，各枝交叉在一点上，呈逆时针自右向左转的螺旋状，然后用绳扎紧交叉点。常见的有圆形和长形花束。

3）花篮：把切花经过艺术构图和加工插作于花篮中而形成的装饰形式。商业性花篮因其用途不同一般可分为礼仪花篮和庆典花篮。前者规格较小，高度在50cm左右。造型虽多以西方规则式的L形、三角形、扇形、倒T字形等为基本造型，但许多加以改造，显得较为活泼。花篮多用于探亲访友，家庭居室布置及小规模的庆典活动，如生日、婚礼、迎送等。后者规格较大，高度多在1～2m之间，多为落地式。造型也多较为端庄严谨。一般用于商业性开业庆典、寿诞、丧葬活动等，其中尤以开张庆典花篮较高，一般在1.5m以上，而寿诞、丧葬花篮多在1～1.5m。

花篮一般都为柳、竹、藤编篮，可漏水。因此，在插制前，应先用各色的鲜花包装纸作为篮内壁衬垫，既能贮水又能兼顾装饰，再在其中放入大小适宜的吸足水的花泥。花泥应该高出篮沿2～3cm，以便插水平或下垂的花枝。插花时花篮中的花枝较多，应避免枝条相互交叉、重叠，从而出现凌乱。剪枝时应注意剪枝不能太短，即在保证留枝达到造型高度同时，也须插入花泥一定深度，以利于吸水和固定。花枝的插作顺序一般应遵循从后到前，从高到低，从中间到四周，花朵间保持一定的空隙，以便点缀填充花和配叶作衬托。

4）新娘捧花与胸花：新娘捧花是指专门用于婚庆时新娘手捧的花束。常见的新娘捧花主要有圆形捧花、瀑布形捧花、束状捧花、新月形捧花等。具体在选用时应根据新娘的整体形象，如体形、脸形、服饰、个性和气质及个人喜好等来决定；胸花也称为襟花，是各种公众活动（如婚礼及各类仪式）的不可或缺的服饰花。一般男士佩戴在西装口袋上侧或领片转角处，女士佩戴在上衣胸前。胸花体量不宜过大过繁，一般以1~3朵中型花做主花，配上适量衬花和配叶即可。胸花多用别针别于左胸。

4. 插花的陈设与养护

（1）插花的陈设　插花作品应放在整洁、明亮的环境中，切忌将插花摆放在直射的阳光下，或冬天靠近热源处。必须保持室内空气新鲜而流通。除此之外，还应注意以下几点：

1）插花体量应与室内空间的大小相协调。

2）插花作品应与室内的墙壁、地板、天花板、家具等的风格、颜色相协调。

3）插花作品摆放位置应与作品构图形式相协调，既要便于欣赏，又要不使作品变形。

（2）插花的养护　要求室内空气湿润，在没有加润器的情况下，夏天每隔1~2d、秋冬季节每隔2~3d，要在花材上浇水，并更换容器中的水。换水时，在不影响和破坏造型的前提下，将花枝基部剪去2~3cm，重新更换切口，将有利于花材吸水。如果在水中添加保鲜剂或在花材上喷洒保鲜溶液，其效果会更好。

插花作品容器中要保持适当的水深。容器中的水，水质要清洁，水深要浸没切口以上，水面与空气要有最大的接触面。盘类容器的水深，应以浸没花插高度为宜，以保证花材切口能及时吸水；瓶类容器的水深，应在瓶身的最宽处，因为此处与空气的接触面积最大。

鲜花花材及插花作品的附近不宜放置水果。乙烯是一种对切花有特殊作用的有害气体，它能引起切花过早凋萎。

干花插花作品的养护：干花最怕潮湿的环境，所以，对干花的养护，最主要是应放在空气干燥、通风良好的环境，但不宜放置在风口处，因为干花质地轻，风吹易倒。

四、室内花卉装饰的一般原理与方法

1. 整体要和谐

根据室内原有陈设物的数量、色彩等不同情况进行全面考虑，做到合理布局。避免在各个布局中出现同类植物或等量的重复，以形成一幅富有变化的自然景观，使人感到有节奏感和韵律感。

2. 主次要分明

绿化装饰要有主景及配景。主景是装饰布置的核心，必须突出，而且要有艺术魅力，能吸引人，给人留下难忘的印象。配景是从属部分，有别于主景，但又必须与主景相协调。

3. 中心要突出

主景在选材上通常采用珍稀植物或形态奇特、姿态优美、色彩绚丽的植物种类，以加强主景的中心效果。在一个家庭居室中，有卧室、厨房、卫生间及客厅等许多空间，可重点装饰客厅，以展示主人的风貌，反映出其文化素养。

4. 比例要协调

观赏植物的室内装饰布置，植物本身和室内空间及陈设之间应有一定的比例关系。大空间里只装饰小的植物，就无法烘托出气氛，也不很协调；小的空间装饰大的植物，则显得臃肿闭塞，缺乏整体感。装饰布置时，应根据室内空间大小及内部设施情况进行合理布置，使其彼此之间比例恰当、色彩和谐、富有节奏感及整体感。

5. 选材要适当

室内空间有限，光照弱、通风差，因而应选择那些抗逆性强、栽培容易、管理方便、观赏效果好（叶形奇特、叶色艳丽等），并能适于室内长期摆放的观叶植物，如袖珍椰子、龟背竹、文竹、一叶兰、金边虎皮兰、假槟榔、散尾葵、巴西木，发财树等。插花种类也应选择那些色彩明快、耐瓶插的类型，如菊花、康乃馨、满天星等。

6. 布置手法要多样

花卉室内装饰一般以不占用太多面积为准则，没有固定的模式，主要根据空间大小，不同的建筑风格，以及人们爱好的不同来布置，大体上可分为以下六种形式：

（1）规则式　这种形式是以几何图案形式进行设计布置，即利用同等大小的植物材料，以行列及对称均衡的方式组织分隔和装饰室内空间，使之充分体现图案美的效果，显得简洁、庄严，但这种布置方式只适于门厅走廊、展览室、会场、西式客厅及宽敞的居室，对于一般居室来说，则有呆板、乏味之感。

（2）自然式　该形式是中国园林传统设计手法，以突出自然景观为主，进行花卉装饰布置。在有限的室内空间内，经过精巧的布置，表现出大范围的景观。也就是把大自然精华，经过艺术加工，引入室内，自成一景。所选用的植物要反映自然界植物群落之美，可单株或多株，要求不对称、不整齐排列的摆设，使之富有自然情趣及节奏感，置身其中宛如世外桃源。这种布置方法占地面积大，一般家庭不太适宜。目前我国许多大型公共场所及宾馆多用此法布置，把假山、瀑布、喷泉、廊、亭引入厅室，创造出真山真水的境地，取得很好的效果。

（3）镶嵌式　在墙壁及柱面适宜的位置，镶嵌上特制的半圆形盆、瓶、篮、斗等造型别致的容器，栽上一些别具特色的花卉植物，以达到装饰的目的。或在墙上设计制作不同形状的洞柜，摆放或栽植下垂或横生的耐阴植物，形成具有壁画般生动活泼的效果。这种布置方式的特点是不占用"寸土寸金"的室内地面，利用纵向的空间配置装饰植物，这对一般居室狭窄的家庭来说较为适用。

（4）悬垂式　利用金属、塑料、竹木或藤制的吊盆、吊篮，栽入具有悬垂性能的花卉植物（如吊兰、天门冬、常春藤等），悬吊于窗口、顶棚或依墙依柱而挂，枝叶婆娑，线条优美多变，既点缀了空间，又增加了气氛。这种布置方法和镶嵌一样，具有不占室内地面空间的特点。

（5）瓶栽式　随着室内花卉装饰的发展，栽植容器也相应地丰富多彩起来。除盆、槽、篮外，瓶栽植物目前已在世界各地逐渐流行起来，所谓瓶栽，即在各种大小、形状不同的玻璃瓶、透明塑料容器、金鱼缸、水族箱内种植各种矮小的植物。容器除瓶口及顶部作为通气孔外，大部分是封闭的，容器内物理性状稳定，受光均匀，气温变化小，水分可循环吸收利用，适宜小型植物生长。若制作得当，可摆入数年，置于架、案、床头，是一种文雅的装饰物。

（6）组合式　这时所说的组合，是指灵活地把以上各种布置手法混用于室内装饰，利用花卉植物的高低大小、色彩及形态的不同，指导它们组合在一起，如同插花一样，随意构图，形成一幅优美的图画，但应遵循高矮有序、互不遮挡的原则。高大植物居后或居中，矮生及丛生植株摆入在前面或四周，以达到层次分明的效果。

任务考核标准

序　号	考核内容	考核标准	参考分值/分
1	情感态度及团队合作	准备充分、学习方法多样、积极主动配合教师和小组共同完成任务	10
2	资料收集与整理	能够广泛查阅、收集和整理花卉室内应用的资料，并对项目完成过程中的问题进行分析和解决	20
3	室内花卉装饰方案的制订	根据植物学、栽培学、美学等多学科知识，制订科学合理的室内花卉装饰方案，方案具有可操作性	30
4	室内花卉装饰的操作过程	现场操作规范、正确	30
5	工作记录和总结报告	有完成全部工作的工作记录，书面整洁；总结报告结果正确，体会深刻；上交及时	10
		合计	100

自测训练

一、名词解释

室内花卉装饰

二、简答题

室内花卉装饰的一般原理与方法。

实训二十三　插花

一、目的要求

通过实训，初步掌握插花的基本过程、技巧和主要形式。

二、原理

插花艺术是以切取植物可供观赏的花、枝、叶、果或根为材料，插入盛水容器中，运用一定的技术加工和造型艺术原则，如均衡、对称、协调、韵律等，组成一件具有自然美和造型艺术美的花卉装饰品。

三、材料用具

1）材料：各种花材和配叶。

2）用具：花瓶、浅盆、花篮、花插、剑山、铁丝、剪刀、胶带、微孔喷壶等。

四、方法步骤

（一）一般步骤

1. 构思与构图设计

插作前明确所插作品的意图、含义或应用场合，命题插花应围绕命题选材与构图。

2. 选材与花材加工整理

根据造型要求剪除多余、过密及有碍装饰的枝叶，需人工弯曲或剪裁造型的叶材，可根据需要作定型处理。

3. 造型

1) 确定比例关系：根据环境和拟表达主题确定花材比例关系。即最长花枝一般为容器高度加上容器的 1~2 倍。

2) 固定花材：直接将花材插于高身花瓶或用"剑山"、"花泥"、"插座"或金属网辅助固定花材，以稳定插花方向、位置、俯仰或垂卧姿态。花泥用前吸足水，根据容器大小或需要整块使用或用利刀切块使用。

3) 插花程序应先插骨架花与焦点花，然后插填充花与衬叶。

4) 审视、调整、对照原有构思，看立意是否充分表达，是否遵循构图原则进行修饰调整。

5) 命名。作品命名是插花组成部分之一。尤其是东方式插花，赋上题名使主题表达更为鲜明。

（二）基本花形插作

1. 西方几何式插花

插时需先确定其观赏的面数，然后根据图案形状，用骨架花插出花形的主轴，定出基本轮廓，其次定出焦点位置，插上焦点花。最后在轮廓的范围内，围绕焦点插入填充空间，使各部分协调融洽，构成完整的图形。以三角形为例：

1) 单面观的三角形，由四根主轴组成构架。垂直轴直立地插在花器中线靠后部处（若花形较大，可向后稍作倾斜，但不超过花器之）。

2) 左右两水平轴也插在靠后部，与垂轴成 90°。

3) 前轴的长度可比水平轴略短，是决定花形宽度的轴线，使花形呈立体状。

4) 插焦点花：花的位置因垂直轴和前轴顶点的连线上。如有特形的焦点花，则在中线靠下部 1/3 处插两朵作焦点。如花形都差不多，则可随意插作，只要在轴线范围内均匀分布花朵即可。

5) 插填充花小花和叶片不超过主花，应比主花稍低，突出主花。

2. 东方自然式插花练习

枝条长短的比例以及插置的角度，并熟识不同花形的插置要求。一般花形多由三个主枝构成骨架，然后，再在各主枝周围，长短不一地插些辅助枝条以填补空间，使花形丰满并富有层次感。

（1）插第一主枝　选取有代表性的枝条作第一枝，以定花形的基本形态，如直立、倾斜或下垂。第一枝的长度取花器高度和直径（长度）之和的 1.5~2 倍。插于花器左侧稍后位置，向后倾斜 10°，另一枝插于 0° 位置。

（2）插第二主枝　与第一枝用同一种花材，向前或后方空间伸展（角度为 20°~30°），使花形具有一定宽度和深度，呈现立体感，其长度约为第一枝的 1/2~2/3。

（3）插第三主枝　可与第一、二主枝同一种花材，也可另选其他花材。一般第一、二枝用木本时，则第三枝用草本，以求形体和色彩的变化。插在与第二枝相对的另一侧（约右前方 45°~60°处），长度为第一主枝的 1/3。

（4）插辅助枝　各主枝周围的辅助枝条试着根据需要而定，原则上其长度不超过所陪衬的主枝，且选用与其主枝相同的花材。

五、作业

1）任选几种插花形式进行练习。

2）比较东西方传统插花的艺术风格和插作特点。

任务三　花卉租摆

一、花卉租摆的涵义及发展现状

花卉租摆就是以租赁方式，承租者按照合同采取一次性或分期付款的方式交纳租金，出租者拥有所租摆花卉的所有权，而承租者只拥有一定时间段内的花卉使用权。出租者以定期调换和养护的方式来保证所服务的客户在一定使用空间内始终保持常看常新、常看常绿的园林花卉的一种经营服务模式。

花卉租摆一词正式兴起于上个世纪九十年代，兴旺于九十年代中期。随着人们对办公环境和生存空间的重新认识，人们意识到在现代文明高度发达的情况下，环境污染给人们带来的生存压力，于是人们开始试图改变它，首先意识到自然绿色生命对环境的改变带来的益处，所以人们开始大量的购买绿色植物和花木来试图改变办公环境和生存空间，但是一个新的问题出现了。那就是在没有专业花木养护知识情况下，花木的成活率很低，同时在花木购买一段时间后会出现病虫害和其他的问题。于是花卉租摆服务应运而生，一方面，部分没有能力也没有必要设立专门机构的单位，只需要通过租赁的方式即可实现对美化环境的常年需求；另一方面，专业的园林园艺公司可以发挥专业优势，积极开拓市场空间，满足社会需求，增加经济收益。

二、花卉租摆植物的选择与管理

1. 租摆植物的选择

在进行花卉租摆时，所用花卉与环境的协调程度直接影响到花卉的美化作用。从事花卉租摆要充分考虑到花卉的生理特性及观赏性，根据不同的环境选择合适的花卉进行布置，同时要加强管理，保证租摆效果。租摆材料的选择是关键。选择的材料好，不仅布置效果好，而且可以延长更换周期，降低劳动强度和运输次数，从而降低成本。在具体选择花卉时，主要是根据花卉植物的耐阴性和观赏性以及租摆空间的环境条件来选择。

首先，考虑花卉植物的耐阴性，除了节日及重大活动在室外布置外，一般要求长期租摆的客户都是室内租摆，因此，选择耐阴性的花卉显得尤为重要。耐阴植物种类很多，常用的有万年青、竹芋类、苏铁、棕竹、八角金盘、一叶兰、龟背竹、君子兰、肾蕨、散尾葵、发财树、红宝石、绿巨人、针葵等。

其次，要考虑花卉植物的观赏性。室内租摆以观叶植物为主，它们的叶形、叶色、叶质各具不同观赏效果。叶的形状、大小千变万化形成各种艺术效果，具有不同的观赏特性。棕竹、蒲葵属掌状叶形，使人产生朴素之感；椰子类叶大，羽状叶，给人以轻快洒脱的联想，具有热带情调。叶片质地不同，观赏效果也不同，如榕树、橡皮树具革质的叶片，叶色浓绿，有较强反光能力，有光影闪烁的效果。纸质、膜质叶片则呈半透明状，给人以恬静之感。粗糙多毛的叶片则富野趣。叶色的变化同样丰富多彩、美不胜收，有绿叶、红叶、斑叶、双色叶等。总之，只有真正了解花卉的观赏性，才能灵活运用。

另外，在进行花卉摆放前要对现场进行全面调查，对租摆空间的环境条件有个大致了解，设计人员应先设计出一个摆放方案，不仅要使花卉的生活习性与环境相适应，还要使所选花卉植株的大小、形态及花卉寓意与摆放的场合和谐，给人以愉悦之感。

2. 租摆植物的管理

1）在养护基地起运花卉植物时，应选无病虫害、生长健壮，旺盛的植株，用湿布抹去叶面灰尘，使其光洁，剪去枯叶、黄叶。一般用泥盆栽培的花卉都要有套盆，用以遮蔽原来植株容器的不雅部分，达到更佳的观赏效果。

2）在摆放过程中的管理，包括水的管理和清洁管理。水的管理很重要，花卉植物不能及时补充水分，很容易出现蔫叶、黄叶现象，尤其是在冬、夏季有空调设备的空间，由于有冷风或暖风，使得植物叶面蒸发量大，容易失水。管护人员要根据植物种类和摆放位置来决定浇水的时间、次数及浇水量，必要时往叶面喷水，保持一定的湿度。用水时，对水质也要多加注意。管理人员应经常用湿布轻抹叶面灰尘，使其清洁。此外，还应经常观察植株，及时剪除黄叶、枯叶，对明显呈病态有碍观赏效果的植株，及时撤回养护基地养护。由于打药施肥容易产生异味，对环境造成污染，所以一般植物在摆放期间不喷药施肥，可根据植株需要在养护基地进行处理。

3）换回植株的养护管理：植株换回后要精心养护，使之能够早日恢复健壮。先剪掉枯叶、黄叶，再松土施肥，最后保护性地喷一次杀菌灭虫药剂，然后进行正常管理。

3. 植物栽培方式的改进

花卉租摆承接单位在进行植物更换和浇水时，通常会弄到地上泥和水，影响环境卫生。为了克服这些问题，可采用无土栽培技术，即用陶粒（或珍珠岩）与沙按1∶1的比例混合配制的基质代替土壤栽培植物，这些基质轻便、卫生，本身也有一定的观赏性，而且用这些基质栽培的植物病虫害少，生长健壮。因此，比较受用户欢迎。

在栽培容器的使用上，可选择带托盘的有底孔塑料盆、陶瓷盆，也可选用无底孔的容器、套盆等，这样在给植物浇水时，就可避免因多余的水从底孔流出而造成的污染。以这种方式栽培的植物可选用无毒无味的营养液来提供植物生长所需的各种养分。这种无机营养液用清水稀释后即可浇施，也可用喷壶喷在叶面上作根外追肥，施用方法简单，不会对环境造成任何污染。

用无土栽培技术栽培和管理的植物，在花卉租摆中，具有轻便、卫生、便于搬动等优点，且持水持肥力强，浇水间隔时间长。若用户不强调经常更换植物品种和植物的更换周期的话，完全降低了劳动强度和运输次数，也降低了成本，保证了花卉租摆质量。

综上所述，在进行花卉租摆时，要充分考虑植物适生的生理特性、生长条件以及植物的观赏性。还要从栽培管理上不断改进，采用新技术、新方法，力求以低成本、高效益获得用户的满意，也促进这项事业的进一步发展。

三、花卉租摆的具体操作方法及要求

1. 花卉租摆的条件

1）从事花卉租摆业必须有一个花卉养护基地有足够数量的花卉品种作保证。一般委托租摆花卉的单位，如商场、银行、宾馆、饭店、写字楼、家庭等的花卉摆放环境与植物生长的自然环境是不同的，大多数摆放环境光照较弱，通风不畅，昼夜温差小，尤其在夏季有空调，冬季有暖气时，室内湿度小，给植物的自然生长造成不利影响，容易产生病态，甚至枯萎死亡。花卉摆放一段时间后可更换下来送回到养护基地，精心养护，使之恢复到健康美观的状态。更换时间一般根据花卉品种及摆放环境的不同而不同。

2）要有过硬的养护管理技术，掌握花卉的生长习性，对花卉病虫害要有正确的判断，以便随时解决租摆过程中花卉出现的问题。

2. 花卉租摆的操作过程

（1）客户定位　花卉租摆客户基本可以划分为三类：机关、企事业单位，该类型客户租摆地点一般是办公地点，租摆期限为长期；服务性行业，如饭店、宾馆、酒店、娱乐场所等，该类型客户进行租摆的主要目的是提升环境质量，吸引更多顾客上门消费，租摆期限为长期或中期；单位开业、庆典等，该类型客户租摆的主要目的是烘托现场气氛，租摆期限多为临时性短期。

（2）客户选定、签订合同　出租者在满足客户要求的同时，应该明白自己的实力和技术能否真正达到客户的要求。按照承租方的要求和实地考察情况，制定相应的租摆方案和具体植物品种、数量。在承租方认可后即可签订花卉租摆合同，合同一般包括下列内容：租摆地点和规模、租期、出租方义务（制定专门人员、定期上门养护、及时更换过期品种等）、承租方义务（及时验收、不进行人为破坏、按时支付租金等）、租金的结算方式（分期、一次性等）、其他事宜、签字盖章等。

（3）租摆设计　花卉租摆品种的选择是关键。品种选择对，可以保证租摆质量、延长观赏周期、降低养护强度和更换次数。具体选择所租摆的植物品种时，主要根据园林植物的生态习性（耐阴、喜阳等）、观赏特性和租摆空间的具体环境条件来进行选择。

1）办公场所的园林植物租摆方案。室内租摆应该以观叶植物为主，选择不同叶形、叶色、叶质的园林植物搭配。由于电脑等办公设备的使用，可能导致办公场所电子辐射增加，因此，办公场所的园林植物选择应该选择一些对空气净化能力较强的植物品种，如绿巨人、绿萝等。

2）会场的园林植物租摆方案。圣诞、国庆、中秋、员工大会、年会等不同场合对园林植物租摆的要求是不一样的。一般采用株形高大的园林植物摆放在主席台后作为绿色背景，如棕竹、散尾葵等，在主席台的下方则适合摆放小盆植物做呼应，如一叶兰、一品红、鹅掌柴等；其次在会场四周合理搭配不同园林植物进行摆放，也会产生很好的效果。如在会场入口处摆放体型较大的迎宾植物，主席台和嘉宾桌上摆放精美的插花作品，效果会显得高雅和清新；再者租摆要切合当时会议的主体。如圣诞节可以针对性地摆放高大的圣诞树和一品红（圣诞花），再配合精美的彩带、气球等装饰品可以使整个会场充满圣诞气息。

3）家居场所的园林植物租摆方案。此时应该注重观叶植物的色彩、形态和质地要与房间功能相协调。书房应该突出安静、清新和优雅，在写字台上摆放一盆叶形秀丽、体态轻盈、格调高雅的文竹则可以使整个书房文雅清新；卧室应该突出温馨和谐、宁静舒适，此时宜选择色彩柔和、体态优美的观叶植物作为租摆品种，能够使人进入卧室顿感精神舒畅、利于睡眠。

因此，在进行租摆方案设计前应该对现场进行全面调查，初步了解现场环境条件，使设计出来的租摆方案既能满足园林植物的生态习性，又使所选择的植物品种在形体、寓意、色彩等方面与环境相适应，给人以愉悦感。例如，粗糙的植物质地外形会使人感到植物近在眼前，细致圆润的质地和外形会使人感到植物体距离遥远，这种植物本身质地结构的不同所产生的不同空间深度感在园林植物租摆设计时应该给予重视。

（4）材料准备　选择株形美观、色泽好、生长健壮的花卉材料及合适的花盆容器；修剪黄叶，擦拭叶片，使花卉整体保持洁净；节假日及庆典等时期为烘托气氛还可对花盆进行装饰。

（5）包装运输　花卉在运输过程中经常遇到的问题是：叶片、花朵凋落、褪色等，因此，应该保证运输过程中的温度、湿度、空气等环境因素与温室内基本一致，同时进行适当的包装，避免植物之间相互摩擦碰撞产生机械损伤。

（6）现场摆放　按设计要求将花卉摆放到位，以呈现花卉最佳观赏效果。

（7）日常养护　包括浇水、保持叶面清洁、修剪黄叶、定期施肥、预防病虫害发生。

（8）定期检查　检查花卉的观赏状态、生长情况，并对养护人员的养护服务水平进行监督考核。

（9）更换植物　按照花卉生长状况进行定期更换及按照合同条款定期更换。

（10）信息反馈　租摆公司负责人与租摆单位及时沟通，对租摆花卉的绿化效果进行调查并进行改善，对换回的花卉精心养护使其复壮。

（11）定期结算　按照合同条款及时收取租金。

四、花卉租摆应注意的问题

1. 对植株品种的习性要了解

要熟悉各种花卉植物品种的习性，知道它们喜欢什么环境，惧怕什么环境，这样才能使工作比较简单且降低养护成本。

2. 空间美化的合理性

应考虑在什么空间内用哪种植物最适宜，这里所说的适宜，是指既适宜植物品种的生长习性，使植株不至于很快就出现不适的症状，又能达到理想的美化作用，不至于与环境格格不入。

3. 侧重摆放

要将需要摆放的位置仔细察看，确定重点位置和非重点位置。因为在重点位置（比如政要的办公室、大厅、大堂、主道、电梯口、大门口、会议室等）需要摆放比较大气且美观的植物品种，这在一定程度上能提升市场地位，对业务的往来也比较有益。在非重点摆放点（比如一般员工的办公室、角落、不经常用到的室内）可以摆放比较廉价的，这样可以节省资金，降低成本。

4. 要尊重客户的要求

客户是上帝，客户提出的某些要求，应尽量满足他们；对于过分要求，应尽量沟通，争取圆满解决。

5. 要严格要求属下

停放车辆要遵则，进入电梯要遵则，养护管理要与对方配合，不要在客户的地盘上大声喧哗或大笑，更不能与客户争吵。

6. 要与对方的管理人员多交流

沟通对话才能解决许多问题，不用封闭式的态度去做事。

7. 注意成本核算

随时核算成本是保障生意兴隆的基本措施之一，在能使某个位置美化的同时，尽量做到降低成本，以保证能获得最大的利润。当然，并不是花卉植物越便宜越好，主要还得结合植物品种的适应性，如果不适应，换花次数多，也会增加成本的投入。尽量不要购买摆放一次性的花卉植物，会无形之中增加成本。

 任务考核标准

序　号	考核内容	考核标准	参考分值/分
1	情感态度及团队合作	准备充分、学习方法多样、积极主动配合教师和小组共同完成任务	10
2	资料收集与整理	能够广泛查阅、收集和整理花卉租摆的资料	20
3	花卉租摆方案的制订	进行现场考察，根据植物学、美学等多学科知识，制订科学合理的花卉租摆方案，方案具有可操作性	50
4	工作记录和总结报告	有完成全部工作的工作记录，书面整洁；总结报告结果正确，体会深刻；上交及时	20
		合计	100

 自测训练

一、名词解释

花卉租摆

二、简答题

租摆的操作流程一般是怎样的？

实训二十四　　花卉租摆方案设计

一、目的要求

本实训需综合利用植物学、美学等多学科知识，通过对花卉品种的选择、盆具挑选、色彩搭配和点缀装饰材料的配置等环节的实践，加强学生的设计能力以及分析问题的能力。

二、材料用具

花卉材料：学院实习农场温室内所有的盆栽花卉品种，学生可以根据试验的内容和租摆方案设计的意图，选择合适的花卉品种和规格。

三、实验方法

1）租摆现场考察：了解客户类型、租摆目的及现场状况。

2）制订租摆方案：按照承租方的要求和实地考察情况，制订相应的租摆方案和具体植物品种、数量、规格。

3）拟定一份租摆合同：内容包括租摆地点和规模、租期、出租方义务、承租方义务、租金的结算方式等。

四、作业

每人写一份试验报告，作为评定成绩的主要依据。

试验报告的主要内容包括：试验名称、年级专业班级、姓名、学号、实验目的、材料与方法、结果与分析、问题与讨论、参考文献等。

试验的报告不仅要反映试验的结果，同时要反映花卉租摆方案的设计过程。要求用文字、数字表格的表达形式，同时做出租摆设计图。

项目八 花卉的生产与贸易

任务一 花 卉 生 产

花卉生产是农业生产的一部分。改革开放以后，传统花卉产区的一些花卉爱好者和农户开始建立苗圃，逐渐发展成为今天的产业。紧接着又有大量外资、港台商人陆续进入我国国内，政府也越来越重视扶持花卉业的发展，许多其他行业的投资者纷纷涌入，花卉产业蓬勃发展，形成了"万马奔腾"的局面。中国花卉企业中，农户数量庞大，小企业多，中大企业少。

1. 花圃类别

（1）生产性花圃 这类花圃主要任务是从事花卉的生产，生产的目的是为了销售，实行企业管理，进行成本核算。它又分为：育苗花圃（如种苗公司）、盆花生产花圃（专门生产盆花和观叶植物）、切花花圃、盆景制作花圃。

（2）服务性花圃 它隶属于某企业单位之下，所生产的花卉主要用于本单位的园林绿化工作。花圃的经营内容和规模与企业的性质、大小密切相关。设在学校、医院、宾馆、各厂矿企业和机关部队内的花圃，一般规模较小；设在公园、植物园、园林绿化公司、房地产公司内的花圃，多数规模较大，具有很强的经济实力。

（3）综合性花圃 它集花卉的生产、营销、运输、展销及绿化施工于一体，在花卉生产发展初期常见，目前国内许多花圃即为此类。

（4）连锁性花圃 为了扩大规模，在主花圃以外建立新的子花圃，这些相对独立的子花圃，在经营种类、特色等方面由主花圃指导、协调，从而形成一个较大的集团，使其更具竞争能力。

2. 花圃的建立

1）花圃的建立要考虑当地的经营条件和自然条件，并分析其对生产的有利和不利因素，以及相应的改造措施。经营条件包括了花圃位置及当地居民的经济、生产及劳动力情况；花圃交通条件；动力和机械化条件；周围的环境条件（如天然水源等）。花圃最好位于城市城区的边缘地带，交通便利、劳动力丰富、靠近科研院校、避开污染源；自然条件包括气候条件、土壤条件、病虫害及植被情况等。花圃应选择地势较高、地形平坦的开阔地带，附近水源要充足，地下水位要适中，土壤养分丰富，土层深厚的中性壤土。病虫害以及周围的环境也要考虑。气象资料包括生长期、早霜期、晚霜期、晚霜终止期、全年及各月平均气温、年降雨量及各月分布情况、空气相对湿度、主风方向等。

2）花圃的规划。花圃除了生产区外，也必须有简易管理房、工具材料仓库、场地道路、蓄水池及给水排水管网沟渠等。生产区除了保护地外，还要考虑安排一定面积的露地生产面积。一般情况下，露地生产面积以不超过生产总面积的 30% 为宜。最正规的场地还要建立一个专用于生产操作和包装运输用的准备房，但这样一来，固定资产投资可能就会偏大。生产场地与非生产场地面积之比为 4∶1 为好。

3）设施设备。温室、塑料大棚、地面覆盖材料（如园艺地布、砖块）、保温降温设施（如塑料薄膜、遮阳网）、苗床及其他设备和工具（如剪、铲、平板车、穴盘、营养钵、浇水喷头、胶水管、贮水池、给肥给药设备）、简易围墙及管理房等。

4）花圃应建立材料采购渠道和销售渠道。要使自己的花圃生产不断发展，就必须建立好自己的材料采购和供应体系。特别是种子种苗的供应商，要与自己信得过并且服务质量可靠的供应商建立长期稳定的合作关系。通过对花卉销售市场调查，确定销售对象、内销或外销、消费层次对产品层次的要求及销售的相关政策（如海关、检疫、税收、运输等）。

另外，必须考虑劳动者的知识结构、工资、劳保、福利、用工形式和其他相关问题。

3. 花圃的管理

（1）实务管理

1）生产计划的制订与实施。花卉生产计划是花卉生产企业经营计划中的重要组成部分，通常是对花卉企业在计划期内的生产任务作出统筹安排，规定计划期内生产的花卉种类、品种、规格、数量、质量及供应时间等指标，是花卉日常管理工作的依据。生产计划是根据花卉生产的性质，花卉生产企业的发展规划，生产需求和市场供求状况来制订的。

年度生产计划的制订应根据市场商品信息，结合花圃的特点和实际生产能力，在前一年的年底或当年的年初制订出来，内容包括花卉的种类、品种、规格、数量、质量及供应时间，还有隔年培养或今后几年出圃的产品。在制订生产计划的同时还应把财务计划制订出来，内容包括劳动工资、材料、种苗、消耗、维修以及产品收入和利润等。

为保证年度计划的实施，还需制订出季度和每月的生产、劳力、产品和经费安排，逐月、逐季检查执行情况，并加以适当调整和修订。

随着市场经济的发展变化，销售计划的制订也显得越来越重要。因此，生产计划的制订要根据每年的销售情况、市场变化、花圃的设施等，及时做好生产种类和品种的调整。在日常工作中还要建立健全必要的规章制度（如技术责任制度、制订技术规范及技术规程等），并定期进行生产成本核算。

2）生产的布局与调整。为了充分利用温室和露地的生产面积，生产布局非常重要。由于各种花卉的生态习性、生产周期、供应时间等差别很大，因此应根据具体情况制订全圃的生产方案，并时常进行必要的调整。

一、二年生花卉的留床时间较短，半年左右需调整一次田间布局，以适应生产任务的变动及其对轮作的要求。需要每年进行采收和贮藏的球根花卉，生长快且每年进行分株的宿根花卉，亦需要每年调整生产布局。一些需要经过多年培养才能出圃的木本花卉或不易每年移植的球根、宿根花卉，生产布局可数年调整一次。每次花卉的布局安排，应考虑下一次调整布局时的状况，因此需要有一个 3～5 年的长远布局规划。

3）优良种子资源的保存与繁育。优良而又丰富的花卉种类和品种，是花圃中最宝贵的财富。应做好花卉种子收集、贮藏、登记工作，积极引进、驯化花卉新种（品种），每年至少引进几个花卉新种（品种）生产。有条件的花圃可设立母体繁殖基地，不断提高优良品种的特性和不断培育出优良品种，它是衡量一个花圃技术水平高低的重要标志之一，甚至可以左右花圃的经济命脉。优良品种应妥善管护，重要品种要挂牌编号，做好生长情况及物候期观察记录，建立花卉品种档案。花卉市场的竞争，在很大程度上是品种的竞争。

4）生产成本和销售核算。生产成本核算主要内容包括原材料费用、燃料动力费用、生产及管理人员的工资及附加费用、折旧费、废品损失费用及其他费用。

花卉的销售价格由花卉生产成本、运输成本、销售税金和销售利润组成。合理的组织销售核算工作，是有计划管理销售工作的重要条件。

（2）业务管理　花卉栽培与气候有密切关系，应根据本地条件因地制宜，不能照书生搬硬套。我国地域广阔，各地气候因海拔、纬度、经度、海陆关系和地形因素不同而有较大差异。一般来说，纬度北移、海拔上升，春天会延迟，秋天会提前。在我国，冬季南北温度相差悬殊，夏天则相差无几。不少地区气候属于温带地区，四季分明。

1）露地花卉管理日程。

12月至翌年2月：树木修剪、枯枝落叶清理及翻整土地，准备培养土等辅助性工作。修剪露地耐寒花木的枯枝、病虫枝、弱枝、内向枝、重叠枝、交叉枝、徒长枝等，使树形美观，也利于今后开花结果。经常检查沙藏的种子，看看种粒有无霉变、干燥、种子已裂口露白或胚根已经伸出等发生。从2月下旬开始，可先扦插繁殖紫薇、梅花、石榴、葡萄、丁香等落叶木本花卉。

3月：播种含羞草、五色椒、牵牛、茑萝、观赏葫芦、观赏南瓜等一年生草花。扦插紫薇、石榴、丁香、迎春。嫁接月季、五针松、寿星桃、樱花。

4月：室外培育的耐寒性花木，可在换盆土、修剪、松土等过程中，伴以追施肥料。尤其是月季花正在长枝叶和育蕾，应每隔10～15d左右，追施一次氮磷结合的肥料，同时进行适当疏蕾。播种一串红、矮牵牛等国庆节用草本花卉；春植球根花卉栽种；宿根花卉分株繁殖；水生花卉种植；梅花、腊梅、桂花、金桔、代代、仙人球类、蟹爪的嫁接。每隔10～15d全面喷施波尔多液，控制病害发生。

5月：播种鸡冠花、矮牵牛等国庆节用草本花卉；春植球根花卉栽种；花谢后应随时修剪，加强肥水管理。扦插月季、大丽菊、金银花、常春藤。嫁接白兰、月季、仙人掌类、多肉植物类。病虫害防治：用乐果喷治红蜘蛛、蚜虫、叶蝉等。全面喷施波尔多液或托布津等，每10d喷1次。

6月：整修排水系统，春播花卉定植及夏季花坛布置，秋植球根花卉采收，采取当年已木质化的嫩枝进行扦插繁殖，中耕除草，加强肥水管理和病虫害防治。

7月：时逢小暑、大暑，为一年中气温最高的一个月份。此时少施肥或不施肥，加强病虫害防治、防涝或抗旱、中耕除草。

8月：土壤始终保持湿润，浇水可在早晨8时前后和下午5时左右，避免中午浇水。中耕除草、秋播花卉播种、防治病虫害等。8月下旬是各类花木芽接最好的时期，在处暑季节应抓紧时间进行。菊花最后一次摘心（停头），大菊一般是立秋前4d或最迟到立秋后3d停头，小菊到8月下旬停头。

9月：花木的浇水量应逐步减少，盆土不干不浇，保持一定的湿润状态，进行翻盆换土，移苗分栽。继续做好花木病虫害防治及随时防备台风侵袭工作。播种瓜叶菊、蒲包花、仙客来等温室花卉；播种金盏菊、虞美人，石竹、矮牵牛等二年生草花。嫩枝扦插各类花木。月季、金桔、梅等芽接。布置秋季花坛。

10月：要加强养护，及时浇水，及时剪去残花和花梗，使之花期连续。同时对柑、橘、石榴等果木，应施一次氮、磷结合的薄肥，使果实饱满丰硕。除继续增加光照外，要普遍追施肥料，7d1次，以增强抗寒能力。气温逐渐下降，有的还会遇到寒流，要事先做好室外的花木防寒保暖的各项工作。茶花、茶梅等仍应注意疏蕾。牡丹、芍药分株。继续播种秋播花卉，种植秋植球根。采收花卉种子，采挖唐菖蒲、晚香玉球根，晾干后于冷室干藏。

11月：腊梅、梅花、迎春等耐寒性强的花木，应追施肥料1~2次，并用"扣水"方法（盆土略干）促使落叶孕蕾。做好对秋葵、一串红、鸡冠花、凤仙花、牵牛花等种子的采收工作。菊花在下旬花谢枝枯后，应放在向阳的露天。对大丽花、美人蕉等球茎，应挖出晾干于冷室干藏。

2）温室花卉管理日程。

1月，加强对室内畏寒盆花的防冻保暖工作，室温应控制在5~10℃。并保持空气流通，防止煤烟侵入。在开启门窗时，要防止冷风直接吹着花木。对正在孕蕾的冬季盆花，要注意肥水管理和光照、温度的控制。对正在盛放的早茶、茶梅、腊梅、水仙、报春花、仙客来、一品红等，以及观果的金柑、四季桔、南天竹、火棘、佛手、代代等，要注意室内通风，温度不能太高，日照时间不能太长，盆土也不能过干，以延长开花期。将盆栽牡丹、梅花、腊梅、茶花、茶梅、贴梗海棠、垂丝海棠、迎春、风信子、郁金香、红口水仙、小苍兰等进行催花处理，并适当增加光照时间，春节期间开花。防治病虫害。

2月：气温较高的白天要开启窗户少许，使空气流通而延长花期、增加环境湿度，以防止含苞待放的花卉叶枯蕾落。保持盆土湿润，防止过干过湿，如连续雨雪天或阴天，不要在花朵上喷水，以免引起花朵霉烂早谢，同时也暂停施肥。移栽定植石竹类、金鱼草、蜀葵、银边冬青、雏菊、金盏菊等草花。防治病虫害。

3月：做好畏寒花木的出房准备，遇到气温上升时，打开窗户10d左右，使逐步适应室外的环境，到4月清明以后再逐步移到室外培养。对百子莲、令箭荷花、君子兰及金橘等花木，通过整枝修剪和去除黄残叶后，应追施氮磷结合的肥料，除君子兰外，肥量可略浓一些，促使其4月起生长、育蕾和开花。

4月：室内花木逐渐出房，出室前加强通风和透光，利于适应外界环境，一星期以后再放到室外。放在室外塑料棚内越冬的花木，也要逐步揭去塑料薄膜，使适应外界的环境。畏寒盆花出房后，有的可以进行换盆换土；有的可以修剪去枯枝残叶；有的除草松土；有的追施肥料。播种文竹、君子兰、秋海棠等多年生草本花卉及多肉植物类、木本花卉；多种花卉绿枝扦插、嫁接、分株繁殖。每隔10~15d全面喷施波尔多液，控制病害发生。

5月：除了花谢后应随时修剪外，还要注意加强肥水管理。绿枝扦插。嫁接白兰、月季、仙人掌类及多肉植物。病虫害防治用乐果喷治红蜘蛛、蚜虫、叶蝉等。全面喷施波尔多液或托布津等，每10d喷一次。设荫棚。

6月：注意遮阴；加强肥水管理，一般7d左右施追肥一次。防止盆内积水和排水不良。进行温室秋植球根花卉的采收。本月各种病虫害猖獗（如白粉病、黑斑病、介壳虫、红蜘蛛、刺蛾、蓑蛾等），危害花木，也要注意盆土不能过湿。本月是繁殖花木的最好时期，可采取当年已木质化的嫩枝进行扦插繁殖。进行春播、春插花木的培育。夏季进入半休眠或休眠状态的花卉种类，要减少浇水或停止浇水，不施肥，搬到凉爽处，保持盆土湿润即可。若逢连续降雨，应于雨停后全面检查盆花，发现盆中有积水，要尽快倒去，盆土稍干后再给予松土，以免造成植株烂根；或者在大雨到来前，将盆花放倒，待雨停后，再将盆花扶正。注意修剪。防治病虫害。

7月：时逢小暑、大暑，一年中气温最高的一个月份。一般盆栽花木每天可浇 1～2 次水，以早晨日出后与下午傍晚前后浇水为好，切勿中午烈日下浇水，水温与气温相差过大会影响花木生长。注意遮阴，注意保持湿润，但不能过湿。仍应继续做好防治病虫害的工作。移入室外的花木注意防台风侵袭，防暴雨。嫁接白兰、月季、金桔。

8月：时逢立秋、处暑，是全年第二个高温月份。土壤始终保持湿润，不要太干也不要太湿，浇水可在早晨 8 时前后和下午 5 时左右，应避免中午浇水。对放置在室外荫棚里的花木，仍要继续遮荫，但盖帘时间逐步缩短。各种花木的介壳虫、红蜘蛛、刺蛾、蓑蛾以及白粉病，黑斑病等要勤观察，及时防治。8 月下旬是各类花木芽接最好的适期，在处暑季节应抓紧时间进行。播种羽衣甘蓝、瓜叶菊等。

9月：时逢白露，秋分，天气逐渐转凉，花木进入第二次旺盛生长期。每隔半月左右施一次追肥。注意修剪，使花木逐步增加光照，对原先放置在半阴的观叶植物，随着气温下降，有的可揭去遮盖的帘子，增加光照时间，促进光合作用。本月开始，对花木的浇水量应逐步减少，盆土不干不浇，保持一定的湿润状态。本月可以进行翻盆换土，移苗分栽。梅雨季节扦插，压条繁殖的花木，多数已生根发芽，可陆续移植分栽。春季嫁接的五针松也可拆去绑扎带，使它发育生长。继续做好花木病虫害防治及随时防备台风侵袭工作。播种瓜叶菊、蒲包花、仙客来等温室花卉；嫩枝扦插各类花木。芽接月季、金桔、梅等。蝴蝶兰春节用花促成栽培，一品红春节用花抑制栽培。

10月：时逢寒露、霜降，气候逐渐转寒。加强养护，要及时浇水，及时剪去残花和花梗，使之花期连续。同时对柑、橘、石榴等果木，应施一次氮、磷结合的薄肥，使果实饱满丰硕。除继续增加光照外，要普遍追施肥料，7d1 次，以增强抗寒能力。茶花、茶梅等仍应注意疏蕾。本月也是翻盆换土的好时期，对花木植株过大而盆偏小的，或根系已钻出盆底孔洞的盆栽花木，都要抓紧时间翻盆换土，使它们经过一段时间的养护管理后，安全越冬。做好畏寒花木的防冻保暖工作，当气温出现 5℃ 时，一些畏寒花木都应移入室内或温室，稍畏寒花木要事先做好防寒、防霜工作。

11月：花木入室后，注意白天要打开窗门数天，不要马上紧闭门窗，使花木逐步适应生长环境的变化。稍畏寒花木移入室内。温室开始供暖。

12月：做好室内盆花的保暖工作，一般保持5℃左右温度，盆花不至于冻死，耐寒的花木也应控制在0℃以上。室内湿度也不宜过大，如过湿再遇到连日雨雪天气，花朵与叶片容易腐烂。盆土也宜保持干些，切忌浇水过多，以免引起烂根。本月天气虽冷，但时令花及观果类正值观赏期。除了一品红、红掌、蝴蝶兰等需要中高温度、盆土干湿适度外，其他花、果植物，要注意保持5～10℃，过高反而易引起花早谢或落果。对蟹爪兰、瑞香、墨兰、瓜叶菊、报春花、仙客来等应继续注意肥水管理，使之届时开花。

任务考核标准

序 号	考核内容	考核标准	参考分值/分
1	情感态度及团队合作	准备充分、学习方法多样、积极主动配合教师和小组共同完成任务	10
2	资料收集与整理	能够广泛查阅、收集和整理花卉生产的资料	20
3	花卉年度生产计划的制订和成本核算	调查花卉生产企业生产规模、花卉销售与经营情况，帮助制订本企业下年度花卉销售计划及具体实施策略	50
4	可行性报告	探讨你所制订生产计划的可行性及存在的问题。分析结果正确，体会深刻，上交及时	20
	合计		100

自测训练

一、填空题

花圃的管理分为 _____ 和 _____。

二、简答题

1. 根据当地实际情况，制定露地花卉管理日程。

2. 根据当地实际情况，制定温室花卉管理日程。

任务二　花卉贸易

1. 花卉的产业结构

（1）切花　切花要求生产栽培技术较高。我国切花的生产相对集中在经济较发达的地区，在生产成本较低的地区也有生产。

（2）盆花与盆景　盆花包括家庭用花、室内观叶植物、多浆植物、兰科花卉等，是我国目前生产量最大，应用范围最广的花卉，也是目前花卉产品的主要形式。

盆景也广泛受到人们的喜爱，加以我国盆景出口量逐渐增加，可在出口方便的地区布置生产。

（3）草花　草花包括一、二年生花卉和多年生宿根、球根花卉。应根据市场的具体需求组织生产，一般来说，经济越发达，城市绿化水平越高，对此类花卉的需求量也就越大。

（4）种球　种球生产是以培养高质量的球根类花卉的地下营养器官为目的的生产方式。它是培育优良切花和球根花卉的前提条件。

（5）种苗　种苗生产是专门为花卉生产公司提供优质种苗的生产形式。所生产的种苗要求质量高，规格齐备，品种纯正，是形成花卉产业的重要组成部分。

（6）种子生产　国外有专门的花卉种子公司从事花卉种子的制种、销售和推广，并且肩负着良种繁育、防止品种退化的重任。我国目前尚无专门从事花卉种子生产的公司，但不久的将来必将成为一个新兴的产业。

2. 国内花卉的经营与管理

（1）经营策略　经营策略是指花卉生产企业在经营方针的指导下，为实现企业的经营目标而采取的各种对策，如市场营销策略、产品开发策略等。

（2）市场的预测　它包括市场需求的预测、市场占有率的预测、科技发展的预测、资源预测等。

（3）花卉销售的特点

1）花卉销售的专业性。花卉销售必须要有专业机构来组织实施，这是由花卉生产、流通的特点所决定的。花卉销售的专业性还表现在作为花卉生产的部门、公司或企业仅对一两种重点花卉进行生产，这样使各生产单位形成自己的特色，进而形成产业优势。

2）花卉销售的集约性。花卉销售是在一定的空间内最高效地利用人力物力的生产方式，它要求技术水平高，生产设备齐备，在一定范围内扩大生产规模，进而降低生产成本，提高花卉的市场竞争力。

3）花卉销售的高技术性。花卉销售是以销售有生命的新鲜产品为主题的事业，而这些产品从生产到售出的各个环节中，都要求相应的技术，如花卉采收、分级、包装、贮运等各个环节，都必须严格按照技术规程办事。因此花卉销售必须要有一套完备的技术做后盾。

（4）花卉的销售方式

1）专业销售。在一定的范围内，形成规模化，以一两种花卉为主，集中生产并按照市场的需要进入专业流通的领域。此方式的特点是便于形成高技术产品，形成规模效益，以提高市场竞争力作为销售的主题。

2）分散销售。以农户或小集体为单位的花卉生产，并按自身的特点进入相应的流通渠道。这种方式比较灵活，是地区性生产的一种补充。

（5）花卉产品营销渠道　花卉产品的营销是花卉生产发展的关键环节。产品的主要营销渠道是花卉市场和花店进行花卉的批发和零售。

1）花卉市场。花卉市场的建立，可以促进花卉生产和销售活动的发展，促使花卉生产逐步形成产、供、销一条龙的生产销售网络。目前，国内的花卉市场建设，已有较好的基础。遍布城镇的花店、前店后场式区域性市场、具有一定规模和档次的批发市场，承担了80%的交易量。我国在北京建成了国内第一家大型花卉拍卖市场——北京莱太花卉交易中心后，又在云南建成了云南国际花卉拍卖中心，该市场以荷兰阿斯米尔鲜切花拍卖市场为蓝本进行运作，并通过这种先进的花卉营销模式推动整个花卉产业的发展，促进云南花卉尽快与国际接轨，力争发展成为中国乃至亚洲最大的花卉交易中心。

花卉拍卖市场是花卉交易市场的发展方向，它可实现生产与贸易的分工，可减少中间环节，有利于公平竞争，使生产者和销售者的利益得到保障。

2）花店销售。花店属于花卉的零售市场，是直接将花卉卖给消费者。花店销售者应根据市场动态因地制宜地运用营销策略，紧跟时代潮流选择花色品种，想顾客所想，将生意做好、做活。

① 花店销售的可行性。开设花店前，应对花店销售与发展情况做好市场调查分析，作出可行性报告。报告的数据主要包括所在地区的人口数量、年龄结构、同类相关的花店、交通情况、本地花卉的产量与消费量、外地花卉进入本地的渠道及费用等。可行性报告应解决

的问题有花卉如何促销，花卉市场如何开拓，向主要用花单位如何取得供应权，训练花店售货员和扩展连锁店等，同时，还应根据市场调查确定花店的销售形式、花店的规模、花店的外观设计等。

②　花店销售形式。花店销售形式可分为一般水平的和高档的，有零售或批零兼营的，零售兼花艺服务等。销售者应根据市场情况、服务对象及自身技术水平确定适当的销售形式。

③　花店的销售规模。花店销售规模应根据市场消费量和本地自产花卉量来确定，如花木公司，可在城市郊区建立大型花圃，作为花卉的生产基地，主要主产各种盆花、盆景和鲜切花，在市中心设立中心花店，进行花卉的批发和零售业务。个人开设花店可根据花店所处的位置和环境，确定适当的规模和销售范围，切不可盲目销售。

④　花店门面装饰。花店的门面装饰要符合花卉生长发育规律，最好将花店打造得如同现代化温室。上有透明的天棚和能启闭自如的遮阳系统，四旁为落地明窗，中央及四周为梯级花架。出售的花卉明码标价，顾客开架选购，出口设花卉结算付款处。为保持鲜花新鲜度，除了要定期浇喷水外，还应设立喷雾系统，保持一定的空气湿度并使之通风良好，冬有保温设施，夏有降温设备，四季如春，终年鲜花盛开，花香扑鼻，使顾客在花香花色的诱惑下，难以空手而归。

⑤　花店的销售项目。花店的销售项目常见的有鲜花（盆花）的零售与批发；花卉材料的零售与批发（如培养土、花肥、花药、缎带、包装纸、礼品盒等的零售服务）；花艺设计与外送各种礼品花的服务，室内花卉装饰及养护管理；花卉租摆业务、婚丧喜事的会场环境布置；花艺培训，花艺期刊、书籍的发售、花卉咨询及其他业务等。

此外，还有多种营销花卉的渠道，如超级市场设立鲜花柜台、饭店内设柜台、集贸市场摆摊设点、电话送花上门服务、鲜花礼仪电报等。

（6）花卉的分级包装　花卉的分级包装是花卉产业贮、运、销的重要环节之一。花卉分级包装的好坏直接影响花卉的品质和交易价格。分级包装工作做得好，很容易激发消费者购买的欲望，提高消费者的购买信心，促进产品市场销售。

1）盆花。

①　分级和定价。出售的盆花应根据运输路途的远近，运输工具的速度以及气候条件等情况，来选择花朵适度开放的盆花准备出售，然后按照品种、株龄和生长情况结合市场行情定价。

观花类盆花主要分级依据是株龄的大小、花蕾的大小和着花的多少。观叶盆花大多按照主干或株丛的直径、高度、冠幅的大小、株形以及植株的丰满程度来分级，而苏铁及棕榈状乔本树种常按老桩的重量及叶片的数目来分级，观果类花卉主要根据每盆植株上挂果的数量确定出售价格。出售或推广优良品种时价格可高些。

②　包装。盆花在出售时大多数不需要严格的包装。大型木本或草本盆花在外运时需将枝叶拢起后绑扎，以免在运输途中折断或损伤叶片。幼嫩的草本盆花在运输中容易将花朵碰损或震落，有的需要用软纸把它们包裹起来，有的则需设立支柱绑扎，以减少运输途中晃动。

用汽车运输时在车厢内应铺垫碎草或沙土，否则容易把花盆颠碎。用火车作长途运输时都必须装入竹筐或木框，盆间的空隙用毛纸或草填衬好，对于一些怕相互挤压的盆花还要用钢丝把花盆和筐、框加以连接固定，否则火车站不给办理托运手续。

瓜叶菊、蒲包花、四季海棠、紫罗兰、樱草等小型盆花，在大量外运时为了减少体积和重量，大多脱盆外运，并且用厚纸逐棵包裹，然后依次横放在大框或网篮内，共可摆放 3 ~ 5 层。各类桩景或盆花则应装入牢固的透孔木箱内，每箱 1~3 盆，周围用毛纸叠好并用钢丝固定盆上，表面还应覆盖青苔保湿。

包装外的标签必须易于识别，要写清楚必要的信息，如生产者、包装厂、生产企业的名称、种类、品种或花色等。若为混装，标记必须写清楚。

2）切花。

① 分级。切花的分级通常是以肉眼评估，主要基于总的外观（如切花形态、色泽、新鲜度和健康状况），其他品质测定包括物理测定和化学测定（如花茎长度、花朵直径、每朵花序中小花数量和重量等）。在田间剪取花枝时，应同时按照大小和优劣把它们分开，区分花色品种并按一定的记数单位把它们放好，以减少费用和损失。

肉眼的精确判断需要一个严格制定并被广泛接受的质量标准。现国际上广泛使用的是欧洲经济委员会（ECE）标准和美国标准。对某一特定花种的分级标准除上述要求外，还包括一些对该花种的特殊要求。如对香石竹，注意其茎的刚性和花蕾开裂问题。对于月季的最低要求是切割口不要在上个生长季茎的生长起点上。

美国标准其分级术语不同于 ECE 标准，采用"美国蓝、红、绿、黄"称谓，大体上相当于 ECE 的特级、一级和二级分类。我国农业部于 1997 年对月季、唐菖蒲、菊花、满天星、香石竹等切花的质量分级、检测规则、包装、标志、运输和贮藏技术等都作出了行业标准。

② 包装。出场的切花要按品种、等级和一定的数量捆扎成束，捆扎时既不要使花束松动，也不宜太紧将花朵挤伤。每捆的记数单位因切花的种类和各地的习惯而不同，通常根据切花大小或购买者的要求以 10、12、15 或更多捆扎成束。总之，凡是花形大、比较名贵和容易碰损的切花每束的支数要少，反之每束的支数可多。

大多数切花包装在用聚乙烯膜或抗湿纸衬里的双层纤维板箱或纸箱中，以保持箱内的湿度。包装时应小心地将用耐湿纸或塑料套包裹的花束分层交替、水平放置于箱内，各层间要放置衬垫，以防压伤切花，直至放满。对向地性弯曲敏感的切花（如水仙、唐菖蒲、小苍兰、金鱼草等），应以垂直状态贮运。

3. 国际花卉贸易

随着农业科技的飞速发展，花卉业科技成果推广、应用已逐渐成为取得行业竞争优势的重要途径。国际间的企业合作也在向更深层次发展，在大量引进国外优质品种的同时，引进相关的技术和服务已成为新的发展趋势之一。从这一角度上说，花卉国际贸易已从单纯的产品贸易逐步发展为产品、服务、投资合作经营以及进出口合作等多方式的复合型贸易。

国际花卉市场逐步细分，各国利用特色品种占领市场。目前，各国都在积极探索适合本国资源的特色品种，以往花卉产业大而全的局面正逐步被小而精所取代，市场也在逐步细化。

在花卉种苗、球根、鲜切花等生产方面，荷兰具备绝对优势，其中以郁金香为代表的球根花卉，成为荷兰的象征。美国在草花、花坛花育种，以及盆花、观叶植物生产方面走在世界前列。日本实行"精致农业"，在花卉育种、栽培、储运和销售等方面实行标准化管理，其产品的最大特点就是优质优价。泰国的兰花实现了工厂化生产，每年大约有1.2亿株兰花销往日本，占有日本兰花市场80%的份额。其他如以色列、意大利、哥伦比亚、肯尼亚等国则在温带鲜切花生产方面实现了专业化、规模化生产。

对花卉企业而言，虽然高度专业化生产比混合种植风险大一些，但其具备两个显著优点：一是专攻一个品种，必然可以大幅提高专业技术，相应的产量、质量也会随之提高。二是有利于机械化操作，在生产管理、收获、分级、包装、保鲜等程序上实现标准化，不仅降低了生产成本，而且提高了产品的市场竞争力。

纵观我国花卉产业近20年的发展历程，可谓势头迅猛。部分品种已经初步形成了批量化、规模化生产，国内的花卉消费额也在逐年递增。然而，目前我国花卉产业仍难以摆脱高档花卉依赖进口，自育品种出口难的局面，这在一定程度上制约了我国花卉产业的发展。如何利用国外先进技术，同时发挥我国丰富的种质资源优势，已经成为值得广大花卉业内人士关注的课题。

 任务考核标准

序 号	考 核 内 容	考 核 标 准	参考分值/分
1	情感态度及团队合作	准备充分、学习方法多样、积极主动配合教师和小组共同完成任务	10
2	资料收集与整理	能够广泛查阅、收集和整理花卉生产与贸易的资料	20
3	花卉年度生产计划的制订和成本核算	调查花卉生产企业生产规模、花卉销售与经营情况，帮助制订本企业下年度花卉销售计划及具体实施策略	50
4	可行性报告	探讨你所制订生产计划的可行性及存在的问题。分析结果正确，体会深刻，上交及时	20
		合计	100

 自测训练

一、填空题

花卉的产业结构由 _____ 、 _____ 、 _____ 、 _____ 种球、种子生产等六部分构成。

二、简答题

1. 花卉经营的特点有哪些？

2. 花卉产品的营销渠道有哪些？

3. 花卉包装有什么意义？

4. 怎样做好花店经营的可行性研究报告？

5. 怎样做好花卉成品的促销活动？

6. 生产费用成本包括哪些内容？

7. 花卉包装有什么意义？

实训二十五　拟定花卉生产计划

一、目的要求

掌握制订花卉生产计划的方法，增强学生参与生产管理的意识。

二、内容及作业

1）根据当地花卉生产实际，选择花卉生产企业，调查生产规模、生产花卉种类及以往花卉生产经营情况和市场需求情况。

2）根据所调查情况，制订本企业下年度花卉生产计划及具体实施策略。

3）有条件的可请专业管理人员探讨所制订生产计划的可行性及存在的问题。

参 考 文 献

[1] 江泽慧．中国花卉产业发展 30 年回顾与展望——在第五届中国花卉产业高峰论坛上的主旨演讲 [J]．中国花卉园艺，2008（7）：9-11.

[2] 曹芳萍．我国花卉产业发展研究 [J]．中国农垦经济，2003（7）．

[3] 林建忠，赖瑞云，李金雨，等．世界花卉产业发展概况 [J]．江西农业学报，2008，20（3）：36-39.

[4] 朱留华．世界花卉业概况 [J]．世界农业，2003（7）．

[5] 宛成刚，赵九州．花卉学 [M]．上海：上海交通大学出版社，2008.

[6] 康亮．园林花卉学 [M]．北京：中国建筑工业出版社，2008.

[7] 张树宝．花卉生产技术 [M]．重庆：重庆大学出版社，2006.

[8] 曹春英．花卉栽培 [M]．北京：中国农业出版社，2001.

[9] 毛洪玉．园林花卉学 [M]．北京：化学工业出版社，2005.

[10] 车代弟．园林花卉学 [M]．北京：中国建筑工业出版社，2009.

[11] 芦建国．花卉学 [M]．南京：东南大学出版社，2004.

[12] 柏玉平．花卉栽培技术 [M]．北京：化学工业出版社，2009.

[13] 史金城．组合盆栽技艺 [M]．广州：广东科技出版社，2002.

[14] 王艳，任吉军．组合盆栽花卉的艺术配置 [J]．北方园艺，2002（6）：38.

[15] 曹春英，安娟．花卉生产与应用 [M]．北京：中国农业大学出版社，2009.

[16] 傅玉兰．花卉学 [M]．北京：中国农业出版社，2001.

[17] 王忠．植物生理学 [M]．北京：中国农业出版社，2000.

[18] 罗正荣．普通园艺学 [M]．北京：高等教育出版社，2005.

[19] 张秀英．园林树木栽培学 [M]．北京：高等教育出版社，2006.

[20] 胡惠蓉．120 种花卉的花期调控技术 [M]．北京：化学工业出版社，2008.

[21] 刘金海．观赏植物栽培 [M]．北京：高等教育出版社，2005.

[22] 于金平，等．宿根花卉的特点及其在园林绿地中的应用原则 [J]．现代农业科技，2008：23.

[23] 齐海鹰．园林树木与花卉 [M]．北京：机械工业出版社，2008.

[24] 王朝霞．鲜切花生产技术 [M]．北京：化学工业出版社，2009.

[25] 包满珠．花卉学 [M]．北京：中国农业出版社，2003.

[26] 陈俊愉，程绪珂．中国花经 [M]．上海：上海文化出版社，1990.

[27] 刘燕，园林花卉学 [M]．北京：中国林业出版社，2003.

[28] 施振周．园林花卉栽培新技术 [M]．北京：中国林业出版社，1999.

[29] 北京林业大学园林系．花卉学 [M]．北京：中国林业出版社，1990.

[30] 姬君兆，黄玲燕．花卉栽培学讲义 [M]．北京：中国林业出版社，1985.

[31] 张福墁．设施园艺学 [M]．北京：中国农业大学出版社，2001.

[32] 中国农业百科全书总编辑委员会．中国农业百科全书·观赏园艺卷 [M]．北京：中国农业出版社，1996.

[33] 齐飞．我国温室业的现状、问题与对策 [J]．中国花卉园艺，2001（13）．

[34] 孙可群，张应麟，龙雅宜，等．花卉及观赏树木栽培手册 [M]．北京：中国林业出版社，1985：1-10.

[35] 许娟，陈益．环境因子对花卉生长的影响及家庭养花技术 [M]．安徽农业科学，2003（04）．

[36] 王静，邹国元，王益权．影响花卉生长和花期的环境因子研究［J］．中国农学通报，2004（04）．

[37] 曹辑．中国古代花卉园艺书籍辑录［J］．森林与人类（04），1999.

[38] 薛聪贤．观叶植物256种［M］．广州：广东科技出版社，1999.

[39] 陈昕．国内外室内植物景观设计发展浅议［J］．南京林业大学学报，2001，25（1）：79-82.

[40] 林绍生，陈义增．野生观叶植物室内摆饰的适应性研究［J］．浙江农业科学，2001（5）：237-239.

[41] 吴丽华．室内观叶植物价值评价体系研究［J］．福建林业科技，2003，30（4）：62-65.

[42] 薛聪贤．多肉植物球根花卉150种［M］．郑州：河南科学技术出版社，2000.

[43] 谢维苏，徐民生．多浆花卉［M］．北京：中国林业出版社，1999.

[44] 周群，刘志忠．仙人掌类嫁接繁殖技术［J］．亚热带植物科学，2002，31（2）：74-77.

[45] 谷祝平．洋兰——艳丽神奇的世界［M］．成都：四川科学技术出版社，1991.

[46] 卢思聪．中国兰与洋兰［M］．北京：金盾出版社，1994.

[47] 吴应祥．中国兰花［M］．北京：中国林业出版社，1991.

[48] 李少球，胡松花．世界兰花［M］．广州：广东科技出版社，1999.

[49] 刘仲健，徐公明．中国兰花［M］．北京：中国林业出版社，2000.

[50] 王振龙．植物组织培养［M］．北京：中国农业大学出版社，2007.

[51] 包满珠．花卉学［M］．北京：中国农业出版社，2003.

[52] 鲁涤非．花卉学［M］．北京：中国农业出版社，1998.

[53] 王艳，任吉军．组合盆栽花卉的艺术配置［J］．北方园艺，2002（6）：38.

[54] 李爱华．室内花卉租摆植物的选择与管理［J］．花木盆景，1999（10）．

[55] 王志杰，张金锋．对当前园林植物租摆服务行业的探讨［J］．安徽农学通报，2007（08）．

[56] 佘远国．园林植物栽培与养护管理［M］．北京：机械工业出版社，2007.

[57] 张君超．园林工程技术专业综合实训指导书［M］．北京：中国林业出版社，2008.

[58] 阿依夏木古丽·司马义，阿达来提·依米提．浅析水生植物在园林景观中的应用［J］．今日科苑，2008（22）．

[59] 英国皇家园艺学会．一、二年生花卉［M］．北京：中国农业出版社，2001.

[60] 卢思聪．室内花卉养护要领［M］．北京：中国林业出版社，2002.

[61] 谢绍裘．肉质植物栽培的一些特性［J］．广东园林，1994（3）：28-29.

[62] 朱根法，胡松华．龙血树·朱蕉［M］．北京：中国林业出版社，2004.

[63] 林有润，曾宋君等．室内观赏棕榈［M］．北京：中国林业出版社，2004.

[64] 池凌靖，李立．常绿木本观叶植物［M］．北京：中国林业出版社，2004.

[65] 曾宋君，于志满．竹芋·蝎尾蕉［M］．北京：中国林业出版社，2004.

[66] 舒迎澜．古代花卉［M］．北京：中国农业出版社．1993.